职业技术教育"十二五"课程改革规划教材

光电技术（信息）类

光学零件加工与检测岗位任务解析

GUANG XUE LINGJIAN JIAGONG YU JIANCE GANGWEI RENWU JIEXI

主　编　王丽荣

副主编　陈书剑　赵　鑫　施亚齐

华中科技大学出版社

http://www.hustp.com

中国·武汉

图书在版编目(CIP)数据

光学零件加工与检测岗位任务解析/王丽荣主编. —武汉：华中科技大学出版社，2013.12(2021.12 重印)
ISBN 978-7-5609-9524-3

Ⅰ.①光… Ⅱ.①王… Ⅲ.①光学零件-加工-职业教育-教材 ②光学零件-检测-职业教育-教材
Ⅳ.①TH740.6

中国版本图书馆 CIP 数据核字(2013)第 287000 号

光学零件加工与检测岗位任务解析 王丽荣 主编

策划编辑：王红梅
责任编辑：余 涛
封面设计：秦 茹
责任校对：朱 霞
责任监印：周治超
出版发行：华中科技大学出版社(中国·武汉) 电话：(027)81321913
武汉市东湖新技术开发区华工科技园 邮编：430223
录 排：武汉楷轩图文
印 刷：武汉科源印刷设计有限公司
开 本：787mm×1092mm 1/16
印 张：17.75
字 数：431 千字
版 次：2021 年12月第 1 版第 3 次印刷
定 价：46.80 元

前　言

光学是一门古老而又充满活力的学科。随着科学技术的不断发展，光学逐渐与机械、电子、计算机等多门学科相融合，涉及通信、显示、加工、激光、材料等行业，光电产品覆盖科技、经济、国防、生活等国民经济各个领域，光学零部件的运用越来越广泛，而作为其基础的光学冷加工行业也迎来了空前发展。近年来在国际光电产业结构调整、转移的趋势下，世界范围内的光学冷加工产能均大规模地向中国转移，国内的传统光学加工企业抓住机遇，向现代光学加工企业转型，使得中国成为全世界规模最大的光学冷加工产能承接地和聚集地。在区域分布上，光学冷加工产能大多聚集于珠三角和长三角地区，华南地区已成为世界性的数码相机生产基地，同时也是全世界光学冷加工产能规模最大、行业集中度最高的地区。

随着光学技术应用范围不断拓宽，光学行业的许多领域出现人才供不应求的现象。多年来，我国光学行业普遍较为重视产品设计和研究的技术人员，忽略了从事工艺设计和制造的技术人员，造成从事工艺科研的人员减少，影响了加工水平的提高。在我国，开设有光学专业的大专院校不少，但缺乏专门致力于培养具有扎实基础的光学冷加工技术人才的专业。本科类院校中仅西安工业大学、长春理工大学有专门的光学零件加工专业；高职类院校有依托武汉光谷的武汉软件工程职业学院和武汉职业技术学院，依托重庆华光、明光的重庆电子工程职业学院，依托中光学集团的河南工业职业技术学院；在广东仅有中山火炬职业技术学院依托中山市火炬开发区光电基地开设了相关专业。光学人才的短缺是光学行业普遍存在的现状，因此在光学企业中存在十分严重的互相挖角现象。具有多年光学企业工作经验的技术人员及基层生产管理人员是各企业争相抢夺的对象。

目前，各光学企业绝大多数的基层管理人员是从普通员工中提拔上来的。虽然这些人有两年以上（部分甚至超过十年）的光学加工经验，但由于自身学历水平的限制，素质相对较差，欠缺管理理论基础，处于“知其然不知其所以然”的程度。因此在个人提升的空间与时间上受到了很大的限制，企业为此也付出了更多的培训成本。

针对光学加工行业的现状，以及光学加工所对应的各个工作岗位进行任务解析，本书列出了各个工作岗位常见的工作任务，并对各个工作任务给出较为具体的工作指导意见，对可能遇到的问题给出了参考的解决方案。

本书的第一、二、四、九部分由王丽荣编写，第三、五部分由陈书剑编写，第六、七部分由赵鑫编写，第八部分由施亚齐编写。全书由王丽荣统稿。

本书可作为光学专业学生学习和实习的参考资料，也可作为光学行业技术人员在实际工作中的工作指南。

编　者

2013 年 8 月

目　　录

第一部分

光学加工与检测相关岗位通用工作任务

◆**知识要求:**

(1)掌握光学玻璃牌号表示方法及各项性能指标;

(2)熟悉各类光学常用辅料;

(3)掌握光学制图的各项要求,对新旧制图标准有正确的认识;

(4)掌握光学零件加工工艺的一般知识和安全操作知识。

◆**技能要求:**

(1)正确使用光学材料手册,掌握根据工作需求选择和测试光学材料特性的技能;

(2)正确理解与绘制光学零件图和工艺卡。

任务一 掌握光学材料知识

1 光学材料的基础知识

1.1 光学材料分类

光学零件是光学仪器最重要的组成部分，而光学材料是光学零件加工的对象。因此，了解光学材料的种类、性质及其与加工工艺性的关系，对于从事光学生产是十分必要的。

光学材料有光学玻璃（包括无色光学玻璃、有色光学玻璃和特种光学玻璃）、光学晶体、光学塑料等。其中，用于可见光范围内的无色光学玻璃，在光学仪器的制造中使用最多，绝大多数透镜、棱镜等光学零件，均由无色光学玻璃制成。

无色光学玻璃又可分为普通光学玻璃、耐辐射光学玻璃和激光玻璃。普通光学玻璃是制造一般用途的光学透镜、棱镜、分划板、度盘、光栅、刻尺的主要光学材料；耐辐射光学玻璃具有抗辐射稳定性，用在具有 γ 射线、X 射线的场合；激光玻璃可以用在不同激光器的谐振腔中，作为产生激光的工作物质。而有色光学玻璃主要用来制造不同的光学滤光片。

1.2 玻璃的组成及其物理特性

1.2.1 玻璃的组成

不论化学成分和固化温度范围如何，一切由熔融体过冷却所得的无定形体，由于黏度逐渐增加而具有固体机械性质的，均称为玻璃。而且由液态变为玻璃态的过程应当是可逆的。

严格来讲，玻璃并不是固体。玻璃熔融体在冷却过程中，虽不像固体那样有确定的固化温度，但随着黏度的增加，玻璃具有固体的机械性质。可是，由于熔融体迅速冷却，内部分子来不及规则排列就凝成固态，因此，玻璃保留了液态分子无规则排列的结构，即低温的固态保留了高温液态的无定性结构，称为玻璃态。人们常常称玻璃为凝固的过冷液体也就是这个道理。而光学玻璃就是一种特殊的玻璃，光学玻璃与普通玻璃之间的主要区别是：光学玻璃具有高度的透明性、物理及化学上的高度均匀性以及特定和精确的光学常数。因此，现代的光学玻璃不再像窗玻璃那样，仅仅由砂子、纯碱和石灰石组成，而是含有元素周期表中的大部分元素，只是组合和含量不同而已。目前，光学玻璃的牌号已有数百种，这些光学玻璃都是由各种氧化物的多组分（通常每种牌号玻璃有 4～10 种组分）按不同配比而获得的。另外，也可利用个别组分的特高含量来得到不同光学常数的玻璃。

长期以来，各国对于本国所生产的各种牌号玻璃的成分和工艺是严格保密的。一般来讲，玻璃的主要成分是二氧化硅（SiO_2），又称石英砂。它使得玻璃机械强度高、化学稳定性好、热膨胀系数小，但它的熔点太高（1700 ℃以上），除非熔炼特殊需要的石英玻璃，才单独使用石英砂。

通常熔炼玻璃都加入其他物质，以改善玻璃的性能和满足光学系统成像的需要。例如，加入氧化铝（Al_2O_3），能提高玻璃的化学稳定性和机械强度；加入氧化铅（PbO）和氧化钡（BaO），可增大玻璃的折射率，但化学稳定性变差；加入氧化钠（Na_2O），虽然玻璃的化学稳定性和机械强度变差，但可以降低熔炼温度。此外，根据需要还可以加入其他物质。

综上所述，玻璃是由多种氧化物组成的。荷兰学者查哈里阿生（Zachariasen）将玻璃中的各种氧化物分为两类：一类是能生成玻璃的，如 B_2O_3、As_2O_3、SiO_2、Ta_2O_5 等，它们均属 A_2O_3、AO_2、A_2O_5 型氧化物，称这类氧化物为玻璃形成体，即构成玻璃网络体；另一类氧化物，如 Na_2O、K_2O、CaO、BaO、PbO 等，属 A_2O 和 AO 型氧化物，它们不能生成玻璃的网络体，只是插入玻璃的网络结构中，构成网络外体，但能改变玻璃的性质。

玻璃中氧化物的组成不同，玻璃的结构和性质也就不同。因此，可以根据光学玻璃中各类氧化物的含量百分比来初步判断其各种性能。例如，构成玻璃网络体的氧化物含量高，化学稳定性好；相反，构成网络外体的氧化物含量高，化学稳定性差。

各类氧化物对玻璃性质的影响如表 1-1 所示。

表 1-1　各类氧化物对玻璃性质的影响

名　称	减　小	增　大
二氧化硅	相对密度、膨胀系数	化学稳定性、耐温性、机械强度、黏度
氧化铝	析晶能力（当加入的质量为 2%～5%时）	机械强度、化学稳定性、黏度
氧化硼	析晶能力、黏度、膨胀系数	化学稳定性、温度急变抵抗性、折射率
氧化钠和氧化钾	化学稳定性、耐温性、机械强度、结晶能力、硬度	膨胀系数
氧化镁	析晶能力、黏度（当加入的质量达 25%时）	耐温性、化学稳定性、机械强度
氧化钡	化学稳定性	比重、折射率、析晶能力
氧化铅	化学稳定性、硬度、色散系数	折射率
氧化锌	膨胀系数	耐温性、化学稳定性、机械强度
氧化钙	耐温性	膨胀系数、硬度、化学稳定性、机械强度、析晶能力

1.2.2　玻璃的物理特性

玻璃除具有固体的机械性质和光学性能外，还具有以下物理特性。

（1）各向同性。

玻璃的性质，如硬度、弹性模数、折射率等，在各方向测得的数值是相等的。这说明玻璃虽然属于无定形态，其内部质点排列是无序的，但其具有统计学上的均匀结构。因此，玻璃是各向同性的。

（2）介稳状态。

在一定条件下，物质可能处于相对稳定状态，但并不是能量最低储存状态，称为介稳状态。玻璃熔融体冷却生成固态，并没有放出全部的潜在热，内部含有多余的内能储存，因此玻璃处于热力学的不稳定状态，即介稳状态。按照能量转化的观点，高能状态有向低能状态转化的趋势，有转为晶体的内在条件（即由高能状态向低能状态转化），然而玻璃即使经过长期放置也无明显的结晶析出，这是由于玻璃的黏度非常大，从而阻滞了这种转化。

(3)无固定熔点。

玻璃态物质由固态转变为液态是在一定温度范围内进行的，它不像晶体有确定的熔点。

(4)变化的可逆性。

玻璃态物质随着温度的变化会经历固态、过冷液体、液态三个状态，其物理、化学性质的变化是可逆的。这是对玻璃进行热加工，使之精确成型的理论依据。

(5)可变性。

玻璃的性质会随着玻璃成分的变化，在一定范围内发生连续和渐进的变化。

1.3 光学玻璃的特性

光学玻璃可以控制光的传播方向，并改变光波段的相对光谱能量分布，能做到这一点，主要依靠光学玻璃化学成分与光学常数的准确与一致。

1)严格的化学成分

光学玻璃的主要组成是各种氧化物，按氧化物在玻璃结构中的作用，又分为形成体氧化物、中间体氧化物、网络外体氧化物，还有使玻璃获得某些必要性质的加速熔炼过程的原料，如澄清剂、着色剂、脱色剂、助熔剂等。表 1-2 列出几种光学玻璃的化学成分，表中所列 SiO_2、B_2O_3、P_2O_5 是作为玻璃的形成体引入的；Al_2O_3 属于中间体氧化物；Na_2O、K_2O 等是网络外体氧化物，主要降低玻璃熔炼时的黏度，从而降低熔炼温度。表中的碱土金属氧化物，如 PbO、BaO、ZnO、CaO 等主要用于调整玻璃的光学常数及其他性能；As_2O_3 和 Sb_2O_3 是引入的澄清剂，用于改善光学玻璃的透光性质。

表 1-2 几种牌号光学玻璃的化学成分

单位：%

玻璃牌号	K9	BaK2	ZK7	LaK3	PK2	F2	BaF2	ZBaF3	ZF2	TF3
SiO_2	69.13	59.36	32.90	3.58		47.24	52.26	29.77	39.10	
B_2O_3	10.75	3.06	17.40	29.51	2.91			4.92		52.00
Al_2O_3			2.00	1.00	8.37			2.18		9.66
P_2O_5					67.68					
ThO_2				15.15						
ZrO_2				3.90						
La_2O_3				34.48						
As_2O_3	0.36	0.50	0.50		0.50	0.50	0.40	0.20	0.25	0.30
Sb_2O_3			0.20					0.51	0.30	
PbO						45.87	12.67	2.46	55.41	37.74
BaO	3.07	19.32	45.30		20.54		14.47	46.76		

续表

玻璃牌号	K9	BaK2	ZK7	LaK3	PK2	F2	BaF2	ZBaF3	ZF2	TF3
ZnO		4.94		5.00			9.56	10.64		
CaO			1.20					2.57		
CdO				7.03						
Na_2O	10.40	2.95	0.50				1.36			
K_2O	6.29	9.86				6.39	9.28		4.94	0.30
KBr				0.30						

从表中占质量百分比的化学成分来看，光学玻璃的化学组成是十分严格的，精确到万分之一的不同化学组成才能保证这种牌号光学玻璃的各种基本性能。

2)准确的光学常数

光学玻璃的光学常数主要是指折射率和色散系数。由于折射率决定光束进入光学玻璃之后的传播方向，且折射率随波长的变化而变化，所以折射率随波长的变化率决定了光的色散程度，因此，只有光学玻璃的光学常数十分准确，才能保证光学设计者根据其光学常数的名义值设计的成像要求和成像质量。

为了定量地表示玻璃的光学性质，首先要选定标准波长，国家标准《光学和光学仪器　参考波长》(GB/T 10050—2009)中规定了以下列波长为标准：

钠(Na)光谱中的 D 线——波长 589.29 nm，黄色；

氦(He)光谱中的 d 线——波长 587.56 nm，黄色；

氢(H)光谱中的 F 线——波长 486.13 nm，浅蓝色；

氢(C)光谱中的 C 线——波长 656.27 nm，红色。

上述波长下的折射率分别用 n_D、n_d、n_F、n_C 表示。比较不同牌号的光学玻璃折射率应以相同波长下的折射率来比较。黄色光折射率，国家标准以前用 n_D 表示，新标准改用 n_d 表示。

色散系数 υ_d 的定义如下：

$$\upsilon_d = \frac{n_d - 1}{n_F - n_C} \tag{1-1}$$

色散系数，通常又称为阿贝常数，而 $n_F - n_C$ 通常称为光学玻璃的中部色散。

对光学玻璃，折射率 n_d 的名义值需要精确到 10^{-5}，实际值与名义值的允差差值最低也要控制在 20×10^{-4} 以内；而色散系数 υ_d 的名义值要精确到 10^{-2}，实际值与名义值的允差最大也要小于 1.5%；中部色散的名义值要精确到 10^{-6}。这些说明了光学玻璃常数的准确性。

3)定量要求光谱透过率

光学玻璃的光谱透过率应当与使用光学玻璃的光电仪器相适应，玻璃的反射、散射、吸收和透过性能对光电仪器的成像质量影响很大。

反射：由表面粗糙程度、光的入射角、玻璃折射率等因素决定。因为折射率是波长的函数，因此反射比也是根据波长的不同而有所不同的。

散射：当玻璃中含有折射率不同的微粒时，如小的气孔和杂质，就能使光经过时发生散射。散射不仅损失了入射光的能量，而且也改变了入射光的光谱成分，减少散射需要提高玻璃的光学均匀性。

吸收:光线透过玻璃时,光强随着玻璃的厚度而衰减的现象,称为光吸收。光的吸收与光的反射、散射相同,也是随波长的不同而变化的。光通过光学玻璃后的光能量等于入射光能总量减去光的反射、散射和吸收损失。可见,由于光学玻璃的不同性质,透射光的光谱成分和入射光的光谱成分将发生不同的变化,而这个变化是可以控制的,可以通过选用不同性能、不同品质的光学玻璃,以及通过对光学玻璃的光学常数、着色、均匀性、内部疵病、光吸收的控制达到不同用途的需求。

4)很小的内应力

玻璃的内应力是在玻璃冷却过程中,由于玻璃内、外层温度变化的速率不同,从而造成内、外层的结构不同而形成残留应力,所以内应力又称为热应力。

光学玻璃由于有极高的均匀性要求,必须通过对玻璃的粗退火和精密退火,将其内应力尽可能地消除到最小的程度。所谓退火,是将玻璃加热到低于玻璃转变温度附近的某一温度,进行保温均热,以消除玻璃各部分的温度梯度,使应力松弛释放,然后再按应力消除的允许程度恒速缓慢降温的工艺过程。

光学玻璃的精密退火要求在特制的、温度梯度很小的精密退火炉中进行,保温时间一般不低于 24 h,线性降温很慢,大块的光学玻璃开始降温的速度大约是每小时 1 ℃的水平,以便于内应力的良好消除。

5)注重批次性

光学玻璃在生产中,随着原材料的批量、产地的变化、原材料化学组成允差的变化,以及熔炼工艺参数的微量差别,会造成不同批号的玻璃光学常数的微量变化,这个变化一般是同批量光学常数允许误差的 2～10 倍。所以在大批量的光学制造中,为了保证光学零件的互换性和产品性能的一致性,要求尽可能使用同一批次的某牌号光学玻璃生产同一光学零件,不能光注意玻璃的牌号而忽视玻璃的批号(如熔炼号、退火号)。光学玻璃的这种因玻璃的批号不同而造成的微观性能差别,在高精度的光学零件生产中是需要注意的。

这种微观性能差别,还因为光学玻璃生产的方法不同而不同。以前,光学玻璃传统的制造方法是黏土坩埚熔炼,每个黏土坩埚分别配料,单独熔炼,最后敲掉黏土坩埚取出光学玻璃,利用其中的一部分,利用率约为 40%,而且一维尺寸一般不大于 150 mm,重量一般不超过 3 kg,这时每一块光学玻璃实际上相当于一个批号。以后改黏土坩埚为铂金坩埚熔炼,通过浇注成型,就不需要破坏坩埚了,生产周期缩短,一次熔炼玻璃的量达到 10 L,原料的利用率也提高到 70%左右,这时一次浇注成型的玻璃实际上相当于一个批号。现在光学玻璃的熔炼普遍采用铂金池连续熔炼、连续压型、连续退火,原料的利用率提高到 90%,生产周期也缩短到 25 d,同一批号的光学玻璃的数量得到极大提高,这是适应现代化大批量生产的制造方式。表 1-3 所示的为光学玻璃制造方法的比较。

表 1-3 各种光学玻璃制造方法的比较

生 产 方 式	黏土坩埚熔炼	铂金坩埚熔炼	铂金池熔炼
生产特点	不连续	不连续	连续
生产周期(含退火)	170 d	33 d	25 d

续表

生产方式	黏土坩埚熔炼	铂金坩埚熔炼	铂金池熔炼
成型方式	埚内成型	浇注成型	成型条料
原料利用率	40%	70%	90%

2　无色光学玻璃基本知识

2.1　无色光学玻璃的分类及命名

光学玻璃品种的发展，大概以20世纪40年代为界限分为两个阶段。20世纪40年代以前发展的光学玻璃，其光学常数的范围并不大，但品种数量很多，目前大多数光学系统仍在使用这些光学玻璃。这些光学玻璃的产量很大，约占整个光学玻璃产量的80%。它们是以硅酸盐系统作为基础的，称它们为常用光学玻璃。20世纪40年代以后发展起来的光学玻璃，即新品种光学玻璃，其生产量在逐步增加。这些新品种光学玻璃对于发展光学仪器有重要作用。它们是以硼酸盐和磷酸盐系统作为基础的玻璃，有的也引入锗酸盐和碲酸盐系统作为基础。上述常用光学玻璃和新品种光学玻璃都是氧化物玻璃。随着紫外和红外光学玻璃的发展，非氧化物玻璃（主要是氟化物和硫、硒化合物玻璃）也成为新品种光学玻璃的一个重要组成部分。

光学玻璃的发展与光学仪器的发展是相互联系的，光学系统的改进往往取决于新型光学玻璃。如为了消除光学系统的色差，就需采用不同阿贝数的玻璃，因此光学玻璃开始分为冕牌玻璃和火石玻璃两大类。后来，随着高级光学系统发展的需要，在每一大类光学玻璃内又发展出了若干小类。在进行光学设计时，选择光学玻璃的主要依据是折射率 n_d 和色散系数（阿贝数）υ_d，故光学玻璃即以 n_d（或 n_D）和 υ_d（或 υ_D）为其特征性质，构成光学玻璃 n_d-υ_d 领域图，分别如图1-1和图1-2所示。

在 n_d-υ_d 领域图中，不同玻璃处于不同的位置。按折射率和色散系数的不同，玻璃 n_d-υ_d 领域图可分为若干个区域，每一区域内都有折射率及色散系数相差不大的若干玻璃。各区域内的玻璃统称为一类品种。品种是折射率及色散系数相近的玻璃的总称。每类品种包括的各具体玻璃称为牌号。每一光学玻璃牌号都有特定的折射率及色散系数。

无色光学玻璃按化学组成和光学常数被分成两大类：一类叫冕牌玻璃，用字母“K”表示；一类叫火石玻璃，用字母“F”表示。冕牌玻璃与火石玻璃的性能差异大致如表1-4所示（折射率及色散系数的范围并不严格）。

表1-4　冕牌玻璃与火石玻璃对比

冕牌玻璃(K)	火石玻璃(F)
折射率低（n_d 为 1.50 ～ 1.55）	折射率高（n_d 为 1.53 ～ 1.85）
色散系数大（υ_d 为 55 ～ 62）	色散系数小（υ_d 为 30 ～ 45）
性硬、质轻、透明度好	性较软、质较重、稍带黄绿色

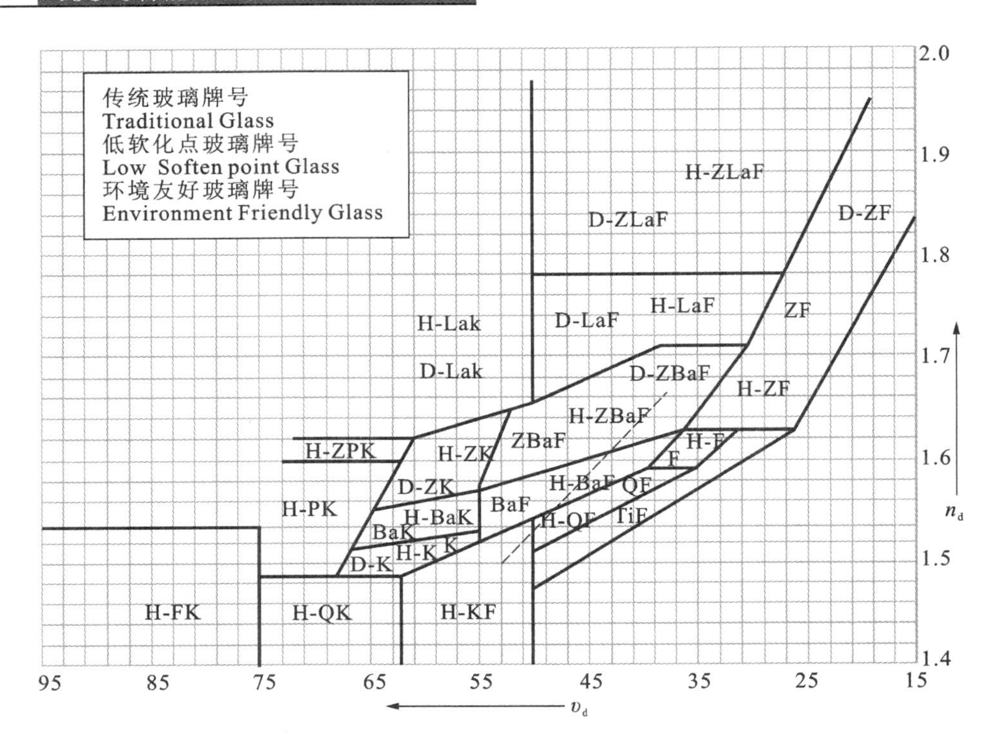

图 1-1 我国无色光学玻璃 n_d-υ_d 领域图

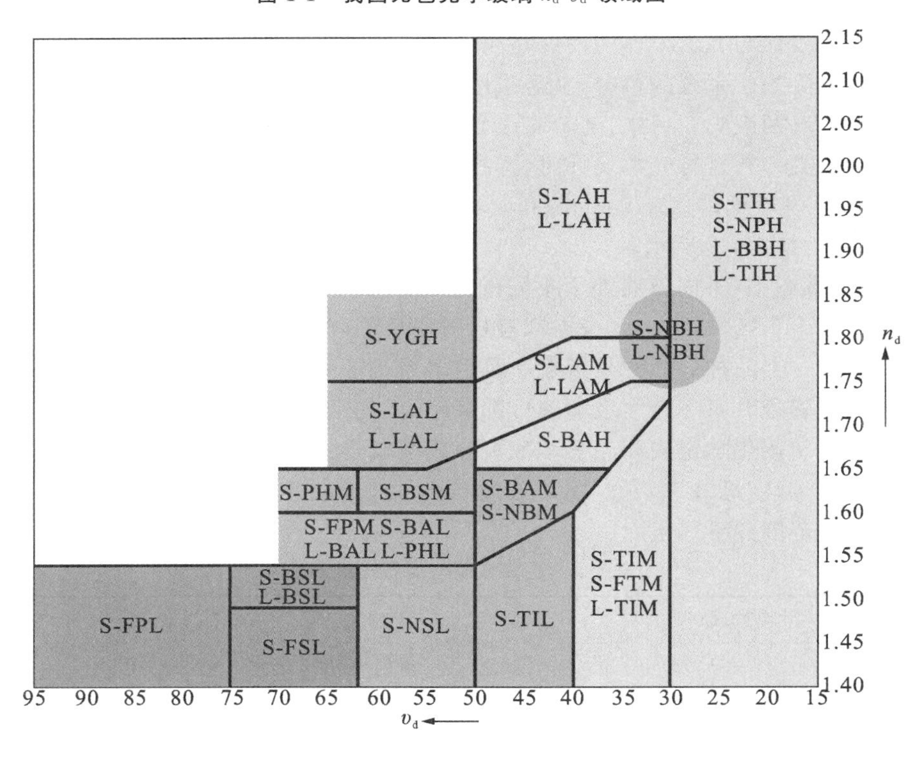

图 1-2 日本小原光学 n_d-υ_d 领域图

在冕牌及火石两类玻璃中，按折射率的高低分成小类，折射率从低到高有“轻”、“重”之分，分别用汉语拼音的第一个字母“Q”及“Z”表示；同时，根据化学成分不同，又派生出其他各类，如钡冕(BaK)、钡火石(BaF)、镧冕(LaK)等。另外，光学玻璃中的某些品种，其特征性质不是折射率及色散系数，而是特殊的色散性能，这类玻璃在 n_d-υ_d 领域图中不占有专门的区域，如 TK(特种冕牌玻璃)和 TF(特种火石玻璃)。

综上所述，光学玻璃的分类和命名可以归纳为：用 Q、Z、T 来表示折射率高低或特殊的性能；用 Ba、La、Ti 、P、F 表示其化学组成；用 K 和 F 来表示冕牌或火石类。

国家标准将光学玻璃分成 18 种类型，其中冕牌玻璃 8 种，火石玻璃 9 种，另一种是介于两者之间的冕火石玻璃。德国的肖特公司(SCHOTT)和日本的保谷公司(HOYA)、小原公司(OHARA)是业界公认的著名光学玻璃生产厂家。我国的两大材料生产厂家成都光明和新华光都是引进了日本的先进工艺和技术。各国无色光学玻璃分类对照表如表 1-5 所示。

按照我国国家标准《无色光学玻璃》(GB/T 903—1987)的规定，无色光学玻璃分为两个系列：一是 P 系列的普通无色光学玻璃；二是 N 系列的耐辐射无色光学玻璃。耐辐射光学玻璃的牌号序号是 501～599，它与普通光学玻璃的区别是具有良好的耐辐射性能。

按照国家标准规定，无色光学玻璃的牌号由两部分组成，前面部分是类型代号，就是表 1-5 中字母代号，后面部分是牌号序号，牌号序号 1～99 的是 P 系列的普通光学玻璃，501～599 的是 N 系列的耐辐射玻璃。

表 1-5　各国无色光学玻璃类型代号对照表

类　　别	中国	日本 HOYA	德国 SCHOTT	日本 OHARA
轻冕玻璃	QK	FC	FK	FSL
氟冕玻璃	FK	FCD	PK	FPL
冕玻璃	K	BSC	BK	BSL、NSL、ZSL
磷冕玻璃	PK			
钡冕玻璃	BaK	BAC、BACD	BAK	BAL
重冕玻璃	ZK	PCD、BACD、BACED	PSK、SK、SSK	BSM
镧冕玻璃	LaK	LAC、LACL	LAK	LAL
特冕玻璃	TK			
冕火石玻璃	KF	CF	NSL	
轻火石玻璃	QF	FEL	LLF、LF	TIL
火石玻璃	F	F	F	TIM
钡火石玻璃	BaF	BAFL	BAF、BASF	BAL、BAM
重钡火石玻璃	ZBaF	BAF、BAFD、BACED	BASF、BAF	BAH、BAM
重火石玻璃	ZF	FD	SF	TIM、TIH、PBH、PBM

续表

类　　别	中国	日本 HOYA	德国 SCHOTT	日本 OHARA
镧火石玻璃	LaF	LAF、TAF	LAF	LAM、LAH
重镧火石玻璃	ZLaF	BFD	LAF 、LASF	LAH
钛火石玻璃	TiF			
特种火石玻璃	TF			

2.2 无色光学玻璃的质量指标

无色光学玻璃的质量指标主要用于生产企业控制光学玻璃的质量，同时也为光学玻璃的使用者提供经济适用的选择依据。按国家标准《无色光学玻璃》(GB/T 903—1987)规定，无色光学玻璃质量指标有如下 8 种。

(1)折射率、色散系数与标准值的允许差值，用 Δn_d、$\Delta \upsilon_d$ 表示。

(2)同一批玻璃中，折射率和色散系数的一致性。

(3)光学均匀性：指同一块玻璃中各个部分折射率的渐变性差异。

(4)应力双折射：玻璃由于在冷却过程中沿中心到外部的方向上的温度梯度而产生物理态不均匀的内应力，这种内应力的存在影响了光学零件的精度，玻璃中的应力使玻璃在光学上呈各向异性，当光沿一个方向的传播速度小于另一个方向的传播速度时，则产生光程差，称为双折射现象。

(5)光吸收系数：1 cm 厚的光学玻璃所吸收的白光光通量与进入该玻璃的白光光通量之比，称为光学玻璃的光吸收系数，用 E 表示。

(6)条纹度：条纹是玻璃内部丝状或层状的化学不均匀区，其折射率与主体不同，从而形成光的散射和异样折射，条纹度是表征光学玻璃透过率、透明度、减少光散射的性能之一。

(7)气泡度：玻璃中的气泡是玻璃在熔炼过程中气体来不及逸出所致，相当于细微的凹透镜，会引起光的散射和折射。

(8)耐辐射性能：这是专门针对 N 系列的耐辐射无色光学玻璃的质量指标，对 P 系列的普通无色光学玻璃不需要采用该质量指标。

2.3 无色光学玻璃的其他性能

一般的光学玻璃具有较好的化学稳定性。但是，玻璃在长期承受大气、酸、碱的侵蚀下，会因侵蚀介质的种类、特性的不同，而表现出不同的抗侵蚀能力。不同品牌的光学玻璃，其相应的抗侵蚀能力也大不相同。光学玻璃的这种抗侵蚀能力，常被称为玻璃的化学稳定性，主要包括以下几方面。

1)耐潮稳定性

耐潮稳定性指光学玻璃抗水汽、CO_2、SO_2 等潮湿大气的侵蚀能力。玻璃中碱金属氧化物含量越多，耐潮稳定性越差，表面越易产生“白斑”、“雾浊”现象。实践表明，水汽比水溶液对玻璃具有更大的侵蚀性。

2)耐酸稳定性

除氢氟酸外,一般的酸并不直接与玻璃起反应,它是通过水的作用侵蚀玻璃。浓酸中水的含量低,所以浓酸对玻璃的侵蚀能力反而低于稀酸。当玻璃中碱金属氧化物含量较高时,玻璃的耐酸性差;反之,当玻璃中 SiO_2 含量较高时,玻璃耐酸性好。

无色光学玻璃的性能指标还包括力学性能、机械性能等,此处不再详述。现在重点介绍一个对加工方十分有用的指标,称为相对研磨硬度。玻璃相对研磨硬度是指在同等研磨条件下,被测玻璃相对于标准玻璃(K9)的研磨硬度。用标准玻璃样品的研磨量(被研磨的体积 V_0)与被测玻璃样品的研磨量(被研磨的体积 V)的比值 FA 表示。也有用"磨耗度"这个指标的,是相对研磨硬度的倒数乘以 100 后所得的数值。

相对研磨硬度为

$$FA = \frac{V_0}{V}$$

磨耗度为

$$F_A = \frac{V}{V_0} \times 100$$

由于各厂家熔炼玻璃的组分有差别,各个厂家的同一牌号玻璃可能会出现相对磨耗硬度不同的现象,因此在使用时要注意看清所用材料的生产厂家,再查相应厂家的材料手册,确定其相对研磨硬度的大小。

2.4　正确使用光学材料手册

目前,各大光学材料生产厂家基本上都会提供各自的材料手册给用户。材料手册上首先会对光学玻璃的各性能指标和质量指标做介绍,一般还会附上各个不同厂家的牌号对照表,以成都光明提供的材料手册为例,如表 1-6 所示。

表 1-6　不同厂家牌号对照示例

CDGM(成都光明)		HOYA(日本保谷)		OHARA(日本小原)		SCHOTT(德国肖特)	
CODE 代码	TYPE 牌号	CODE 代码	TYPE 牌号	CODE 代码	TYPE 牌号	CODE 代码	TYPE 牌号
517642	H-K9	517-642	BSC7	517642	S-BSL7	517642	N-BK7
569560	H-BaK7	569-560	BAC4	569563	S-BAL14	569560	N-BAK4
…	…	…	…	…	…	…	…

材料手册中通常用一个 6 位数作为玻璃的代码,该代码代表什么意思呢?实际上该代码前三位数代表的是折射率,后三位数代表的是色散系数。以 K9 料为例,其代码为 517642,"517"表示其折射率 $n_d=1.517$(只取三位小数),"642"则表示其色散系数 $\upsilon_d=64.2$。

材料手册上的重点是各个牌号玻璃的数据表,数据表一般包括如表 1-7 所示的内容。

表 1-7 材料手册数据表

牌号	代码	n_d	υ_d	n_F-n_C	n_e	υ_e	$n_{F'}-n_{C'}$	n_r	n_C	$n_{F'}$
		587.6			546.1			706.5	656.3	480.0
H-K9	517642	1.51680	64.20	0.008050	1.51872	64.00	0.008105	1.51289	1.51432	1.52282

n_g 435.8	n_h 404.7	R_C	R_A	D_A	D_W	$\alpha(\times10^{-7}/K)$		$T_g/(℃)$	$T_s/(℃)$	$\rho/(g/cm^3)$	H_k	FA	λ_{80}/λ_5
						$\alpha_{20\sim120℃}$	$\alpha_{100\sim300℃}$						
1.52667	1.53022	1	1	1	3	83	95	560	620	2.52	595	100	33/29

表中各符号含意如下：R_C 表示抗潮湿大气作用稳定性；R_A 表示抗酸作用稳定性；D_A 表示耐酸作用稳定性；D_W 表示耐水作用稳定性；α 表示热膨胀系数；T_g 表示转变温度；T_s 表示弛垂温度；ρ 表示密度；H_k 表示努普硬度；FA 表示相对磨耗硬度；λ_{80}/λ_5 表示着色度。

由于环保的要求，现在玻璃里均不能含铅、砷、镉及其他放射性元素，因此，很多材料的化学组分发生了变化。此类不含环境有害物质的材料称为环境友好玻璃，通常叫环保料。国内一般是在原牌号前以“环”字汉语拼音字母的声母“H”加“-”作为前缀表示。如 H-K9，即为环保 K9 料，其光学常数与 K9 相同，但组分不同，所以其机械与力学性能基本都会有变化，且由于不含铅，环保料一般都会比非环保料轻，即密度 ρ 要小。在选料和用料时，一定要注意所使用的材料类型，分清是环保料还是非环保料。现在很多客户都要求用环保料，如果使用了非环保料，即使对光学性能没有影响，也要负法律责任。

另外，还有用于模压成型的低软化点无铅、砷、镉及其他放射性元素的玻璃牌号，用“低”字汉语拼音字母的声母“D”加“-”作为前缀表示，如 D-K9。紫外高透过玻璃牌号，用“紫外”的英文单词“ultraviolet”的首字母“U”作为前缀表示，如 UQF50。高透过玻璃是在牌号序号后加“high transmittance”单词的首字母“HT”表示，如 ZF7HT。

选料和用料时要注意，牌号对照表中不同厂家的对应牌号仅指玻璃代码构成相同，光学常数相同，但玻璃组分上各生产厂家是不同的。因此，基本上要遵循用哪家的材料就查哪家的材料手册。

3. 有色光学玻璃

物体呈现各种颜色的原因是物质对不同波长光线的吸收和散射。当白光投射到透明物体上时，如果组成白光的不同波长的光全部等值通过，则物体呈现无色；如果吸收某些波长的光，而透过另一部分波长的光，则呈现与透过部分的光相应的颜色。所以人们看见的透过部分的颜色与被吸收部分的颜色是互补的，它们的合成就是白光。因此，在无色光学玻璃中，加入一种或多种着色剂，使光学玻璃对特定波长的光具有选择性吸收或透过的性能，就形成有色光学玻璃。

有色光学玻璃也称为光学滤光玻璃，它主要用来制作观察、照相、红外等仪器的滤光片，以达到提高仪器的能见度的目的或满足某些特定要求，此外还可制作有色眼镜等。光谱特性是有色光学玻璃的最主要特性，通常用对各种波长的透过率 τ_λ、吸收率 E_λ 和光密度 D_λ 来表示。光谱特性主要取决于引入玻璃中着色剂的性质和数量、玻璃的基本成分和熔制工艺等。

3.1 有色光学玻璃的分类和牌号

我国目前能生产可见光范围的全光谱颜色的有色光学玻璃。按照光谱特性，有色光学玻璃通常分为三类。

(1)截止型玻璃。

其特点是从紫外到近红外范围内，其透过率曲线有一段很陡的斜线部分，小于这段波长的光被截止，不能透过；大于这段波长的光，透过率上升到最大值。这类玻璃的着色剂采用硒化镉和硫化镉，故又称硒镉玻璃。由于着色剂在玻璃中呈胶态，也称为胶态着色玻璃。

(2)选择吸收型玻璃。

其特点是透过或吸收某一个或某几个波段的光，透过率曲线在整个光谱范围内有明显的波峰和波谷。

(3)中性灰色型玻璃。

此类玻璃对可见光各波段能无选择地均匀吸收，呈暗灰色，一般用于定量调节光能的透过量。

各国的有色光学玻璃均按性质进行分类，其代号用一个或两个拉丁字母表示玻璃的颜色和性质，并加阿拉伯数字作序号。目前，德国肖特的有色光学玻璃有 10 类 62 个牌号，日本保谷的有色玻璃有 19 类 61 个牌号，我国上海繁光的有色玻璃有 14 类 117 个牌号，其对应牌号对照表如表 1-8 所示。

表 1-8 不同国家牌号对照表

玻璃名称	代号			玻璃名称	代号		
	中国	德国	日本		中国	德国	日本
透紫外玻璃	ZWB	UB	U	透红外玻璃	HWB	RG	RM
紫色玻璃	ZB	BG	B	防护玻璃	FB		
青(蓝)色玻璃	QB	BG	B	透紫外白色玻璃	BB	WG	UV
绿色玻璃	LB	VB、VG	G	暗色中性玻璃	AB	NG	ND
黄色玻璃	JB	GG	Y	隔热玻璃	GRB	KG	HA
橙色玻璃	CB	GG	O	升温色变玻璃	SSB	FG	LB
红色玻璃	HB	RG	R	降温色变玻璃	SJB	FG	LA

3.2 有色光学玻璃的质量指标

3.2.1 有色光学玻璃的光谱特性

有色光学玻璃的质量指标与无色光学玻璃的不同，主要表现在光谱特性上。对三类不同的有色光学玻璃，其光谱特性的考核参数也不尽相同。

(1)截止型玻璃的光谱特性参数包括吸收系数 $E_{\lambda 0}$、截止波长 λ_{jx} 和陡度 K。

(2)选择吸收型玻璃的光谱特性参数包括吸收系数 E_{λ} 和吸收系数之比 $E_{\lambda 1}/E_{\lambda 2}$。

(3)中性灰色型玻璃的光谱特性参数包括平均吸收系数 E_{p}、平均吸收系数相对误差 Q_{p}

和吸收系数最大相对误差 Q_z。

3.2.2 有色光学玻璃的其他质量指标

(1)应力双折射:分为3、4、5类。

(2)条纹度:只分类,不分级,分为1、2、3、4类。

(3)气泡度:分类又分级。按最大气泡度直径分为8类,然后每类再按1 kg玻璃中直径大于0.03 mm气泡数分为A、B、C、D、E、F级。

4 特种光学玻璃

随着光学仪器使用范围的不断扩大,人们对光学玻璃不断提出许多特殊的要求,因此,特种光学玻璃的品种也随之不断增加。

4.1 耐辐射玻璃

原子能工业的发展,以及放射线同位素和高能射线的应用,要求光学仪器能在高能射线作用下保持稳定可靠的工作。但是,普通的无色光学玻璃在受到一定剂量的 γ 射线和X射线的照射后,由于对短波部分的吸收,玻璃会变暗或着色,甚至完全失透,致使仪器无法工作。因此,发展耐辐射的光学玻璃是十分必要的。

耐辐射光学玻璃属于无色光学玻璃的N系列,其牌号序号为501~599。它与普通无色光学玻璃(P系列)的区别是具有良好的耐辐射性能,经受总剂量为 1×10^5 伦琴的X射线辐照后,每厘米厚度上光密度增量 ΔD 一般是小数点后两位数字,因此,耐辐射玻璃承受高能辐射后,仍能保持高透过率的要求。严格的光密度增量允许差值,是每种牌号耐辐射光学玻璃重要的质量指标。

4.2 防辐射光学玻璃

在原子能技术中,通常用玻璃制造透明的窥视窗,以便观察热核实验中所发生的现象和反应过程。这种透明窗口必须采用具有吸收有害辐射线能力的特种防辐射光学玻璃,以保证操作人员的安全。

防辐射光学玻璃可以分为两种:防 γ 射线的玻璃和吸收快中子、慢中子的玻璃。

防辐射玻璃能吸收各种射线,对操作人员起到保护作用。为防止玻璃着色,还必须加入耐辐射的抑制剂。但要求玻璃完全不着色,也是不可能的。不过,高能辐射的着色过程是可逆的,着色玻璃置于日光下照射或加热到软化温度以下,颜色会消失。

4.3 红外光学玻璃

在电磁波谱中,位于0.76~750 μm波段的电磁波称为不可见的红外光线。红外光学仪器最早从光谱仪器开始,到19世纪末,已有棱镜式红外光谱仪。第二次世界大战后,红外光学仪器有了迅速发展。出于国防军事的需要,各国开始发展红外探测、红外追踪及红外导航仪器。红外线技术的主要军事应用有红外夜视仪、红外侦察、红外摄影、红外跟踪和红外制导等。

红外技术的发展主要取决于红外光学材料和红外探测器的水平。红外光学材料不可能在整个红外波段 0.76～750 μm 均具有良好的透过率，它只是在某一红外波段内具有一定的透过能力。目前，国内外红外光学材料的发展重点是适用于 1～3 μm、3～5 μm 和 8～14 μm 波段的光学材料。这几个波段的红外线，在大气中的衰减最小。

红外光学仪器中所采用的部分红外光学材料，按其物质形态及制备方法可分为以下三类。

(1)晶体类红外光学材料。

目前人工生产的光学晶体已广泛地应用于红外光学仪器中。人工光学晶体的优点是晶体的物理和化学性能及使用特性的多样性，我们可以选择透过红外光谱任何波段的光学晶体来满足各种用途。但其缺点是晶体的水解性很大、机械强度及硬度差，且生产晶体困难，价格昂贵，不易制造大尺寸光学零件。

(2)玻璃类红外光学材料。

玻璃类红外光学材料包括熔融石英玻璃、各种硅酸盐红外玻璃、锗酸盐玻璃、铝酸盐玻璃、碲酸盐系统玻璃以及硅-砷-碲、硒-砷、硫-砷等非氧化物系统玻璃等，种类很多。一般来说，玻璃材料有较高的光学均匀性，可以制造较大尺寸的光学零件，且玻璃材料不会水解，有较高的机械冲击强度和表面硬度。其缺点是铁的化合物会显著降低玻璃的透过率。

(3)热压多晶体材料。

热压多晶体材料是 20 世纪 60 年代红外光学材料领域内发展出的新材料。该类材料是由普通原料粉末加压烧结而成，具有良好的红外光谱透过性及良好的机械性能和化学稳定性，并能制成尺寸较大的制品。影响红外吸收的因素主要是玻璃的组分和杂质两个方面。

4.4　石英光学玻璃

石英光学玻璃的二氧化硅含量高，一般在 99.9%以上，俗称水晶玻璃，高纯石英玻璃二氧化硅含量高达 99.999%以上，因此它具有一系列优良性能。

(1)优良的光谱特性。

它有相当好的光学均匀性，在紫外、可见和近红外波段有很高的透明度，因而是紫外及近红外光谱仪器棱镜的比较理想的材料。

(2)耐高温和热膨胀系数小。

石英玻璃耐高温性能远远超过任何一种玻璃。它的熔化温度高达 1713 ℃以上，能承受 1000 ℃以上的高温。石英玻璃的热膨胀系数极小，尺寸稳定性好，在 20 ℃时的线膨胀系数 $\alpha=5.8\times10^{-7}/℃$，大约是普通光学玻璃中常用的 K9 玻璃的 1/10，这样就使它有极高的热稳定性，能承受瞬时高温，突然冷却时也不会变形。

(3)化学稳定性好。

其耐酸性优于所有光学材料，表面不易受潮湿大气的侵蚀，但耐碱性能较差，因此，石英玻璃不适合在强碱中使用。

(4)机械强度及弹性模量大。

可以承受较大应力及变形；硬度高，表面不易产生划痕。石英玻璃的抗压强度极高，抗折强度的抗拉强度次之，唯独抗冲击强度差。

由于石英玻璃的这些优良特性，常用它来制造光学工具、飞行器的光学窗口和红外整流罩等。石英玻璃优点非常多，但由于熔制困难，价格昂贵，因此限制了它的大批量使用。

4.5 微晶玻璃

微晶玻璃是20世纪60年代发展起来的新型光学材料。它是在基础玻璃中加入成核剂，在一定温度下热处理后，形成微晶体和玻璃均匀分布的复合材料，即具有玻璃态和微晶态两个相的光学材料。由于微晶的大小和数量可以调节和控制，使微晶玻璃具有许多宝贵的性能，如热膨胀系数低、热稳定性好、软化温度高、机械强度高、硬度大、电绝缘性能好等。微晶玻璃在热处理中析出大量负膨胀系数的微小晶相颗粒，使微晶玻璃的整体在某一温度区域内平均膨胀系数达到或接近于零，故又称这种玻璃为零膨胀(系数)玻璃。

由于微晶玻璃的尺寸稳定性极高，因此可以用来制作平晶、样板、大型反射镜等。目前世界上许多大型天文望远镜的主镜就是用这种微晶玻璃制造的。

4.6 光学纤维

从1970年到1980年，光学纤维(简称光纤)的传输损耗从20 dB降到了0.2 dB，使光纤成为完全实用的通信材料，从此光纤通信得到迅猛发展，目前在世界范围内，光纤通信已经成为通信线路的主流。2009年10月，有"光纤之父"称号的华裔科学家高锟以"涉及光纤传输的突破性成就"获诺贝尔物理学奖。如今，利用多股光纤制作而成的光缆已经铺遍全球，成为互联网、全球通信网络等的基石；光纤在医学上也获得了广泛应用，诸如用于胃镜等内窥镜可以让医生看见患者体内的情况；光纤系统还在工业上获得大量应用，在各类生产制造和机械加工等方面大显身手。

高锟的发明不仅有效解决了信息长距离传输的问题，而且还极大地提高了效率并降低了成本。例如，同样一对线路，光纤的信息传输容量是金属线路的成千上万倍；制作光纤的原料是沙石中含有的石英，而金属线路则需要贵重金属等。此外，光纤还具有重量轻、损耗低、保真度高、抗干扰能力强、工作性能可靠等诸多优点。

今天，光纤构成了支撑信息社会的环路系统。这种损耗性低的玻璃纤维推动了诸如互联网等全球宽带通信系统的发展。

光纤的结构一般为双层或三层同心圆柱体，如图1-3所示。中心部分为纤芯，芯径按不同规格，为2～200 μm，纤芯以外的部分为包层，光纤的外径一般为125～400 μm。纤芯的作用是传导光波，而包层的作用是将光波封闭在光纤中全反射传播。为了保证这一点，要求纤芯的折射率大于包层的折射率。为了保护包层，实际的光纤在包层外面还有一层缓冲涂覆层。

衡量光学纤维的性能，主要有三个指标：几何尺寸、损耗和色散。

4.7 光学功能玻璃

现代光学材料除了对于成像、滤光等介质材料仍在继续深入开展研究之外，又相继出现了像激光、声光、电光、磁光、储存等光学功能材料。这类光学功能材料在激光技术、信息处理、光通信等方面被广泛用来制造调制开关、倍频、存储、显示等器件。由于玻璃态本身所固有的特点，如高度的光学均匀性、高透明度，用通常的工艺就可制得大尺寸、任意几何形状的

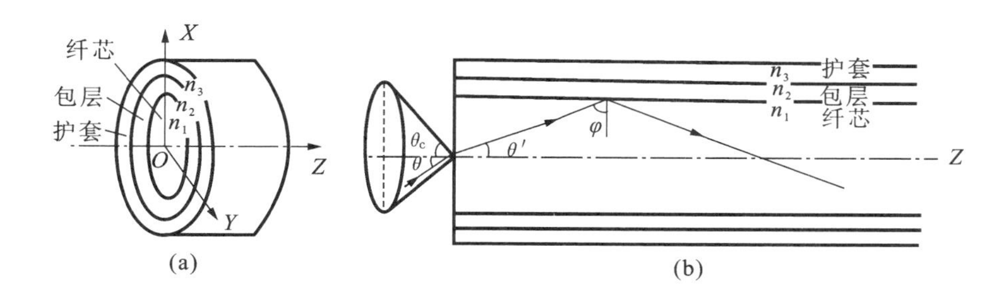

图 1-3 光纤示意图

零件,且成本低,因此,玻璃在光学功能材料中占有十分重要的地位,形成了独具一格的材料——光学功能玻璃。

4.7.1 激光玻璃

激光玻璃是形成激光的工作物质,它由基础玻璃掺入激活离子形成,其物理化学性质主要是由基础玻璃决定,而光谱性质则主要由激活离子决定。使用最多、最普遍的激光玻璃是掺钕离子(Nd^{3+})的硅酸盐玻璃,将钕玻璃制成棒状的工作物质,能发出波长为 1.06 μm 的激光。最近十几年,激光玻璃主要围绕高能激光的发展而发展,磷酸盐激光玻璃逐渐取代硅酸盐激光玻璃,并广泛用于高功率激光系统。

玻璃和晶体是构成固体激光工作物质的两大类材料。由于晶体材料增益高、热传导性能好,多用于输出功率不高、重复频率较大的脉冲激光器或连续输出激光器;而玻璃的受激发射截面较小,储能大,多用于短脉冲、高能量输出激光器。

4.7.2 光色玻璃

光色玻璃材料受紫外线或日光辐照后,由于在可见光谱区域内产生光吸收而自动变暗,光照停止后,可自动恢复到初始的透明状态(即退色)。具有这种现象的玻璃称为光色玻璃。

光色玻璃的应用,除可做太阳镜外,还可用于光信息存储的记忆装置等。光色玻璃作成纤维面板,可应用于计算技术和显色技术。此外,还可以用做各种汽车、航空、航海和建筑中的自动调节光线的窗玻璃。

4.8 硬质玻璃

在仪器的次要部分,如显微镜的载物台,有时需要用普通平板玻璃或硬质玻璃制造。要求不高的光学加工工具经常用硬质玻璃制造,如光胶板、分离器等。硬质玻璃的膨胀系数约为普通玻璃的一半。

5. 光学晶体

光学晶体实际上是人类最早使用的光学材料,在光学玻璃发明以前,人们主要是靠天然的光学晶体制造透镜和平面镜。普通的光学玻璃仅局限于整个可见光区域和近紫外区,只有某些特殊玻璃的透光范围才能达到红外区。而一般的光学晶体在紫外、可见、近红外甚至红外波段都有良好的透过率。因此,为红外、紫外波段设计的光学元件,主要是采用光学晶体材料。另外，光学晶体的各向异性和非线性也是光学玻璃所不具有的，随着光电技术的发展，光学晶体在光电技术中的重要性和不可替代性日益明显。天然的光学晶体已远远满足不了要求，现在的光学晶体主要是人造晶体。

5.1 晶体的概念

晶体的结构与玻璃的不同，即构成晶体内部的质点(分子、原子、离子)是以点阵的形式在空间做有规律的重复排列，构成所谓的格子结构。因此，可以定义晶体是具有格子结构的固体。

规则格子结构的最小单位可以是三面体和平行四面体，也可以是平行六面体，它被称为晶胞。晶胞的顶角、棱线和面分别被称为格子的结点、行列和面网，也就是晶胞的角顶、晶棱和晶面。而这种格子结构的晶胞在三维空间的周期重复，无间隙堆砌的结果可能会形成晶体的多面体外形。

晶体三个棱的方向称为晶轴。晶轴实际上代表表格中三个行列的方向，通常以 a、b、c(或 x、y、z)表示，如图 1-4 所示。

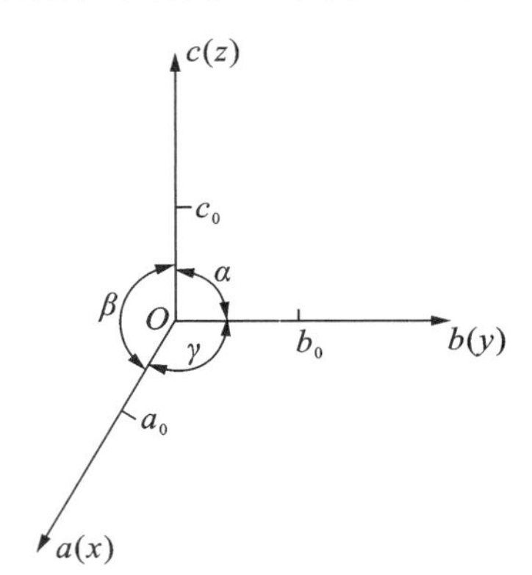

图 1-4 晶胞的晶轴

对于三方和六方晶系还要增加一个 u 轴，a、b、u 轴互成 120°。

晶胞在三个不同行列上的结点间距 a_0、b_0 和 c_0，分别表示晶轴 a、b、c 方向上的单位长度。各晶轴间的夹角称为轴角，分别用希腊字母 $\alpha(b\wedge c)$、$\beta(a\wedge c)$和 $\gamma(a\wedge b)$表示。

a_0、b_0、c_0、α、β、γ 是决定晶胞形状和大小的特征参数，称为晶胞常数。根据晶胞常数的不同，可把所有晶体分为三大晶族、七大晶系，如表 1-9 所示。

表 1-9 晶体结构分类表

光学分类	晶族	晶系	晶胞常数特征	
			轴单位长度	轴角
两轴晶体	低级晶族	三斜晶系	$a_0\neq b_0\neq c_0$	$\alpha\neq\beta\neq\gamma\neq 90°$
		单斜晶系	$a_0\neq b_0\neq c_0$	$\alpha=\gamma=90°,\beta\neq 90°$
		斜方晶系	$a_0\neq b_0\neq c_0$	$\alpha=\beta=\gamma=90°$
单轴晶体	中级晶族	四方晶系	$a_0=b_0\neq c_0$	$\alpha=\beta=\gamma=90°$
		六方晶系	$a_0=b_0\neq c_0$	$\alpha=\beta=90°,\gamma=120°$
		三方晶系	$a_0=b_0=c_0$	$\alpha=\beta=\gamma\neq 90°$
等轴晶体	高级晶族	立方晶系	$a_0=b_0=c_0$	$\alpha=\beta=\gamma=90°$

光学晶体多用中级和高级晶族的晶体，如石英晶体属于中级晶族中的六方晶系，萤石是高级晶族，属立方晶系。

5.2 光学晶体的基本性质

1)均匀性

晶体的不同部位,其内部质点的性质和排列方式是相同的,表现出的物理和化学性质也是完全相同的,这种均匀性是光学晶体作为光学材料的基本条件。

2)各向异性

晶体的光学性质往往随光束方向的不同而不同,这种各向异性的特点表现出的形式就是双折射,而且双折射发生的程度随着方向而规律性地变化,这种特点正是使用光学晶体所需要的。

3)对称性

相同的性质在晶体的不同方向或位置上有规律地重复出现,这就是晶体的对称性。晶体的对称性常常需要在制造光学零件的对称性中保持一致。

4)自范性

自范性是指晶体具有自发地形成封闭几何多面体外形的性质。这种自范性是格子构造在三维空间规律堆积的结果,每个最外层面的结点、行列和面网总是表现为规则的点、线、面,从而构成规则的几何多面体外形。

5)最小内能性

热力学表明,对于成分相同但呈不同物相的物体比较而言,以结晶质的内能最小。所谓内能是指物体内部质点做无规则运动的动能以及由质点相互位置所决定的势能之和。晶体内能最小,表明了晶体质点相互位置的准确和稳定。

6)稳定性

所谓晶体的稳定性,就是晶体随时间变化而性能稳定的程度。晶体的稳定性好是最小内能性的必然结果。正是由于晶体的内能最小,因此它不能自发地转变为其他状态,即晶态是一个相对稳定的状态,晶体具有稳定性。

5.3 晶体的光学性质

1)透光波段宽

通常,光学晶体比光学玻璃的透光波段范围要宽得多。虽然光学晶体按工作波段的不同也分为紫外光学晶体、可见光学晶体和红外光学晶体,但每一种波段的光学晶体仍有较宽的波段范围。通常,轻元素化合物光学晶体在紫外区有较宽的波段,而重金属元素化合物光学晶体在红外区有较宽的波段。常用光学晶体透光波段范围和主要波段的折射率如表1-10所示。从表中可以看出,光学晶体的透光波段范围是比较宽的,一般都在10 μm以上,高的可以达到几十微米。

2)吸收率低

光学晶体不仅比光学玻璃的透光波段要宽得多,而且对光的吸收也要小得多。光学晶体对光的吸收也具有各向异性,随着入射光波振动方向的不同,吸收程度也不同。

3)色散小

与玻璃的另一个差别是光学晶体的折射率随波长的变化幅度比较小,也就是说,光学晶体的色散比较小。像用于红外光学的硅(Si)或锗(Ge)制造的光学系统,几乎不需要校色差。

4)双折射

除了高级晶族的等轴晶体是各向同性的,不产生双折射外,其他六大晶系都是各向异性的。当光束沿光轴以外的任何方向传播时都会产生双折射,且呈规律性的变化。

表 1-10 常见光学晶体透光波段范围和折射率

晶体名称	透光波段范围/μm	折射率(n/λ)/μm	特点及用途
石英晶体(SiO_2)	0.12 ~ 4.5	n_o=1.544,n_e=1.553	双折射
方解石($CaCO_3$)	0.2 ~ 5.5	n_o=1.658,n_e=1.486	双折射
二氧化钛(TiO_2)	0.43 ~ 6.2	n_o=2.616,n_e=2.903	双折射
宝石(Al_2O_3)	0.14 ~ 6.5	1.834/0.265,1.755/1.01,1.586/5.58	硬,轻微双折射红外系统,低折射率
氟化镁(MgF_2)	0.11 ~ 7.5	n_o=1.378,n_e=1.390	薄膜
氟化锂(LiF)	0.12 ~ 9.0	1.439/0.203,1.38/1.50,1.109/9.8	棱镜,窗口,复消色差透镜
氟化钙(CaF_2)	0.13 ~ 12	1.454/0.3,1.423/2.06,1.406/4.3	棱镜,窗口,复消色差透镜
氟化钡(BaF_2)	0.25 ~ 15	1.512/0.254,1.468/0.01,1.414/11.0	窗口
氯化钠(NaCl)	0.2 ~ 26	1.791/0.2,1.528/1.6,1.175/27.3	棱镜,窗口,易潮解
氯化银(AgCl)	0.4 ~ 28	2.096/0.5,2.002/3,1.907/20	易解理,易腐蚀
溴化钾(KBr)	0.20 ~ 40	1.590/0.404,1.536/3.4,1.463/25.1	棱镜,窗口,软,易潮解
碘化钾(KI)	0.25 ~ 45	1.922/0.27,1.630/2.36,1.557/29	软,易潮解
溴化铯(CsBr)	0.3 ~ 55	1.709/0.5,1.667/5,1.562/39	棱镜,窗口,易潮解
碘化铯(CsI)	0.25 ~ 80	1.806/0.5,1.742/5,1.673/50	棱镜,窗口
硅(Si)	1.2 ~ 15	3.498/1.36,3.432/3,3.418/10	红外光学系统
锗(Ge)	1.8 ~ 23	4.102/2.06,4.033/3.42,4.002/13	红外光学系统,在 40 ℃以上时吸收
硒化锌(ZnSe)	0.5 ~ 22	2.489/1,2.430/5,2.406/10,2.336/15	
硫化锌(ZnS)	0.5 ~ 14	2.292/1,2.246/5,2.2/10,2.106/15	
砷化镓(GaAs)	1 ~ 15	3.317/3,3.301/5,3.278/10,3.251/14	
碲化镉(CdTe)	0.2 ~ 30	2.307/3,2.692/5,2.68/10,2.675/12	
氧化镁(MgO)	0.25 ~ 9	1.722/1,1.636/5,1.482/8	

注:表中数据条件为试件厚 2 mm,波长精度为 10%。

5)旋光性

有些光学晶体,当平面偏振波沿着光轴方向传播时,偏振面会有旋转一定角度的现象,称为旋光性。晶体有左旋和右旋,旋转角随波长的不同而不同,波长越短,旋转角越大。

6)多色性

由于光学晶体对不同频率的光的吸收是各向异性的,因此,除等轴晶体外,在同一晶体的不同方向上会呈现不同的颜色，这称为晶体的多色性。多色性与吸收性紧密联系，吸收性显著的，多色性也一定显著。

5.4　光学晶体的其他特性

1)解理

晶体在受到外界定向机械力的作用下，按照一定方向裂解成光滑平面的能力，称为解理。因解理而成的平面，称为解理面。

不同的晶体或是同一晶体的不同晶面，解理的能力一般是不同的。

只有充分了解被加工晶体的解理特性后，才能运用合理的加工方法，以避免在整个加工过程中使解理性强的晶体受到大的外力冲击而解理碎裂，造成产品的报废。

晶体的解理对晶体加工虽然不是好事，但加工者可以利用该特性进行晶体的切割等。

2)硬度

晶体的硬度具有各向异性和对称性。一方面，同一晶体上，不能由对称性联系的各个晶面具有不同的硬度值；另一方面，同一晶面上，不能借助于对称性而重复的各方向上也表现出不同的硬度值。由于晶体的解理特性，显然在平行于解理面的方向上，具有最小的硬度值。

晶体的硬度，相互差别很大。了解晶体的硬度，对于合理地选择加工工艺参数及磨料、抛光剂等辅料是必要的。

3)溶解度

晶体的溶解度表示在一定的温度下，该晶体在100 g水中所能溶解的克数。晶体溶解度的大小是晶体溶解性能的重要标志，它决定了晶体在什么条件下进行加工和使用。一般来说，温度升高，晶体的溶解度就越大。

潮解晶体和非潮解晶体在加工工艺上是有很大不同的。潮解晶体有其特殊的加工方法和相应的表面保护措施。如果不了解所要加工的晶体的溶解度大小即潮解性能如何，而按普通加工工艺去加工晶体，则难免出废品。

5.5　光学晶体的分类

光学晶体按用途，可用作偏光镜、红外和紫外分光棱镜、复消色差镜头、闪烁晶体、窗口材料等。

光学晶体按硬度和工艺方法分类，可分为硬质晶体、软质晶体和水溶性晶体。大部分光学晶体均属软质晶体。

6. 光学塑料

光学塑料是有机高分子聚合物，它是工程塑料中具有严格光学性能和一定力学性能的塑料，可以制作各种光学零件，着色后也能制成各种滤光片。

世界上最早应用光学塑料制造透镜的专利是在1934年取得的，可见光学塑料已有70多年的历史。初期由于光学塑料本身性能差，加工水平不高，主要是制造一些批量大而要求不太高的光学零件，如眼镜片和放大镜。第二次世界大战期间，为弥补光学玻璃的产量不足，也使用光学塑料来制造望远镜、瞄准镜等军用光学仪器的部分光学零件。随着光学塑料的光学、力学性能的提高，尤其是塑料光学非球面的发展，光学塑料的应用范围不断扩大。现在，光学塑料已不再是简单的低精度系统的代名词了，它的使用是高技术、高质量和高效益的有效结合，体现了技术和经济的统一。

6.1 光学塑料的分类

根据材料受热后性能的变化，光学塑料可分为热逆性光学塑料和热固性光学塑料两大类。

热塑性光学塑料的特点是，随着温度的升高，材料变软，可以将其压制成所需要的形状，冷却后，零件形状固定；如果温度再升高，零件继续变软，可塑制成另外的形状。这种材料的软硬随温度的变化是可逆的。目前，光学塑料大部分是热塑性的，常用的有聚甲基丙烯酸甲酯（俗名有机玻璃）、聚苯乙烯、聚碳酸酯等，其特性如表 1-11 所示。

热固性光学塑料的特点是，在温度变化的初期，材料随温度升高而变软，具有可塑性，再继续升温，材料伴随化学反应的发生而变硬，使形状固定；如果冷却后再加热，材料也不再软化，不再具有可塑性。这种材料的软硬随温度的变化是不可逆的。常见的热固性光学塑料有 CR39 树脂、环氧光学塑料等。

6.2 光学塑料的基本性能

1)光学常数

有对光学常数的要求，是光学塑料区别于一般塑料的最基本特征，它的优劣直接影响到光学系统的成像质量。与光学玻璃相比，光学塑料的光学常数变化范围常常要小很多，且一般折射率都比较低。另外，光学塑料的折射率在小数点后第三位不稳定，而光学玻璃的折射率在小数点后第四位才允许有差异。光学常数的准确度不同会造成设计和制造质量的差异，造成不同时期、不同地点制造质量的差异。因此，这也是影响光学塑料在高精度光学系统应用中的一个障碍。

2)透过率

光学塑料在可见光波段的透过率比较高，一般都大于 80%。与光学玻璃相比，在近紫外和近红外波段光学塑料的透过率都较好。

3)密度

光学塑料的密度为$(0.8 \sim 1.3)\times 10^3\ kg/m^3$，而光学玻璃的密度为$(2.3 \sim 6.2)\times 10^3\ kg/m^3$，两者相差 2～4 倍，所以使用光学塑料对减轻系统重量有好处。

4)耐冲击强度

光学塑料能承受撞击，跌落不易破碎，如聚苯乙烯的耐冲击强度为 $2\times 10^4\ J/m^2$，比常用的 K9 玻璃高 11 倍。因为这个特性，光学塑料在眼镜行业比光学玻璃占有更大市场。

5)热性能

光学塑料的热膨胀系数为$(70\sim 100)\times 10^{-6}/℃$，而光学玻璃的热膨胀系数为$(5 \sim 10)\times 10^{-6}/℃$，可见，光学塑料的热胀冷缩一般是玻璃的 10 倍，所以热稳定性差也是影响光学塑料应用到高精度光学系统的又一障碍。

表 1-11　八种热塑性光学塑料的特性

性能 \ 材料	聚甲基丙烯酸甲酯 PMMA	聚苯乙烯 PS	70% Styrene 30% Acrylic 共聚物 NAS	Styrene 和丙烯腈的共聚物 SAN	聚碳酸酯 PC	甲基戊烯 TPX	聚烯烃酯 COP	Arton F
折射率								
n_d(589.3nm)	1.491	1.590	1.533～1.567	1.567～1.571	1.589	1.467	1.530	1.51
n_c(656.3nm)	1.488	1.585	1.558	1.563	1.581	1.466	1.527	
n_f(486.1nm)	1.496	1.604	1.578	1.578	1.598	1.473	1.537	
色散系数 υ_d	57.2	31.1	35	37.8	34.0	51.9	55.8	57
折射率温度系数 $\frac{dn}{dT}$ /(×10^{-5}/℃)	−12.5	−12.0	−14.0	−14	−11.8～−14.3		−8	3.5
线膨胀系数/(×10^{-5}/℃)	6.74	6.0～8.0	6.8	6.5～6.7	6.6～7.0		6.0～7.0	6.1
变形温度/℃								
2℃/min 182×10^{4}Pa	92	82		99～104	142		122	
2℃/min 45×10^{4}Pa	101	110	100	100	146		180	
最高的长期工作温度/℃	92	82	93	79～88	124		171	171
热导率/(W/m·℃)	0.21	0.10～0.138	0.188	0.12	0.19	0.167		
混浊度(厚度 3.2mm)/%	<2	<3	<3	<3	<3	<5	<1.5	1.7
透过度(厚度 3.2mm)/%	92	90	90	90	88	90	92	92
吸水性/%(23℃下浸泡 1 周)	高 2.0	低 0.7	中等	中等	低 0.4	0.1	低	低 0.4
优点	透过性能好	折射率高	折射率范围大	稳定	耐冲击	化学稳定性好	透光范围大	热稳定性好

6)表面硬度

光学塑料的表面硬度为(120 ～ 190) N/mm^2,而光学玻璃的表面硬度可达(3 ～ 7)×10^3 N/mm^2,两者相差几十倍,因此,在玻璃-塑料的混合光学系统中,光学塑料零件不应作为系统的外表面,以防划伤。

光学塑料与光学玻璃的光学与物理性能对比分别如表1-12、表1-13所示。

表1-12 光学性能对比

特性	光学塑料	光学玻璃
折射率 n_d	1.49 ～ 1.61	1.44 ～ 1.95
色散系数 υ_d	26 ～ 57	20 ～ 90
折射率的稳定性	$\pm 10^{-3}$	$\pm 10^{-4}$
折射率均匀性	$\leqslant 5\times 10^{-4}$	$\leqslant 10^{-5}$
应力双折射系数/Pa^{-1}	$\leqslant 40\times 10^{-12}$	$\leqslant 3\times 10^{-12}$
热光学常数 $\frac{dn}{dT}$(1/℃)	$(-100 \sim -160)\times 10^{-6}$	$(-10 \sim 10)\times 10^{-6}$

表1-13 物理性能对比

特性	光学塑料	光学玻璃
密度/(kg/m^3)	1.05 ～ 1.32	2.3 ～ 6.2
弹性模量/(N/m^3)	$(2 \sim 4)\times 10^3$	$(50 \sim 80)\times 10^3$
硬度/(N/m^2)	120 ～ 190	$(3 \sim 7)\times 10^3$
热膨胀系数/(1/℃)	$(70 \sim 100)\times 10^{-6}$	$(5 \sim 10)\times 10^{-6}$
热稳定性	360 ～ 420	910 ～ 1030

6.3 光学塑料的主要优缺点

(1)易成型,适应大批量生产,成本低。

光学塑料可以采用模压、注射、浇铸、车削等加工方法直接制成各种形状的零件,不需精磨抛光就能使用。特别是有些特殊光学零件用通常的光学加工方法难以加工,而采用光学塑料却能很方便地成型,且批量生产能力大,成本大大降低。

(2)重量轻,耐冲击。

这是相对光学玻璃而言,光学塑料最明显的优点。

(3)简化仪器结构和装配校正工序,提高零件的一致性和互换性。

光学塑料的成型可以同时加工出光学零件的光学表面和安装定位面,从而淘汰了传统固定光学零件的压圈和垫圈等,简化了仪器的结构,减少了仪器装配校正的工作量,提高了装配的重复精度。另外,由于所有光学塑料零件都用相同的模芯压制,只要工艺参数合理稳定,零件的尺寸精度和面形精度均具有非常好的一致性和互换性。

(4)对温度和湿度等环境变化敏感。

光学塑料的热膨胀系数远远大于光学玻璃的热膨胀系数,另外,吸湿性也比玻璃的大得多。不过，虽然光学塑料的耐热性能比玻璃的差，但耐温度骤变的能力却比玻璃的强，只要低于塑料熔点温度，急剧的温度变化不会改变其光学性能。

（5）面形难以达到高精度，且存在不同程度的双折射。

由于在材料成型过程中，材料的流动模式和冷却、固化收缩的影响，以及聚合时分子取向性在模压时产生的内应力，塑料光学零件的面形难以达到高精度，并存在一定程度的双折射，所以这种工艺和材料比较多地适用于中低精度面形的光学零件。

综上所述，如果在设计和制造过程中，能趋利避害、扬长避短，光学塑料仍不失为一种重要的光学材料。

思考与练习

1. 冕牌玻璃与火石玻璃在性能特征上有什么不同？
2. 为何在正式生产前一定要先查材料手册？查材料手册时应注意哪些内容？
3. 哪种光学晶体是没有双折射的？
4. 光学晶体的基本特性和光学特性有哪些？
5. 简述光学塑料的优缺点。

任务二　掌握光学加工常用辅料知识

光学辅料是指在光学加工基本工艺中，为使各工序顺利完成，必须采用的各种磨料、磨具，抛光粉，抛光模材料，黏结、保护、清洗材料和冷却液等的总称。

在光学加工中，由于被加工材料质地硬且脆，而被加工零件的精度要求很高，表面粗糙度要求很细，因此，光学辅料就具有其专用性和特有性。实践证明，光学辅料质量的好坏直接影响光学零件的加工质量、生产效率及光电仪器的性能和使用寿命。

1. 磨料和磨具

根据磨削的工艺，磨料主要分为散粒磨料和固着磨料，通常把散粒磨料称为磨料，把固着磨料称为磨具，前者用于传统的低速工艺，后者主要是金刚石磨具，用于现代的高速工艺。

1.1　对磨料、磨具的基本要求

（1）硬度要比玻璃的高，硬度越高，其工艺性能越好。

（2）韧性要好，不会因磨削压力而使磨料破坏。

（3）自锐性好，随磨削压力产生的碎屑应成多角。

（4）熔点应比玻璃的高，磨削发热时磨料尖端不致熔化。

（5）粒度均匀一致，一个粒度牌号的磨料颗粒，大小要受限。

（6）化学稳定性好，不允许对被加工物和辅料起反应。

1.2 磨料

研磨光学玻璃所用的磨料有天然磨料和人造磨料两大类。主要的天然磨料有金刚石(C)、刚玉(Al_2O_3)和金刚砂(主要成分也是Al_2O_3,但含量低于60%)等。常见的人造磨料有人造金刚石、人造刚玉、人造碳化硅(SiC)和碳化硼(B_4C)等。散粒粗磨中,使用最多、效率最高的磨料是碳化硅(俗称金刚砂),其莫氏硬度为9.5～9.75。散粒精磨中除金刚砂外,另一种常用的磨料为刚玉,莫氏硬度为9,尤其是人造刚玉,价格便宜,使用广泛。金刚石的硬度最高,莫氏硬度为10,多以固着磨具的形式用于铣磨和精磨中。碳化硼的硬度仅次于金刚石,适用于精磨。

磨料的粒度是以颗粒的大小分类的。我国的磨料粒度号规定,对用筛选法获得的磨料,粒度号是用1英寸长度上有多少个筛孔数来命名的。例如,60#粒度是指1英寸长度上有60个孔,以此类推。而用"W××"表示的微粉粒度,是用水选法分级的,其粒度号表示磨粒的实际尺寸,如W20,表示该号微粉主要组成的粒度上限尺寸为20 μm。

表1-14 一些主要国家金刚石粒度表示法

中国		美国、日本		前苏联		德国、瑞士	
粒度号	公称尺寸/μm	粒度号	公称尺寸/μm	粒度号	公称尺寸/μm	粒度号	公称尺寸/μm
46	400～315	36	600	A50	630～500	D500	600～400
60	315～250	46	424	A40	500～400	D350	400～300
70	250～200	54	360	A32	400～315	D250	300～200
80	200～160	60	320	A25	315～250	D150	200～120
100	160～125	70	250	A20	250～200	D100	120～80
120	125～100	80	220	A16	200～160	D70	80～60
150	100～80	90	180	A12	160～125	D50	60～38
180	80～63	100	140	A10	125～100	D30	38～18
240	63～50	125	120	A8	100～80	D15	18～9
280	50～40	150	95	A6	80～63	D7	9～5
W40	40～28	220	70	A5	63～50	D3	5～2
W28	28～20	240	60	A4	50～40		
W20	20～14	280	50	AM40	40～28		
W14	14～10	320	42	AM28	28～20		
W10	10～7	400	38	AM20	20～14		
W7	7～5	600	30	AM14	14～10		
W5	5～3.5	700	22	AM10	10～7		
W3.5	3.5～2.5	1000	15	AM7	7～5		
W2.5	2.5～1.5	1500	10	AM5	5～3		
W1.5	1.5～1	2000	7	AM3	3～1		
W1	1～0.5	3000	5	AM1	<1		
W0.5	<0.5						

最常见、使用最普遍的散粒磨料是金刚砂，它以天然铁铝石榴石为原料，按现代工艺技术加工精制而成。该磨料硬度适中，密度大，化学性质稳定且自锐性好，具备了其他磨料所不可替代的优势。

1.3　磨具

目前，在粗磨工序中通常采用的磨具有两种：一种是普通磨料制成的砂轮；另一种是用结合剂固着的金刚石磨具。由于金刚石磨具使用寿命长，生产效率高，已成为粗磨机械化加工的主要工具。因此，深入了解、正确选择、合理使用金刚石磨具，对提高生产效率和改善加工质量具有重要意义。

金刚石磨具一般由金刚石层、过渡层和基体三部分构成，如图 1-5 所示。金刚石层是金刚石磨具的工作部分，由金刚石颗粒和结合剂压制而成，起磨削作用。金刚石层的厚度主要根据工件的磨削余量和磨削深度而定。粗磨铣磨机上的磨轮，其金刚石层厚度一般为 2～3 mm。过渡层由结合剂粉末压制而成，不含金刚石磨料，作用是牢固联结金刚石层和基体，并保证金刚石层被充分利用，其厚度一般为 1～2 mm。基体用于承载金刚石层和过渡层，并在使用磨具时牢固地将其固定在机床磨头轴上。一般金属结合剂的磨轮选择用钢做基体，树脂结合剂的磨轮选用铝、铜或电木等做基体。

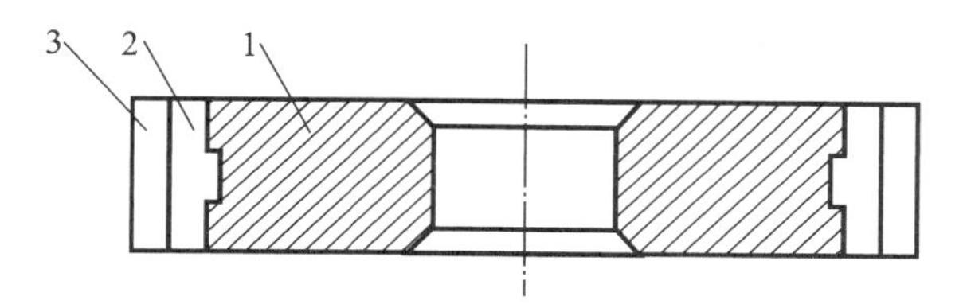

图 1-5　金刚石磨具的结构

1—基体；2—过渡层；3—金刚石层

金刚石磨具主要有以下几种。

（1）金刚石磨轮：常见金刚石磨轮的形状有碗形、杯形、碟形和筒形，如图 1-6 所示。其代号分别用 BW、B、D 和 NH(NP)表示。

（2）金刚石成型磨：是为磨削较小曲率半径的球面专门配备的金刚石磨具，如图 1-7 所示。为了方便排出磨屑，成型磨具上规则地开有沟槽，其主要参数是粒度和曲率半径。

图 1-6　金刚石磨轮

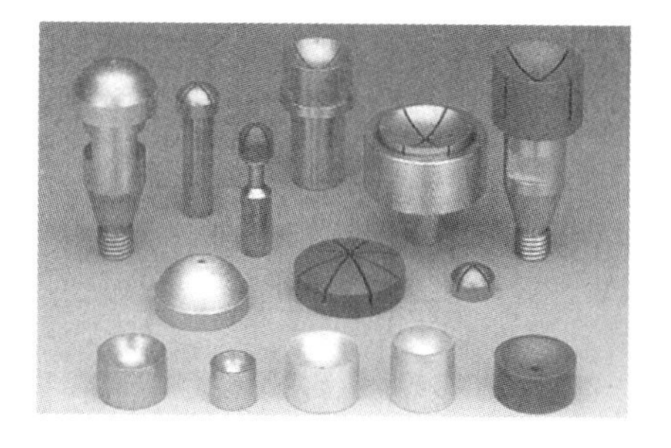

图 1-7　金刚石成型磨

(3)金刚石锯片：是金刚石磨具中一种先进的高效切割工具，使用时可以根据需要，应用单片或多片对光学玻璃或光学晶体进行切割，其应用非常广泛，如图 1-8 所示。其主要参数是粒度、外径和厚度。

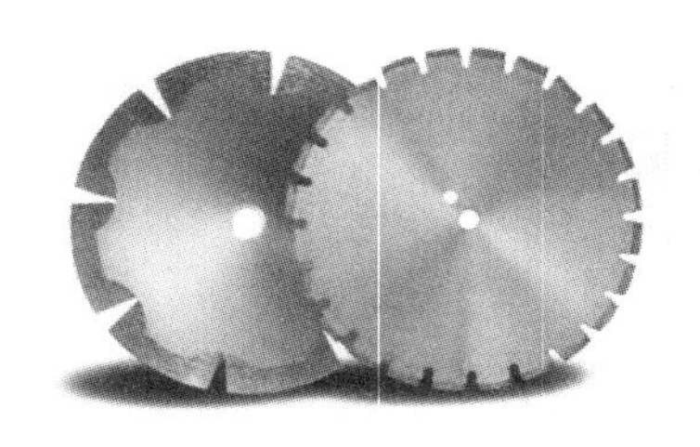

图 1-8 金刚石锯片

(4)金刚石丸片：是光学加工中使用最多的金刚石磨具，其特点是可以根据被加工零件直径和曲率半径的大小，灵活地用丸片排列，组成相应的磨具，而且使用寿命较长，如图 1-9 所示。其主要参数是粒度、直径和厚度。

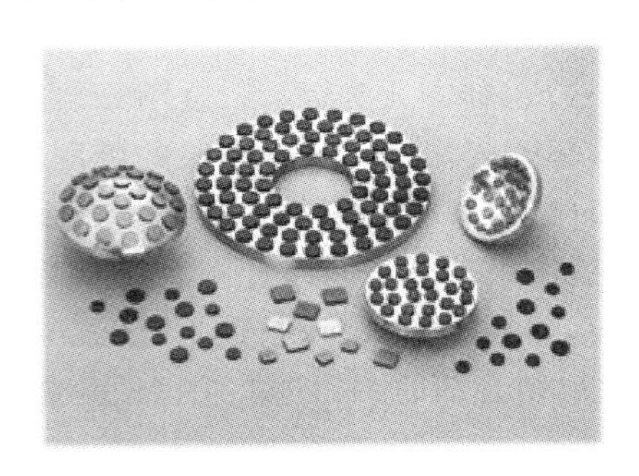

图 1-9 金刚石丸片

金刚石磨具特征参数的选择包括以下内容。

(1)粒度。

金刚石磨具的粒度对磨削效率和表面粗糙度的影响正好相反，粒度越细，工件表面粗糙度越好，但效率越低。粒度对表面粗糙度的影响近似成直线关系。选择粒度的原则是：在保证工件粗糙度要求的前提下，尽可能采用粒度粗的磨轮加工，以提高磨削效率。但是，在浓度一定的情况下，粒度越大，粒数越小，每个颗粒上承受的压力越大，则造成磨具磨耗过大。一般铣磨用的磨具粒度范围为 80＃～120＃。

(2)结合剂。

结合剂是将磨料黏结成具有一定几何形状的材料，它对磨轮的使用寿命和磨削能力影响很大。结合剂的基本类型有树脂结合剂、陶瓷结合剂、金属结合剂和电镀结合剂等。目前国内普遍使用的结合剂是青铜结合剂和电镀结合剂。青铜结合剂具有结合力强、耐磨性好、磨耗小、使用寿命长、可以承受较大的载荷磨削等优点；其缺点是成本高、自锐性差、易堵塞、发热和不易修正。电镀结合剂是用电沉积金属的方法把金刚石颗粒镶嵌在基体表面上，具有结合力强、磨削效率高、寿命长且可重复利用等特点；其缺点是由于镀制的金刚石层不能太厚，只能制作较小的磨轮，如铣圆弧磨轮、切割锯片等。树脂结合剂表面粗糙度小，易修整，但结合力小，耐磨性差，常用于精磨和初抛光。陶瓷结合剂耐磨性强，但脆性大，在光学加工中应用很少。

(3)硬度。

磨轮的硬度是指磨具表面的磨粒在外力作用下脱落的难易程度。磨粒易脱落则磨具软，反之则硬。一般来讲，玻璃材料较软时，磨轮硬度可选择硬些；工件加工面积大时，磨具硬度可选择软些。

(4)浓度。

磨轮中金刚石浓度是指含有金刚石的结合剂中金刚石的含量。规定当结合层中金刚石的含量为 4.4 ct/cm^3 时浓度为 100%。浓度太大,结合剂的黏结力不够,金刚石颗粒没有磨钝就掉了,磨削效率较高,但磨具的损耗就大了;浓度太小,磨削刃少,磨削效率低。另外,浓度还与粒度有关,相同浓度,若粒度大,颗粒数减少,相应的磨削效率就较低。实验表明,当浓度为 100%时,磨具单位重量的磨削量最大。

2. 抛光粉

抛光粉是抛光工艺中使用最多的辅料,其作用是通过它在抛光模和被抛光零件之间的吸附和磨削,提高被加工表面的粗糙度。常用的抛光粉有氧化铈抛光粉、氧化铁抛光粉和氧化锆抛光粉。

2.1　对抛光粉的基本要求

对抛光粉的基本要求如下。

(1)外观均匀一致,不含有机械杂质。

(2)粒度基本上均匀一致。

(3)具有一定的晶格形态和晶格缺陷,化学活性高。

(4)具有良好的分散性和吸附性。

(5)合适的硬度和比重,与水有很好的浸润性和悬浮性,因为抛光粉需要与水混合后使用。

2.2　评价抛光粉的指标

通常,评价抛光粉的指标主要有如下几项。

(1)颗粒大小。

颗粒大小决定了被抛光物的表面粗糙度和抛光效率。颗粒大小一般用过筛目数和平均颗粒大小来表示。过筛目数反映了最大颗粒的大小,而平均颗粒大小决定了抛光粉颗粒大小的整体水平。

(2)硬度。

颗粒硬度大的抛光粉具有较强的抛光能力,因此抛光效率较高。在抛光液中加入适当的助磨剂也可以提高抛光能力。

(3)悬浮性。

高速抛光要求抛光液具有较好的悬浮性,抛光粉的颗粒形状和大小对悬浮性有明显影响,近似球面、边缘有絮状物的抛光粉和小颗粒的抛光粉的悬浮性较好。提高悬浮性也可以通过在抛光液中加入悬浮剂来实现。

(4)颗粒结构。

颗粒结构是团聚体颗粒还是单晶颗粒决定了抛光粉的耐磨性。团聚体颗粒在抛光过程中会破碎,从而导致耐磨性下降,而单晶颗粒具有较好的耐磨性。

2.3 常用抛光粉的基本性能

常用的氧化铈抛光粉、氧化铁抛光粉和氧化锆抛光粉的基本性能如表1-15所示。

表1-15 常用抛光粉基本性能

	氧化铁	氧化铈	氧化锆
分子式	Fe_2O_3	CeO_2	ZrO_2
外观	深红色，褐红色	白色，黄色	白色，黄色，棕色
比重	5.1～5.3	7～7.3	5.7～6.2
莫氏硬度	5～7	6～8	5.5～6.5
颗粒外形	近似球形，边缘有絮状物	多边形，边缘清晰	
颗粒大小/μm	0.2～1.0	0.5～4	0.25～0.7
晶系	斜方晶系	立方晶系	单斜晶系
点阵结构	刚玉点阵	萤石点阵	
熔点/℃	1560～1570	2600	2700～2715

(1)氧化铁抛光粉。

氧化铁抛光粉是最早使用的抛光粉，已经沿用400多年，至今仍占一定地位，又被称为红粉。它是由硫酸亚铁、碳酸亚铁、草酸亚铁等焙烧而制得。红粉虽然抛光能力较低，但抛光表面粗糙度较小，因此，对于表面粗糙度要求高的零件，通常仍采用红粉。

(2)氧化铈抛光粉。

20世纪30年代，国外开始采用氧化铈抛光粉。这是一种以铈为主要成分的稀土氧化物抛光粉。因其抛光能力较强，抛光效率比氧化铁抛光粉的大一倍以上，因而目前生产上大多数采用氧化铈抛光粉。

氧化铈按含量不同，可分为以下三类。

①高铈抛光粉：氧化铈(CeO_2)含量95%以上，呈白色，俗称白粉，主要用于古典法抛光和高精度零件加工。

②富铈抛光粉(中铈抛光粉)：氧化铈(CeO_2)含量80%～85%，呈黄色，适用于高速抛光。

③混合稀土抛光粉(低铈抛光粉)：氧化铈(CeO_2)含量40%～50%，呈黄红色，俗称黄粉，主要用于显像管玻璃的抛光、眼镜片和平板玻璃等低精度零件的抛光。

(3)氧化锆抛光粉。

20世纪50年代开始出现用氧化锆做玻璃抛光粉。其抛光能力介于氧化铈和氧化铁之间。但对抛光硬玻璃，其抛光能力比氧化铈的好，抛光软玻璃则相反。它适合于在高速、低压的抛光条件下使用。

3. 抛光模层材料

抛光模层材料是指和被抛光零件紧密接触的材料。随着高速抛光工艺的普及与发展，抛光模层材料发生了很大的变化，传统抛光工艺所采用的抛光柏油退居二线，而聚氨酯抛光模和固着磨料抛光片成为主要的抛光材料。

3.1 对抛光模层材料的要求

(1)要有微孔结构,便于抛光时储藏抛光粉,以提高抛光效率。

(2)耐磨性要好,否则会迅速改变抛光零件的面形。

(3)吻合性好,以保证和被抛光材料的贴合。

(4)耐热性好,能够承受抛光过程中产生的热效应。

(5)无弹性变形。

(6)老化期要长,以保证较长的使用寿命。

(7)成型收缩率小,以保证模具的面形精度。

(8)吸水性好,因为抛光离不开水。

3.2 常见的抛光模层材料

1)聚氨酯抛光片

聚氨酯抛光片是20世纪50年代出现的一种新型合成材料。由于它具有一系列优异性能,近些年在国内外得到迅速发展和广泛应用。聚氨酯抛光片具有良好的微孔结构,强度高,耐磨性好,抛光效率高,形变小,寿命长,目前广泛应用于中、低精度的光学零件加工中,尤其是在平面零件的生产中已很成熟。

聚氨酯是一种共聚物,具有微相分离的性质,抛光片以发泡的聚氨酯为基体,其中可以加入填充物,若加入填充物,则应加入抛光粉,但含量一般不超过25%。表1-16所示的为业界最常用的美国产LP系列聚氨酯抛光片的相关参数。

表1-16 美国产LP系列聚氨酯抛光片

型号	填充物	呈现颜色	密度	肖氏硬度	典型应用
GR-25	无	灰色	27	30	精密光学
GR-35	氧化锆	灰色	36	37	精密光学,LCD
LP-13	氧化铈	亮绿色	22	20	玻璃,精密光学
LP-26	氧化锆	粉红色	35	38	精密光学
LP-46	氧化锆	墨绿色	22	25	光纤,精密光学
LP-57	无	白色	32	35	精密光学,半导体基板
LP-66	氧化铈	棕红色	26	27	玻璃,精密光学, LCD,玻璃磁盘
LP-77	氧化铈	棕色	27	27	玻璃,精密光学
LP-87	无	浅橙粉红色	49	50	玻璃,精密光学
LP-88	氧化铈	亮棕色	73	65	精密光学
LP-CV6	氧化铈	棕色	26	27	
LP-99	氧化硅	紫色	27	29	
LP-U	无	白色	44	46	精密光学,半导体基板
LP-T	氧化铈	土黄色	48	46	
LASER	氧化锆	白色	33～39	32～47	精密光学

聚氨酯抛光片耐磨性能好，使用寿命很长，一张薄薄的抛光片可以加工出千件(盘)以上的镜片。抛光片从表到里充满微孔，大大增加了吸附抛光液的能力和摩擦力，提高了抛光效率。它厚薄均匀，贴在模子上有一定弹性，应用时效率很高，光圈稳定。其缺点是被抛光镜片的面形，不同程度地存在塌边。

根据镜片磨耗度的不同选择相对应的肖氏硬度的聚氨酯抛光片(见图 1-10)，肖氏硬度数值越大则越硬。

图 1-10 聚氨酯抛光片

聚氨酯抛光片里的填充物(氧化铈、氧化锆)的添加是微量加入，填充物的种类决定所用的抛光粉，例如，氧化铈可以与含有氧化锆填充剂的抛光片配合使用。含有氧化铈的抛光片能提高抛光速率；含有氧化锆的抛光片能提高光洁度；不含有填充剂的抛光片能在抛光过程中保持光圈稳定。

抛光片发泡孔多利于抛光粉的流动性，抛光速率好。抛光片发泡孔少的在亲水性能上更强，因聚氨酯在长时间抛光液的浸蚀下，发泡孔多的变形大于发泡孔少的，因此，发泡孔多的抛光片修盘次数会相应增加。

聚氨酯抛光片上可以根据抛光的需要，开各种槽。开槽是为了增加抛光液的流动性，提高抛光速率，可选用开槽类型的聚氨酯抛光片，一般选择 1.5 mm 以上的厚度，开方形槽，方块边长常见的有 5 mm、10 mm、15 mm、20 mm、30 mm 等，槽宽为 1 mm、1.5 mm。开槽的抛光片会减少抛光粉里的较大颗粒对镜片的划伤，主要用于平面加工。

有时，聚氨酯抛光片还会打孔。打孔是为了增加抛光液的流动性，提高抛光速率，采用打孔类型的聚氨酯抛光片，一般孔的大小为 2 mm 左右，根据镜片口径的大小、设备的转速、R 值的不同，孔可按轴线互相呈 90°、60°、45°几种形式排列，更适用于球面加工。

聚氨酯抛光片需要用胶粘贴在抛光基体上，厂家生产的聚氨酯抛光片有不带背胶的和带背胶的两种。聚氨酯的黏结要选用流动性比较好的胶，有冷胶和热胶两种，胶层不均匀容易带来抛光片的不平整，从而造成抛光的光圈不稳，所以采用带背胶的抛光片能达到胶层均匀，一般带背胶的聚氨酯抛光片多用于平面加工。

当聚氨酯抛光片在模具上黏附好后，应先进行修盘。通常用 W40 的金刚石丸片对抛光模表面(球面或平面)进行校正和开刃，这是十分必要的。在聚氨酯抛光模使用的过程中，可根据需要采用刷子对聚氨酯表面进行打毛，将有助于提高抛光速率。各厂家生产的聚氨酯抛光片的尺寸各有不同，有各种直径的圆片，也有大张的片材，厚度为 0.5～20 mm 不等。也可根据客户需要订做不同规格。

2)固着磨料抛光片

固着磨料抛光片是把抛光粉与抛光模做成一体，加工时抛光粉不是以散粒形式出现，而是固着在抛光模上，并与抛光模一起在工件表面做相对运动，从而对玻璃进行抛光，抛光时不用再加抛光粉，只要加水或含有添加剂的液体。

固着磨料抛光片是把氧化铈或金刚石微粉与特殊的树脂结合制成。常见的 WBN(钎锌矿型氮化硼)固着式磨料抛光片由 5%～30%WBN 微粉、50%～85%氧化铈、0～30%固化剂和5%～25%有机黏合剂组成。制作方法为：先烘烤WBN微粉→加入氧化铈、固化剂混合→加有机黏合剂→压制成型→焙烧固化。这种抛光片不仅可对玻璃进行高效球面抛光加工，而且可以较好地解决对玻璃进行高效平面抛光加工的问题。

固着磨料抛光片具有以下优点：生产效率高，操作方便；光圈质量稳定，表面粗糙度好；加工安全，环境清洁；适用面广，可用于单块或成盘加工。固着磨料抛光片从问世以来，得到了比较广泛的应用。存在的问题主要是目前各抛光丸片生产厂家质量不稳定。

3）抛光柏油

抛光柏油是传统古典式抛光工艺使用的抛光材料。在高速抛光普及的今天，高精度光学零件，尤其是高精度平面光学零件的加工，仍然离不开抛光柏油。

抛光柏油是以沥青、松香为基本原料熬成的混合物，两者的比例根据室温及加工时发热情况等不同而不同。当室温高或由加工引起的发热量增大时，应增加松香含量，提高柏油模硬度，反之则减少松香用量，降低硬度。松香主要是调节抛光柏油的黏结性、硬度及热稳定性；沥青主要使抛光柏油具有韧性、适度的弹性和化学稳定性。

需要改善抛光柏油的某些性能时，可根据不同要求，在其中加入适量的树脂、蜂蜡、毛毡、纤维和油，现在也有厂家在柏油模中加入适量抛光粉来改善性能。

柏油抛光模在使用时，为提高抛光效率，一般都会在表面开槽，槽的形状有放射状、同心圆环和方槽等。开槽后可增加抛光液流动性，并可从槽的尺寸下降程度来判断抛光模软硬变化情况。

抛光柏油的生产目前无规范性，通常都是生产厂家从辅料供应商处购买柏油后，再根据生产需要另行熬制。

4. 胶合材料

光学胶合中所用的胶黏剂多半属于有机高分子聚合物，它们大体上可分为四个发展阶段：天然冷杉树脂胶→环氧树脂胶→甲醇胶→光学光敏胶。光学光敏胶的发展十分迅速，目前胶合基本已全部采用。常用的牌号有GBN-501、GBN-502、GGJ-1、GGJ-2等。

4.1　对胶合材料的要求

光学胶黏剂主要用于光学零件间的胶合，通常是用于两光面胶合，为了保证光学零件的胶合质量和胶合面，胶黏剂必须满足如下要求。

（1）无色透明、高透过率，无荧光，与胶合零件的折射率相近。

（2）固化时体积收缩率小，不使胶合表面产生内应力。

（3）机械强度好，不至于受震动、冲击而引起胶层开裂。

（4）化学稳定性好，与光学材料不发生化学反应，长期使用不变质。

（5）环保性好，无毒无害。

（6）热稳定性好，能在－70 ℃～＋70 ℃的温度范围内工作，而不致胶层破裂、脱胶或造成零件错位。

（7）胶合工艺简单，拆胶容易。

4.2 常用胶合材料及性能

光敏胶使用方便，效率高（在紫外光照射下，12 min 左右完全干固），收缩性小，光学零件像质好，耐老化性好，长期使用胶层颜色不变，透过率仍然不小于 90%。牌号 GBN-501、GGJ-1 光敏胶黏剂适用于自动对中心的透镜和棱镜胶合，GGJ-2 胶比较黏稠，近固态，适用于仪器或手工对中心的光学零件的胶合。如表 1-17 所示，列出几种胶的主要性能。

表 1-17 常用胶主要性能

名称	型号	主要技术性能指标	优点	缺点	备注
光学胶黏剂	环氧树脂胶	双组分，浅黄色液体，常温固化，高低温度范围：－60 ℃～＋70 ℃	收缩性小，光学像质好	固化时间长，工艺性复杂，毒性大，易引起人体皮肤过敏，拆胶困难	光学零件胶合，已少用
	甲醇胶（冷胶）	单组分，无色透明，低黏度，高低温度范围：－60 ℃～＋60 ℃	几乎可以黏结任何材料	胶合工艺比较复杂，胶的收缩性很大，常常导致光学零件像质变坏。胶层耐老化性差，使用时间不长，容易变色或脱胶，致使透光率下降	
	热胶（冷杉树脂胶，加拿大树脂胶）	单组分，淡黄色固体，高低温度范围：－40 ℃～＋50 ℃	胶合工艺性简便	高低温性能很差，常常引起脱胶，造成透镜中心、棱镜角度变动，使仪器失去原设计的要求	
光学光敏胶	GGJ-1	单组分，近无色透明，紫外线固化，低黏度流体，高低温度范围：－60 ℃～＋70 ℃	工艺简单，固化快，保存期长，拆胶容易		大尺寸光学零件胶合，自动定中心胶合
	GGJ-2	单组分，近无色透明，紫外线固化，半固态体，高低温度范围：－45 ℃～＋60 ℃	工艺简单，固化快，保存期长，拆胶容易		中小尺寸光学零件胶合
	GBN-501	双组分，近无色至淡黄色流体，紫外线固化，低黏度流体，高低温度范围：－60 ℃～＋70 ℃	黏结强度高，性能稳定，机械强度高，耐高低温性能好，收缩率小，固化快	双组分，需配胶，4 h 内应用完，胶合工艺较复杂	一般光学零件胶合

续表

名称	型　号	主要技术性能指标	优　点	缺　点	备　注
光学光敏胶	GBN-502	单组分，比 GBN-501 性能略差	工艺简单，保存期长，固化时间短，有利于自动化和半自动化生产	性能比 GBN-501 略差，精度不很高	精度要求不很高的光学零件胶合

5. 冷却液

冷却液广泛用于切削、铣磨、精磨、磨边等工序中，主要的作用是冷却作用（降低磨削温度）、润滑作用（减少摩擦）、清洗作用（及时清洗掉碎屑）和化学作用（防止设备锈蚀）。随着粗磨普遍机械化、精磨普遍高速化、磨边普遍自动化的实现，光学冷却液的使用就显得尤为重要。

5.1 对冷却液的基本要求

（1）黏度低，以便改进润滑作用，促进碎屑的沉淀。

（2）化学稳定性好，不易变质、发臭，pH 值接近 7。

（3）导热性好，比热容大，以保证温度的有效降低。

（4）具有防锈作用，以避免设备的腐蚀。

（5）洗涤性好，不起泡沫。

5.2 常用冷却液

1）油基冷却液（切削油类）

以矿物油为主体的油基冷却液是传统的冷却液，它的优点是：润滑性好，对磨具的保护性能好，表面张力小，渗透性好，易覆盖在工件上，防锈性能好。其缺点是，黏度大，清洗作用差，磨屑不易沉淀下来，比热容、导热系数、汽化热都小，所以冷却作用差，闪点低，易于着火。

目前在光学加工中，通常只在铣磨、磨边工序使用油基冷却液，其他工序较少使用。

2）水溶液类

水溶液类冷却液是一种以水为主体并含有某些化学药品的溶液。加入化学药品的目的是为了改善水作为冷却液时性能之不足。水作为冷却液时的主要缺点是表面张力大，润湿性差，润滑性差，防锈性能差等。加入的化学药品主要是表面活性剂和防锈剂。表面活性剂的主要作用是降低表面张力和界面张力，从而起到润湿作用、润滑作用、清洗作用。表面活性剂也有一定的防锈作用和杀菌作用。根据防锈性能的要求，有时还需加入一定的防锈剂。

3）乳化液类

乳化液类是由矿物油与水在乳化剂作用下形成的一种稳定的乳化液。因为它既含有水也含有油，所以既具有水冷却液的优点，也具有矿物油冷却液的优点。

乳化液分为两大类：水包油型和油包水型。光学加工中主要用水包油型，首先配成乳化油，即母液，再将母液用水冲淡 20 倍至 50 倍后使用。

乳化液根据配方不同，对冷却、清洗、润滑和防锈等性能往往不同。对磨削用的乳化液要求清洗性能好，使用时磨屑不易黏住磨具，便于清洗。因此，配制时加入的矿物油要少些，乳化剂要多些，稀释倍数要大些。

6. 黏结、保护材料

黏结、保护材料是指在光学零件加工过程中，因为工艺的需要，对加工或流转过程中的光学零件进行固定和表面保护的辅料。随着光学零件毛坯成型的日益精密，光学零件全自动生产线的完善，以及光学零件单件研磨抛光的发展，尤其是透镜加工方面，黏结、保护材料在光学工艺中的作用在逐渐下降，但在棱镜生产方面，以及加工质量和效益的要求下，这种辅料仍是不可取代的。

6.1 对黏结、保护材料的基本要求

(1)良好的黏结、保护功能，操作简便，能直接迅速起到黏结、保护作用。

(2)适当的软化点，良好的热稳定性。

(3)良好的化学稳定性，不致腐蚀零件表面。

(4)成分均匀，无有害硬粒杂质。

(5)适度的脆性，能较容易地从零件表面清除。

6.2 黏结、保护材料的种类、性能和用途

黏结材料的种类、性能和用途如表 1-18 所示。

表 1-18 黏结材料的种类、性能和用途

种类	主要成分	性能	用途
蜂蜡	软脂酸蜂蜡酯和蜡酸的混合物	淡黄色至褐黄色固体。不溶于水，易溶于热乙醇、乙醚、氯仿、苯和四氯化碳。蜡层厚度中等	粗磨、黏结、刻度保护蜡
石蜡	固体石蜡烃的混合物	易溶于汽油、丙酮、苯。蜡层较薄，熔点较低	粗磨翻胶黏结
胶条蜡	松香、固体古马隆和蜡类的混合物	黏结强度高，耐温性好，能溶于一般有机溶剂中	粗磨胶条黏结
石膏水泥	熟石膏和水泥	熟石膏与水 1∶1 搅匀，5 min 内固结成白色致密的硬块，但体积膨胀，所以要加入水泥	棱镜精磨抛光上盘
火漆	松香、沥青和中性填料	松香和沥青起黏结作用，填料提高强度和硬度	粗磨抛光胶黏剂

保护材料的种类、性能和用途如表 1-19 所示。

表 1-19　保护材料的种类、性能和用途

名　称	配　比	性　能		用　途
虫胶漆(洋干漆、假漆)	虫胶片 无水乙醇	1 份 2.5～3 份	有保护作用,不透水,干燥迅速,有一定黏结力	用于抛光表面的保护
冷杉树脂胶液	冷杉树脂胶 松香或乳香 二甲苯或无水乙醇	10 g 10 g 150 ml	黏结力强,清洗容易,水洗胶层不受影响,干燥速度较慢	用于抛光表面的保护(常用于棱镜屋脊面)
中性保护漆	棕褐色透明液体(或黑色)		具有很好的黏结性,良好的耐水性和抗划伤性。清洗时在丙酮(化学纯)和甲醇(化学纯)的混合液(建议比例 3∶1)浸泡 5～10 min,用脱脂棉布轻轻擦拭,表面无任何残留,然后清洗干净,也可采用超声波直接清洗	适用于各种材质的玻璃,尤其是稳定性差的火石类、镧系玻璃的加工,对抛光后的玻璃表面无任何腐蚀作用。对各种软材质的玻璃有很好的保护作用,而且与火漆有很好的附着力,可起到中间保护层的作用

7. 清洗材料

光学零件清洗主要是指抛光完工的清洗、磨边后的清洗和胶合镀膜前的清洗。抛光完工后,清洗的对象是抛光上盘的黏结材料(如火漆、蜡等)、工件表面的保护漆。磨边清洗是清洗磨边加工中的磨边胶及磨边油,以免流入下道工序。镀膜和胶合前的清洗对象是光学零件在流转过程中沾染的灰尘、油脂、唾沫、手指印等有机污物。了解清洗对象是合理选用清洗材料的前提。

目前,在光学生产中普遍采用超声波清洗光学零件,与传统的手工清洗及清擦相比,清洗效率大幅提高,清洗及清擦质量也明显改善。超声波清洗的技术也在不断进步,从八槽到十一槽、十三槽,并逐渐淘汰了原有的三氯乙烯、三氟三氯乙烷(F113)等有毒或对环境有害的辅料,以异丙醇、IPA、纯水、去离子水等清洁辅料替代。

因生产和检验的需要,单件光学零件的清擦也是必不可少的,尤其是对检验、光胶、镀膜等工位人员而言,掌握一定的单件清擦技术、熟悉单件清擦的各种辅料也是十分必要的。

7.1　对清洗材料的要求

(1)对被清洗物应有良好的溶解能力。

(2)对光学零件的腐蚀性要小。

(3)对光学零件清洗后的后续工艺无影响。

(4)无毒,无污染,对人体和环境有比较好的安全性。

7.2 常见清洗材料

氢氧化钠溶液常用来清洗零件表面的油污、虫胶、抛光粉和其他树脂类脏物，通常浓度为0.2% ～ 0.5%，工作温度为50～60 ℃。现在辅料供应商都会有专门的除蜡液用来去除零件表面上的各种蜡，去除效果都非常好。为环保起见，以前超声波清洗最后一槽常使用的F113(俗称氟利昂)现在已不再使用，普遍用纯水或去离子水代替。

思考与练习

1. 简述磨料粒度的表示方法。

2. 常用抛光粉有哪几种？抛光效率最高的是哪种粉？高速加工中常用哪种抛光粉？高精度平面抛光时常用哪种抛光粉？

3. 光学零件加工过程中可能涉及哪些辅料？

任务三 读懂光学零件图及工艺卡

1. 零件图和工艺卡上各符号所代表的含义

光学加工中所使用的图纸，通常有光学零件图、胶合图、工艺图(如毛坯图、粗磨工艺卡、精磨抛光工艺卡、检验工艺卡等)。其中光学零件图是最基本的图纸资料，光学零件加工的技术条件首先是通过光学零件图来表达的。在光学零件图中，不仅反映出零件的几何形状、结构参数和公差，而且还包括对光学材料质量等级的要求、对零件加工精度和表面质量的要求及其他需说明的各项内容，其他工艺图纸均是以光学零件图为基础来给出的。因此，光学零件图是选择光学材料、制订工艺规程和进行光学加工与检验的依据。

光学零件图的绘制应符合光学制图和机械制图国家标准的规定。大家比较熟悉和常见到的是国家标准《光学制图》(GB 13323—1991)。为与国际标准接轨，我国已对该标准进行了修改，从2010年2月1日起应执行新国家标准《光学制图》(GB/T 13323—2009)。由于目前来看新旧标准应该还会有较长一段时间的共存期，尤其是与之相关和配套的一些标准并未全部随之进行变更，因此本书先按1991版的标准给大家进行介绍，后面还会专门再介绍2009版的光学制图标准。

1.1 《光学制图》(GB 13323—1991)基本要求

《光学制图》(GB 13323—1991)规定了光学部件图和光学零件图必须标注的技术要求，并以专用表格在图纸右上角位置显著标识。典型的透镜零件图、棱镜零件图、胶合透镜部件图分别如图1-11、图1-12、图1-13所示。

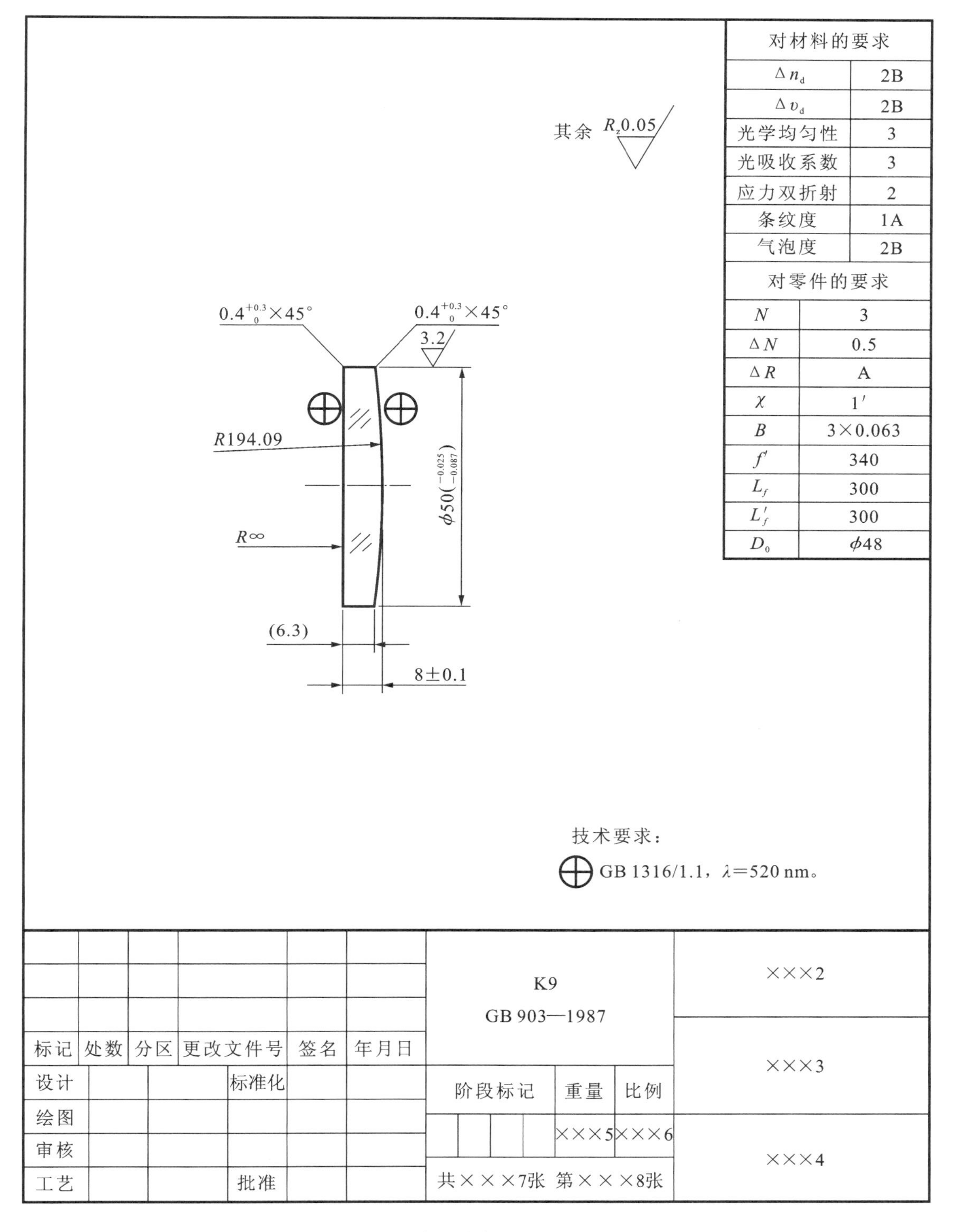

图 1-11 1991 版国家标准规定透镜零件图

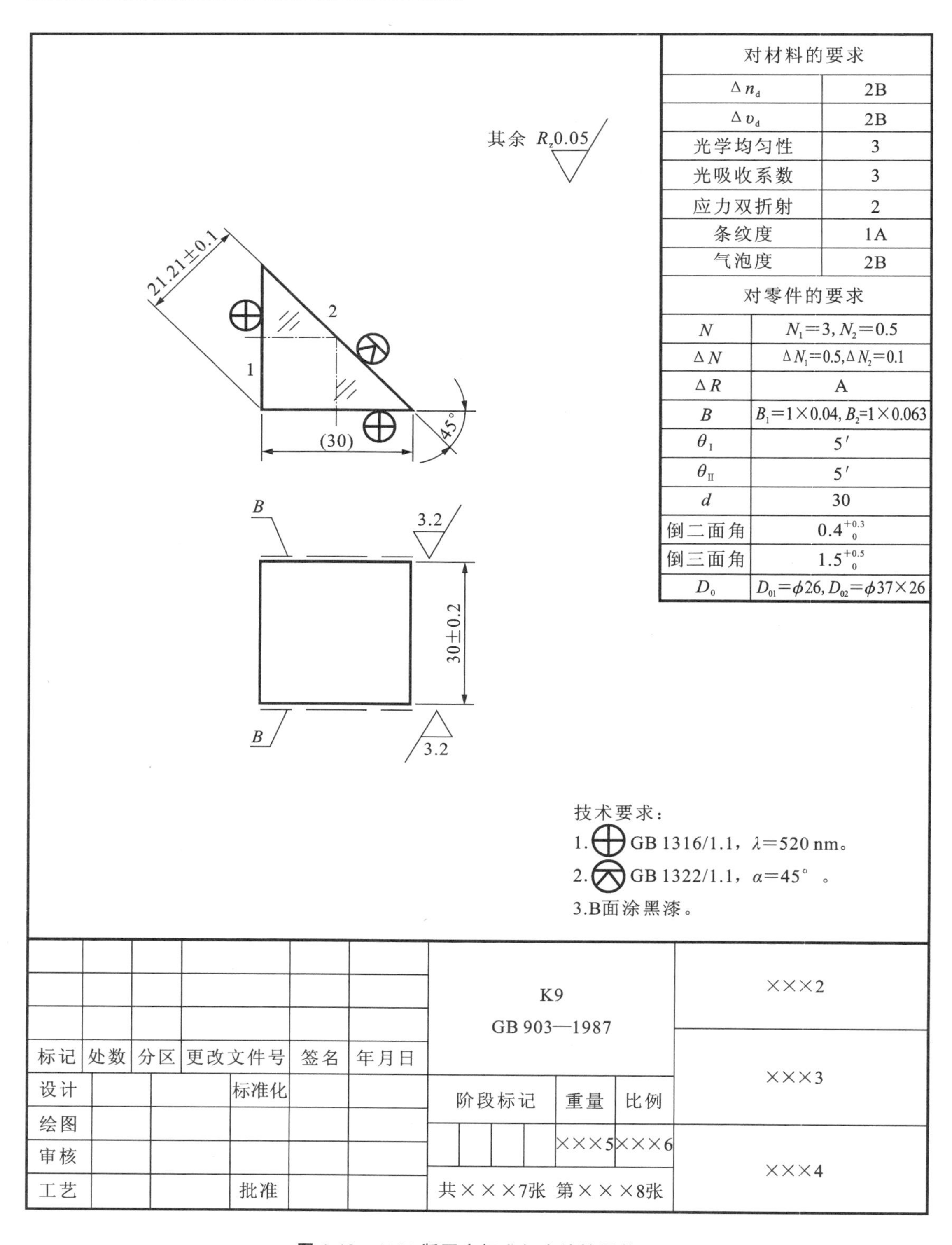

图 1-12 1991 版国家标准规定棱镜零件图

对胶合件的要求	
N	3
ΔN	0.3
ΔR	B
χ	5′
B	3×0.063
f'	50
L_f	45
L'_f	45
D_0	ϕ48

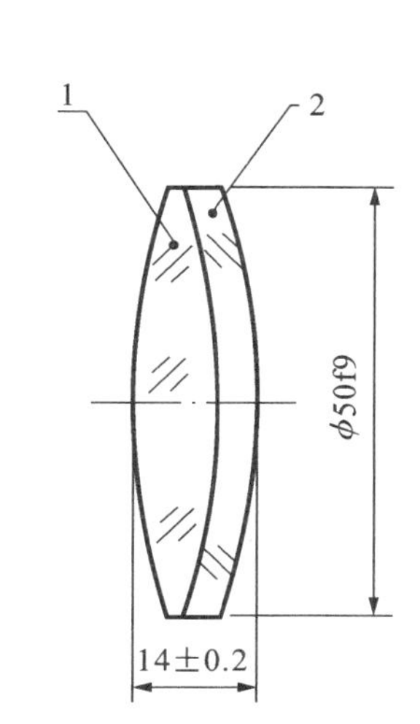

技术要求：
1. 用冷杉树脂胶胶合。
2. 胶合层不得有油渍、灰尘及气泡。

2		透镜（二）					
1		透镜（一）					
序号	代号	名称	数量	材料	单件	总计	备注
					重量		

						×××1			×××2
标记	处数	分区	更改文件号	签名	年月日				
设计			标准化			阶段标记	重量	比例	×××3
绘图							×××5	×××6	
审核									×××4
工艺			批准			共×××7张 第×××8张			

图 1-13　1991 版国家标准规定透镜胶合部件图

《光学制图》(GB 13323—1991)规定:光学零件的光轴一般水平放置,用点画线表示,光线方向一般由左至右,零件先遇到光线的表面通常放在左边,圆零件只画出沿光轴剖开的剖面图。

图中,标注尺寸应符合国家机械制图标准,光学零件图要求标注允许的公差范围,而不标注公差代号。尺寸标注通常有三种表示方法:一是公称值,即不带公差的名义值,加工中此值不作为验收的依据;二是实际值,名义值并加注公差,此值于验收时必须检验,所注公差范围即为验收依据;三是参考值,不加注公差,一般将数字用括弧括住表示,此值仅作为加工或了解性能的参考,不进行检验,亦不作为验收的依据。

光学零件图上一般用图形和文字标明倒角要求,如果倒角尺寸小于 2 mm,可以不画出倒角图形,只需要在倒角处引出细实线,标注倒角尺寸或用文字说明。对屋脊棱镜这样不允许倒角的应该用细实线引出,并注明“尖棱”或“不允许倒角”字样。

透镜的球面曲率半径过大时,在光学零件图上其曲率允许夸大绘制,如果透镜的表面为平面时,应标注“$R\infty$”。

如果是非球面透镜,在光学零件图上允许用球面绘制,但是应注明“非球面”,并列出曲线方程式,并标明方程式的系数。

在光学部件图中,要标明图中零件彼此的相对位置,如果是胶合件,在图的右上角位置应列出“对胶合件的要求”专用表格。胶合件的部件图中必须用文字标注技术要求,说明胶合所用的胶和对胶合面的要求。

1.2 《光学制图》(GB 13323—1991)常见技术要求术语及其符号说明

1)表面形状公差

被加工的光学表面和标注的理论表面总会存在偏差,表面形状公差就是对这种偏差的限制,表面形状公差常常称为面形偏差。

国家标准《光学制图》(GB 13323—1991)和《光学零件的面形偏差　检验方法(光圈识别)》(GB 2831—1981)中规定,面形偏差用光圈数 N 和局部光圈数 ΔN 两个参数表示。

(注:有关面形偏差的国家标准已改版为《光学零件的面形偏差》(GB/T 2831—2009),该部分内容会在本书第四部分有关面形检验的岗位工作任务中述及。)

光圈数 N 是指用工作样板检验光学表面时,在有效孔径内的牛顿环数目,通常称为光圈数。

如果被检验表面是平面,则光圈数 N 就表示被检表面不是理想的平面,而是半径非常大的球面,因此,从这点来看,无论球面和平面,光圈数 N 都是表示实际表面和理想表面在面形上的规则误差,也就是它们在整体上偏离理想半径的程度。

ΔN 称为局部光圈数,它表示被检光学零件面形局部偏离标准球面或平面的程度。通常把局部光圈数分成两种:一种是像散偏差,它是被检光学表面在两个相互垂直方向上光圈数允许最大差值,以 $\Delta_1 N$ 表示;第二种是局部偏差,它表示相对于平滑干涉条纹的不规则程度的允许最大值,以 $\Delta_2 N$ 表示。

(注:光圈的识别与度量在本书第四部分有关面形检验的岗位工作任务中述及。)

如果标注时不区分这两种局部光圈数,则表示这两种局部光圈均应同样要求。设计时,

N 和 ΔN 间应当协调，一般 ΔN 取 N 的 0.1～0.2。ΔN、N 的常用精度情况和等级如表1-20所示。

表 1-20　光学零件面形精度等级分类

精度等级	N	ΔN
高精度	0.1～1.0	0.05～0.2
中精度	1.0～5.0	0.2～0.5
一般精度	5.0～10	0.5～1.0

2）表面粗糙度

表面粗糙度是指加工表面上的较小间距的峰谷所组成的微观几何形状特征。它反映了零件表面的加工质量。峰、谷越小，其表面越光滑，反之，表面越粗糙。表面粗糙度国家标准（GB/T 1031—1995）规定，评定表面粗糙度的主要参数从轮廓算术平均偏差 R_a、微观不平度十点高度 R_z、轮廓最大高度 R_y 等三个参数中选取，并优先推荐使用轮廓算术平均偏差 R_a。图 1-14、图 1-15、图 1-16 分别给出了轮廓最大高度 R_y、微观不平度十点高度 R_z 和轮廓算术平均偏差 R_a 的轮廓示意图。表 1-21 给出了 4 个常用的粗糙度参数的定义和计算公式；表1-22给出了光学加工工序能达到的表面粗糙度。

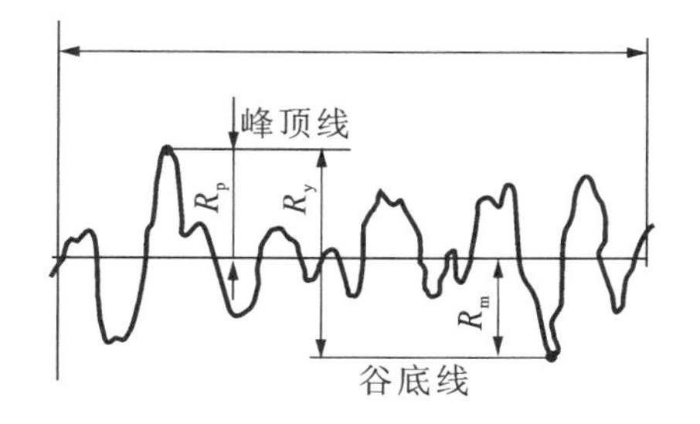

图 1-14　轮廓最大高度 R_y 示意图

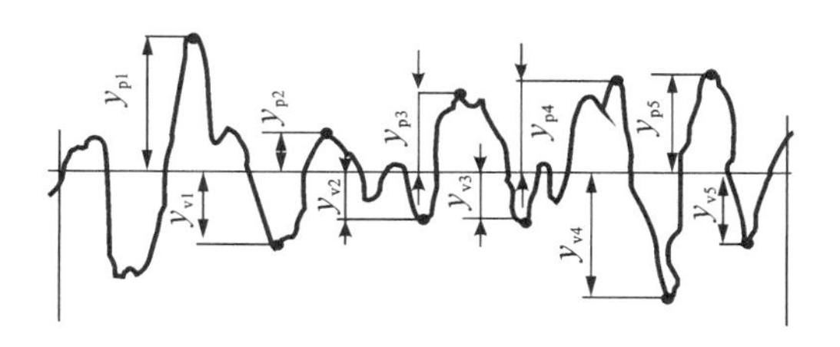

图 1-15　微观不平度十点高度 R_z 示意图

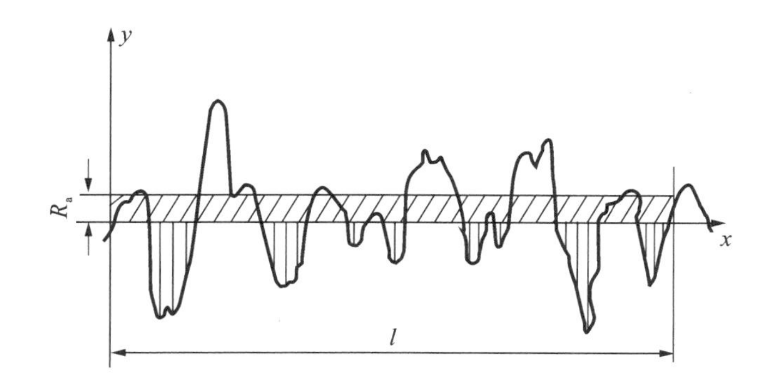

图 1-16　轮廓算术平均偏差 R_a 示意图

表 1-21 常用的粗糙度参数的定义和计算公式

粗糙度参数	定 义	计 算 公 式
轮廓最大高度 R_y	在取样长度内轮廓峰顶线和轮廓谷底线之间的距离,称为最大轮廓高度,如图 1-14 所示	$R_y = \lvert R_p \rvert + \lvert R_m \rvert$ R_p——轮廓最大峰顶值 R_m——轮廓最大峰谷值
微观不平度十点高度 R_z	在取样长度内 5 个最大轮廓峰高的平均值与 5 个最大轮廓谷深的平均值之和,如图 1-15 所示	$R_z = \frac{1}{5}\left(\sum_{i=1}^{5} y_{pi} + \sum_{i=1}^{5} y_{vi}\right)$ y_{pi}——轮廓峰值 y_{vi}——轮廓谷值
轮廓算术平均偏差 R_a	在取样长度 l 内轮廓偏距绝对值的算术平均值,如图 1-16 所示	$R_a = \frac{1}{l}\int_0^l \lvert y(x) \rvert \mathrm{d}x$ 或 $R_a = \frac{1}{l}\sum_{i=1}^{n} \lvert y_i \rvert$
轮廓均方根偏差 R_q	在取样长度内轮廓偏距的均方根值	$R_q = \sqrt{\frac{1}{l}\int_0^l y^2(x)\mathrm{d}x}$

表 1-22 光学加工工序能达到的表面粗糙度

国标符号	旧国标符号	$R_a/\mu m$	$R_x/\mu m$	L/mm	零 件 表 面	加 工 方 法
R_z50	▽ 4	>10~20	>40~80	8	粗加工表面	用金刚石铣刀和锯片、金刚砂、粒度由 60 号~150 号的磨料或由 30 号~80 号砂轮加工
3.2	▽ 5	>2.5~5	>10~20	2.5	零件粗磨后的毛面;大型棱镜、平面镜、保护玻璃的侧表面与倒角;直径大于 18 mm 和配合不高于 4 级精度的透镜、滤光镜、分划板、保护玻璃及其他零件的圆柱表面和倒角	用粒度 240 ~ W28 的磨料或由 100 号~180 号的砂轮加工;用金刚石铣刀和锯片细加工
1.6	▽ 7	>1.25~2.5	>6.3~10	0.8	零件精磨后的表面;中等尺寸的棱镜、平面镜、保护玻璃的侧表面和倒角	用粒度为 W28 ~ W14 的磨料或由 180 号~240 号的砂轮加工
0.8	▽ 8	>0.63~1.25	>3.2~6.3	0.8	零件精磨后的毛面;透镜和分划板的圆柱面;毛玻璃表面	用粒度为 W14 ~ W10 的磨料或由 240 号~280 号的砂轮加工

续表

国标符号	旧国标符号	$R_a/\mu m$	$R_x/\mu m$	L/mm	零件表面	加工方法
0.4	▽9	>0.32～0.63	>1.6～3.2	0.8	零件精磨后的表面；3级精度以上配合的精确定中心透镜的圆柱面	用粒度由W10～W7的磨料或由280号～320号的砂轮加工
R_z0.1	▽13	>0.01～0.02	>0.05～0.1	0.08	平面镜、保护镜的抛光面及其他不在光学系统中的零件的工作面	用抛光粉在柏油或其他抛光模上抛光
R_z0.05	▽14	≤0.01	≤0.05	0.08	透镜分划板、棱镜、反射镜等光学零件的抛光面	用抛光粉在柏油或其他抛光模上抛光

标注时，对于抛光表面，通常选择微观不平度十点高度 R_z，在图纸的右上角用其余 R_z0.05来标注所有的抛光表面。

3)表面疵病

表面疵病是对光学零件表面粗糙度在高标准要求下的特殊补充。它是光学零件在加工过程中或之后，因为不适当的处置而在光学表面的有效孔径内产生的局部瑕疵，它主要的形式是擦痕、麻点、开口气泡、破点及破边，而开口气泡和破点可以视为麻点，所以表面疵病主要是标注擦痕、麻点及破边。按照《光学零件表面疵病》(GB/T 1185—2006)，光学零件表面疵病在图纸上用字母“B”表示，但按最新制图标准《光学制图》(GB/T 13323—2009)，应用数字代码“5”来表示。

注：有关表面疵病的具体标注方法等内容会在本书第四部分有关表面疵病检验的岗位工作任务中述及。

4)透镜中心偏差

透镜中心偏差是用来表征透镜的基准轴和光轴之间的偏差，其定义为光学表面定心顶点处的法线对基准轴的偏离量，定心顶点就是该光学表面和基准轴的交点。这个偏离量以光学表面定心顶点处的法线与基准轴的夹角来度量，称为面倾角，用希腊字母“χ”表示，如图1-17所示。

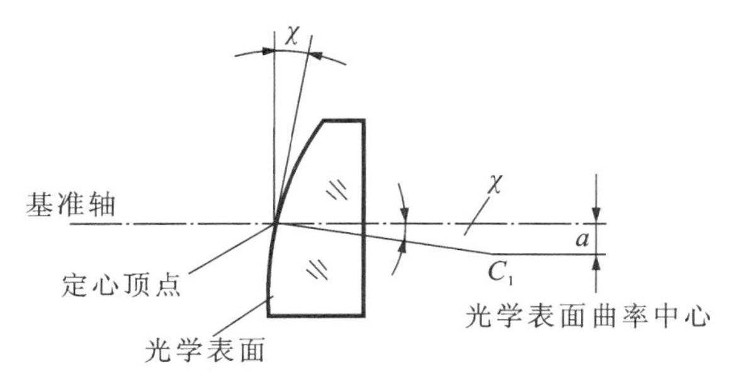

图1-17　透镜中心误差的定义

透镜的中心偏差还可采用球心差 a、偏心差 c 及透镜边厚最大差值 Δt 等参量来表征，相应地测量这些参量也可检测“中心偏差”。球心差是被检光学表面球心到基准轴的距离；偏心差是被检光学零件或组件的几何轴在后节面上的交点与后节点的距离(在数值上等于透镜绕几何轴旋转时焦点像跳动圆半径)。

5)曲率半径

透镜的曲率半径不允许随意给定，应符合行业标准《光学零件球面半径数值系列》(JB/T 10570—2006，原国家标准为 GB 3158—1982)的规定，曲率半径的数值系列是根据公比为 $\sqrt[n]{10}$ 并将数值化整的几何级数构成，根据实际经验将半径数值划分为七个疏密程度不同的区域，各区域的划分和根指数 n 的取值如表 1-23 所示。

表 1-23 透镜球面半径数值构成

曲率半径/mm	根指数 n	半径数目	曲率半径/mm	根指数 n	半径数目
0.5～2	125	75	200～1000	500	349
2～5	250	99	1000～5000	250	175
5～10	500	150	5000～10000	125	38
10～200	1000	1302			

光学设计工作者在确定曲率半径的数值时，比如在 200～1000 mm 范围内，不能任意确定，必须从标准中规定的 349 个数值中，根据像差平衡的需要来选择。选择时，要优先选择 n 的数值小的系列中的曲率半径，这样的规范是为了方便生产企业建立自己的系列球面磨具和对样板，从而减少制造成本。

6)标准样板等级 ΔR

曲率半径的公差不标注在曲率半径处，而是通过标准样板的等级→工作样板间的光圈误差→工作样板与工件被检表面间光圈数 N，这样的误差传递表示。

按照《光学样板》(JB/T 10568—2006)(原国家标准为 GB 1240—1976)，标准样板分为 A、B 两级，其具体的精度指标如表 1-24 所示。对曲率半径的公差要求严格的透镜，ΔR 应选择 A 级。

表 1-24 标准样板精度等级 ΔR

精度等级	标准样板曲率半径 R/mm					
	0.5～5	>5～10	>10～35	>35～350	>350～1000	>1000～40000
	允许误差(可正可负)					
	名义尺寸误差/μm				相对名义尺寸误差/(1%)	
A	0.5	1.0	2.0	0.02	0.03	$0.03R/1000$
B	1.0	3.0	5.0	0.03	0.05	$0.05R/1000$

7）其他符号

ϕ 表示透镜口径。

d 表示透镜中心厚度。

t 表示透镜边缘厚度。

D_0 表示有效通光口径（注，在《光学制图》（GB/T 13323—2009）中表示为 ϕ_e）。

θ 表示棱镜光学平行差，又分为第一光学平行差 θ_{I} 和第二光学平行差 θ_{II}，其中 θ_{I} 指反射棱镜展开成平行平板后的光楔角，是由棱镜主截面上的角度误差引起的，θ_{II} 指棱镜展开成平行平板后在棱镜主截面的垂直平面内的平行差，由棱镜的位置误差引起的，又称为棱差。

S 表示屋脊棱镜双像差，由屋脊角误差所引起。

Q 表示加工完后的零件气泡度。

还有各类镀膜符号，如表 1-25 所示。

表 1-25　镀膜符号

序号	1	2	3	4	5	6	7	8	9
薄膜类别	内反射膜	外反射膜	分束膜	滤光膜	保护膜	导电膜	偏振膜	涂黑	减反射膜
薄膜符号								-------	

2.《光学制图》2009 版与 1991 版区别

旧标准《光学制图》（GB 13323—1991）主要是以机械制图、技术制图的相关国家标准为依据，增加了光学零组件方面的技术要求和表示方法的说明，在表达方式上较多地使用了文字叙述。从图纸版面设置上来说，是将“对材料的要求”、“对零件的要求”、“对胶合件的要求”以专用表格的形式列于图纸的右上角。

机械制图、技术制图的国际标准相继在 1999 年至 2002 年进行了修改，以之为基础的光学制图的国际标准也在 2006 年进行了修改。我国于 2001 年加入世界贸易组织后，各项标准也向国际标准看齐，机械制图和技术制图的国家标准对应于国际标准进行了相应的修改。《光学制图》的国家标准也以新的机械制图、技术制图国家标准和光学制图的国际标准为依据，进行了较大幅度的更改。GB/T 13323—2009 对应《光学与光子仪器——光学元件和系统制图准备　第 1 部分：总则》（ISO 10110-1：2006），一致性程度为非等效。GB/T 13323—2009 与 ISO 10110-1：2006 的主要差异在于：删除了国际标准的序言和前言；根据 ISO 10110 -1：2006 及我国标准用语习惯对标准范围及符号作了重新编写；参考并补充了 ISO 10110-8、ISO 10110-10、ISO 10110-12 相关部分的内容。总体来说，GB/T 13323—2009 与 ISO 10110 -1：2006 是基本一致的，而与 GB 13323—1991 相比，变化十分明显。

图 1-18、图 1-19、图 1-20 分别为按国家标准《光学制图》（GB/T 13323—2009）绘制的透镜零件图、棱镜零件图及透镜胶合部件图。

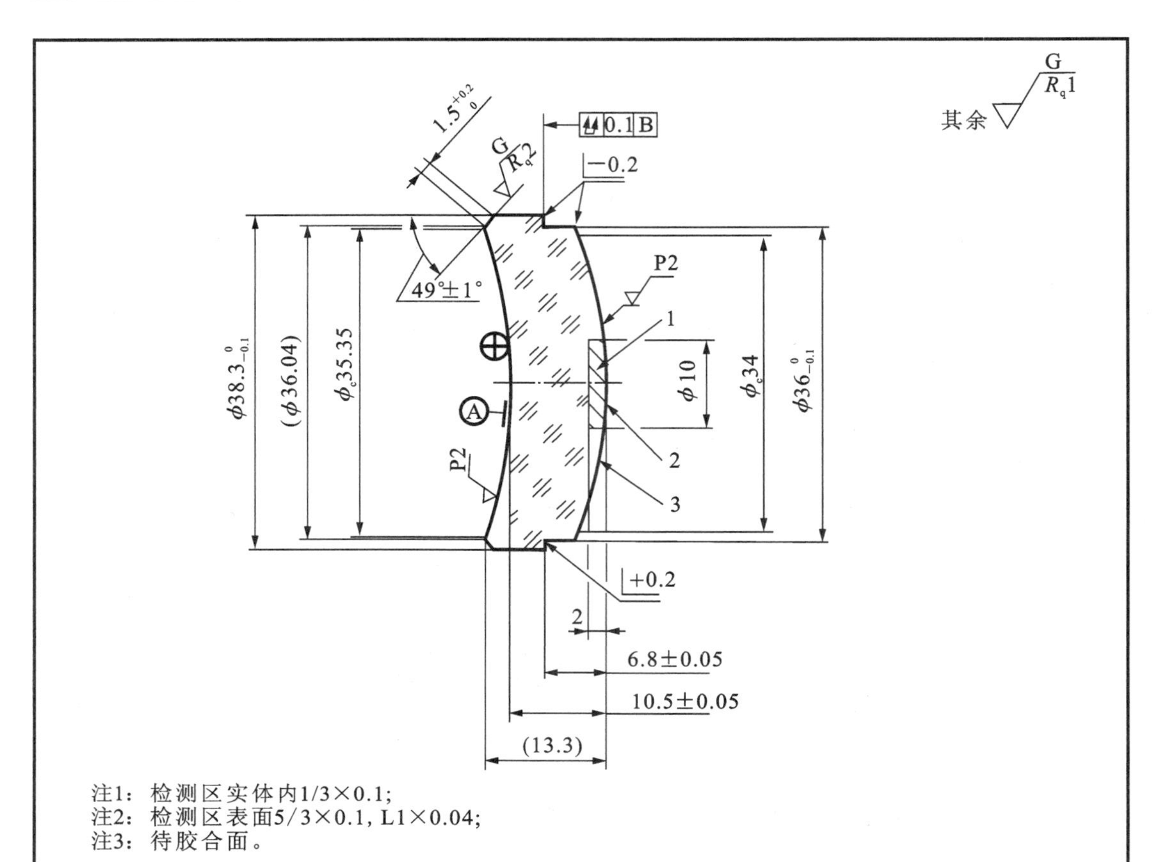

左表面	材料技术要求	右表面
R60.44CC ⊕ λ_0=520 nm 保护性倒角：0.2~0.4 3/2（0.5） 4/— 5/5×0.16；L2×0.04；E0.5	BK7 n_e=1.51872±0.001 v_e=63.96±0.51% 0/10 1/5×0.16 2/1；2	R50.17CX 待胶合面 保护性倒角：0.2~0.4 3/3/（1） 4/2′ 5/5×0.16；L2×0.04；E0.5

									（单位名称）
标记	处数	分区	更改文件号	签名	年月日				透　镜
设计	（签名）	（年月日）	标准化	（签名）	（年月日）	阶段标记	重量	比例	
									（图样代号）
审核									
工艺			批准			共　张	第　张		

图 1-18　2009 版国家标准规定透镜零件图

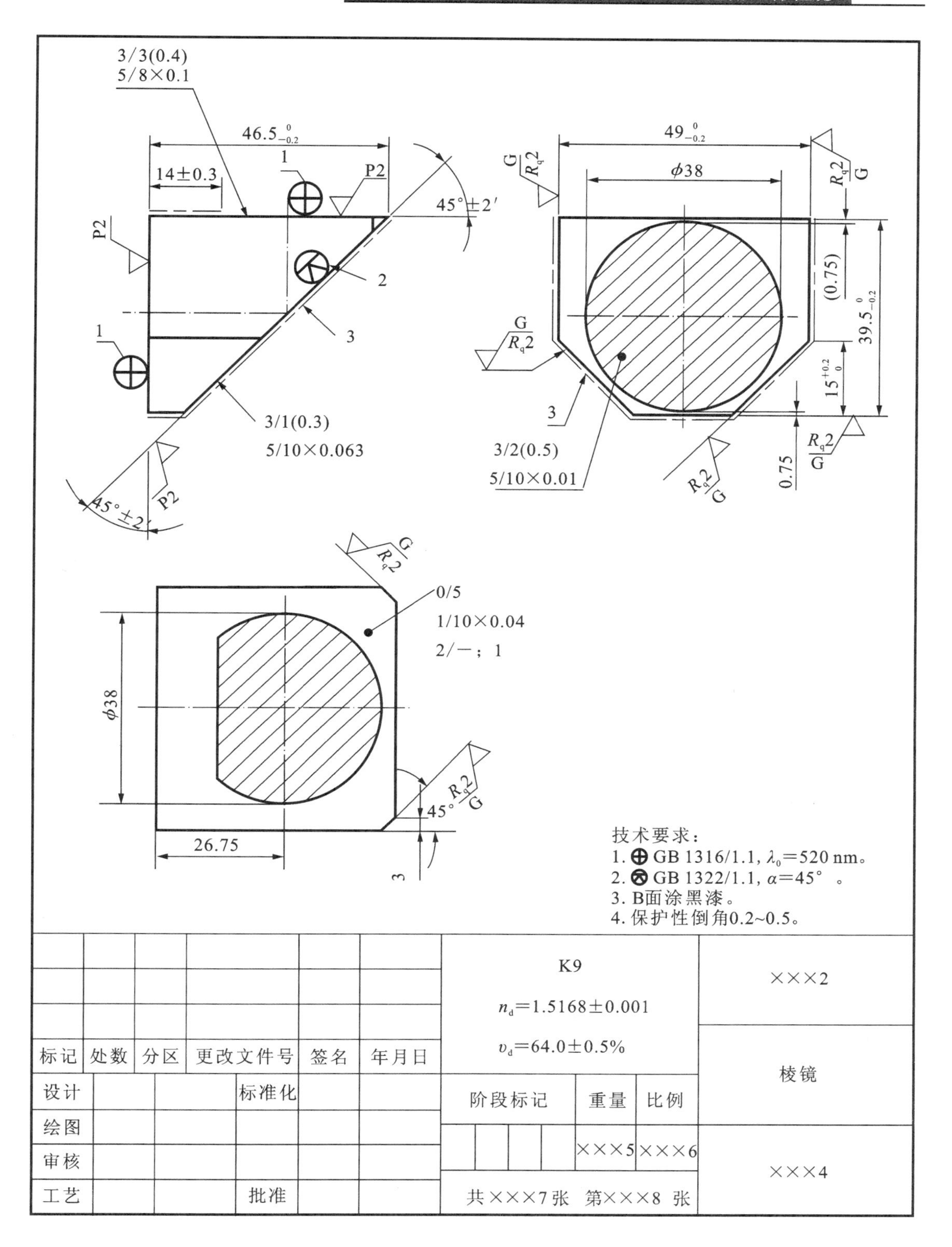

图 1-19　2009 版国家标准规定棱镜零件图

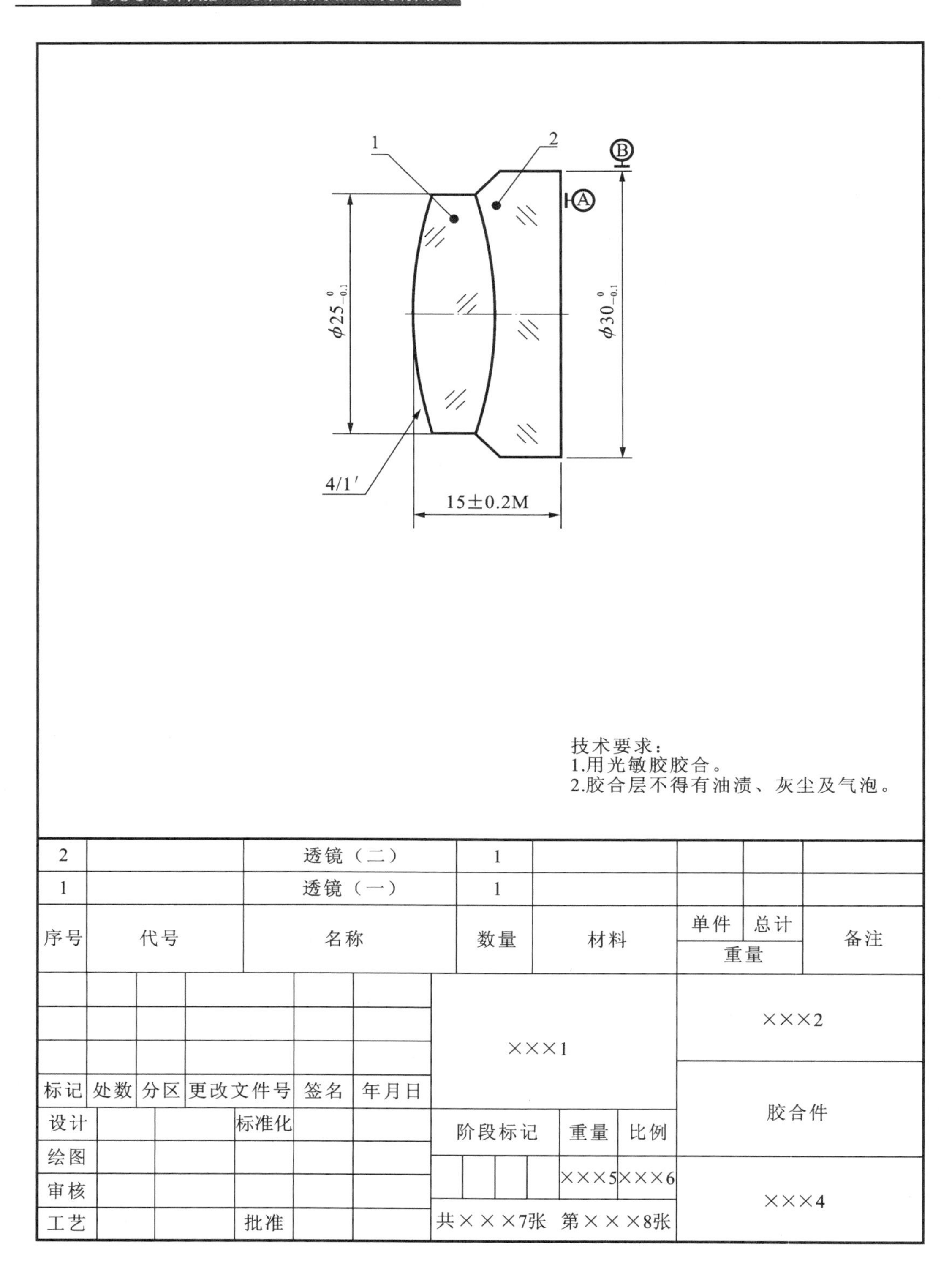

图 1-20 2009 版国家标准规定透镜胶合部件图

2.1 主要变化内容

新旧标准的明显不同在于1991版中的文字说明较多，2009版则尽量以数字或字母代号来表示各项参数，且各种标注发生了很大变化。其主要变化内容如下。

(1)修改了标准范围：增加了对尺寸、公差标注的规定。

(2)修改了光轴的标注方法：1991版中以单点画线表示光轴，而2009版中为了区别光轴和中心线，特别规定要以双点画线表示光轴，单点画线只是用于表示中心线。

(3)在描述方面，将1991版的毛面修改为非抛光面。

(4)修改了附录A(资料性附录)的示例，并增加了非球面透镜的图样标注方法。

(5)修改了光学零件图样的列表格式及内容：此处变化非常明显，整个图面排版布局都不同了。1991版是在右上角列表，2009版是在图面下方列表或是引线标注，且各项要求的标注方法也不同，后面将详细说明。

(6)修改了对材料要求的标注方法：1991版对材料的各项要求基本都执行《无色光学玻璃》(GB 903—1987)，在2009版中，"气泡度"执行《光学零件气泡度》(GB/T 7661—2009)的最新标准，双折射和非均匀性暂无单独的国家标准与之对应，所做的公差标注方法的修改是在附录B(规范性附录)中详细描述。具体修改内容后续将详细说明。

(7)增加了表面结构的公差的标注方法，并将其内容放入附录C(规范性附录)。

2009版将1991版中"对材料的要求"和"对零件的要求"统称为"缺陷公差"，缺陷公差项目的表示方法对比如表1-26所示。

表1-26 缺陷公差表示方法对比

缺陷公差类别	缺陷公差项目	1991版表示方法	相关国家标准	2009版表示方法	相关国家标准
材料缺陷	应力双折射	文字说明：应力双折射	GB 903—1987	代号：0	GB/T 13323—2009
	气泡度	文字说明：气泡度 代号：q	GB 903—1987 GB 7661—1987	代号：1	GB/T 7661—2009
	非均匀性和条纹度	文字说明：光学均匀性、条纹度	GB 903—1987	代号：2	GB/T 13323—2009
加工缺陷	面形偏差	代号：N、ΔN	GB 2831—1987	代号：3	GB/T 2831—2009
	中心偏差	代号：X	GB 7242—1987	代号：4	GB 7242—1987 (现已有最新国家标准GB/T 7242—2010)
	表面疵病	代号：B	GB 1185—1989	代号：5	GB/T 1185—2006
	抗激光辐射损伤阈值	—	—	代号：6	—

2.2 材料缺陷标准发生显著变化

GB 13323—1991 中，材料缺陷公差项目都以文字说明来表示，在“对材料的要求”列表中的左侧显示，列表中的右侧对应的是按《无色光学玻璃》(GB 903—1987)执行的等级表示。GB/T 13323—2009 则取消了所有的文字表示，均以数字码作为不同材料缺陷公差代号。最重要的是，各公差执行的标准发生了显著变化。

1)应力双折射

GB 13323—1991 中，应力双折射以文字“应力双折射”在“对材料的要求”列表中的左侧显示，列表中的右侧对应的是按《无色光学玻璃》(GB 903—1987)执行的等级表示。按照《无色光学玻璃》(GB 903—1987)，其等级有中部应力和边缘应力两种表示方法，以最长边中部单位长度上的光程差 δ(nm/cm)表示时，按表 1-27 分为 4 类；以距边缘 5%直径或边长处单位厚度上的最大光程差 δ_{max}(nm/cm)表示时，按表 1-28 分为 4 类。

表 1-27　GB 903—1987 中部应力分类

类　　别	玻璃中部光程差 δ/(nm/cm)
1	2
1a	4
2	6
3	10

表 1-28　GB 903—1987 边缘应力分类

类　　别	玻璃边缘最大光程差 δ_{max}/(nm/cm)
S1	3
S2	5
S3	10
S4	20

GB/T 13323—2009 参考了国际标准《光学与光学仪器——光学元件和系统制图准备 第2部分：材料缺陷 应力双折射》(ISO 10110-2：1996)，一方面不以文字显示“应力双折射”，而是以数字码“0”作为其代号，另一方面不再区分中部应力和边缘应力，直接以样品单位程长内的光程差(OPD)表示，且不再以数字代号作为等级标志，直接以光程差大小表示，即“0/”后面所跟的数字即为允许的 OPD 值大小(见表 1-29)。GB/T 13323—2009 附录 B 中给出了光学仪器中材料可允许的双折射公差及典型应用列表。

表 1-29　GB/T 13323—2009 双折射公差及典型应用

每厘米玻璃程长内可允许的光程差(OPD)/(nm/cm)	典 型 应 用
<2	偏光仪器、干涉仪器
5	精密光学零件、天文光学零件

续表

每厘米玻璃程长内可允许的光程差(OPD)/(nm/cm)	典型应用
10	摄影光学零件、显微镜光学零件
20	放大镜、取景器光学零件
无技术要求	照明光学零件

2)气泡度

GB 13323—1991 中,材料的“气泡度”是以文字“气泡度”在“对材料的要求”列表中的左侧显示,列表中的右侧对应的是按《无色光学玻璃》(GB 903—1987)执行的等级表示。按照《无色光学玻璃》(GB 903—1987),“气泡度”根据材料最大直径或最大边长及所含气泡的直径分为 3 类,又根据每 100 cm^3 玻璃内允许含有气泡的总截面积(mm^2)的大小分为 7 级,如表 1-30 所示。除“对材料的要求”中有气泡度要求外,在“对零件的要求”中也有对光学零件气泡度的要求,以字母“q”表示,执行的是《光学零件气泡度》(GB 7661—1987),导致气泡度标注较为混乱。

表 1-30 GB 903—1987 **气泡度分级**

级　别	直径 $\phi \geqslant 0.05$ mm 气泡的总截面积/($mm^2/100cm^3$)
A00	≥0.003～0.03
A0	>0.03～0.10
A	>0.10～0.25
B	>0.25～0.50
C	>0.50～1.00
D	>1.00～2.00
E	>2.00～4.00

GB/T 13323—2009 中,“气泡度”以数学码“1”表示,执行最新标准《光学零件气泡度》(GB/T 7661—2009)。该标准对气泡度的要求做了统一规定,不再出现重复标注现象。该标准参考了国际标准《光学与光学仪器——光学元件和系统制图准备　第 3 部分:材料缺陷:气泡与杂质》(ISO 10110-3:1996),在图纸上的标注为 $1/N \times A$,其中 N 是气泡和杂质的数目,A 是气泡和杂质投影面积的平方根,以 mm 计。也就是说,只要气泡和杂质投影的最大总面积不超过($N \times A^2$)mm^2,即应当被视为允许。

3)非均匀性和条纹

光学零件内部折射率的逐渐变化的最大折射率与最小折射率之差,在 GB 13323—1991 中,称之为“光学均匀性”,而在 GB/T 13323—2009 中,则根据其实际意义改称为“非均匀性”。GB/T 13323—2009 中,认为“条纹”也是“非均匀性”的一种表现形式,所以“非均匀性”和“条纹”统一用数字码“2”表示,“2/”所跟的两个数字,前者指“非均匀性”,后者指“条纹”。

GB 13323—1991 中,材料的“光学均匀性”是以文字“光学均匀性”在“对材料的要求”列表中的左侧显示,列表中的右侧对应的是按《无色光学玻璃》(GB 903—1987)执行的等级表示。按照《无色光学玻璃》(GB 903—1987),“光学均匀性”有两种分类方法:一是以分辨率的比值表示时的分类法;二是以一块玻璃中各部位间的折射率微差最大值 Δn_{max} 表示的分类方法。我们仅按“光学均匀性”的定义列出第二种分类方法,从表 1-31 可以看出,类别的数值越小,代表折射率微差越小。这一点与 ISO 10110-4:1997 中的分类方法恰好相反。

表 1-31 GB 903—1987 光学均匀性分类

类　　别	折射率最大微差 Δn_{max}
H1	$\pm 2\times 10^{-6}$
H2	$\pm 5\times 10^{-6}$
H3	$\pm 1\times 10^{-5}$
H4	$\pm 2\times 10^{-5}$

GB 13323—1991 中,材料的“条纹度”是以文字“条纹度”在“对材料的要求”列表中的左侧显示,列表中的右侧对应的是按《无色光学玻璃》(GB 903—1987)执行的等级表示。按照《无色光学玻璃》(GB 903—1987),“条纹度”按用投影条纹仪以规定方向观测时的不同光阑孔径大小、不同距离和不同观测结果分为 4 类,按观察玻璃的方向数再分为 3 级,具体分类分别如表 1-32、表 1-33 所示。从表 1-33 可以看出,数字越小或字母越靠前,代表材料的条纹等级越好。

表 1-32 GB 903—1987 条纹度分类

类别	光阑孔径	玻璃与投影屏间的距离/mm	光阑与投影屏间的距离/mm	在屏上观测结果
00	1	650±30	2000±100	无任何条纹影像
0	2	650±30	2000±100	无任何条纹影像
1	2	250±10	750±30	无任何条纹影像
2	4	250±10	750±30	每 300 cm^3 玻璃中允许有长度小于 12 mm 的条纹影像 10 根,但彼此相距不得小于 10 mm

表 1-33 GB 903—1987 条纹度分级

级　　别	观察玻璃的方向数
A	3
B	2
C	1

GB/T 13323—2009 中,认为“条纹”也是“非均匀性”的一种表现形式,所以“非均匀性”和“条纹”统一用数字码“2”表示,即“2/”所跟的两个数字,前者指“非均匀性”,后者指“条纹”。“非均匀性”按零件中折射率允许的最大变化值分为 6 类,如表 1-34 所示。在 GB/T 13323—

2009 中,“非均匀性”的分类方法与 ISO 10110-4 的是一致的,与 GB 13323—1991 则正好反过来,这是个非常容易混淆的地方,在看图纸时一定要注意。“条纹”则主要是考虑条纹的有效投影面积与检验面积之比值,技术要求分为 5 个类别,如表 1-35 所示。从表 1-35 可以看出,数字越大,代表条纹要求越高,与 GB 13323—1991 恰好相反,此处非常容易混淆,在看图纸时一定要注意,材料的生产方和使用方必须予以特别留心。

表 1-34 GB/T 13323—2009 非均匀性类别

类 别	零件中折射率允许的最大变化值/$\times 10^{-6}$
0	±50
1	±20
2	±5
3	±2
4	±1
5	±0.5

表 1-35 GB/T 13323—2009 条纹类别

类 别	引起至少 30 nm 光程差的条纹密度,以%表示
1	≤10
2	≤5
3	≤2
4	≤1
5	条纹分布极分散,引起的光程差小于 30 nm

2.3 加工缺陷标注变化

GB 13323—1991 中,加工缺陷公差在“对材料的要求”列表中的左侧显示公差代号,列表中的右侧对应的是按各相应标准执行的等级标注。在 2009 版中,主要差别体现在公差项目代号的不同,如表 1-26 所示。

需要注意的是,表面疵病所执行的最新标准《光学零件表面疵病》(GB/T 1185—2006)中规定是以字母“B”为代号,而新标准《光学制图》中规定是以数字代码“5”表示。绘图标准应按 GB/T 13323—2009,该标准只是绘图的标准,具体的光学零件表面疵病的要求另有单独的国标 GB/T 1185—2006。

随着高能激光在军事和民用技术领域越来越广泛地得到应用,抗激光辐射损伤阈值成为激光系统中对光学零件的一项重要技术要求。该指标指的是光学零件受到激光辐射后,导致表面破坏概率为零的最大能量密度或功率密度,它与材料的结构和性能、表面光滑程度、膜层结构与性能以及膜层与材料的结合性能有关。该项指标在 1991 版中无体现,目前国家标准中也尚无与之相对应的要求和规范,主要参考国际标准《光学与光学仪器——光学元件和光学系统制图准备 第 17 部分:激光辐射损害阈》(ISO 10110-17:2004),以代号“6”表示该指标。

2.4 表面结构公差标注变化

表面结构公差即表面粗糙度的标注。在GB 13323—1991中，未对光学零件表面粗糙度的标注做专门说明，执行国家标准《机械制图　表面粗糙度符号、代号及其注法》(GB/T 131—1993)和《表面粗糙度参数及其数值》(GB 1031—1983)即可。

光学工作者普遍认为，用机械表面标准表述光学表面是极不充分的，尤其是在超光滑表面、高功率激光光学等方面，表面粗糙度是一个相当重要的参数，不能简单套用机械表面标准。

最新标准《光学制图》(GB/T 13323—2009)中对光学零件表面粗糙度的标注参考了国际标准《光学与光学仪器——光学元件和光学系统制图准备　第8部分：表面结构》(ISO 10110-8:1997)中对光学零件表面粗糙度的要求，将光学表面分为粗糙表面和抛光表面。粗糙表面结构用字母G(ground)表示轮廓面，其微观轮廓要求用轮廓均方根偏差R_q来度量。抛光表面结构用字母P(polished)表示轮廓表面，有四种表示方式：①无轮廓微缺陷要求的抛光表面，直接用"P"表示；②带有轮廓微观缺陷要求的抛光表面，字母P的右侧数字表示可允许的轮廓微观缺陷密度等级(P1～P4四级)；③轮廓均方根偏差R_q；④功率频谱密度函数(PSD)的定量方法，该项指标对于在高技术强激光应用中确定超光滑表面特性特别有用。

3. 光学零件图一般应标注的内容

光学零件图中，反映透镜形状和结构的主要尺寸有：表面曲率半径R和曲率中心位置；透镜中心厚度d和边缘厚度t；透镜外圆直径D和有效孔径D_0；倒角的位置、角度和宽度等。

反映棱镜形状和结构的主要尺寸有：棱镜各面间的夹角；棱镜的厚度和高度；倒角和成型截面的位置、角度和宽度等。

光学设计中对光学材料的质量指标要求和对光学零件加工的要求，应填写在光学零件图的左上角的表格中。

对光学材料质量指标的要求包括：折射率与标准值的允差；同一批玻璃中折射率的一致性、色散系数与标准值的允差；同一批玻璃中色散系数的一致性、光学均匀性、应力双折射、光吸收系数、条纹度和气泡度等。

对透镜光学零件的要求主要包括：光圈数N、局部光圈数ΔN、中心偏差C、样板精度ΔR、表面疵病等级B，此外还有光学零件气泡度q等。

棱镜与透镜最主要区别就在于棱镜特有的角度要求，对棱镜零件除了要求N、ΔN、B、q外，还有光学平行差θ、屋脊棱镜双像差S等角度要求，有时还会视情况标注单角角度误差、两相同角度之差(如$\delta 45°$)、塔差π等。

对于光学零件表面处理或其他技术要求也必须在光学零件图上加以标注或说明。

4. 工艺卡一般应标注的内容

工艺卡是指导工人实际生产的最重要文件，因此在编制工艺卡时标注内容应尽可能详实，一般应包括：各面的加工顺序、加工尺寸；各工步所使用设备；各工步所使用的辅料；各工步所使用的工装夹具；上下盘方式；排盘方式及成盘数量等。若加工中有特别要求的，则一定要单独注明。例如，部分玻璃耐腐蚀性差的，就应注明要使用中性保护漆，清洗时要注意不能过碱槽等。

思考与练习

1.《光学制图》的国家标准2009版与1991版比较而言，主要发生了哪些变化？为何要进行改版？

2. 在《光学制图》(GB/T 13323—2009)标准中，数字代码0、1、2、3、4、5、6分别代表什么含义？

3. 棱镜零件图应标注哪些内容？

4. 透镜零件图应标注哪些内容？

任务四　掌握光学零件工艺一般知识及安全操作知识

1. 光学零件的主要工艺性质

光学零件的主要工艺性质主要有以下几条。

(1)性脆且硬。

玻璃是典型的脆性材料，装夹、黏结、加工及流转时必须考虑到玻璃性脆易碎的特点，要有保护措施，不得进行撞击。玻璃的莫氏硬度为5～7，所以加工玻璃所用的磨料硬度一般应大于此值。

(2)导热性差，抗张强度低。

玻璃是热的不良导体，抗张强度远低于抗压强度，所以玻璃不能承受急冷急热。加工过程中如果在加热玻璃时吹上冷风或溅上冷水，因急冷使玻璃表面产生抗应力，会引起玻璃炸裂。同样，玻璃加热时也不能升温过快，否则也会引起炸裂。每一种玻璃都有特定的退火温度(一般为400～600 ℃)，因此加热时还应注意不得超过玻璃相应的退火温度，以免退火效果消失。

(3)膨胀系数大。

玻璃的膨胀系数大，因此检验时要有足够的恒温、均温时间，使玻璃各部分均温并与检具一致，以免引起温度误差。尤其是在检查高精度零件时，恒温时间十分重要。

(4)化学稳定性变化大。

玻璃的化学稳定性是指玻璃耐水、酸、碱等有害物质侵蚀的能力。玻璃虽硬，但水侵入可引起水解，酸碱侵入会加速表层破坏，导致玻璃发霉，表面出现斑纹，逐渐丧失透光能力。实验证明：化学稳定性随玻璃内 SiO_2 含量增大而增加，所以冕牌玻璃的化学稳定性要强于火石玻璃的化学稳定性。

2. 光学零件加工的一般工艺过程及特点

透镜的一般工艺过程为:粗磨(铣磨)—精磨—抛光—定心磨边—检验—镀膜(有需要时)。

棱镜的一般工艺过程为:粗磨(铣磨)—倒角—精磨—抛光—检验—镀膜(有需要时)。

光学行业中常常把粗磨、精磨、抛光三个工序称为基本工序(或前工序),把在抛光以后的工序如定心磨边、镀膜、分划、胶合等称为后道工序(或后工序)。镀膜、照相复制、分划等所采用的工序已超出一般机械加工范围,称为特种工艺。前工序对所有光学零件加工几乎都要进行,而后工序并不是所有光学零件都要进行的。

3. 光学车间的特点

在光学零件加工中,大多数工序对温度、湿度、尘埃、振动、光照等环境因素敏感,特别是高精度零件和特殊零件的加工尤其如此。因此,光学车间都是封闭形,并要求恒温、恒湿、限制空气流动、人工采光、防尘。

1)温度对光学工艺的影响

恒温是光学车间一个明显特点之一。恒温包括恒温温度及温度波动范围两个问题。光学车间各工作场所由于要求不同,对这两项的要求也是各不相同的。

(1)温度对抛光效率与质量的影响。

由于抛光过程中存在的化学作用随温度升高而加剧,因而升温会提高抛光效率。但由于古典工艺中采用的抛光模用胶、黏结用胶等主要由松香和沥青按一定配比制成,一定的配比只能在一定的温度下使用,而且它们对温度的变化比较敏感,温度过低,抛光模具与零件吻合性不好,且模子易变硬而影响光洁度;温度过高,抛光模表面软化,抛光工作面易变形。这两者都将使零件面形精度难以保证,具体表现在光圈难以控制和修改。实践得出,抛光间的温度一般应控制在(22±2) ℃为宜。

(2)胶合工序对室温的要求。

胶合工序中以光胶工艺对室温要求最高,一般应控制在(20±1) ℃,而其他胶合工艺对室温的要求大多控制在 18~25 ℃。

(3)真空镀膜对室温的要求。

真空镀膜的室温一般控制在 18~25 ℃,室温若过高,则不利于机械泵油和电机散热;若过低,则不利于扩散泵油汽化。

(4)刻划对室温的要求。

制造分划图案的机械刻划车间对室温要求极高,特别是精密刻划,如光栅刻划工艺要求极高的恒温精度,其温差必须在 0.02 ℃以内。温度的波动使刻划机各部分具有不同的伸缩系数,将直接影响分度精度。

(5)检验对室温的要求。

温度的波动直接影响检验精度。一方面因为精密光学仪器对温度的波动很敏感；另一方面被检零件不恒温时，检具和零件间有温差会直接影响读数精度。所以，检验室必须恒温，并且也应控制在(22±2) ℃范围内。

2)湿度对光学工艺的影响

在光学零件加工过程中，凡要求恒温或空调的地方，均因控制湿度所需。因为，水分蒸发速度直接影响湿度恒定状态。湿度过低，易扬起灰尘，零件表面清擦时也易产生静电而吸附灰尘，影响其光洁度。特殊零件如晶体零件的加工及光胶工艺等，对湿度的要求尤为严格。光学加工过程中室内湿度一般控制在60%RH左右。

3)防尘

由于光学零件对表面质量即表面粗糙度和表面疵病有极高的要求，所以光学车间对防尘问题也特别重视。灰尘在抛光时会使零件表面产生道子、划疵、亮丝；在镀膜时，会使膜层出现针孔、斑点、灰雾；在刻划时，会引起刻线位置误差、断线等。

灰尘来源主要有以下几方面。

①外间空气带入。

②由工作人员衣物上落下，粒径一般在1～5 μm。粒径小于10 μm的灰尘，往往很难依靠自重降落，而长时间悬浮在空气中，影响产品质量。

③不洁净的材料、辅料、夹具等带入。

④生产过程中产生的灰尘。

光学车间的净化条件，若按室内含尘的重量浓度要求，应控制在 mg/m^3 的数量级。胶合室对净化条件则更严，一般以颗粒浓度要求，应控制在粒数/升的数量级。

4. 光学生产安全操作规则

由于光学车间的特殊性和光学零件加工的高精度要求，进入光学车间时，必须严格遵守以下安全技术及操作规则。

(1)进入光学车间，特别是精磨、抛光、检验、磨边、镀膜、胶合、刻划等工作间时，应穿工作服，戴工作帽，穿专用鞋子或干净拖鞋，以防止将室外灰尘带入光学车间。

(2)进入光学车间后应先洗手。在操作过程中禁止用手指直接触摸光学表面，尤其是抛光表面。需要拿取光学零件时，手指也只能接触光学零件侧面或非工作面。因为手指上留有汗渍、各种有机酸、盐类等对光学表面有害的物质，它们往往会使光学零件表面受到侵蚀。如果不小心触摸后，则必须立即用脱脂纱布或脱脂棉蘸上酒精、乙醚混合液擦拭干净。

(3)为保持光学车间的恒温条件，不能在一个工作场所突然聚集过多人员，致使周围气温上升。门窗也不能随意打开。

(4)开机前，应先检查机床设备、夹具是否完好。若发现电机有异常现象或其他机械故障时，则应立即拉开电闸或停机检查。安装、拆卸零件和夹具时，机床主轴必须完全停止转动。

(5)为了满足光学车间清洗光学零件和其他工作需要，常常使用或临时存放多种易燃物质，如汽油、酒精、乙醚、丙酮等。因此，光学车间必须严格注意防火，加热设备必须远离上述物质。为了防火，同时也为了空气清新，光学车间严格禁止吸烟。

(6)在加工过程中,上一道加工辅料禁止带入下一道工序,即粗砂禁止带入细砂区,细砂禁止带入抛光区等。在换砂后,在磨砂完毕进入抛光前,都必须对工件、夹具、工作台等彻底清洗,以防砂子带入使工件表面出现划痕、发亮的擦痕,破坏光洁度。

(7)在上盘、下盘,或其他需要加热光学零件时,不可使零件急冷急热。同时,加热时应注意零件升高的温度必须控制在材料的退火温度以下。如果使用电炉进行加热时,要注意电炉表面温度已接近或超过很多材料的退火温度,因此不可将光学零件直接放在电炉盘上加热,中间应垫以衬垫。

(8)在不了解所用机床及仪器设备的操作规范前,不得擅自开动机床,以免造成损坏和人身事故。

思考与练习

1. 光学零件的主要工艺性质有哪些?
2. 哪些工序为前工序?哪些工序为后工序?
3. 光学车间有何特点?进入光学车间应注意些什么?

第二部分

透镜加工岗位

◆知识要求：

(1)掌握透镜加工的流程及相互之间的匹配关系；

(2)掌握透镜工艺规程设计的基本原则及步骤；

(3)掌握透镜各工序中的质量控制要点。

◆技能要求：

(1)能根据实际情况设计透镜加工的工艺规程；

(2)能解决透镜加工过程中出现的各种实际问题；

(3)能设计透镜加工所需的各类工装夹具。

任务一　透镜毛坯的设计与生产

随着光电仪器和各种光学产品的需求量不断扩大，对光学零件毛坯的需求量也随之越来越大，对毛坯的质量要求也日益提高。毛坯成型制造已经由原来光学零件生产中的一道工序逐渐分离出来，发展成为现代光学制造领域的一个新兴的、不可缺少的重要行业。

毛坯的种类按成型方式，可分为冷加工成型和热加工成型。

冷加工成型是对已进行过精密退火的块料或棒料以直接锯切、整平、滚圆、开球面或平面等方式进行加工成型。该成型方式材料浪费大，且精度不高，一致性差，工序多，生产效率低，但由于不需要专门的压型模具和再次精密退火的时间，一般适用于单件小批量、打样等量少或工期紧张的情况。

热加工成型又可分为一次滴料成型和二次热压成型。

二次热压成型是利用玻璃的热加工性质，将从材料厂家熔炼后的光学材料切割成一定质量的小块料，经过加热软化后，放到一定形状的模具中压制成型，得到所需的与成品零件形状相似的毛坯。压型毛坯材料的一致性和精度远高于冷加工成型，生产效率高，材料利用率较之高 30%～50%，目前已得到推广使用。但压型毛坯需要专门的模具和一定的精密退火时间，因此，适用于批量大、有一定工期余量的情况。

一次滴料成型是国外 20 世纪 70 年代开始探索的一种新型先进生产工艺，是直接从光学玻璃熔炼开始，连续熔炼、流量控制、滴料剪切、一次成型、精密退火的连续生产线，生产效率很高，比二次热压成型更节约原材料，具有广泛的应用前景。整个工艺过程需依靠精密的温度控制、流量控制和工位控制，才能保证生产线的正常运转和毛坯的基本质量，是一系列高新技术的集成。目前国内还未达到这种综合的高技术水平，但这应是毛坯成型发展的方向。

1. 棒料毛坯的生产

对透镜毛坯而言，冷加工成型一般采用棒料。用棒料生产毛坯的主要工艺过程分为滚圆、切割、清洗和开球面。

1.1　滚圆

滚圆目前均采用铣磨的方式进行，有普通外圆铣磨和无心外圆铣磨两种。

1.1.1　普通外圆铣磨

采用普通外圆磨床加工时，工件外径与长度之比一般不得超过 1∶10，否则易造成棒料断裂。图 2-1(a)所示的是普通外圆铣磨机，其磨头轴位于水平方向，可横向调整吃刀深度；主轴箱与尾架均可随工作台在床身上纵向移动，工作台的位置和行程也可调整。外圆铣磨的运动，主要包括磨轮高速转动的主切削运动、工件的转动和工件沿主轴的纵向进给、磨轮的横向进给等。普通外圆铣磨除采用平形磨轮(见图 2-1(b))外，也有的用筒形磨轮，这时要调整磨轮轴与工件主轴间成一适当的角度(见图 2-1(c))。对于直径大于 250 mm 的工件,通常采用平夹铣磨外圆,如图 2-1(d)所示。

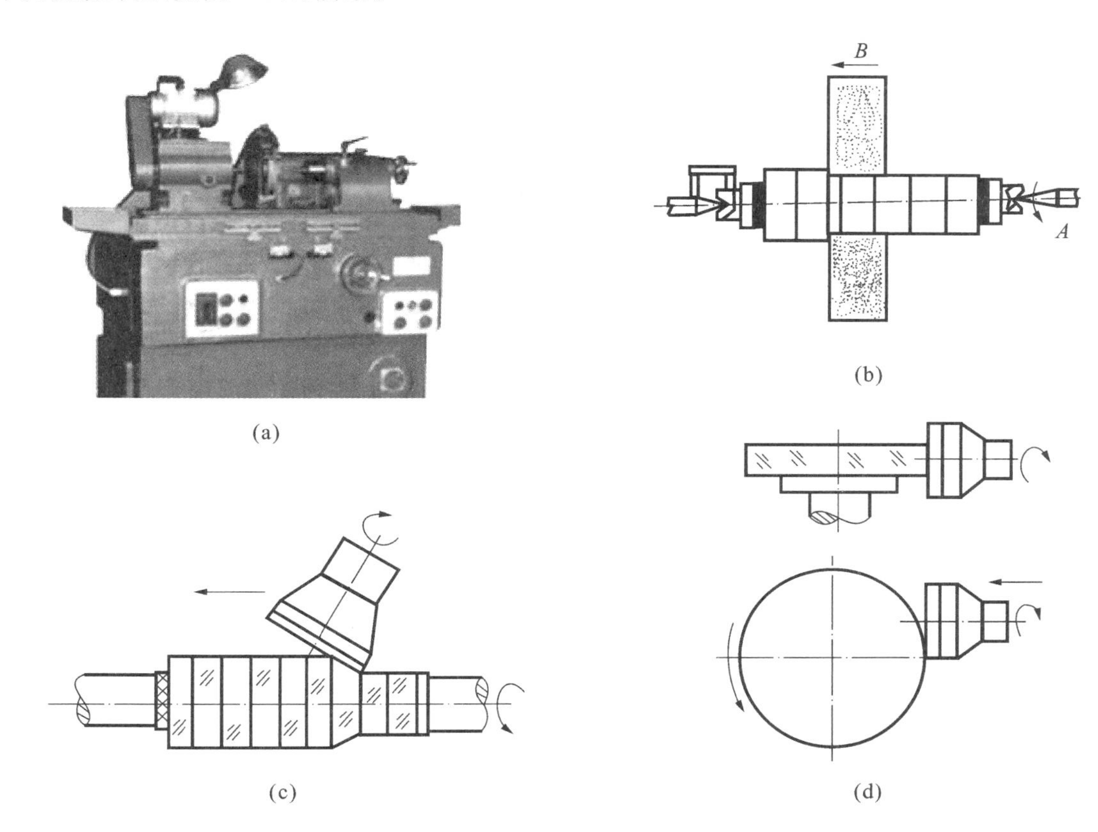

图 2-1 普通外圆铣磨机

(a)外圆铣磨机;(b)平形磨轮磨外圆;(c)筒形砂轮铣磨外圆;(d)大工件外圆铣磨

普通平形磨轮外圆铣磨机的主要参数及技术指标如下。

加工范围:直径为 $\phi10$~$\phi150$ mm;

长度不大于 300 mm。

工件轴转速:100~500 r/min。

磨头轴转速:5200 r/min。

功率:约 1.7 kW。

进给速度:18~180 mm/min。

1.1.2 无心外圆铣磨

无心外圆铣磨时,零件自由放置在磨轮和导轮之间,由磨轮和导轮对其定位。如图 2-2 所示,磨轮高速旋转做主切削运动;导轮用耐磨橡胶制成,做低速旋转,旋转方向与磨轮相同;工件放置在磨轮和导轮之间,用下面的支板挡住,支板和底座连在一起。由于工件与导轮的摩擦力大,工件因而被导轮带动,并与导轮反方向旋转,做圆周进给,由磨轮将工件磨成圆柱;磨轮轴与导轮轴保持一定的倾角,为 1°~6°,目的是使工件自动纵向进给,调整倾角的大小可以改变工件的纵向进给速度；导轮可做横向调整，满足不同直径的玻璃棒料的铣磨。

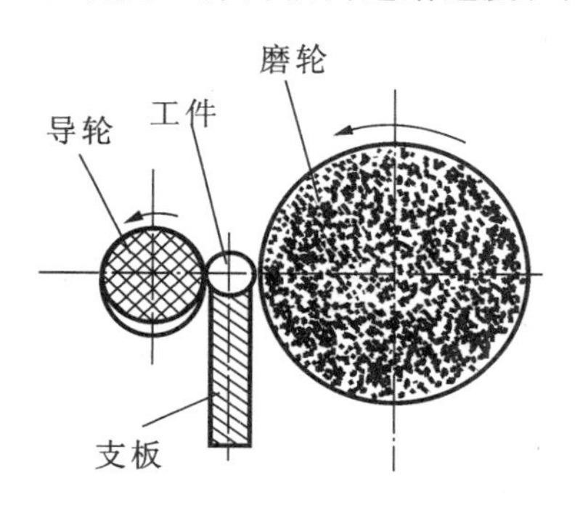

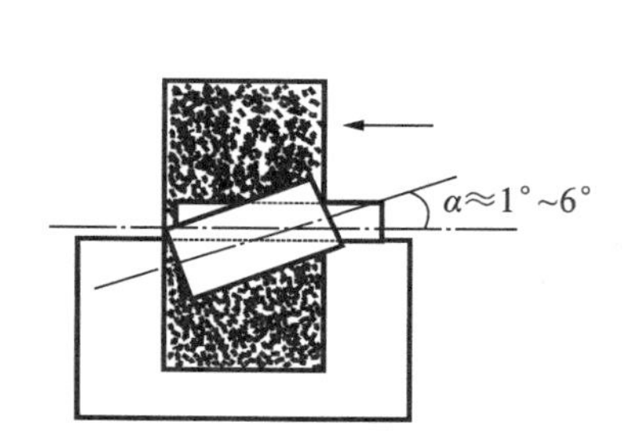

图 2-2　无心外圆铣磨示意图

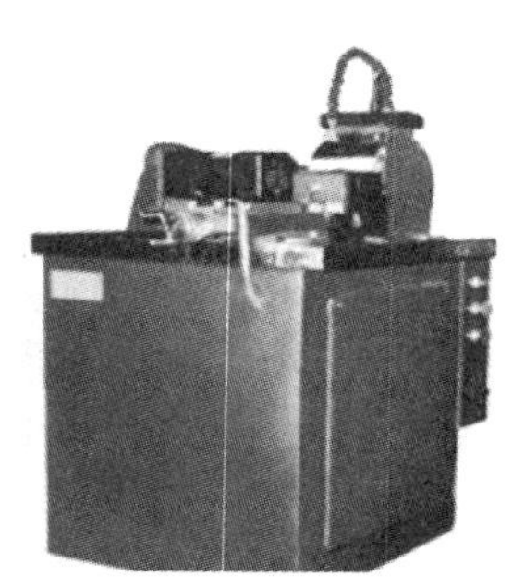

图 2-3　无心外圆磨床

无心外圆磨床通常用于中小直径的外圆加工，其加工的椭圆度和锥度比普通外圆磨床的要小。图 2-3 所示的为无心外圆磨床，其主要参数及技术指标如下。

加工范围：直径为 $\phi2$～$\phi15$ mm。

导轮速度：5～15 r/m(无级可调)。

砂轮尺寸：$\phi200$ mm×$\phi32$ mm×75 mm。

导轮尺寸：$\phi80$ mm×80 mm。

功率：约 1.4 kW。

1.1.3　外圆加工余量与公差

棒料铣磨外圆时，应去除棒料自身的杂质层，并达到透镜定心磨边前的外圆直径，其余量大小与工件直径和加工方法有关，如表 2-1 所示。

表 2-1　铣磨外圆加工余量与公差

工件直径/mm	加工类型	余量/mm	公差/mm	不圆柱度/mm
3～10	无心外圆磨床	0.4～0.6	0.05	0.01
6～40	普通外圆磨床	1.5～2.0	0.05～0.1	0.05
>40	普通外圆磨床	2.5～3.0	>0.1	>0.1

1.1.4　外圆加工中常见的问题

在铣磨外圆的过程中，由于机器及工装夹具的精度问题和装夹等问题，常会引起零件的加工误差。常见问题及产生原因如表 2-2 所示。

表 2-2　铣磨外圆时常见问题及产生原因

常见问题	产生原因
玻璃条断裂	(1)磨轮表面不平 (2)磨削量过大 (3)玻璃条过长 (4)玻璃条黏结强度不够(胶层不均匀，黏结温度低)

续表

常见问题	产生原因
圆度、圆柱度不好	(1)接头跳动 (2)活顶尖松动 (3)顶尖轴线与进给导轨不平行 (4)无心磨床支板过低 (5)手工滚圆时掉头少,转胶次数少
表面粗糙度不好	(1)砂轮粒度粗、进刀过快、磨削量过大 (2)砂轮钝化、冷却液不足
端面与圆柱轴线不垂直	(1)玻璃条夹紧时倾斜 (2)胶层不均匀 (3)胶条或转胶时端面与玻璃条轴线不垂直
玻璃条不转	(1)玻璃条两端垫片的摩擦力小 (2)被动顶尖的转动阻力大 (3)玻璃条直径过小 (4)夹紧压力不够大

1.2　切割

切割采用金刚石下料机锯切,通常用单片金刚石锯片或装有多片金刚石锯片的排锯片,依靠机床的进给,对固定在机床上的棒料进行切割。

切成单片的毛坯清洗后进行开球面,开球面即为铣磨球面,可直接在球面铣磨机上进行,不需重复加工。

2. 型料毛坯

型料毛坯在设计时,需考虑各道工序的加工余量和材质的软硬程度,具体内容在“透镜工艺规程设计”任务中会述及。

思考与练习

1. 试比较外圆磨床与无心磨床的不同适用情况。
2. 透镜磨外圆时常出现哪些问题?如何控制与解决?

任务二　透镜铣磨

对于粗磨工序而言,铣磨方式已完全取代了传统的散粒磨料加工方式,因此,粗磨工序也常被称为铣磨工序。铣磨的机理与机械加工的相似,铣磨时,磨轮上的金刚石颗粒相当于无数的小铣刀在高速铣削玻璃表面,在玻璃表面形成凹凸层,切削的垂直分力使金刚石颗粒进入玻璃深处而破坏玻璃,形成相互交错的裂纹层,深度在凹凸层深度的 2~4 倍。所谓光学零件的破坏层是指凹凸层和裂纹层的总和。

1. 球面铣磨原理

在铣磨机上,采用金刚石磨具成型加工玻璃的工序,称为范成法加工方式。所谓范成法是利用磨轮刃口轨迹包络面成型球面的方法。球面铣磨是采用斜截圆原理,用筒形金刚石磨轮在球面铣磨机上加工球面零件,如图 2-4 所示。金刚石磨轮的刃口通过工件顶点,磨轮轴线和工件轴线相交于 O 点,两轴的夹角为 α,磨轮绕自身轴线高速旋转,工件绕自身轴线慢速旋转,则磨轮的切削刃口在工件表面形成的磨削轨迹的包络面即为球面。

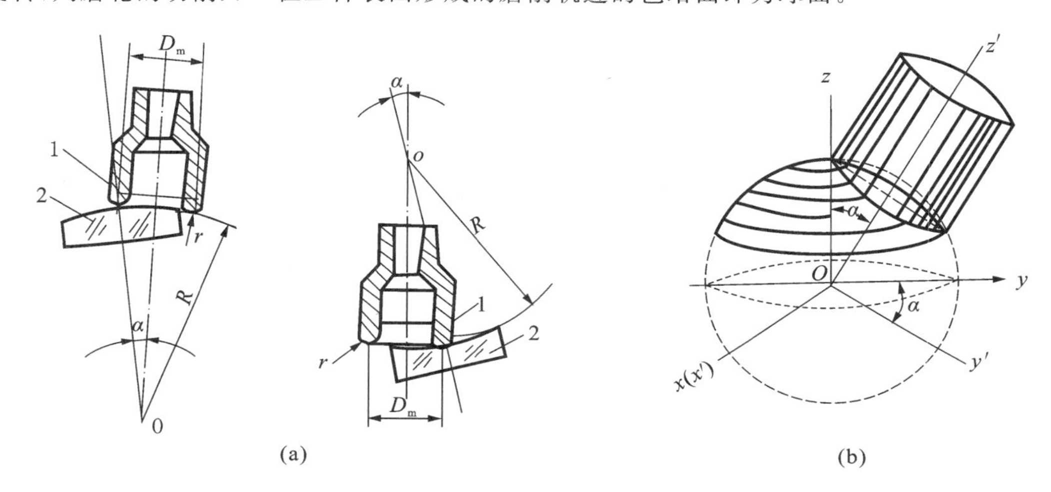

图 2-4 球面铣磨原理

(a)铣磨原理;(b)斜截圆成形原理解析

1—磨轮;2—工件

若磨轮中径为 D_m,磨轮端面切削刃口的圆弧半径为 r,磨轮轴与工件轴夹角为 α,则

$$\sin\alpha = \frac{D_m}{2(R \pm r)} \tag{2-1}$$

其中,凸面取"+"号,凹面取"−"号。

由此得到球面曲率半径 R 为

$$R = \frac{D_m}{2\sin\alpha} \pm r \tag{2-2}$$

其中,凸面取"−"号,凹面取"+"号。

当磨轮选定后,磨轮中径 D_m 和刃口半径 r 均为定值,只要调节磨轮轴与工件轴夹角 α,就能得到不同曲率半径的球面。当磨轮轴与工件轴夹角 $\alpha=0$ 时,就可以加工出平面。图 2-5 所示的为两种不同球面铣磨机。

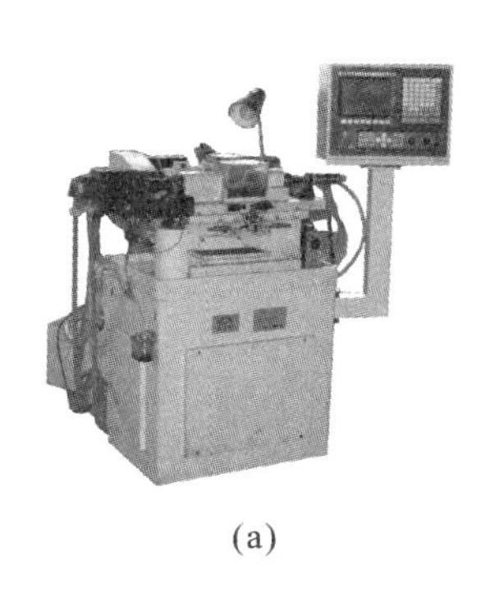

(a)

(b)

图 2-5　球面铣磨机

(a)卧式球面铣磨机;(b)立式球面铣磨机

2. 铣磨球面几何形状精度分析

铣磨球面时需保证的尺寸包括曲率半径和厚度尺寸。

2.1　影响曲率半径精度的因素

2.1.1　角度调整误差和磨轮尺寸误差

对式(2-2)进行偏微分,有

$$\begin{aligned} \mathrm{d}R &= \frac{\partial R}{\partial \alpha}\mathrm{d}\alpha + \frac{\partial R}{\partial D_{\mathrm{m}}}\mathrm{d}D_{\mathrm{m}} + \frac{\partial R}{\partial r}\mathrm{d}r \\ &= -\frac{D_{\mathrm{m}}\cos\alpha}{2\sin^2\alpha}\mathrm{d}\alpha + \frac{1}{2\sin\alpha}\mathrm{d}D_{\mathrm{m}} \pm \mathrm{d}r \\ &= -\frac{\cos\alpha(R \pm r)}{\sin\alpha}\mathrm{d}\alpha + \frac{1}{2\sin\alpha}\mathrm{d}D_{\mathrm{m}} \pm \mathrm{d}r \\ &= -\cot\alpha(R \pm r)\mathrm{d}\alpha + \frac{1}{2\sin\alpha}\mathrm{d}D_{m} \pm \mathrm{d}r \end{aligned} \tag{2-3}$$

式中:$\mathrm{d}\alpha$ 表示磨轮轴与工件轴的角度调整误差;$\mathrm{d}D_{\mathrm{m}}$ 表示磨轮中径误差;$\mathrm{d}r$ 表示磨轮刃口圆弧误差。

从式(2-3)可以得出以下结论。

(1)无论加工凸球面还是凹球面,当 $\mathrm{d}\alpha>0$(即 α 比理论值大)时,曲率半径 R 减小;反之则增大。

(2)当磨轮中径 D_{m} 和刃口圆弧半径 r 都一定时,$\mathrm{d}\alpha$ 越大,球面曲率半径误差 $\mathrm{d}R$ 越大。

(3)当 $\mathrm{d}\alpha$ 一定时,α 越小(即 R 越大),$\mathrm{d}R$ 越大,所以加工大曲率半径的零件,由于 α 较小,曲率半径 R 精度很低。因此,在加工大曲率半径的零件时,为提高精度,应通过选择较大的磨轮,以增大 α 角。但要注意,D_{m} 也不能太大,需避免磨到夹具边缘。

(4)磨轮刃口会由于加工时间长等原因出现磨钝现象,此时刃口圆弧半径 r 变大,对凸球面而言,R 减小;对凹球面而言,r 增大,$|R|$ 增大。

(5)磨轮中径 D_m 的误差 dD_m 对曲率半径的影响是 $dD_m>0$，则 R 增大。对凹、凸球面均如此。

(6)当 $d\alpha$、dr、dD_m 均一定时，由式(2-3)可知，α 越大，dR 越小，因此，加工小曲率半径的球面精度较高。

2.1.2 中心调整误差

所谓中心调整误差，是指磨轮刃口圆弧 r 的中心未完全与工件的回转轴线相重合所形成的误差。在铣磨球面时，由于中心调整误差的存在，会使铣磨出来的球面表面出现一个明显的凸包。凸包可分为内凸包和外凸包。例如，若刃口圆弧中心未到工件中心，则出现外凸包；若刃口圆弧中心超过工件中心，则出现内凸包，如图 2-6 所示。

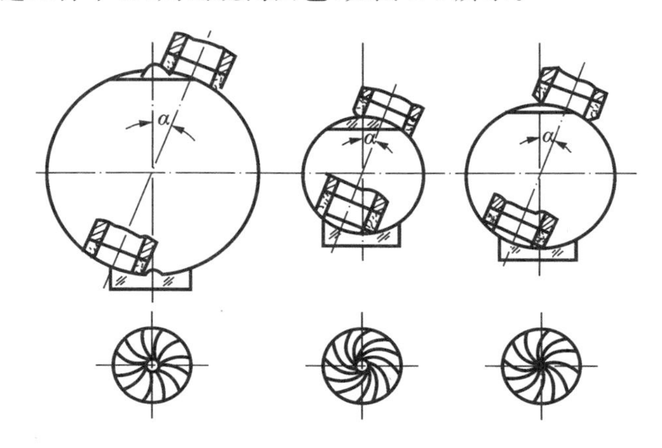

图 2-6 中心调整位置及引起的凸包

磨轮刃口圆弧中心与工件轴不重合不仅会使球面表面出现凸包，而且会使球面的曲率半径产生误差。图 2-7 所示的为中心调整误差对曲率半径的影响。设磨轮轴的正确位置是 OA，工件轴的正确位置是 OB。当存在中心调整误差 Δ 时，若为外凸包，则工件轴处于 $O'C$ 的位置，此时加工出来的实际曲率半径 $O'D$ 比应有的曲率半径 OD 大，如图 2-7(a)所示；若为内凸包，则实际加工出来的曲率半径 $O'D$ 比应有的曲率半径 OD 小，如图 2-7(b)所示。

$$\Delta R = R - R_0 = \frac{\Delta}{\sin d\alpha} - \frac{D_m}{2\sin\alpha} \tag{2-4}$$

存在凸包产生的曲率半径误差随中心调整量的增大而增大。为了减小中心调整误差对曲率半径的影响，应尽可能选择较大的磨轮中径 D_m 和较大的 α 角。

2.1.3 工件轴与磨轮轴不共面误差

由铣磨原理可知，能加工出球面的前提是磨轮轴与工件轴共面且相交。如果磨轮轴和工件轴之间存在不共面误差，则加工轨迹包络面将不是球面，而是非球面。在铣磨机上，为减少该项误差，不对磨轮轴进行高低调整，而由机床装校保证。目前国内铣磨机的工件轴与磨轮轴的高低偏差都在 0.03 mm 以内，此偏差对非球面度影响很小。

2.1.4 磨轮轴与工件轴径向跳动

径向跳动的影响与高低调整误差和中心调整误差影响相同，都会产生非球面误差。实践

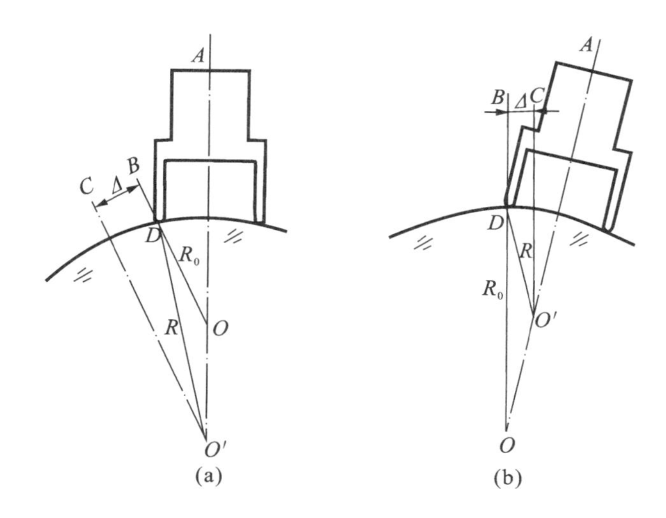

图 2-7　中心调整误差引起曲率半径误差示意图

表明，磨轮轴与工件轴径向跳动误差在 0.01 mm 以内时，对曲率半径精度影响不大。

2.2　影响厚度精度的因素

2.2.1　磨轮轴和工件轴轴向跳动影响

轴向跳动由机床精度和安装精度保证，一般铣磨机两轴的轴向跳动量不超过0.005 mm，由此产生的最大厚度误差不超过 0.1 mm。

2.2.2　夹具精度影响

夹具的制造误差和夹具使用不当都会造成厚度误差，因此，对装夹工件所用的夹具需加以控制。

3. 铣磨加工中工艺参数的选择

工艺参数是指在加工过程中影响效率和质量的独立参数。评价铣磨效果的指标除了需控制的尺寸精度外，通常还有磨削效率、工件表面粗糙度和磨轮磨耗比来衡量。磨削效率是指单位时间内的磨削量或者磨去单位体积的玻璃所用的时间；表面粗糙度是指加工完工后零件表面破坏层深度；磨轮磨耗比是指每磨耗 1 mg 磨轮（金刚石）所能磨去的玻璃重量，用 g/mg 表示。

影响铣磨质量和效率的主要工艺参数包括机床参数、磨轮参数和冷却液参数。

3.1　机床参数对铣磨的影响

铣磨机的主要参数包括磨轮轴转速、工件轴转速、磨削压力和进刀深度等。

3.1.1　磨轮轴转速的影响

磨轮轴转速用每分钟转数或磨轮的边缘线速度来表示，磨轮边缘线速度又称为磨削速度。通常情况下，磨轮轴转速是由机床性能决定的。用每分钟转数表示时，大部分铣磨机的磨轮轴转速值是定值，但某些适用范围大的铣磨机会设有两挡转速，国外很多铣磨机设有调速机构。影响磨削效果的是磨轮的边缘线速度，即磨削速度。磨削速度越大，磨削效率越高，工件表面粗糙度越小。铣磨试验表明，磨轮边缘线速度为 12～35 m/s 时，磨削效果较好。但磨削速度不能无限制增大，因为速度过高时，机床振动加大，会影响工件质量。

磨轮边缘线速度与磨轮轴转速的关系为

$$v = \frac{\pi D_{\mathrm{m}} n}{60 \times 100} \tag{2-5}$$

式中：v 为磨轮边缘线速度，m/s；D_{m} 为磨轮中径，mm；n 为磨轮转速，r/min。

3.1.2 工件轴转速的影响

工件轴转速可以根据工件直径和进给速度调整。工件轴转速越高，磨轮的磨耗比越大，磨削效率越高，但工件表面粗糙度会越大。工件线速度实际上是进给速度，一般选 150～250 mm/min较为合理。在实际操作中，进给速度通常以加工时间来体现。加工一个面的时间，小球面铣磨机为 0.5～3 min，中球面为 0.7～6 min，大球面为 4～20 min。

3.1.3 磨削压力的影响

磨削压力是指磨轮传递给工件的压力。有的机床的磨削压力是由磨头的自重产生，有的由液压或弹簧作为原动力。磨削压力越大，磨削效率越高，但工件表面粗糙度会越大。一般磨削压力为 2～4 $\mathrm{kg/cm^2}$。

3.1.4 进刀深度的影响

进刀深度又称为铣磨深度或吃刀深度，是指工件每转动一周的进给量(吃刀量)。进给量增大，磨削效率必然提高，但工件表面粗糙度也会随之变大。一般进刀量决定加工时间，进给速度低，加工时间长，表面粗糙度好。

在弹性进给的条件下，进刀深度与磨轮转速、工件线速度、磨削压力、金刚石粒度和工件材料等因素有关。

从磨具合理使用的角度考虑，进刀深度不应超过磨轮金刚石层的厚度，否则易损坏磨轮。尤其是加工块料或棒料毛坯时，进给量不宜太大。

3.2 磨轮参数对铣磨的影响

铣磨用的金刚石磨轮参数包括磨轮粒度、浓度、硬度和结合剂种类等。

在其他条件合适的情况下，金刚石磨具的粒度越大，磨削效率就越高，但获得的表面粗糙度也会越大。因此，磨轮粒度的选择原则应遵循在保证工件表面粗糙度要求的前提下，尽可能采用粒度粗的磨轮。

磨轮的其他参数选择可参考第一部分中光学辅料知识里关于金刚石磨具特征参数选择部分。

3.3 冷却液参数对铣磨的影响

冷却液具有冷却、清洗、润滑和防锈作用。对光学铣磨加工而言，由于去除量大，在高速磨轮作用下会产生大量的摩擦热,若不及时将这些热量带走,不仅会使磨具磨损严重,工件质量也难以保证。因此,铣磨所用的冷却液主要以冷却作用为主。

乳化液类是由矿物油与水在乳化剂作用下形成的一种稳定的乳化液。因为它既有水也含有油,所以既具有水冷却液的优点,也具有矿物油冷却液的优点。乳化液分为两大类:水包油型和油包水型。光学加工中主要用水包油型,首先配成乳化油,即母液,再将母液用水冲淡20倍至50倍后使用。

除需要选择合适的冷却液类型外,还要考虑冷却液的浓度、流速、流量和喷出的位置等。

4. 铣磨透镜加工余量

对铣磨工序而言,需去除的余量主要是材料表面的杂质层,并要求达到精磨前所需的表面粗糙度。铣磨完工后的尺寸需给后道工序留有合适的余量,余量大小与磨料粒度、玻璃材料软硬和工件形状有关。一般的经验数据分别如表2-3和表2-4所示。

表 2-3　铣磨单面加工余量

工件直径/mm		<50	50～100	100～200
毛坯类型	棒料	1.0	1.2	1.5
	滴料成型	0.6	0.7	0.8
	二次压型	0.8	1.0	1.3

表 2-4　铣磨完工后厚度余量

磨轮粒度	硬质玻璃	软质玻璃
W40	$0.15^{+0.1}_{0}$	$0.2^{+0.1}_{0}$

注:以上余量为双面加工余量

5. 铣磨后的检验

铣磨完工后的透镜零件需检验的项目包括中心厚度、表面质量和曲率半径。中心厚度直接用厚度计测量即可;表面质量通过目视观察判断;曲率半径通常采用简易球径仪测量矢高方式进行检验。

测量矢高的简易球径仪如图2-8所示。

用简易球径仪测量出矢高 h 后,根据三角关系,可求出半径为

$$R = \frac{r^2}{2h} + \frac{h}{2} \tag{2-6}$$

式中:r 为简易球径仪测环半径;h 为矢高。

在车间实际检验时,通常不用计算 R 值,而是用标准件做矢高的比较测量即可。

6. 球面常见的表面疵病及克服方法

铣磨过程中,由于各种因素的影响,被加工表面会出现一些疵病,如表面粗糙度不好、曲

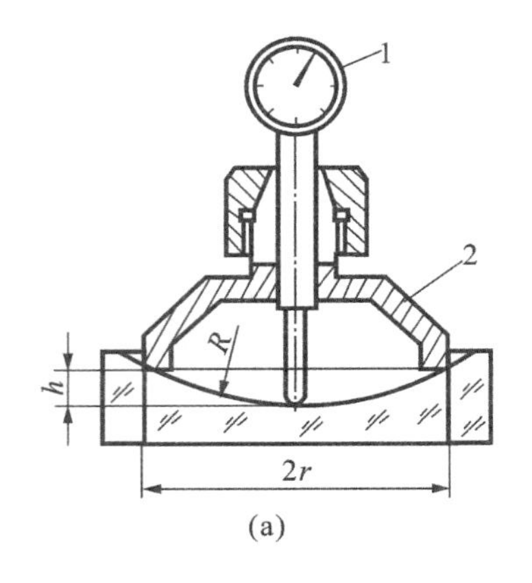

(a)

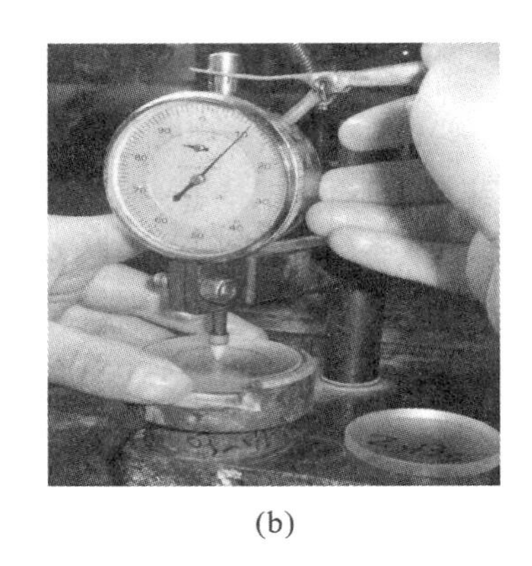

(b)

(c)

图 2-8　简易球径仪测量矢高

(a)测量示意图;(b)测量大口径;(c)测量小口径

1—千分表;2—钢环

率半径偏差过大等。表 2-5 所示的为铣磨球面时常见问题及其可能产生的原因和克服的办法。

表 2-5　铣磨球面常见问题、产生原因及克服方法

常见的问题	产生的原因	克服方法
表面粗糙度不好,有刀纹、局部麻点及半弧形刀痕	(1)磨轮粒度偏大或磨轮转速偏低 (2)机床振动大 (3)冷却液有杂质 (4)冷却液喷射位置不对或流量不足 (5)工件速度与进刀速度配合不好 (6)磨轮轴松动 (7)光刀时间不足	(1)选择适当的磨轮粒度和磨轮转速 (2)减小、消除机床振动 (3)过滤或更换冷却液 (4)调整冷却液喷射位置,加大流量 (5)进刀量要适当 (6)调整磨轮轴松紧度 (7)增加光刀时间
细密形菊花纹	(1)机床振动较大 (2)滚动轴承的磨损引起的磨头松动 (3)磨削压力过大 (4)光刀时间不足	(1)调整机床,减小、消除振动 (2)调整磨头 (3)调整磨削压力至适当 (4)增加光刀时间
宽疏形菊花纹	工件主轴的轴向窜动	检修主轴,消除窜动

续表

常见的问题	产生的原因	克服方法
零件偏心	(1)零件装夹不正 (2)夹具定位面与工件轴不垂直 (3)夹具与工件配合过松,零件晃动 (4)夹具不清洁,有玻璃碎屑或杂质	(1)零件装夹时要清洁零件及夹具 (2)修正夹具 (3)修正夹具 (4)零件装夹时要清洁零件及夹具
几何形状不规则	(1)磨轮轴与工件轴不在同一平面上 (2)主轴松动 (3)主轴、磨轮轴的径向跳动过大	(1)校正机床,保证两轴线在同一水平面上 (2)调整主轴间隙 (3)调整两轴的径向跳动,使之符合机床原精度
玻璃内部有指甲状裂纹	(1)进刀过猛、过快造成磨轮挤压玻璃,生成内在裂纹 (2)磨削压力过大 (3)磨轮切削性太差	(1)磨轮磨削工件时要慢进刀 (2)调整机床压力弹簧 (3)修理或更换磨轮
有火花	(1)冷却液不足或喷射位置不正 (2)进刀量过大,磨削发热量大 (3)冷却液性能不良,闪点太低 (4)金刚石磨轮硬度太大,磨削能力差,磨削中发热量太大 (5)吸雾装置不良	(1)调整冷却液喷射位置和流量 (2)进刀量要适当 (3)选择合适的冷却液 (4)磨轮结合剂硬度要适当,切削力下降时应及时修正 (5)检修,保证吸雾器正常工作

7. 球面铣磨夹具的设计

目前的透镜铣磨中,所用的夹具通常采用弹性装夹或真空吸附装夹。对夹具的要求可分为保证精度和经济性两方面。从保证精度方面而言,夹具设计应满足以下要求。

(1)夹具装夹牢固可靠。如果装夹不牢,零件松动,直接影响加工精度,甚至损坏零件,同时也容易造成磨轮磨损。

(2)定位装夹准确。这样才能保证加工零件的偏心、曲率半径和中心厚度的允差在规定的范围内。

(3)夹具设计精度应满足零件加工工序的精度要求。

从使用的方便与经济性方面而言,夹具设计时应满足以下要求。

(1)能与铣磨机的性能和结构相匹配。

(2)能提高加工效率,操作方便、省力、安全。

(3)具有一定的使用寿命和较低的夹具制造成本。

(4)夹具元件能满足通用化、标准化和系列化的“三化”标准。

(5)具有良好的结构工艺性,便于制造、检验、装配、调整和维修。

7.1 弹性夹具的设计

弹性夹具是利用弹性夹头上所开的三个槽和夹头外圆锥面与夹帽内圆锥面配合产生的弹力,来达到夹紧零件的目的。具体尺寸可参阅文献《光学零件工艺手册》,也可根据机床实际情况配套设计。弹性夹具分弹性卡管和弹性收管,分别如图 2-9、图 2-10 所示。

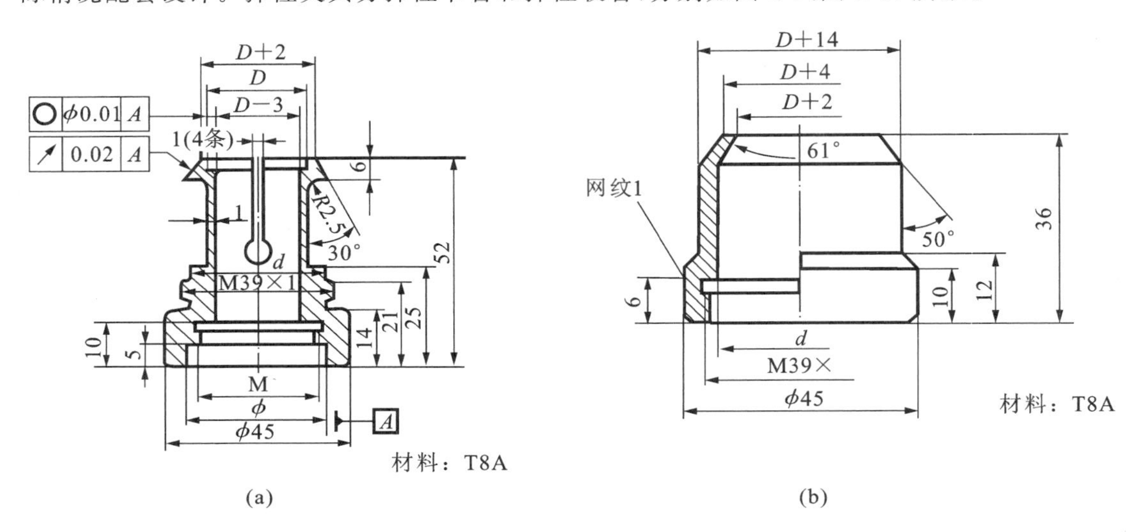

图 2-9 弹性卡管夹具

(a)卡头;(b)卡帽

弹性夹具的优点是对工件直径公差要求宽,不易偏心。其缺点是装夹不方便,加工边缘厚度小的凸透镜时易破边。

透镜铣磨常采用弹性夹具。

7.2 真空吸附夹具

真空装夹能吸附零件的原因,是由于环境压力(大气压力)大于吸盘与工件之间的压力。如图 2-11 所示,将吸盘与真空发生装置相连,打开抽气阀门时,吸盘内部空气被抽走,工件被吸附固定到真空夹头上;关闭抽气阀门时,解除真空吸附作用,工件被取下。

真空吸附夹具的优点是装夹方便,易实现自动化,目前的连续作业的自动铣磨机均采用真空吸附方式。其缺点是对工件的直径公差要求严格,一般在−0.05～−0.10 mm 以内。如果直径过大,则放不进去;若直径过小,则装夹不牢,易产生偏心。

透镜涂墨等工序常采用真空吸附定位方式。

思考与练习

1. 简述球面铣磨的原理。

2. 影响铣磨的工艺因素有哪些?

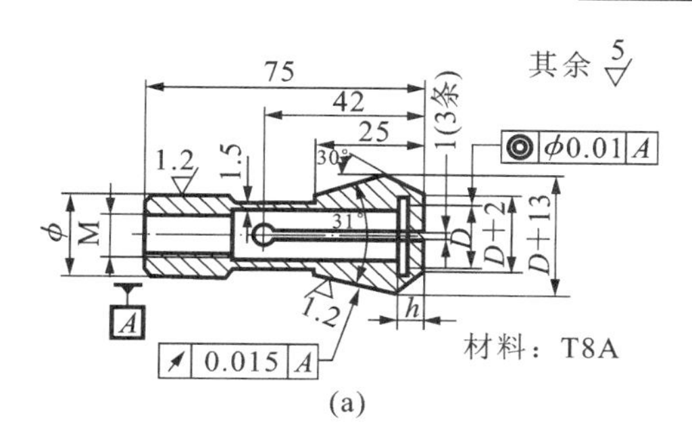

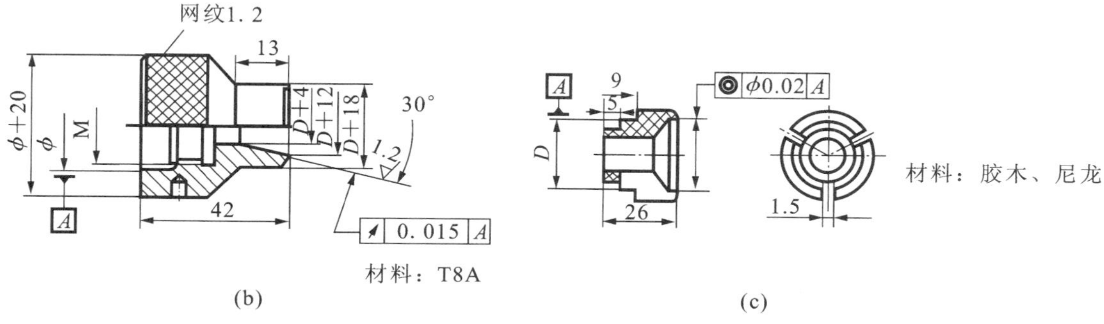

图 2-10 弹性收管夹具

(a)收管;(b)锥套;(c)衬套

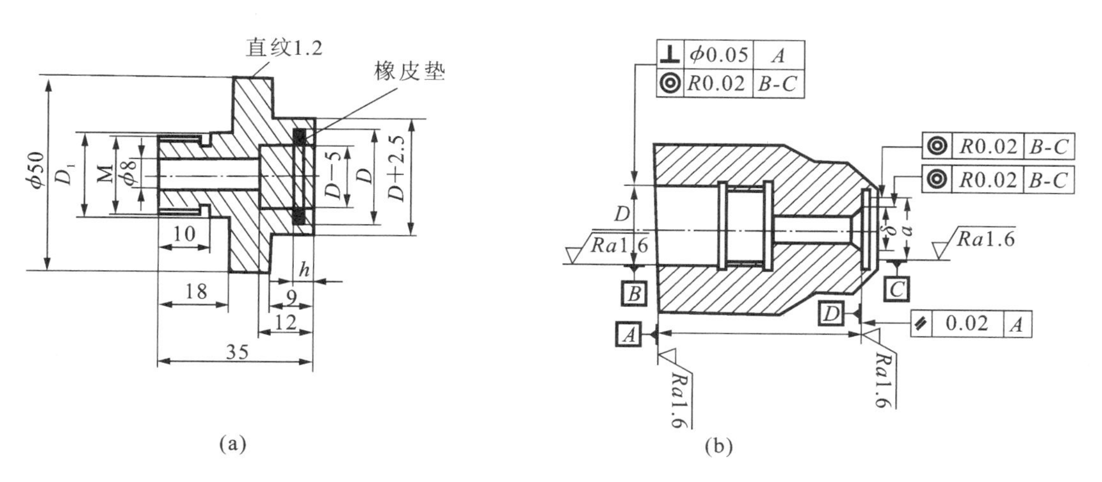

图 2-11 真空吸附夹具

(a)带过渡接头时用;(b)直接连接工件轴时用

3. 加工零件时，应对铣磨机哪些部件进行调整？调整的目的是什么？

4. 采用筒形金刚石磨轮铣磨球面时，现有 2 种磨轮可以选择。磨轮 1 的外径为 $D_1=52$ mm，内径为 $d_1=46$ mm；磨轮 2 外径为 $D_2=38$ mm，内径为 $d_2=34$ mm。欲加工曲率半径 R 为 200 mm 的凸透镜，应选择哪种磨轮加工？应该将磨轮轴与工件轴的夹角调整到多少度？

5. 铣磨球面常会产生哪些表面疵病，是由什么原因产生的？

6. 某一弯月形毛坯铣磨时，使用中径为 $\phi 20$ mm 的砂轮，铣凸面和凹面，砂轮轴与工件轴的夹角都正好为 30°，砂轮壁厚为 3 mm，请问这透镜两面曲率半径各为多少？

任务三 透镜精磨

金刚石磨轮的铣磨会在零件表面留下凹凸层和裂纹层，精磨是为了减小工件表面的凹凸层和裂纹层深度，并进一步提高工件的几何尺寸精度、表面面形精度和达到所需的表面粗糙度。精磨的质量对抛光的质量和效率的影响是非常重要的。

与粗磨工序一样，精磨也分为传统的散粒磨料精磨和现代的固着磨料高速精磨。对透镜精磨而言，基本上均采用固着磨料高速精磨方式。

采用金刚石磨具的球面高速精磨设备有准球心和范成法两大类。范成法高速精磨与球面铣磨基本一样，是磨具和零件各自做回转运动，其磨具刃口轨迹的包络面形成零件的表面形状，唯一不同的是金刚石磨轮的粒度比较细。

准球心法是用成型磨具加工，零件的表面形状和精度主要依靠磨具的形状和精度来保证。加工时，摆动轴线通过对应镜盘或磨具的曲率半径中心，如图 2-12 所示，压力的方向始终指向曲率中心，且在加工中为恒定值，这种方法较好地达到了均匀精磨。

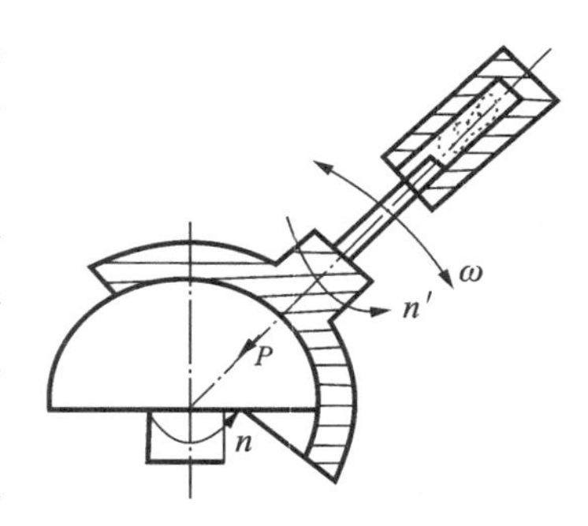

图 2-12 准球心法加工球面镜原理示意图

常见的准球心高速精磨机有上摆式高速精磨机和下摆式高速精磨机（简称上摆机、下摆机）两种，分别如图 2-13 和图 2-14 所示。

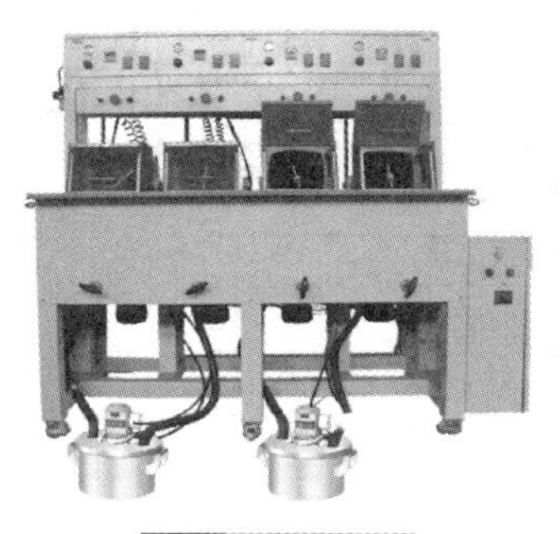

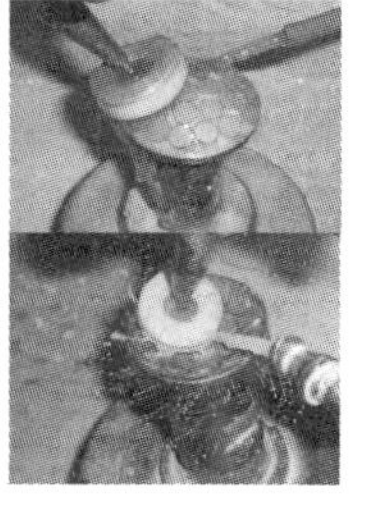

图 2-13 上摆机

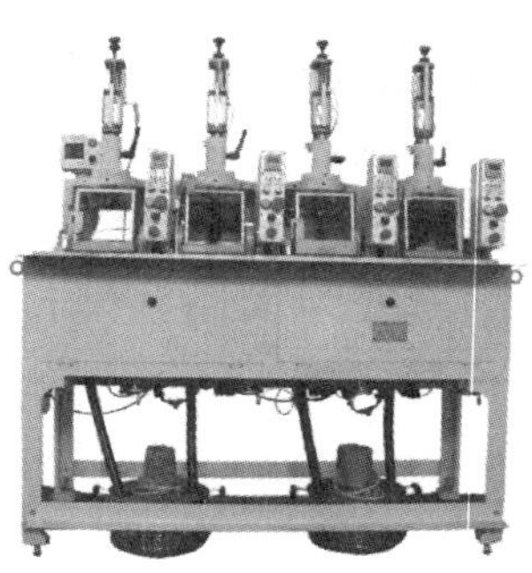

图 2-14 下摆机

上摆式高速精磨机是加工中小尺寸透镜的专用设备，它的下方主轴轴线固定不动，只做回转运动，上方为摆轴，在做回转运动的同时摆动，摆动轴线通过曲率半径中心。加工中的压力由铁笔和气动加压装置提供，加工效率高。

下摆式高速精磨机是上方主轴线固定不动，只做回转运动，下方前后摆动。下摆式加工透镜口径和曲率半径比上摆式的大。加工时，气动装置主要用于实现工件轴和挡板的上下动作，加工中所需压力来自弹簧和工件轴的自重。

1. 高速精磨金刚石磨具的制作和夹具设计

准球心法的加工方式是依靠磨具的形状和精度来保证零件的表面形状和精度，因此制作符合要求的金刚石精磨模是该工序的一项重要工作。

1.1　球面金刚石精磨模的设计与制作

金刚石精磨模由金刚石精磨片（又称金刚石丸片）、结合剂和精磨模基体组成。

1.1.1　精磨片

精磨片是由金刚石微粉与结合剂烧结而成，选择参数包括金刚石粒度、浓度、结合剂以及精磨片的尺寸等几方面。

粒度的选择根据工序要求而定。若精磨分为粗精磨和细精磨，则前道粗精磨可采用较粗的粒度以尽快达到规定的尺寸，如国产 W28、W14，进口 1000＃、1200＃等；细精磨是为保证加工出较好的表面粗糙度并保证稳定性，粒度上要选择细一些的，如国产 W10、W7，进口 1500＃、1800＃等；若还要进行超精磨，则选择更小粒度的精磨片。如果只用一道精磨，则用 W14 为宜。

浓度的选择：浓度过高或过低对精磨品质与效率都有较大影响。如果浓度过高，结合剂就相对减少，这样对金刚石颗粒的结合力减弱，金刚石颗粒会过早脱落；如果浓度过低，金刚石颗粒相对减少，作用在每个金刚石颗粒上的切削力增大，可能使金刚石颗粒过早脱落。目前比较认可的浓度是在 30％～50％。

结合剂：结合剂的主要作用是把持金刚石颗粒，其硬度直接影响钝化金刚石颗粒的脱落速度，即影响磨削效率和工件表面质量。因此，结合剂硬度要与金刚石颗粒的磨钝速度和玻璃的硬度相当。较硬材质的玻璃用较硬的结合剂，以利于磨削效率；较软材质的玻璃用较软的结合剂，以保证玻璃的表面质量，太硬会在表面产生伤痕。现在普遍使用的精磨片结合剂有金属结合剂和树脂结合剂。硬青铜结合剂使用寿命长，软青铜结合剂用于加工大而薄零件。钢结合剂耐磨，且质量稳定，树脂结合剂加工出的零件表面粗糙度小，但不耐大负荷。

金刚石精磨片（见图 2-15）的形状一般为圆形，有平、凹、凸三种。精磨片的尺寸主要是指磨片直径、厚度和曲率半径，尺寸选择一般取决于精磨模基体（见图 2-16）的曲率半径、口径和玻璃的外径。

一般精磨片的选择参数如表 2-6 和表 2-7 所示。

图 2-15　金刚石精磨片

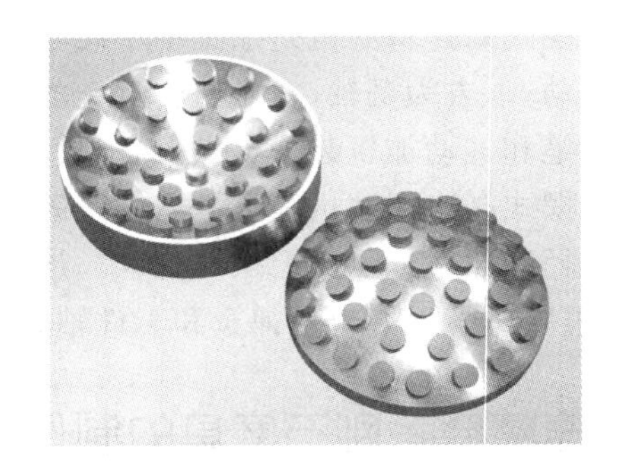

图 2-16　精磨模基体

表 2-6　精磨片参数

名　　称	粒　　度	浓度/(%)	结　合　剂	备　　注
精磨片	W40,W28	100～50	青铜	粗精磨用
	W20,W14	75～50	青铜	粗精磨用
	W14,W10	50～35	青铜	细精磨用
超精磨片	W10,W7,W5	50～25	树脂	超精磨用

表 2-7　精磨片尺寸

精磨模曲率/mm	10～20	>20～30	>30～50	>50～150	>150～∞
精磨模面积/cm^2	6～25	>25～50	>50～150	>150～1350	>1350
精磨片尺寸/mm	ϕ(4～6)×3	ϕ(6～8)×3.5	ϕ(8～10)×4	ϕ(10～12)×4.5	ϕ(15～18)×5

1.1.2　精磨模的结构形式

常见精磨模结构如图 2-17 所示，精磨片可以直接黏结到基体上，也可在基体上加工出定位凹坑，将精磨片黏在凹坑内。

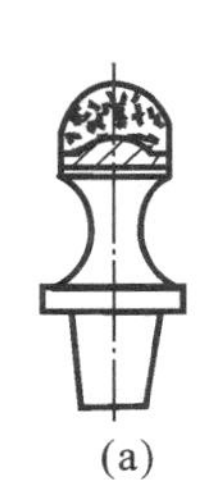

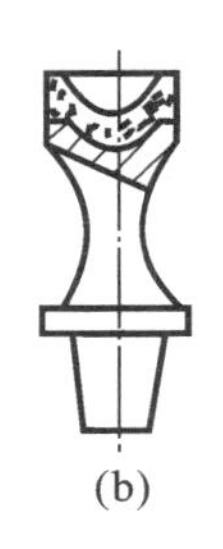

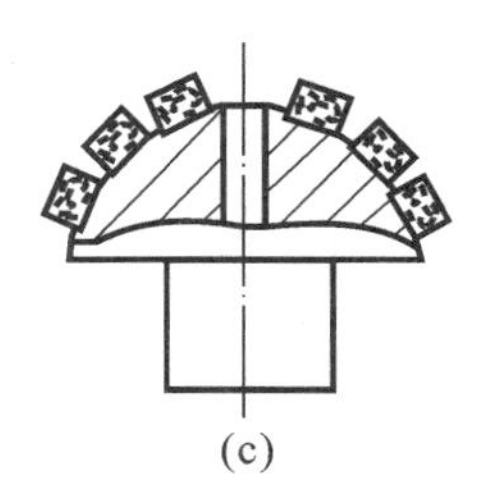

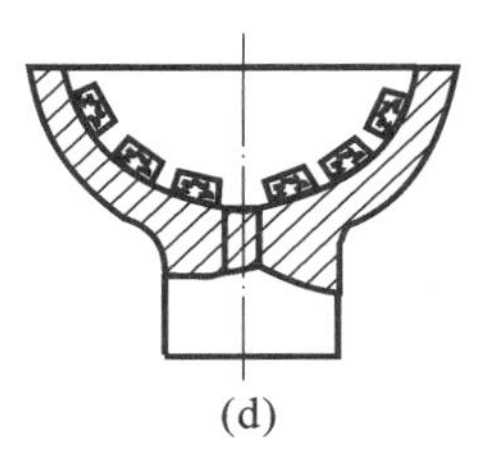

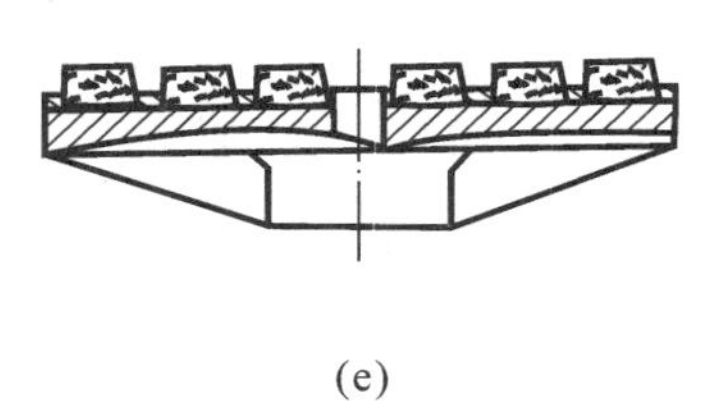

图 2-17　常见金刚石精磨模结构

(a)、(b)用于小半径；(c)、(d)、(e)用于较大半径

1.1.3　精磨片的分布

在高速精磨时，工件是靠精磨模成型，即工件的几何精度是靠精磨模的几何精度来保证的。为了保持精磨模具曲率半径的稳定，精磨片在球面精磨模上的分布必须遵循一定的原

则：一是要满足一定的覆盖比；二是要使精磨片表面符合余弦磨损。

（1）覆盖比。

覆盖比是指精磨片的表面积与精磨模球缺表面积之比，一般由精磨模表面的曲率半径决定。覆盖比越大，在相同条件下磨去玻璃的量越少，因为大覆盖比时单位面积上所受的压力减少，磨削效率反而降低。一般大镜盘覆盖比取小一些，可以缩短加工时间，提高效率；小镜盘覆盖比取大一些，以保证面形的稳定性。精磨片覆盖比的选择可参考表 2-8。

表 2-8　精磨片覆盖比与曲率半径关系

磨具半径/mm	＜10	10～30	30～50	50～120	＞120
精磨覆盖比/%	100～55	60～40	45～35	40～20	＜25
超精磨覆盖比/%	100～60	65～45	50～40	45～25	＜30

选定覆盖比后，再按照精磨模和精磨片的球缺面积、矢高计算出总的精磨片数量 N，即

$$N=\frac{PS_{\mathrm{jm}}}{S_{\mathrm{jp}}}=\frac{PH_{\mathrm{jm}}}{h_{\mathrm{jp}}} \tag{2-7}$$

式中：P 为覆盖比；S_{jm}、S_{jp}分别为精磨模和精磨片表面积；H_{jm}、h_{jp}分别为精磨模和精磨片的矢高。

（2）余弦磨损。

所谓余弦磨损，就是指球面精磨模在使用过程中，其加工面的曲率半径始终不变，而且被加工面的光圈稳定。如何保证余弦磨损是设计球面精磨模必须考虑的问题。

如图 2-18 所示，精磨模表面是以 O 为球心，曲率半径为 R 的球面 EDF，经过一定时间的磨损后，成为以 O'为球心，曲率半径为 R'的球面 $E'D'F'$，要求 $R'=R$，则精磨模原始表面上任一点在 Z 轴方向的磨损量在任何瞬间都是相等的。以 A 点为例，$AC=OO'=DD'=\Delta h$，该点在法线上的磨损量为 AB，$AB= AC\cos\psi$，即 $\Delta h_{\mathrm{i}}=\Delta h\cos\psi$，$\psi$ 为 OAB 与精磨模轴线 OZ 间的夹角，这就是满足余弦磨损的条件。

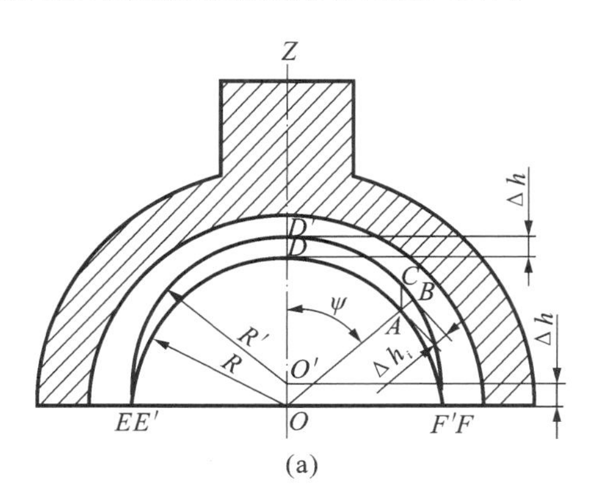

(a)

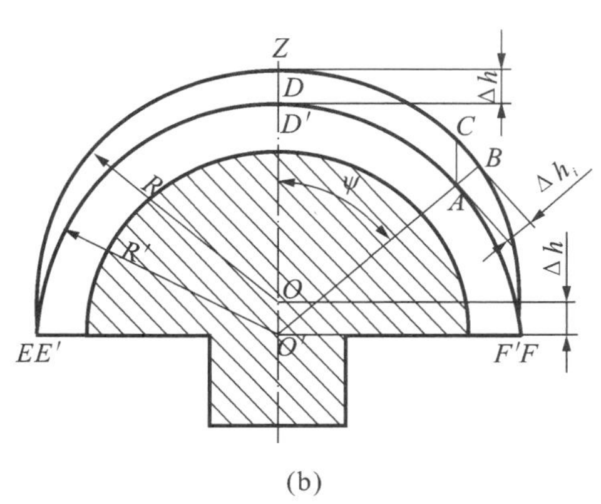

(b)

图 2-18　精磨模表面磨损示意图

(a)凹精磨模；(b)凸精磨模

余弦磨损只是理想情况下精磨模的磨损情况，实际上能否实现余弦磨损还要根据具体的工艺条件，如速度和压力的影响等。

1.1.4 精磨片的黏结

精磨片在磨具基体上的排列至少应满足三点要求：保证磨具的面形稳定性；不应产生死点，即不能有磨不到的地方；冷却液畅通无阻，以利散热与排屑。

目前精磨片主要采取的排列形式有同心圆和螺旋式，除此之外，还有纵横平行排列、射线排列等，但最外圆都尽可能地保持圆形，如图 2-19 所示。无论采用何种形式排列，最重要的是保证曲率半径稳定。

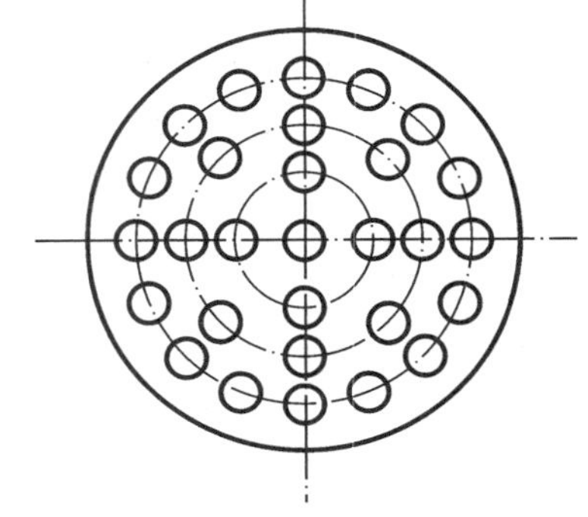

图 2-19 精磨片同心圆排列形式

精磨片与磨具基体间的黏结是金属与金属间的黏结，应根据金属的特性来选择黏结用胶。选择时还需考虑胶的固化温度和固化时间，尽量选择室温固化且固化时间短的胶，如环氧聚硫胶类的 HY-914 胶。黏结工艺比较简单，一般过程如图 2-20 所示。

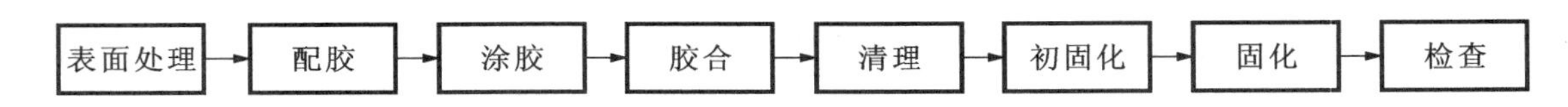

图 2-20 精磨片黏结流程

黏结时需注意以下事项。

（1）黏结面不宜过于光滑，黏结前一定要用丙酮或乙醇等有机溶剂清洁干净并充分干燥。

（2）黏结用胶在保证全部均匀涂布的情况下不宜过多；黏结时应施加一定压力，或用标准曲率半径的模具压模以控制面形。

（3）确保后固化的时间和温度，以保证达到最佳固化效果，从而达到最大黏结强度。

1.1.5 精磨模的修整

刚制作好的精磨模是不能直接用于加工的，必须进行修磨。修磨精磨模是保证精磨质量最关键的一项工作。修模时可以用同样曲率半径、凹凸相反的一对模子相互对磨，控制修磨时的工艺参数和过程，达到用面形符合要求的模子来改造面形不符合要求的模子的目的，这个过程称为面形复制。

修磨时，若精磨模为凹面，且模子曲率半径比要求的大，此时应多磨凹精磨模的中间部分；若凹精磨模曲率半径偏小，则多磨模子的边缘部分。凸精磨模的修磨位置与凹模的正好相反。由于各工序间零件需采用低光圈传递，因此精磨模应做成高光圈。

1.2 单件加工夹具

目前透镜加工普遍采用单件加工方式，相较于成盘加工而言，单件加工取消了上盘、下盘、清洗等辅助工序，特别是在大批量生产中，减少辅助工序工时可以大大提高加工效率，减轻劳动强度，解决辅助工序环境污染等问题，尤其是在加工张角大的透镜时具有很大的优越性。

单件加工所采用的夹具十分简单，如图 2-21 所示。当工件偏心要求不十分严格时，与工件外圆相配合的尺寸可采用铣磨外圆的公差，夹具壁厚 2～3 mm 即可。夹具边缘尺寸视工件边缘厚度决定，要防止加工时夹具外壁与精磨盘表面相接触。

如果工件是平凸或平凹件，夹具与工件底面接触的面都是平面，装夹工件时可垫以橡皮垫，这时工件在夹具中并不是处于被夹紧的状态，且在加工中无论工件做主运动还是从运动，工件与夹具之间均不会发生相对转动，保证了加工的顺利进行。若非加工面为凸面或凹面，则夹具表面应该加工成相应的球面。

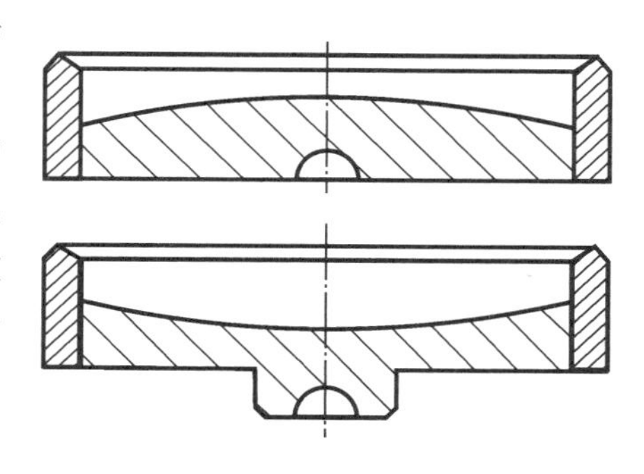

图 2-21 单件加工夹具

如果加工凸面时模具做主运动，则在夹具设计时要注意：夹具与压力球头相接触的凹坑一定要远离被加工球面的曲率中心，向下向上均可，否则工件加工时易从磨具中跳出来。

2. 高速精磨时工艺参数影响

高速精磨时的工艺参数包括机床参数、辅料参数、零件本身参数、加工时间参数等方面。

2.1 机床参数的影响

无论精磨模相对工件的位置是在上还是在下，磨削量均随主轴转速提高而增加，表面凹凸层的深度也随磨削量的增加而增加，磨轮磨耗也随主轴转速的提高而增加。当精磨模做主运动时，压强对玻璃磨削量的影响不一定呈直线关系。压强在 100 kPa 以内，磨削量随压强加大而直线式上升。当压强超过 100 kPa 后，增长量逐渐变小。当镜盘做主运动时，压强与磨削量基本呈直线关系。

2.2 辅料的影响

高速球面精磨时的辅料主要是精磨模和冷却液。精磨模的影响包括精磨片的粒度、深度、结合剂、覆盖比、排列方式等。在金刚石精磨过程中，金刚石和结合剂的平衡磨损是保证精磨稳定性和重复性的首要条件，而这种平衡是由金刚石模具的自锐作用实现的。金刚石的自锐作用主要与结合剂的硬度有关，其次与玻璃原始表面的粗糙度、冷却液及金刚石颗粒切入玻璃的深度等有关。

冷却液的作用是散发加工过程中产生的热量，去除磨削碎屑和减少磨具与玻璃的摩擦，即起到冷却、清洗、润滑作用及对玻璃和磨具的化学作用(即自锐作用)。

冷却液温度不能太低，否则抛光时与光圈不匹配，容易造成玻璃破裂或划痕。若清洗和润滑效果不好，则精磨片易钝化，造成脱落或断裂。同样，冷却液的化学自锐性太强，会导致表面粗糙度变差。因此，只有兼顾冷却液的各项作用才能满足精磨的要求。目前效果比较好的冷却液是用“三乙醇胺-水”冷却液，辅料厂家一般提供母液，使用时必须按要求进行稀释。

2.3 零件本身的影响

零件自身参数包括材质、精磨前初始表面参数等。不同软硬材质的玻璃加工时应区别对待，硬度大的玻璃磨削效率低。初始表面参数包括上道工序加工完后的表面粗糙度、光圈和加工余量，它们直接影响精磨的磨削效率、工件的表面质量、磨具的磨损和钝化等。初始表面的粗糙度应与精磨片的粒度和结合剂硬度相匹配。

加工和修磨零件时应从边缘开始向里修磨，即各道工序之间应该为低光圈传递，整个加工过程中，总是从光圈低向高逐渐提起来的，直到抛光后光圈数符合完工要求。按此要求，各曲率半径之间的关系是，加工凸球面时，$R_{cm}>R_{jm1}>R_{jm2}>R_{p}$；加工凹球面时，$R_{cm}<R_{jm1}<R_{jm2}<R_{p}$。不同曲率半径的零件，其光圈低的程度不同，曲率半径小的零件比曲率半径大的零件光圈要低得多一些。表 2-9 所示的是建议的精磨光圈。

表 2-9 精磨光圈

抛光表面精度要求	曲率半径/mm				
	<20	20～40	40～60	60～100	>100
	精磨后低光圈数				
N=0.3～1	4～2	3～2	3～2	2	2～1
N=1～5	7～4	6～4	6～3	5～3	4～2

2.4 加工时间的影响

玻璃的磨削量随时间增加而增加，磨削至一定时间后，工件的表面粗糙度将不一定随加工时间的延长而变好。因此，加工时间应合理，并结合材质的软硬、余量的大小和所采用的机床的性能参数等来确定。

3. 精磨后常见表面疵病及克服方法

精磨过程中会由于各种原因造成零件产生疵病或面形不良、中心厚度不良等问题。精磨人员在操作时应进行工件外观、面形和尺寸自检，发现问题及时修正，避免出现大批量不良。

外观检查可以采用透射与反射相结合的方式进行。透射检查是将镜片拿到距台灯 2～3 cm处，将镜片旋转观察；反射检查是将镜片拿到台灯下方 10～15 cm 处，旋转并倾斜镜片观察表面。

检查中心厚度可用厚度计直接进行测量，测量时需注意所用测头与镜片的凹凸相匹配，凸面采用平测头，凹面用球形测头。

表 2-10 所示的为精磨常见问题及克服方法。

表 2-10 精磨后常见问题产生原因及克服方法

名　称	产 生 原 因	克 服 方 法
划痕	(1)磨片中混有大颗粒金刚石 (2)磨片结合剂与被加工的玻璃不适应 (3)冷却不充分或冷却液有杂质 (4)磨片钝化	(1)选择合适的丸片 (2)选择合适的丸片 (3)冷却液流量及喷嘴位置适当，及时更换冷却液；选用适当的冷却液 (4)修整或更换磨片

续表

名　称	产生原因	克服方法
麻点	(1)加工余量不够,或初始表面粗糙度匹配不好 (2)光圈匹配不当,局部磨削量不够	(1)预留适当的工序余量并达到适当的粗糙度 (2)确定合适的匹配光圈;保证加工时间
光圈稳定性差	(1)磨片耐磨性差 (2)磨片排列不合理 (3)磨盘与镜盘口径匹配不当	(1)选用耐磨性好的丸片 (2)合理排列精磨片 (3)确定光圈匹配数,增大覆盖比
光圈不规则	磨盘不规则或基体刚性差	修正精磨模,改善基体结构
表面粗糙度差	(1)磨片粒度太粗 (2)冷却液的化学自锐性差	(1)选择适当粒度和自锐性的精磨片 (2)控制冷却液的化学自锐作用
工件破边或脱落	(1)上道工序光圈太低 (2)主轴的径向跳动太大 (3)黏结不牢	(1)合理匹配光圈 (2)减小压力,控制径向跳动量 (3)重新黏结或变更黏结方式

思考与练习

1. 精磨模丸片排列应遵循什么原则?
2. 精磨模面形应做成什么光圈? 为什么?
3. 如何修整精磨模面形?
4. 精磨时易产生哪些不良? 如何控制及消除?

任务四　透镜抛光

光学零件的抛光是获得光学表面最重要的一道工序。抛光的目的:一是去除精磨的破坏层,达到规定的表面粗糙度要求;二是精修面形,达到图纸规定的面形精度要求,形成透明规则的光学表面。同时,也为后道可能的特种工艺,如镀膜、胶合等工序创造条件。

透镜的抛光技术从开始的古典式低速柏油模抛光已发展到现在的高速抛光技术,抛光时间从原来的以小时计缩短至现在的以分钟甚至秒计,并基本实现了“三定”加工,即定时、定量、定表面粗糙度,从原来的手工操作发展到了半自动或自动化的加工阶段。

抛光的形式和技术经历了从古典到现代的阶段,按加工速度来分,可分为低速抛光和高速抛光;按运动形式来分,可分为平摆式抛光和准球心式抛光;按抛光模来分,可分为柏油模抛光、混合模抛光、聚氨酯抛光和固着磨片抛光。

1. 认识玻璃的抛光机理

由于绝大多数透镜都是用光学玻璃制成的，因此我们所讲的抛光基本上是针对玻璃的抛光。认识玻璃抛光机理有助于更好地理解抛光过程，解释抛光过程中的一些现象和本质，从而更好地指导抛光工艺。

抛光的过程是十分复杂的，它是机械磨削作用、化学作用与表面流变作用三种过程共同作用的结果。

1.1 机械磨削作用

抛光相当于用很细颗粒的抛光液在分子大小范围内进行微小切削。抛光粉粒度在一定范围内，粒度越大，研磨效率就越高；抛光粉硬度越高，抛光速率就越高。另外，增加压力、提高主轴转速，抛光速率会显著提高；抛光后零件质量明显减轻、抛光表面有起伏层和机械划痕，这些现象表明抛光主要是机械磨削。

1.2 化学作用

抛光过程中，水、抛光液、抛光模等与玻璃之间会产生化学作用，该作用对抛光过程有重要影响。抛光中的化学作用有很多，包括水对玻璃的侵蚀作用，玻璃的水解反应，光学玻璃化学稳定性与抛光速度的关系，抛光液 pH 值的影响，添加剂对抛光过程的影响，抛光液的作用等。

1.3 表面流变作用

抛光表面的划伤抛掉后再用酸腐蚀表面，能看到划痕再现。这种现象说明玻璃表面在抛光过程中由于高压和相对运动，摩擦生热致使表面产生塑性表面流动，凸起部分将凹陷部分填平，形成光滑的抛光表面。

1.4 总结

综上所述，机械磨削作用是基本的，化学作用是重要的，表面流动理论也是存在的。

2. 抛光形式

透镜的抛光形式是从古典的平摆式抛光发展到现在普遍采用的高速准球心法抛光。图 2-22(a)所示的为平摆式抛光，图 2-22(b)所示的为准球心法高速抛光。

表 2-11 所示的为古典的平摆式抛光与现代的准球心法抛光形式的比较。

表 2-11 平摆式与准球心式抛光对比

项　　目	平面摆动抛光	准球心抛光
速度	较高	高
压力	大(气压)	小(弹簧压力和工件轴自重)

续表

项　　目	平面摆动抛光	准球心抛光
摆动方式	平面摆	绕球心摆
加工精度	高	中等
效率	一般	高

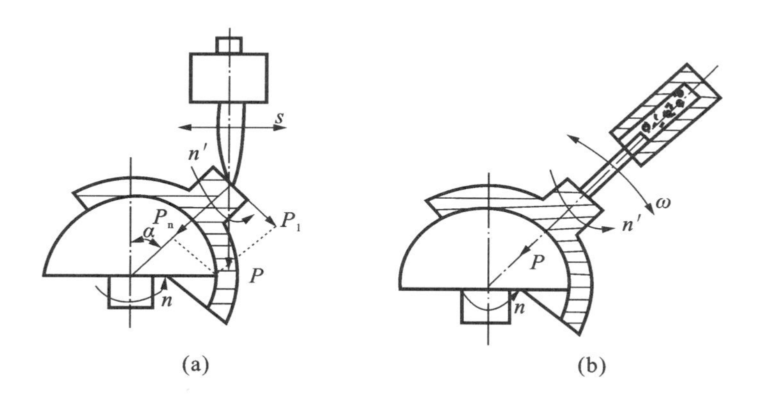

图 2-22　平摆式抛光与准球心式抛光对比

抛光和精磨所采用的设备是同一类型的，即设备既可以抛光也可以精磨，不同之处是所采用的辅料和模具不同。因此，透镜准球心法高速抛光与精磨一样，机床也分上摆式和下摆式两种类型，其原理相同，即准球心原理。摆动轴线通过曲率中心，压力方向始终通过曲率中心且在加工中为定值，能较好地达到均匀抛光，消除了古典法抛光时荷重加压引起的平摆冲击力。

准球心法高速抛光工艺采用弹簧加压，抛光液自动连续供给，减轻了劳动强度，能实现一人多机看管；抛光液温度可以自动调节，不受室温和外界条件影响，对室温要求不严；另一方面，机床体积小，操作简单，易于掌握。因此，该种抛光方法已成为各透镜生产企业普遍采用的高效工艺。

3. 用聚氨酯抛光模高速抛光

聚氨酯抛光模具有良好的微孔结构，强度高，耐磨性好，抛光效率高，形变小，寿命长，目前广泛应用于中、低精度的光学零件的高效加工中。

3.1　聚氨酯抛光模的设计

各厂家生产的聚氨酯抛光片的尺寸各不相同，有各种直径的圆片，也有大张的片材，厚度从 0.5～2.0 mm 不等，也可根据客户需要订做不同规格的抛光片。制备聚氨酯抛光模有压型法和贴片法，生产中常采用贴片法，用胶将聚氨酯抛光片粘贴在抛光基体上。厂家可提供自带胶和不带胶两种形式的聚氨酯抛光片。

贴片时，贴片的形状由贴片的半径 R_{tp} 和叶片的半径 R_{yp} 决定，如图 2-23 所示。

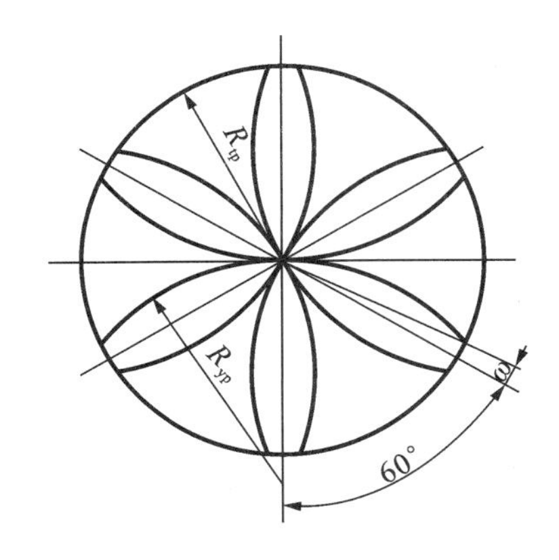

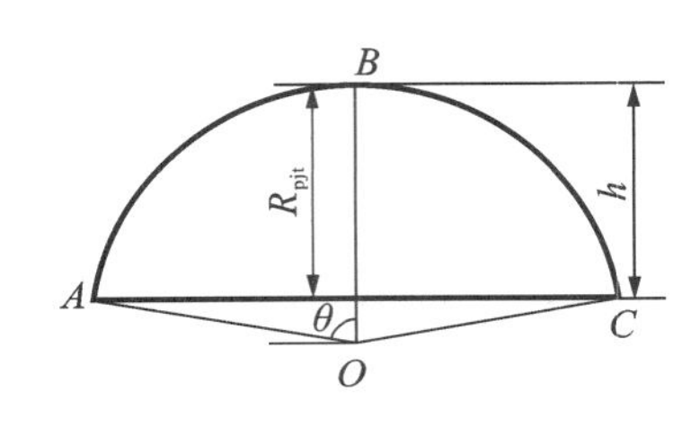

图 2-23 聚氨酯抛光模贴片示意图

$$\left.\begin{aligned} R_{tp} &= \left(R_{pjt}+\frac{1}{2}b\right)\cdot\theta \\ R_{yp} &= \frac{R_{tp}}{2\cos(\omega+60^\circ)} \\ \omega &= \frac{\pi\left(R_{pjt}+\frac{1}{2}b\right)\sin\theta}{6R_{tp}} \end{aligned}\right\} \tag{2-8}$$

式中：R_{pjt}为抛光模基体半径；b为贴片厚度；θ为抛光模张角的一半；h为抛光模矢高。

3.2 聚氨酯抛光模的修模与使用

聚氨酯抛光模首先应进行修模，修模时应先将抛光模浸泡在抛光液中，使其达到吸水平衡后再进行修模；否则，抛光模未达到吸水平衡时间，修模后会继续吸水，从而引起尺寸和面形变化，使模具和工件的吻合性很差。

投入生产的聚氨酯抛光模，不生产时也应浸泡在抛光液中；否则，抛光模会由于水分的蒸发而造成尺寸的微量变化。再使用时，开始总是面形不吻合，要继续修整和使用一段时间后才能达到重新平衡。

用聚氨酯抛光玻璃，一般去除量为 0.02～0.03 mm，成盘面形在 3～4 道圈。

4. 固着磨料抛光工艺

固着磨料抛光工艺就是以抛光丸片的形式对玻璃进行抛光，抛光时不需再加入抛光液，减少了环境污染，抛光后的零件易于清洗。

抛光丸片是以聚氨酯树脂为基体，以氧化铈抛光粉为主要材料经专门加工而成的，具有微孔结构的不同尺寸的小圆片。由抛光丸片所组成的抛光模的面形精度决定了透镜面形的精度。与精磨丸片一样，抛光丸片的排列也应尽量符合余弦磨损规律和一定的覆盖比；丸片大小由镜盘直径决定，并根据所加工材料的软硬程度来选取不同的抛光丸片。如果抛光丸片质量不好或不匹配，抛光时就会出现抛不动或表面粗糙度差的现象。

使用固着磨料进行抛光时，工件的几何精度是靠模具的原始面形来保证的，因此，它对工件精磨表面的质量及几何形状精度要求非常高，需要超精磨后再抛光。由于固着磨料对工件表面的修整能力很差，只有由精磨为抛光提供面形精确的零件，才能保持固着磨料抛光模的面形稳定性，即抛光不再是控制面形，而是改善表面粗糙度。这就是为什么固着磨料抛光前需要超精磨的原因。

超精磨去除量虽比抛光的多，但也就在 0.01 mm 左右。因此，修正光圈的能力是有限的。根据中等镜盘的情况，一般超精磨后的光圈比抛光完工的光圈低 0.5～1 道，矢高差控制在 0.005 mm 以内。加工时需要注意好前、后道工序之间面形的匹配问题。超精磨后表面粗糙度 R_a 在 0.01 μm 以内时，通常抛光余量为 0.005～0.01 mm。

表 2-12 所示的为固着磨料抛光时的一些参考数据，实际生产时应结合机床参数和零件参数综合选择。

表 2-12　固着磨料抛光参考数据

曲率半径 R/mm	<10	10～50	50～120	>120
最大线速度 v/(m/s)	1～2	2～6	3～7	5～10
压力/$\times 10^4$ Pa	1.5～3	1～3	0.7～2	0.5～1.5
加工时间/min	2～3	2～5	3～7	5～8

5. 各种工艺因素对抛光的影响

5.1　准球心问题

为了准确实现准球心抛光，以上摆机为例，必须使下模球面的曲率中心落在摇臂的摆动轴线上。

5.2　抛光速度和抛光压力

在抛光材料和黏结性能允许的前提下，抛光效率与抛光速度的压力之间基本上是线性关系。

5.3　抛光液

聚氨酯高速抛光透镜时通常使用氧化铈抛光粉。抛光粉浓度随品种不同而定，一般为 10%～15%（重量比）；当抛光液浓度一定时，抛光液的供给量应适中，通常为 0.9～1 L/min。

使用固着磨料进行抛光时，不需再加抛光粉，直接用水作为抛光液即可。为了提高抛光效率，改善零件表面质量，可在水中加入适量的添加剂。

6. 整体面形偏差修整

抛光过程中会出现整体面形偏差，产生的原因有很多，包括抛光模的影响、工艺参数的影响、环境温度和湿度的影响等。当出现整体面形偏差时，除适当调整工艺参数和减小环境影响外，严重的还要对抛光模进行修改。

在实际生产中，通常是用金刚石丸片来修改抛光模。无论是凹抛光模还是凸抛光模，修改时一律是“凸下凹上”。即修改凸抛光模时，抛光模在下，丸片模在上；修改凹抛光模时，抛光模在上，丸片模在下。具体修改方法如表 2-13 所示。

表 2-13 光圈的修整

零件类型	修改前的光圈	零件曲率半径	基本影响因素及修改方法						
			抛光情况	抛光模	压力	摆幅	抛光液	主轴转速（下摆）	摆速（下摆）
凹面	高	大	零件中间相对多抛	修边	减轻	增大	稀	减慢	加快
	低	小	零件边缘相对多抛	修中心	加重	减小	浓	加快	减慢
凸面	高	小	零件中间相对多抛	修边	减轻	增大	稀	减慢	加快
	低	大	零件边缘相对多抛	修中心	加重	减小	浓	加快	减慢

7. 不规则光圈的产生及修改方法

应当指出，影响局部偏差的工艺因素很多，而且改变某一项因素的同时对光圈的修正会产生不同程度的影响。表 2-13 所示的为光圈修整的基本影响因素及修改方法，表 2-14 所示为常见的局部偏差产生原因及修改方法。

表 2-14 常见局部偏差产生原因及克服方法

局部偏差	零件剖面形状	产 生 原 因	修 改 方 法
塌边	零件边缘磨削过多或降光圈时还未降到边	(1)抛光模直径或深度大 (2)抛光时太紧，抛光模边缘有突起(太高) (3)抛光模抖动 (4)摆幅不合适 (5)精磨时所造成的塌边 (6)高光圈降低时还未降到边 (7)抛光液太浓	(1)选择合适直径或深度的抛光模 (2)适当修刮抛光模边缘 (3)换抛光模 (4)适当调整摆幅，多磨边缘 (5)严重时精磨返工 (6)继续抛光 (7)稀释抛光液

续表

局部偏差	零件剖面形状	产生原因	修改方法
匀边	零件边缘磨削不足	（1）抛光模深度或直径太小 （2）抛光模太软或环境温度高 （3）抛光液太稀 （4）摆幅不合适	（1）选择合适的抛光模 （2）换用较硬的聚氨酯或是降低抛光液温度 （3）加浓抛光液，每次少加，勤加 （4）适当调整摆幅，多磨边缘
局部低	零件中心磨削过多或升光圈时还未升到中心	（1）抛光模曲率半径不合适 （2）抛光模腰部有突起 （3）铁笔与抛光模中心距或摆幅不合适 （4）低光圈改高时，还未修改至零件中心	（1）选择合适曲率半径的抛光模 （2）修刮抛光模腰部 （3）增大中心距或减小摆幅 （4）继续抛光
局部高	零件中心磨削不足	（1）抛光模腰部有凹陷 （2）抛光液没加到中心 （3）铁笔位置或摆幅大小不合适 （4）抛光液太稀	（1）用丸片修模 （2）加抛光液时尽量加到中心 （3）铁笔上提或增大摆幅 （4）加浓抛光液
像散	零件两垂直方向上的半径不一样 R1 R2	（1）抛光模表面不规则，或平面下模颠簸，或偏心太大，抛光时忽松忽紧，而使镜盘（抛光模）转动不均匀 （2）三脚架太偏，使摆幅相对于主轴转动不匀 （3）抛光剂加得不匀，或经常加到某位置上	（1）丸片模子修改 （2）抛光时应将三脚架调至摆幅对称于主轴转动中心 （3）抛光液供应量和位置要合适

8. 抛光后常见表面疵病产生的原因及解决措施

表面疵病的产生是不可能完全避免的，各道环节都有可能造成抛光表面的损坏。在实际生产中，为尽可能地减少表面疵病产生的几率，应从各个细节入手，尽量消除疵病产生的原因，做好工序的自检和巡检工作，不要寄望于完工送检后再发现问题。

表 2-15 所示的为常见表面疵病的产生原因和解决措施。

表 2-15 抛光后常见问题产生原因及解决措施

疵病	产生原因	解决措施
擦痕	(1)抛光粉粒度不均匀或混有大颗粒机械杂质 (2)工房环境不洁净 (3)抛光材料不干净 (4)擦布不洁或操作者带入灰尘 (5)精磨遗留划痕或抛光前清洗不干净 (6)检查光圈时工件或样板不干净、方法不当 (7)抛光材料偏硬或使用时间长,表面起硬壳或边缘有干硬堆积物 (8)抛光模与镜盘不吻合 (9)辅助工序包括下盘、清洗、周转、保护漆未干等操作不规范	(1)选用粒度均匀、与玻璃材料相对应的抛光粉 (2)做好"5S"工作 (3)保管好所需用品 (4)擦布清洗保管及操作者穿戴好工作服和帽子 (5)应自检或加工前应将精磨盘彻底清洗干净 (6)正确使用样板 (7)选用合适抛光材料,周期更换,刮改抛光模 (8)及时修整抛光模 (9)按各辅助工序操作规程加工
印痕	(1)抛光模与镜盘吻合不好出现油斑痕迹 (2)玻璃化学稳定性不好 (3)水珠、抛光液、口水沫等未及时擦拭干净	(1)选用合适的抛光胶,刮改抛光模使之吻合 (2)抛光中产生的印痕可以选用适当的添加剂,且完工后产生的印痕可以涂保护漆 (3)避免对着工件讲话,如下盘应擦净,对化学稳定性不好的玻璃还应烘干
麻点	(1)精磨、抛光时间不够 (2)精磨面与抛光模不匹配 (3)抛光模使用时间过长或抛光液使用时间长而影响抛光效率 (4)抛光粉选择不当或抛光液浓度太低	(1)精磨应除去上道粗砂眼,抛光时间应足够 (2)精磨光圈匹配得当,应从边缘向中间加工 (3)更换抛光皮及抛光液,各项指标(密度、pH 值等)的周期性管理 (4)更换抛光粉,加浓抛光液

9. 抛光过程中的腐蚀与防护

抛光过程中,水、抛光液、抛光模等与玻璃表面之间一直存在着化学作用,包括水对玻璃的侵蚀、玻璃的水解反应、pH 值的影响等,再加上玻璃自身的化学稳定性影响,都可能会使玻璃表面产生腐蚀。尤其是随着高折射率的重冕、重火石及镧系玻璃等化学稳定性差的光学玻璃的普遍应用,光学玻璃在加工过程中的腐蚀问题,显得更为突出。

零件表面出现的油膜或斑点是由于玻璃受水或其他介质侵蚀而在玻璃表面产生的覆盖物,是一种化学腐蚀现象。

9.1 零件在抛光过程中的防护措施

抛光液的 pH 值呈现弱酸性和中性对玻璃的腐蚀较小,有利于提高抛光速率和表面粗糙度。但随着抛光过程的延续,抛光液的 pH 值趋于碱性,这种趋势在高速抛光的抛光液循环使用中比较明显。抛光液 pH 值的升高对玻璃抛光是十分不利的。实际生产中通常选用的抛光液 pH 值控制在 6～7 之间，具体不同光学玻璃有不同的最佳 pH 值。为了保持抛光液 pH 值在较长时间内维持在适当范围内，选择合适的抛光液添加剂（如各种类型的稳定剂）是防止光学玻璃在抛光过程中腐蚀的一个重要措施。

9.2　零件抛光下盘后的防护措施

刚抛光下盘的光学玻璃表面具有很高的活性，极易吸收水分并与之发生反应，所以微量的水分及酸性气体对玻璃表面是有害的。因此，刚抛光下盘后的光学零件，应立即用无水乙醇和无水乙醚的混合液擦拭干净，放在灯下烘干，再涂上保护漆，对于稳定性差的玻璃，建议涂上中性保护漆，有条件的，可先涂一层有机硅憎水膜层，烘干后再涂保护漆。

如果镜盘还需继续流转加工其他表面，为更好地保护已抛光面不受腐蚀和流转划伤，最好在保护漆外继续加涂一层保护层，通常可涂蜡进行保护及防水。

9.3　轻微腐蚀的零件处理措施

表面腐蚀的玻璃在经过清洗、漂洗、脱水和干燥处理以后，通常会有白色雾状残留，使用丙酮等擦拭溶剂可以去除，在强光照射下可见块状印痕，印痕因玻璃材质不同呈不同颜色，一般为蓝色或灰色。这是由于玻璃表面腐蚀后，相应位置的折射率发生变化所致。由于光学玻璃的表面精度要求极高，有腐蚀状况的玻璃会出现镀膜不良，影响使用，故必须在镀膜前予以妥当处理。通常可采用过碱性清洗的方式解决腐蚀问题。

过碱性清洗，顾名思义，是采用经特殊方法配置而成的强碱性清洗剂，将玻璃镜片在一定温度下，浸泡一定的时间（视镜片材质而定），使玻璃表面产生均匀腐蚀，生成一层极薄的硅酸盐及硅酸等，同时通过控制时间和温度，使此种腐蚀的深度极小（一般为十几至几十纳米），不会影响镜片表面精度。通过外力（超声波）清洗，使玻璃表面因腐蚀而松动的表层脱落，达到去除因腐蚀产生的块状印痕的目的。

如果零件表面腐蚀十分严重，侵蚀层已深入玻璃内部过多，则无法通过过碱性清洗来去除，必须重新精磨抛光。

思考与练习

1. 抛光常见疵病有哪些？如何消除或避免？
2. 抛光与精磨的匹配关系如何？
3. 抛光过程的流转需注意哪些问题？
4. 抛光后的面形不良有哪些？过程中应如何控制？

任务五　透镜的定心磨边

透镜在粗磨、精磨、抛光过程中，由于定位误差、加工误差等因素的影响，会使得透镜的光轴与其基准轴不重合，从而产生中心误差。透镜的定心磨边就是将光轴与其基准轴在不重合的情况进行校正，从而满足透镜零件装配的需要。

1. 基本步骤

在实际生产中，透镜的定心磨边分两步进行。

(1)定心。通过光学或机械的方法寻找并确定透镜光轴与基准轴重合的位置，即透镜光学表面定心顶点处的法线与基准轴重合的位置，这里的基准轴就是机床的回转轴。

(2)磨边。透镜定心后夹紧，用砂轮或金刚石磨轮磨削透镜的外圆，以获得图纸要求直径的透镜。

透镜的定心方法主要分为光学定心和机械法定心两类。光学定心可分为反射式定心和透射式定心两种，具体可见第四部分“检验”中相关内容，此处不再详述。为进一步提高定心精度，又发展出光学电视定心法和激光定心法。光学定心精度高，但是效率低，操作复杂，不适应中等精度大批量生产的要求，因此出现了机械法定心。

2. 机械法定心

2.1 机械法定心原理

机械法定心是将透镜放在一对同轴精度高、端面精确垂直于轴线的接头之间，利用弹簧压力夹紧透镜，根据力的平衡来实现定心。其中一个接头可以转动，另一个既能转动又能沿轴向移动。

当透镜光轴与机床主轴尚未重合时，如图 2-24 所示，假设接头与透镜接触后，则接头施加给透镜压力 N，方向垂直于透镜表面。压力 N 可分解为垂直于接头端面的夹紧力 F 和垂直于轴线的定心力 P。定心力 P 将克服透镜与接头之间的摩擦力，使透镜沿垂直于轴线方向移动，夹紧力 F 将推动透镜沿轴线方向移动。当透镜光轴与机床主轴重合时，定心力就达到平衡，即完成定心。

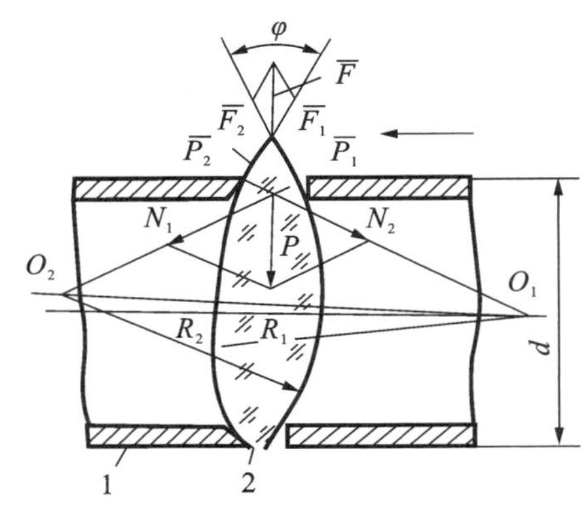

图 2-24 机械法定心

1—夹具；2—工件

2.2 机械法定心系数

不是所有的透镜都能采用机械方法定心，因此，光学镜片在定心之前，可计算定心系数 K 值来判断加工的难易度，作为设计工艺与夹具的参考。

从图 2-25 可以看出，定心力的大小与接头和透镜之间的压力的大小和方向有关。压力的大小是由弹簧力决定的，而方向是由透镜的定心角（夹紧角）决定，定心角是指在接头轴线平面内，透镜与接头接触点的切线间的夹角 α。设接头和透镜之间的定心角为 α_i，接头的直径为 D_i，透镜非黏结面的曲率半径为 R_i，则定心角的正切值为

$$\tan\alpha_i = \frac{D_i}{2\sqrt{R_i^2 - (D_i^2/4)}} \tag{2-9}$$

当 $R_i >> D_i$ 时，$\tan\alpha_j = \frac{D_i}{2R_i}$。

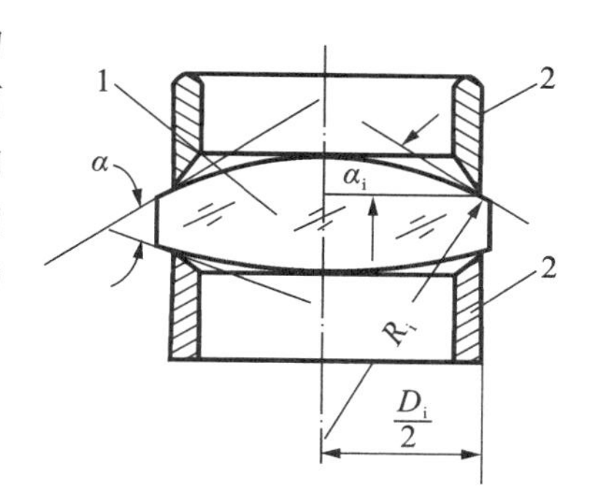

图 2-25　透镜的定心角

1—工件；2—夹具

透镜的定心角为其两个单面定心角的代数和，即 $\alpha = \alpha_1 \pm \alpha_2$，双凸、双凹取"+"号，其余取"−"号。

若透镜与接头之间的摩擦系数两面分别为 μ_1、μ_2，对定心透镜两面有

定心力：

$$P_1 = N_1 \sin\alpha_1,\quad P_2 = N_2 \sin\alpha_2$$

摩擦力：

$$Q_1 = N_1 \mu_1,\quad Q_2 = N_2 \mu_2$$

摩擦力在垂直于夹具轴线方向的分力为

$$F_1 = Q_1 \cos\alpha_1 = \mu_1 N_1 \cos\alpha_1$$

$$F_2 = Q_2 \cos\alpha_2 = \mu_2 N_2 \cos\alpha_2$$

从定心原理可以看出，透镜的定心条件是定心力必须大于摩擦力，则应有

$$N_1 \sin\alpha_1 \geqslant \mu_1 N_1 \cos\alpha_1,\quad N_2 \sin\alpha_2 \geqslant \mu_2 N_2 \cos\alpha_2$$

即

$$\tan\alpha_1 \geqslant \mu,\quad \tan\alpha_2 \geqslant \mu_2$$

同时考虑透镜两面时，且令 $\mu_1 \approx \mu_2 = \mu$，则透镜的定心角为

$$\left|\frac{D_1}{2R_1} \pm \frac{D_2}{2R_2}\right| \geqslant 2\mu \tag{2-10}$$

将式（2-10）变换为如下形式，则称 K 为机械法定心系数，即

$$K = \frac{1}{4}\left|\frac{D_1}{R_1} \pm \frac{D_2}{R_2}\right| \tag{2-11}$$

定心条件转化为

$$K = \frac{1}{4}\left|\frac{D_1}{R_1} \pm \frac{D_2}{R_2}\right| \geqslant \mu \tag{2-12}$$

假设摩擦系数 $\mu = 0.15$，则由式（2-11）计算得出的 $K \geqslant 0.15$，说明定心角 $\alpha = 17°30'$，则定心可行；若 $0.1 < K < 0.15$，则相当于定心角为 $12° < \alpha < 17°30'$，定心效果差；若 $K < 0.1$，相当于 $\alpha < 12°$，则不能定心。

2.3 影响机械法定心精度的因素

2.3.1 机床主轴径向跳动

机床主轴径向跳动直接会造成透镜基准轴的位置变化，因此，机床使用前一定要校主轴跳动，使其径向跳动小于定心精度。

2.3.2 接头

机械法定心的关键是定心接头的精度和质量，要防止接头表面划伤抛光表面，并能保证定心后的中心误差精度，因此，对接头提出如下要求。

(1)接头轴与机床回转轴的重合精度应高于定心精度。

(2)接头端面应与几何轴线精确垂直。

(3)接头端面应光滑，不能擦伤透镜抛光表面，表面粗糙度应达到 $Ra0.16$。

(4)接头外径比透镜完工外径小 0.15～0.30 mm。

(5)接头材料通常选用黄铜或钢。

从式(2-12)中可以分析得出：

(1)在接头直径和定心透镜曲率半径一定时，双凹、双凸透镜的定心精度远高于弯月形的透镜；

(2)在透镜曲率半径一定时，接头直径越大，定心精度就越高，因此应尽可能选择较大的接头直径，不仅可以提高定心精度，还能防止接头端面划伤透镜有效通光表面；

(3)接头与透镜表面之间的摩擦系数越小，定心精度就越高，摩擦系数与接头材料的选择、接头工作端面的粗糙度及磨边油有关，为提高定心精度，应选择摩擦系数小的接头材料，提高接头端面表面质量，选用较好的磨边油等；

(4)为提高弯月透镜的定心精度，在保证透镜有效通光孔径的前提下，可使曲率半径较小的一面对直径较大的接头，曲率半径较大的一面对直径较小的接头。

3. 磨边与倒角工艺

固定在定心磨边机上的透镜在定心之后，要用砂轮或金刚石磨轮进行磨边和倒角，以达到用户要求的直径和形状。

与定心方法相对应，磨边机有光学定心磨边机、机械定心磨边机、自动定心磨边机(见图 2-26)等。其中，机械定心磨边机是目前使用最广泛的设备。

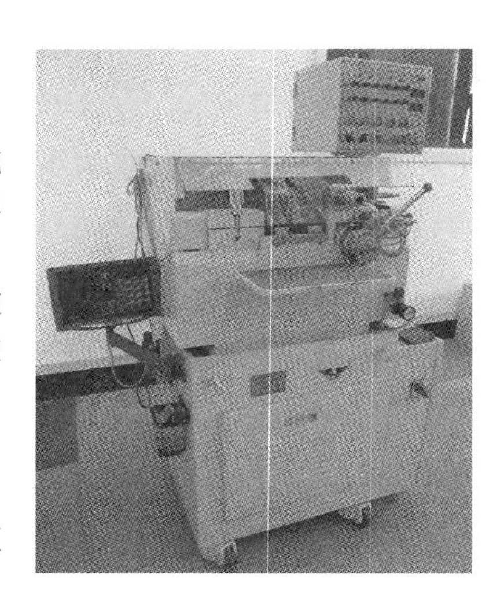

图 2-26 自动定心磨边机

3.1 磨边

磨边方式主要有平行磨削、倾斜磨削、端面磨削、垂直磨削和组合成型磨轮磨削，如图 2-27 所示。

(1)平行磨削。平行磨削是指磨轮轴线与透镜轴线平行，磨削效率高，而且易于调整，是一种最为常见的磨削方式。

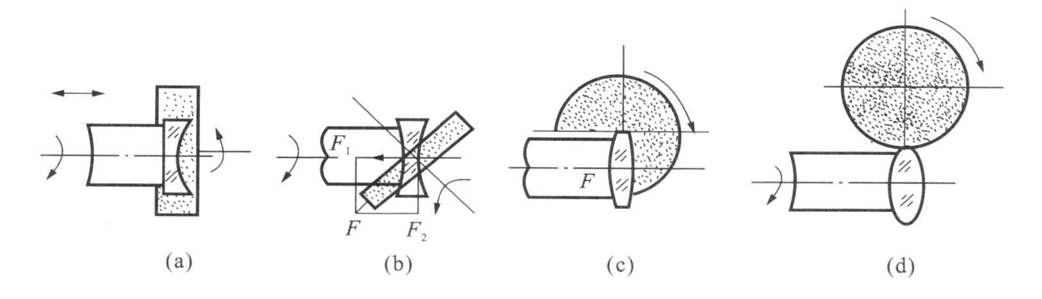

图 2-27　常见的透镜磨边方式

(a)平行磨削；(b)倾斜磨削；(c)端面磨削；(d)垂直磨削

(2)倾斜磨削。将磨轮调整一定角度，这样可以改善零件的受力状况，避免零件受磨轮推力过大而造成脱落。

(3)端面磨削。采用磨轮端面磨削玻璃，不存在使零件脱落的作用力，磨削效率高；缺点是容易磨出锥面或非柱面。

(4)垂直磨削。这种磨削方式不会使零件脱落，而且进刀比较容易。

3.2　倒角

光学零件的倒角可以分为两大类，即保护性倒角和设计性倒角。

保护性倒角是为了防止零件在装配时，尖锐的边缘被碰破或划破工人的手。在透镜磨边时，磨轮和透镜的接触不是十分均匀的，因此磨边以后，总是发生大大小小的破边，倒角可以去掉一些小的破边。

(1)成型金刚石磨轮倒角。利用成型金刚石磨轮磨边与倒角，如图 2-28 表示。这种方法是先磨边，然后磨轮相对于透镜左右轴向移动一个小距离磨透镜的棱角。这种方法要求接头直径 D' 应比透镜直径 D 小，其关系为

$$D' = D - (0.5 + 2\delta)$$

式中：δ 是金刚石磨轮倒角部分的高度。

该方法将磨边与倒角结合在一起，不需二次装夹，是目前使用最广泛的一种加工形式。

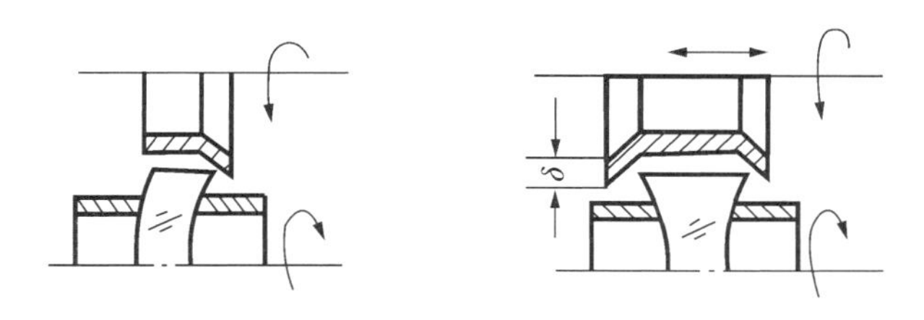

图 2-28　成型金刚石磨轮的磨边与倒角

(2)砂轮倒角。将砂轮或工件转动一定的角度，即可在磨边后接着倒角，如图 2-29(a)所示。

(3)倒角模倒角。倒角时，使用金刚石倒角模，真空吸附。对于大透镜和硬玻璃材料用

W40 磨料；对于小透镜和软玻璃材料用 W20 磨料，如图 2-29(b)所示。

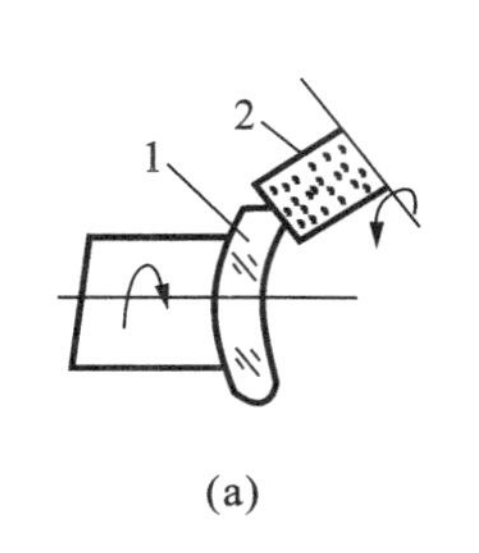

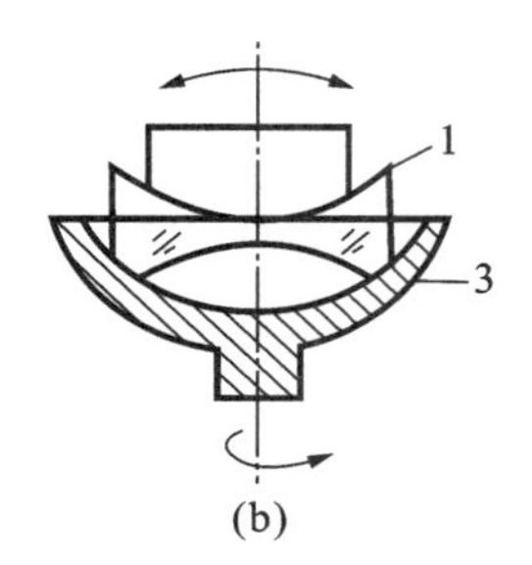

图 2-29　倒角方法

(a)砂轮倒角；(b)倒角模倒角

1—工件；2—砂轮；3—倒角模

(4)倒角宽度。倒角宽度与零件直径和零件类型有关系，具体尺寸如表 2-16 所示。

表 2-16　倒角宽度

零件直径 D/mm	倒角宽度/mm			倒角位置
	非胶合面	胶合面	用滚边固定	
3～6	$0.1^{+0.1}_{0}$	$0.1^{+0.1}_{0}$	$0.1^{+0.1}_{0}$	α m
>6～10	$0.1^{+0.1}_{0}$	$0.1^{+0.1}_{0}$	$0.3^{+0.2}_{0}$	
>10～18 >18～30	$0.3^{+0.2}_{0}$	$0.3^{+0.2}_{0}$	$0.4^{+0.2}_{0}$ $0.5^{+0.3}_{0}$	
>30～50 >50～80	$0.4^{+0.3}_{0}$	$0.2^{+0.2}_{0}$	$0.7^{+0.8}_{0}$ $0.8^{+0.4}_{0}$	
>80～120	$0.5^{+0.4}_{0}$	$0.3^{+0.3}_{0}$	—	
>120～150	$0.6^{+0.5}_{0}$	—	—	

倒角的斜角 α 是根据 $\frac{D}{r}$ 的比值由表 2-17 给出的。

表 2-17　倒角的斜角

零件直径与表面半径的比值 D/r	倒角的斜角		
	凸　面	凹　面	平　面
<0.7	45°	45°	45°
>0.7～1.5	30°	60°	
>1.5～2	不倒角	90°	

4. 磨边余量

表 2-18 所示的为透镜的定心磨边余量。

表 2-18 定心磨边余量

透镜完工直径/mm	3～10	10～20	20～35	35～55	55～80	80～110	大于 110
磨边余量/mm	0.8	1.4	1.8	2.2	2.6	3	3.5

5. 透镜边厚差的检验

测量透镜边厚差的装置示意图，如图 2-30 所示。被定心透镜由三个钢球支承着，两只定位销紧靠着透镜的外圆柱面，形成五点支承。用千分表紧固在支架上，其测量头顶住透镜的边部圆周上，旋转透镜一周，其千分表的跳动量就是透镜在这个环带上的边厚差。该装置也适用于测量不同直径的透镜。

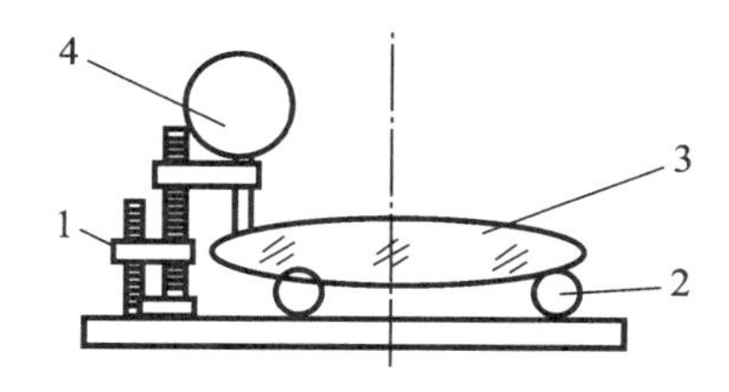

图 2-30 透镜边厚差的测量

1—定位销；2—支撑球；
3—被测透镜；4—千分表

6. 磨边常见缺陷及产生原因

磨边常见缺陷及产生原因如表 2-19 所示。

表 2-19 磨边常见缺陷及产生原因

疵病类型	产生原因
崩边	(1)磨轮粒度过大 (2)进刀量太快或进给过快 (3)磨轮本身未校动平衡 (4)磨轮钝化或工件表面不平 (5)磨轮轴向跳动大
工件脱落	(1)进刀量过大 (2)零件与磨轮接触过猛 (3)磨轮径向跳动大
椭圆	(1)接头端面与其旋转轴不垂直 (2)机械定心磨边机的进刀凸轮不佳，弹簧压力不当 (3)工件轴磨损或松动
划伤	(1)接头端面粗糙度差 (2)磨边油不清洁 (3)机械定心压力不当

续表

疵病类型	产生原因
尺寸不准	(1)尺寸定位精度不佳 (2)磨轮轴精度低 (3)工件轴的固有误差 (4)机械定心压力小或磨削压力不当
锥度	(1)磨轮柱面母线与主轴不平行 (2)主轴导轨间隙过大 (3)主轴往复运动不在同一直线 (4)工件前后动程不合适

思考与练习

1. 分析为何车间多使用黄铜作为定心磨边的接头，而较少使用不锈钢材料？

2. 有一批双凹透镜，$R_1=90$ mm，$R_2=160$ mm，若此批透镜采用机械法定心磨边，那么磨边接头的直径最小应选择多少？（接头材料为钢，摩擦系数 $\mu=0.15$）

任务六　零件的清洗

在加工过程中，光学零件的清洗是容易被忽视的工序之一，在光学镜片质量要求不断提升，以及镀膜、装配加工过程不断改善的情况下，清洗后镜片的质量与清洗成本也日益受到重视。

1. 常见清洗方法

1)浸渍清洗

这是最简单的清洗方式，将镜片浸于装有溶剂的清洗槽中，经过一段时间后，镜片表面的附着物因浸渍而脱落达到清洗目的。浸渍清洗适用于产品样多而量少，或是要求一般清洗效果，或形状特殊的零件的清洗。

2)超声波清洗

零件浸于清洗溶剂的同时，超声波场所产生强大的作用力促使物质发生一系列物理、化学变化而完成清洗作业，如图 2-31 所示。

图 2-31　超声波清洗现场

目前，越来越多的企业采用超声波清洗。具

体来说，当超声波的高频(20～50 kHz)机械振动传给清洗液介质以后，液体介质在这种高频波振动下将会产生近真空的“空腔泡”。“空腔泡”对清洗对象的强烈作用称为“空化作用”，可将附着在物件表面及死角细缝的污垢打散剥离，达到彻底清洗的效果。

2. 清洗的基本工艺流程

1)洗涤

先利用有机溶剂(如三氯乙烯)对磨边油等高度溶解，达到预清洗目的，然后再利用清洗剂对零件表面进行湿润、渗透、乳化等达到去污效果。

2)漂洗

通过清水对零件表面进行冲洗及超声作用，使松散于镜片表面的清洗剂脱离零件表面。

3)脱水

经漂洗后的零件表面含有大量水分，需放入脱水剂中进行脱水。脱水剂多为有机溶剂，能与水充分混溶。

4)干燥

干燥剂的沸点应与脱水剂的相近，互溶性好。

经过上述一系列的处理后，最后获得洁净、干燥的零件表面。

3. 抛光后的清洗

抛光完工清洗的对象是抛光上盘的黏结材料(火漆、蜡等)、工件表面的保护漆。

抛光是光学玻璃生产中决定其加工效率和表面质量(外观和精度)的重要工序。抛光工序中的主要污染物为抛光粉和沥青，少数企业的加工过程中会有漆片。其中抛光粉的型号各异，一般是以二氧化铈为主的碱金属氧化物。根据镜片的材质及抛光精度不同，选择不同型号的抛光粉。在抛光过程中使用的沥青是起保护作用的，以防止抛光完的镜面被划伤或腐蚀。抛光后的清洗设备大致分为两种：一种主要使用有机溶剂清洗剂，另一种主要使用半水基清洗剂。

1)有机溶剂清洗

有机溶剂清洗采用的清洗流程：有机溶剂清洗剂(超声波)→水基清洗剂(超声波)→市水漂洗→纯水漂洗→IPA(异丙醇)脱水→IPA 慢拉干燥。

有机溶剂清洗剂的主要用途是清洗沥青及漆片。以前的溶剂清洗剂多采用三氯乙烷或三氯乙烯。由于三氯乙烷属 ODS(消耗臭氧层物质)产品，目前处于强制淘汰阶段；而长期使用三氯乙烯易导致职业病，而且由于三氯乙烯很不稳定，容易水解呈酸性，因此会腐蚀镜片及设备。对此，国内的清洗剂厂家研制生产了非 ODS 溶剂型系列清洗剂，可用于清洗光学玻璃，并且该系列产品具备不同的物化指标，可有效满足不同设备及工艺条件的要求。比如在少数企业的生产过程中，镜片表面有一层很难处理的漆片，要求使用具备特殊溶解性的有机溶剂；部分企业的清洗设备的溶剂清洗槽冷凝管较少，自由程很短，要求使用挥发较慢的有机溶剂；另一部分企业则相反，要求使用挥发较快的有机溶剂等。

水基清洗剂的主要用途是清洗抛光粉。由于抛光粉是碱金属氧化物,溶剂对其清洗能力很弱,所以镜片加工过程中产生的抛光粉基本上是在水基清洗单元内除去的,故而对水基清洗剂提出了极高的要求。以前由于国内的光学玻璃专用水基清洗剂品种较少,很多外资企业都选用进口的清洗剂。目前国内已有公司开发出光学玻璃清洗剂,并成功地应用在国内数家大型光学玻璃生产厂,清洗效果完全可以取代进口产品,在腐蚀性(防腐性能)等指标上更是优于进口产品。

对于IPA慢拉干燥,需要说明的一点是,某些种类的镜片干燥后容易产生水印,这种现象一方面与IPA的纯度及空气湿度有关,另一方面与清洗设备有较大的关系,尤其是双臂干燥的效果明显不如单臂干燥的好,需要设备厂家及用户注意此点。

2)半水基清洗

半水基清洗采用的清洗流程:半水基清洗剂(超声波)→市水漂洗→水基清洗剂→市水漂洗→纯水漂洗→IPA脱水→IPA慢拉干燥。

此种清洗工艺与溶剂清洗相比最大的区别在于,有机溶剂清洗只对沥青或漆片具有良好的清洗效果,但却无法清洗抛光粉等无机物;半水基清洗剂则不同,不但可以清洗沥青等有机污染物,还对研磨粉等无机物有良好的清洗效果,从而大大减轻了后续清洗单元中水基清洗剂的清洗压力。半水基清洗剂的特点是挥发速度很慢,气味小。采用半水基清洗剂清洗的设备在第一个清洗单元中无需密封冷凝和蒸馏回收装置。但由于半水基清洗剂黏度较大,并且对后续工序使用的水基清洗剂有乳化作用,所以第二个单元需市水漂洗,并且最好将其设为流水漂洗。

国内应用此种工艺的企业不多,其中一个原因是半水基清洗剂多为进口,价格比较昂贵。从水基清洗单元开始,半水基清洗工艺与溶剂清洗工艺基本相同,在此不再赘述。

3)两种清洗方式的比较

溶剂清洗是比较传统的方法,其优点是清洗速度快,效率比较高,溶剂本身可以不断蒸馏再生,循环使用;但缺点也比较明显,由于光学玻璃的生产环境要求恒温恒湿,均为封闭车间,溶剂的气味对于工作环境多少都会有些影响,尤其是使用不封闭的半自动清洗设备时。

半水基清洗是近年来逐渐发展成熟的一种新工艺,它是在传统溶剂清洗的基础上进行改进而得来的。它有效地避免了溶剂的一些弱点,可以做到无毒,气味轻微,废液可排入污水处理系统;设备上的配套装置更少;使用周期比溶剂要更长;在运行成本上比溶剂更低。半水基清洗剂最为突出的一个优点就是,对于研磨粉等无机污染物具有良好的清洗效果,极大地缓解了后续单元水基清洗剂的清洗压力,延长了水基清洗剂的使用寿命,减少了水基清洗剂的用量,降低了运行成本。它的缺点就是,清洗的速度比溶剂稍慢,并且必须要进行漂洗。

4. 镀膜前清洗

镀膜前清洗的主要污染物是磨边油、手印、灰尘等。由于镀膜工序对镜片洁净度的要求极为严格,因此清洗剂的选择是很重要的。在考虑某种清洗剂的清洗能力的同时,还要考虑到它的腐蚀性等方面的问题。

镀膜前的清洗一般也采用与抛光后清洗相同的方式,分为溶剂清洗和半水基清洗等方式。工艺流程及所用化学药剂类型如前所述。

5. 镀膜后清洗

镀膜后清洗一般包括涂墨前清洗、胶合前清洗和组装前清洗，其中胶合前清洗要求最为严格。胶合前要清洗的污染物主要是灰尘、手印等的混合物，清洗难度不大，但对于镜片表面洁净度有非常高的要求，其清洗方式与前面两个清洗工艺相同。

6. 清洗中常见的疵病

玻璃在清洗过程中，由于操作不当、清洗篮设计不合理或清洗液不干净等都会影响零件的表面质量。图 2-32 所示的为常见清洗篮样式。表 2-20 所示的为清洗中常见的问题及产生的原因。

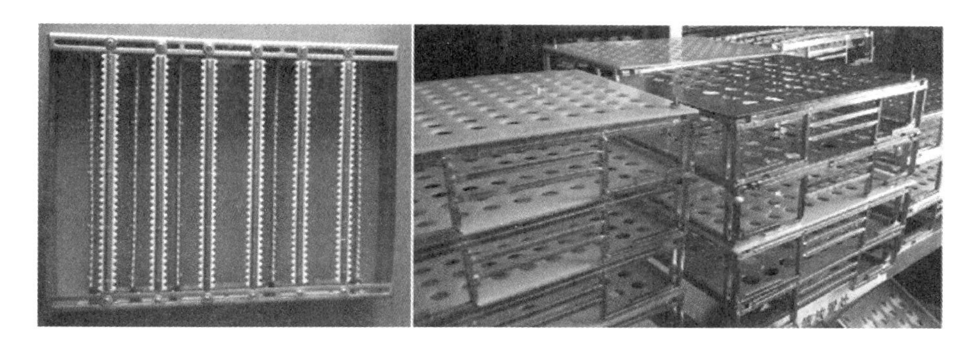

图 2-32 常见清洗篮样式

表 2-20 清洗疵病及产生原因

疵　　病	产 生 原 因
毛路子	清洗液不当，清洗时间过长，超声波过强或不稳定
水印子	清洗液不干净，或者清洗篮不合适
白点子、灰点子	清洗液不干净
雾状印子	与环境温度、湿度、清洗液不干净有关
麻点、丝状堆积物	超声波局部过强或不稳定

思考与练习

1. 了解清洗对象是选择清洗材料的前提。试分析抛光后清洗、磨边后清洗、镀膜前清洗的主要清洗对象及清洗时需注意的事项。

2. 棱镜清洗篮设计时需注意哪些问题？

3. 如何选择清洗篮的材料？

4. 超声波各槽所用辅料情况如何？参数如何设置？

任务七　透镜工艺规程的编制

工艺规程，现在大部分企业又称为作业指导书、工艺指导书等，是光学零件制造过程中的重要技术文件。它是根据零件的图纸、生产批量、车间的加工设备、制造过程中的夹具、模具和检测手段，由车间技术人员提出，并经过一定的审查批准程序制订的。每个不同型号的零件都有自己的工艺规程。

工艺规程是组织车间生产的重要技术文件，各工序的操作工人应严格认真执行本工序的相关工艺规程。

工艺规程带有很强的企业属性，相同零件在不同企业可能会有不同的工艺规程。工艺规程的编制水平是企业生产水平、技术水平、管理水平的集中体现。科学、合理的工艺规程，可以实现生产组织有序衔接，实现高效率、高质量、低成本的生产；反之，会造成生产组织和加工工序的脱节，质量失控、效率低下、消耗上升，最终造成订单的流失。

1. 毛坯选择

选择毛坯主要考虑批量的大小和工期的长短。在前面“任务一 透镜毛坯的设计与生产”部分曾对此有所说明。

毛坯可分为块料（棒料）和型料两种。

块料（棒料）材料浪费大，且精度不高，一致性差，工序多，生产效率低，但由于不需要专门的压型模具和再次精密退火的时间，一般适用于单件小批量、打样量少或工期紧张的情况。

型料的一致性和精度远高于块料（棒料）成型，生产效率高，材料利用率高，批量较大时单件成本低。但压型毛坯需要专门的模具和一定的精密退火时间，因此，适用于批量大、有一定工期余量的情况。

2. 确定加工余量

2.1　加工余量定义及组成

在光学加工过程中，为了从光学毛坯获得所需要零件的形状、尺寸和表面质量，必须去除一定量的光学材料层，此光学材料层称为加工余量。加工余量偏小，会导致难加工出符合技术要求的零件；加工余量偏大，则会造成工时和材料的浪费。

加工余量包括线性尺寸余量和角度余量两部分。

线性尺寸余量：为了获得给定的名义尺寸，各道工序必须去除的光学材料层厚度。

角度余量：为了获得规定的角度，各工序必须去除的玻璃层厚度。

由于零件的角度往往是由一些线性尺寸所决定的，所以实际上角度余量常以线性尺寸的余量来表示。

加工余量的给定应视具体工艺条件来确定。上道工序应给下道工序留下必要的余量，此余量称为工序余量。总加工余量是各工序余量的总和。

根据光学零件加工工序的特点，一般零件的全部加工余量是由锯切余量、整平余量、粗(铣)磨余量、精磨余量、抛光余量、定心磨边余量组成。

2.2　确定加工余量的原则

(1)最小余量原则：在保证零件技术要求的前提下，发挥设备和人员的技术潜力，使加工余量最小。

(2)各工序衔接原则：铣磨、精磨的各工序造成的破坏层深度应相互衔接。

每道工序去除的余量 Δn 应不小于上一道工序生产的破坏层深度 t_{n-1} 与本道工序产生的破坏层深度 t_n 之差，或者再乘以安全系数。即 $\Delta n = t_{n-1} - t_n$，如图 2-33 所示。

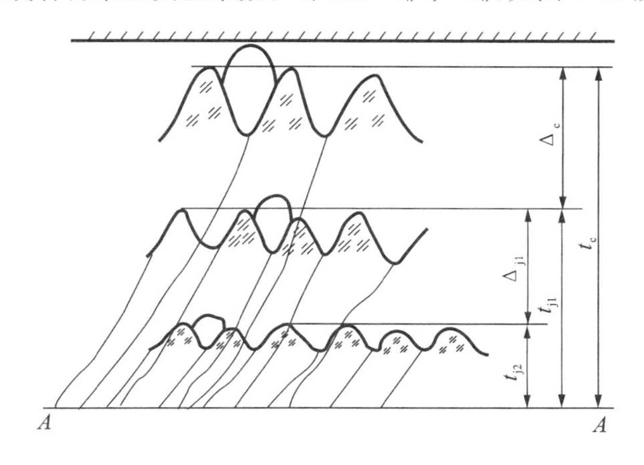

图 2-33　加工余量的确定

一般而言，各工序加工余量与工艺装备的水平、车间的生产管理水平、工人的技术操作水平、零件的生产批量大小、零件的线性尺寸大小、材料性质等有关。

在生产时，也可根据光学零件加工时其表面的破坏层深度大致与研磨所使用的磨料的粒度数量级相当和确定加工余量的原则进行估算，再根据被加工材料的硬度进行修正。材料的软硬可查材料手册上“磨耗度”指标一栏。

2.3　各工序余量的计算

锯切余量与公差：锯切余量与锯片的径向振动、锯片厚度和锯切深度等因素有关。

研磨抛光余量与公差：研磨抛光余量与被加工零件的形状、尺寸、毛坯种类、表面形状、磨料和模具种类等因素有关。

磨外圆余量和定心磨边余量与公差：磨外圆余量指锯切下料后的方料，按其边长磨到圆直径之间的磨去量。

光学零件毛坯尺寸的计算：毛坯尺寸计算就是计算各工序中零件的合理尺寸，而某工序的零件尺寸是本工序完工后零件尺寸在增大方向上具有最大允差的尺寸和本工序加工余量之和。

2.4 透镜毛坯尺寸的计算

若毛坯的中心厚度为 d,透镜最大允许的中心厚度为 d_0,凹面的矢高为 h,单面粗磨余量为 P_c,精磨余量为 P_j,毛坯中心厚度 d 计算如下。

棒料毛坯时:

双凸透镜 $$d = d_0 + 2(P_j + P_c)$$

弯月透镜 $$d = d_0 + 2(P_j + P_c) + h$$

双凹透镜 $$d = d_0 + 2(P_j + P_c) + h_1 + h_2$$

型料毛坯时:

$$d = d_0 + 2(P_j + P_c)$$

3. 工艺规程设计和工序设计

工艺规程和工序设计的一般原则是在一定条件下,如何保证以最低的成本和最高的效率来达到零件图上的全部尺寸、形状、位置精度、表面质量和其他技术要求。

工艺规程设计是毛坯选定和加工余量估算后,根据零件形状、尺寸和技术要求提出的加工工艺顺序,而工序设计是在确定的加工工艺顺序情况下,考虑落实加工设备,选择和设计工装夹具、模具、磨料磨具以及检测量具仪器等工艺装备。

3.1 全面了解和熟悉原始资料

光学零件图、技术条件、现有生产设备及检测仪器精度及性能等是拟定工艺规程的原始资料和基本依据。编制工艺规程的技术人员应对本单位的具体条件有清楚的了解,如球面样板库、工具库、设备能力、检测精度等都应有案可查,这样才能拟定出既合理、经济,又符合生产条件的工艺规程。

3.2 确定加工定位基准

设计时,要根据零件图纸要求,找出被加工零件的定位基准,确定工艺中的定位。通常,透镜图纸上会标注出基准轴或基准面,直接以其为基准即可。被选为定位基准的表面,通常是第一个被加工的表面,也通常是测量的基准表面,当定位基准表面被加工后,就由粗基准成为精基准。

3.3 确定加工顺序

确定加工顺序应遵循多、快、好、省的原则。

球面零件一般的加工顺序是:

(1)平面先于球面,凹面先于凸面;

(2)曲率半径大的面先于曲率半径小的面;

(3)表面疵病要求低的面先加工,要求高的面后加工。

3.4 确定设备、工装夹具及工艺参数

此部分内容包括确定所采用的设备、加工工具、夹具、量具(包括测试仪器)、磨料磨具、抛光粉、辅料、冷却液等;选择适当的加工工艺参数,如机床转速等。

由于光学零件生产工艺的非通用性,零件在加工过程中的模具、夹具甚至部分量具大都是由工艺规程的编制者们自行设计的。工艺水平的高低往往就体现在此处。

3.4.1 球面设备选择

设备选择主要考虑以下方面:

(1)被加工零件表面是球面还是平面,以及曲率半径的大小;

(2)被加工零件的孔径大小;

(3)被加工零件的技术要求;

(4)被加工零件的生产批量;

(5)设备适应被加工零件的调整工作量;

(6)设备的技术性能和故障率;

(7)生产效率。

3.4.2 工装夹具、工艺参数选择及设计

根据设备的性能和被加工零件的尺寸、精度要求进行工装夹具的设计,给出工艺参数。

(1)磨具辅料的选择。

各道工序应使用何种磨料磨具、抛光粉及其他辅料,应给以明确说明。

(2)选择或设计夹具。

确定在不同工序阶段的上下盘方式、定位方式、装夹方式等,以及相应的夹具,并绘制夹具图。

(3)确定相应的量具和检测方法。

要确定在不同的工序阶段,应如何对被加工零件进行尺寸、外观、面形等的控制,检验时应使用何种检测仪,有需要时还应标出检测频度及出现不良时的处置方法。如果检测时需用到检测夹具或非标量仪,应进行相应的设计、制造和鉴定。

(4)确定工艺参数。

需确定的工艺参数包括机床转速大小、压力大小、加工时间、成盘加工时的排盘方式等。

(5)注明技术要求。

注明主要工序的主要技术要求,如加工工序中的尺寸、加工精度、表面质量及操作注意事项等。为更好地进行质量控制,可标注相关参数的检测频度和检测要点。

3.5 工序的衔接

光学零件的加工是一个连续的过程,前道工序的质量对后道工序至关重要。因此,在设计工艺规程和给定工艺参数、技术要求时应注意前后工序的衔接与配合,要明确铣磨对精磨、精磨对抛光、抛光对后续特种工艺的影响,在设计工艺规程时应考虑进去。最明显就是“面形传递”和“表面粗糙度”的影响。同时,也要注意后道工序应该是消除或减小前道工序造成的

表面缺陷，如破坏层深度和表面的微观不平，不能破坏或加大零件表面粗糙度及面形误差。如定心磨边、镀膜、胶合等均是对抛光后的镜面进行操作，必须对抛光表面进行保护，提出控制性的要求。

3.6 绘制工装夹具图纸

设计专用的工具、夹具、量具并绘出制造图。

4. 透镜工艺规程设计步骤

4.1 设计球面标准样板

按照《光学样板》(JB/T 10568—2006)确定标准板外形及尺寸。

4.2 设计球面工作样板

按磨边前的零件直径确定工作样板的直径和其他尺寸。样板直径一般大于零件直径1～3 mm，具体形式及尺寸参加《光学样板》(JB/T 10568—2006)进行。

4.3 确定透镜定中心磨边工艺规程

(1)根据零件尺寸大小，中心偏差要求的精度和设备情况确定磨边方法；
(2)按零件的中心偏差要求，确定是否定中心磨边；
(3)定中心磨边余量的确定；
(4)选择定中心磨边的工装夹具和辅料；
(5)编制透镜定心磨边工艺规程。

4.4 确定精磨抛光工艺规程

(1)确定加工顺序；
(2)设计镜盘和模具：黏结模、精磨模、抛光模尺寸、结构尺寸等；
(3)确定精磨抛光余量；
(4)选择精磨抛光的设备及辅助材料；
(5)编制精磨抛光工艺规程。

4.5 确定粗磨工艺规程

(1)确定加工顺序；
(2)确定粗磨余量；
(3)确定粗磨完工尺寸；
(4)设计粗磨工装；
(5)选择粗磨辅助材料；
(6)编制粗磨工艺规程。

4.6　确定毛坯尺寸并绘制毛坯图

按生产批量和交期情况合理选用型料和棒料；

按粗磨完工尺寸加上粗磨余量确定毛坯尺寸；

热压成型的毛坯应计算出毛坯重量；

绘制毛坯图。

4.7　编制工艺规程，填写工艺卡片

图 2-34 所示的为某工厂的空白工艺卡片实例，也可根据实际情况进行绘制。不论采用何种形式，都应尽量做到让现场一线的工人一目了然，能直接根据工艺卡片上所写内容安排生产设备与检测仪器、选择工装夹具和辅料，能清楚了解自己所做工序在整个生产流程中所处的位置，与前道工序和后道工序做好交接，更好地进行生产和质量控制。

光学工艺作业标准书	产品代号	本工序名称	产品流程

对零件要求				
		√	材料	
			工艺要求	

序号	内容	设备名称及型号	工装夹具	量具及仪器	磨料辅料	同时加工件数	备注
1							
2							
3							
4							
5							
6							
7							
8							
9							

修订记录	版本/版次	修订者	核准	文件编号		绘图			共　张
年月日				制订部门		制订			
年月日				版本/版次		审查			第　张
年月日				制订日期		核准			

图 2-34　空白工艺卡片

思考与练习

某透镜完工图如图 2-35 所示，请按型料毛坯设计工艺规程。

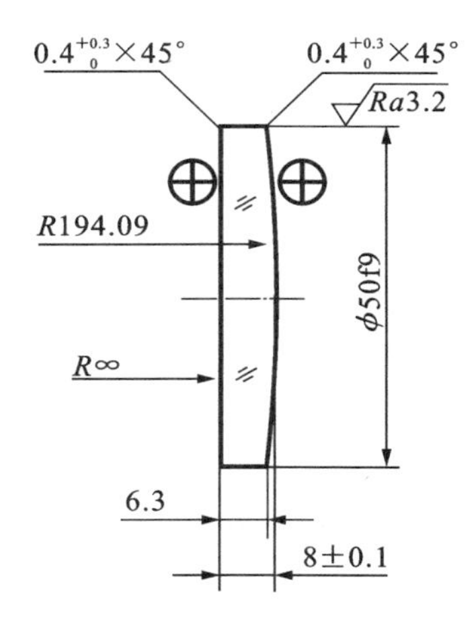

对零件的要求	
N	3
ΔN	0.5
ΔR	A
χ	1′
B	3×0.063
f'	340
L_f	300
L'_f	300
D_0	φ48

技术要求：

⊕GB 1316/1.1，λ=520 nm。

图 2-35 透镜完工图

第三部分

棱镜和平板加工岗位

◆知识要求：

(1)掌握棱镜的加工技术要求及平面零件精度的规定；

(2)掌握平面铣磨的原理；

(3)掌握倒边、倒角的标注方法；

(4)掌握棱镜夹具设计的基本原则和方法。

◆技能要求：

(1)掌握平面铣磨影响加工精度的工艺参数及各种平面铣磨夹具的设计；

(2)掌握倒边工艺及倒边夹具的设计；

(3)掌握各种上盘、下盘方法及夹具的设计原则；

(4)掌握平面精磨的工艺及修角方法；

(5)掌握抛光中光圈修改的方法；

(6)能编制棱镜加工的工艺卡片，并完成加工及检测，会整理基本技术文件资料，能清理工作场地。

在各式各样的光学仪器中，几乎都要使用棱镜和平板光学零件。棱镜和平板都是由平面组成的光学零件。棱镜是由两个或两个以上的光学平面及若干个研磨平面组成，各平面之间又具有一定角度的光学零件。棱镜种类繁多，如直角棱镜、五角棱镜、椎体棱镜、道威棱镜、列曼棱镜、斯密特棱镜等。平板是由两个互相平行的光学表面构成的光学零件。它包括各种类型的分划板、反射镜、保护玻璃片、补偿板、隔热玻璃片、滤光片、载物片、盖玻片、照明窗及观察窗等。

对于棱镜和平板的技术要求中，有一些是和透镜的技术要求相同的，这些要求是：标准样板精度等级 ΔR、光圈数 N、局部光圈数 ΔN、表面疵病 B、表面粗糙度、有效孔径 D_0，它们的定义、规定及要求也都适用于棱镜，这里不再重复。而角度要求是棱镜和平板特有的，下面展开叙述棱镜和平板的这一技术要求。

(1)第一光学平行差 θ_{I}。

反射棱镜可以展开为平行平板，由于反射棱镜制造时，在棱镜主截面上的角度误差，造成棱镜展开后不是理想的平行平板，而是光楔，这个光楔角就是第一光学平行差 θ_{I}。

也可以换一个说法，光线从反射棱镜的入射面垂直入射，光线在出射前对出射面法线的偏离称为反射棱镜的光学平行差。光学平行差可以用两个互相垂直的分量表示，即第一平行差和第二平行差。第一光学平行差是在入射光轴截面方向的光学平行差分量，它是由反射棱镜在光轴截面也就是棱镜主截面上的角度误差引起的。

(2)第二光学平行差 θ_{II}。

第二光学平行差 θ_{II} 表示将棱镜展开成平行平板后，在棱镜主截面上的垂直平面内的平行差，主要由棱镜的各光学表面垂直主截面的不一致性等因素构成。形象地说，它由反射棱镜棱的位置误差引起的，所以又称为棱差，棱差又分为 A 棱差、B 棱差和 C 棱差。

A 棱差 γ_A：凡是有三个工作面的棱镜，其某一指定棱与其所对的工作面之间的夹角。A 棱差有的地方称为塔差，并用 π 表示。

B 棱差 γ_B：凡是有四个工作面的棱镜，其指定的两个棱在通过两个棱的标准位置的平面上的相对偏转角。

C 棱差 γ_C：屋脊棱镜的屋脊棱在过屋脊棱的标准位置并垂直于屋脊平分面的平面内相对于标准位置的偏转角。

显然，平行平板只有第一光学平行差 θ_{I}，没有第二光学平行差 θ_{II}。

(3)屋脊棱镜的双像差。

如果屋脊棱镜的屋脊角不是理想的 90°，一束平行光线进入有屋脊角误差的屋脊棱镜后，经过两个屋脊面的反射，将成为彼此间具有一定角度的两束光，从而在像面上产生双像，这就是屋脊棱镜的双像差，用 S 表示。在图 3-1 中，当入射的平行光束位于屋脊棱的垂直平面内，屋脊角误差 δ 产生的双像差为 $4n\delta$；当屋脊棱的垂直平面与光轴构成某一角度 β 时，则屋脊角误差反映到光轴方向上的双像差为 $S=4n\delta\cos\beta$，其中 n 为棱镜的折射率。

正因为如此，屋脊棱镜的双像差主要靠屋脊角误差 δ 来控制，对屋脊棱镜的屋脊角给定的误差是很严格的，一般不超过 5″。

通常，用平面光学零件的面形精度和角度精度来衡量平面制造的精度，并以此将平面光学零件区分为高精度零件、中精度零件和一般精度零件，如表 3-1 所示。

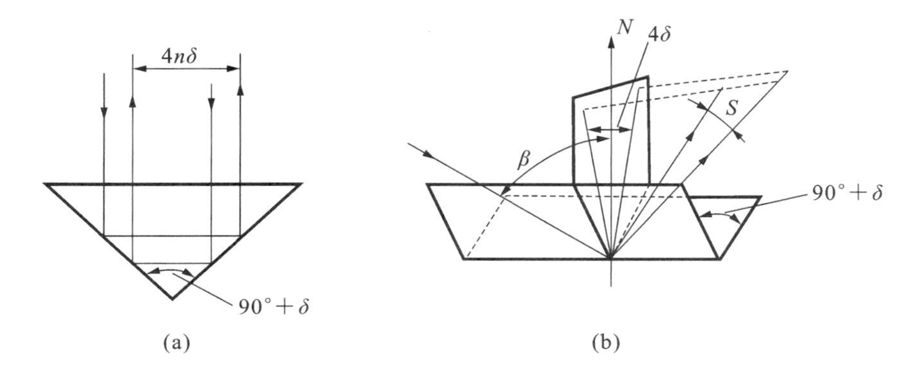

图 3-1 屋脊棱镜双像差示意图

表 3-1 平面光学零件的精度分类

	面 形 精 度	角 度 精 度
高精度	$(1/10\sim1/100)\lambda$	$1''\sim10''$
中精度	$N=1\sim2\quad\Delta N\leqslant0.2$	$20''\sim1'$
一般精度	$N=2\sim5\quad\Delta N\leqslant0.5$	$>1'$

表 3-1 列出了平面光学零件通常的精度分类，一般而言，面形精度还与零件的有效孔径有关，在一定的光圈数 N 和局部光圈数ΔN 下，有效孔径越大，面形精度越高。精度对特定的平面光学零件还有特定的划分，如光楔，主要以精密的光楔角作为传感器。因此，高精度光楔的光楔角小于 $10''$，中精度光楔的光楔角小于 $30''$，而一般精度的光楔其光楔角小于 $1'$。

任务一 平 面 铣 磨

铣磨就是粗磨，这道工序的本质是将零件毛坯磨削成形，在留有精磨、抛光余量的基础上基本达到零件的尺寸要求。平面铣磨的目的是，获得具有一定平面度或平行度要求的平面零件。如今的平面铣磨，已经全部达到机械化和高速化，利用机床和金刚石磨轮加工。

1. 平面铣磨机床的铣磨原理

平面零件实际上是曲率半径为∞的球面零件，根据范成法成型球面的原理，由公式 $\sin\alpha=\dfrac{D_{\mathrm{m}}}{2(R\pm r)}$，当 $R=\infty$时，$\alpha=0$，故用筒形金刚石磨轮铣磨工件，当磨轮轴与工件轴夹角为 0 时，运动轨迹的包络面形成平面（生产中为排屑、排冷却液方便，α 常有一个小量，表面微凸）。我国 QM30、PM500、XM260 研磨机直到 NVG-750THD 型双轴超精密平面磨床（见图 3-2）等大型平面铣磨机，都是利用范成法原理高效铣磨出平面。无论平板还是棱镜，其平面大多是成盘加工的。因此，用于平面铣磨机的功率较大。

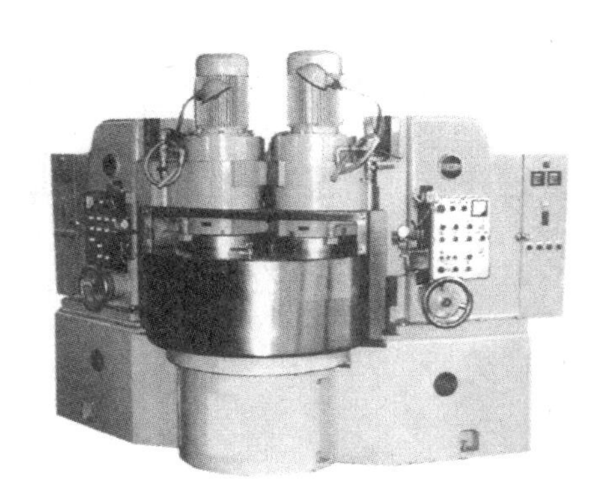

图 3-2　NVG-750THD 型双轴超精密平面磨床

平面铣磨机运动关系如图 3-3 所示，机床由高速旋转运动的金刚石磨轮和向相反方向缓慢旋转的电磁盘组成主运动，被加工零件用刚性上盘法固定在垫板上，而垫板则被电磁盘紧紧吸住，从而实现零件在电磁盘上的固定。金刚石磨轮可以根据被加工零件的高度进行上、下调整，机床采用光栅尺定位，数显表读数，具有简单的数控功能；磨轮的进给可以根据零件的厚薄、加工的余量预先设定，尺寸加工到位后可以设置光整加工，以提高表面粗糙度。

在平面铣磨机上，采用适当的金属夹具，将角度修磨变为平行平面的铣磨，可加工一定角度精度的棱镜。图 3-4 所示的为铣磨机成盘铣磨棱镜的现场。

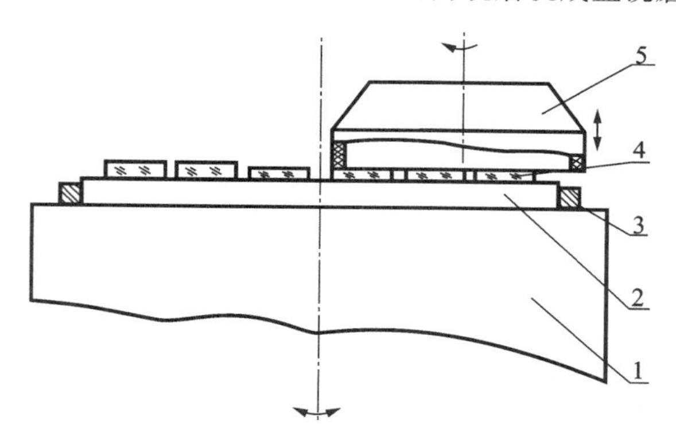

图 3-3　平面铣磨机的运动关系

1—电磁盘；2—垫板；3—挡条；4—零件；5—磨轮

图 3-4　铣磨机成盘铣磨棱镜的现场

此外，还可由专用棱镜铣磨机直接铣磨成型，采用多个磨头，一次装夹同时铣磨多个面，如图 3-5 所示。

2. 影响铣磨质量的工艺参数

评价铣磨加工质量的参数主要包括铣磨效率、表面粗糙度和零件的平面度、平行度。影响的工艺参数有磨轮轴转速、电磁盘转速、磨削进给速度、金刚石磨轮粒度及电磁盘上垫板的

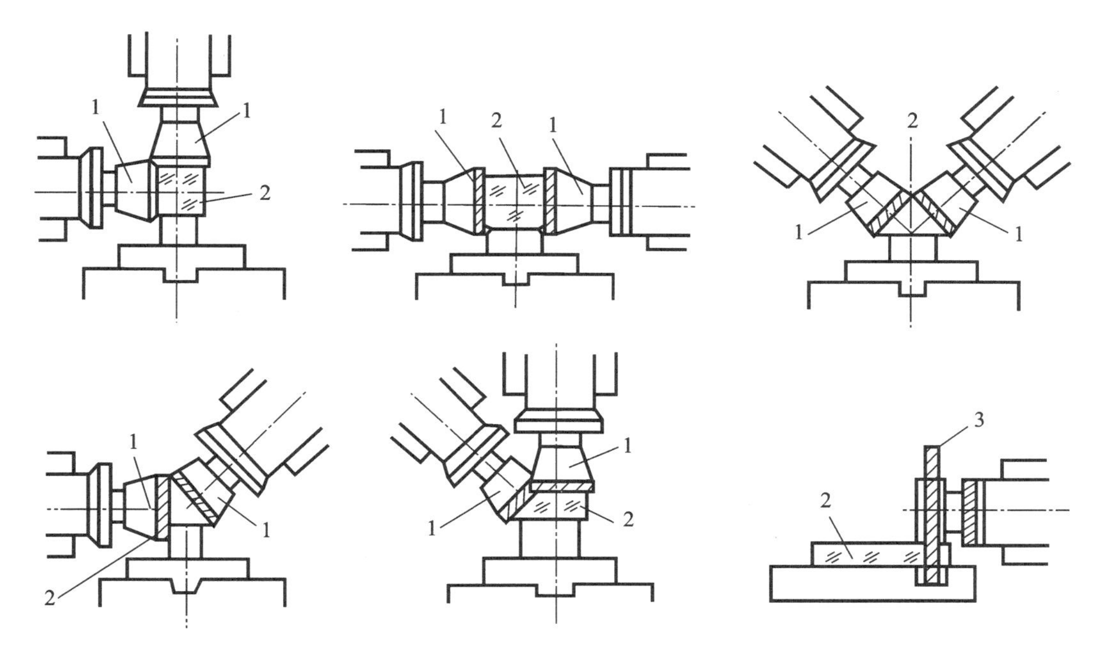

图 3-5 棱镜铣磨示意图

1—磨轮;2—工件;3—锯片

排列等。合理地提高转速和进给速度、适当加粗金刚石磨轮的粒度、有序地在电磁盘上排列垫板等会提高铣磨效率。但是,转速的提高、进给速度的加大、磨轮粒度变粗等都会使表面粗糙度变劣,因此需要在保证表面质量的基础上,兼顾铣磨效率。

为了提高表面质量,减小表面粗糙度值,首先,应选择金刚石磨轮粒度,一般铣磨应选120#～80#的粒度为宜,在接近要求的尺寸时,要进行准确的测量,以便做到心中有数;其次,铣磨最后的进给量应当小,而且需要维持零进给铣磨一小段时间,称为光刀或光整加工;另外,冷却液喷射位置不当或流量控制不当,也会使表面粗糙度遭到破坏。

影响零件平面度和平行度的因素主要是机床和夹具的精度,如果机床磨轮轴和电磁盘轴的端面跳动大、平行度不好,将会影响面形的平面度;垫板的平行度不好或电磁盘表面有附着物,都会影响零件的平行度。因此,除了严格设计加工垫板等夹具之外,当铣磨的零件出现批量废品之后,应当检查机床的精度。

综上所述,合理的工艺,需要对上述影响铣磨质量的工艺因素进行综合平衡和统筹。

3. 铣磨平面疵病产生原因

铣磨平面常见疵病及产生原因如表 3-2 所示。

表 3-2 铣磨平面常见疵病及产生原因

常见疵病	产生原因
粗糙度不好	(1)砂轮粒度粗 (2)机床振动较大 (3)冷却液喷射位置不当或流量不足 (4)进刀量过大 (5)光刀时间不足
平行度、平面度不好	(1)磨头轴与工件轴不平行 (2)黏盘平行度、平面度差 (3)磨具工作面与主轴不垂直 (4)真空吸附用的橡皮垫圈厚度不均匀

4. 各种平面铣磨夹具的设计

平面铣磨加工中夹具的合理设计很重要，是影响加工生产效率和表面加工质量的主要因素之一。必须根据不同形状和不同精度的零件，设计出各种夹具。

4.1 设计要求和注意的问题

(1)装夹牢固可靠，变形小。在平面铣磨中，加工的切削力较大，这一点一定要注意。

(2)夹具和零件相接触的表面，特别是与零件基准面接触的表面应耐磨，并且要求接触面平直光滑，以保证定位正确和防止零件滑伤。

(3)为提高定位精度，在工件与夹具的接触面上，特别是定位面上应开有沟槽。

(4)为防止棱镜破边和碰伤棱角，夹具上应开有让角槽。

(5)为使零件装夹稳定，槽盘夹具上的角度槽的角度一般比零件相对应的棱角小 $2'\sim5'$，而角度槽的角度公差应比零件的棱角公差高 $1'\sim2'$。

(6)要求各槽间几何尺寸的相对误差较小，并尽可能做到在装配时能加以调整。

(7)装卸方便。

(8)制造容易，成本低。

4.2 设计原则

1)合理选择基面

为了保证零件加工时定位装夹的正确，就必须正确地选择基准面(简称基面)来设计夹具并规定夹具的制造精度。基面可以用尚未加工的表面，这称为毛基面，在零件加工的头几道工序用。用已加工的表面作为基面时称为光基面。

选择基面的数目、形状和位置时，应当要能保证零件在刀具运动时有足够精确稳定的装夹，为此，必须约束住零件相对于夹具的六个自由度，即在三个任意选定而相互垂直的坐标轴上的轴向移动和绕该三轴的转动。要约束住零件的每一个自由度，必须用六个支点，也就是所谓六点规则。这六个固定支点在三个互相垂直的平面上应当这样分布：三个支点(1、2、3)在一个平面上，另两个支点(4、5)在另一个平面上，最后一个支点(6)在第三个平面上，如图 3-6 所示。三个夹头依垂直于上述平面的方向而作用，把零件压紧在六个支点上。超过约束六个自由度所必需的多余的支点，将造成零件安装的静态不平衡。

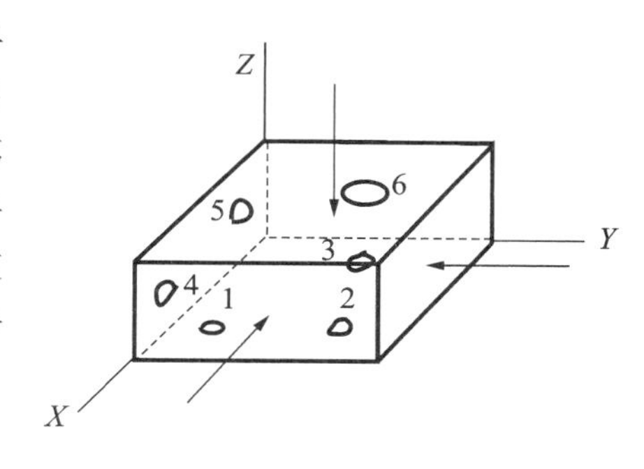

图 3-6 零件六点定位略图

选择基面的一般原则如下。

①非全部加工的零件照例应取完全不需加工的表面作为毛基面，因为在这种情况下，非加工表面与已加工表面间的距离在加工后变动最小。

②全部加工的零件应取余量最小的表面作为毛基面。

③取作毛基面的表面，在毛坯制造过程中，应使其尽量平整和光洁，并使它与其他加工表面之间偏差最小。

④已经加工了一些表面后，毛基面必须用已加工的光基面来代替。而光基面的选择一方面应选决定待加工表面位置的公差尺寸的表面；另一方面要使精确表面的全部工序都在同一基面下进行。因为虽然改换基面在很多情况下可以使加工大为简化，但每改换一次基面，就会增加总的安装误差，以致增大被加工零件的误差。

⑤选择基面时应保证零件加工时因切削力或夹紧力而引起的变形为最小。为此基面就必须有足够的面积，并且要尽可能接近待加工面。

⑥选择基面时也应当考虑夹具的制造条件，使它尽可能简单，以及便于安装和夹紧，并在夹紧后变形最小。

在棱镜的成盘铣磨中，最常用的是两个互相垂直的平面和在第三个互相垂直平面上的一个支点。在形状复杂的棱镜加工中，正确、合理地选择基面尤其重要。不但要考虑加工的合理性，而且要便于测量和检验。

2)力求做到一次装夹、连续加工

对于形状特殊，要求在同一个夹具上加工几个工作面的零件，要尽量找出它们的内部联系，设计出与之相适应的夹具，力求做到一次装夹、连续加工。

4.3 常用的装夹方式

加工平面(或棱镜)的铣磨夹具，有机械装夹、磁性装夹和真空吸附等形式。其中棱镜铣磨以机械装夹和磁性装夹最为普遍。

1)槽盘设计

槽盘是在夹具体上直接用铣、刨等方法开有与加工零件形状对应的直槽而成的，被加工零件装入槽内后可用压板或螺钉压紧固定。当用压板等方式固定有困难(如夹紧面积小)时，也可直接用黄蜡-松香胶把零件胶于槽内，如图 3-7 所示。压板和玻璃零件的接触部分应垫有耐油橡皮或塑料块，以防止损伤零件表面。

2)磁性装夹

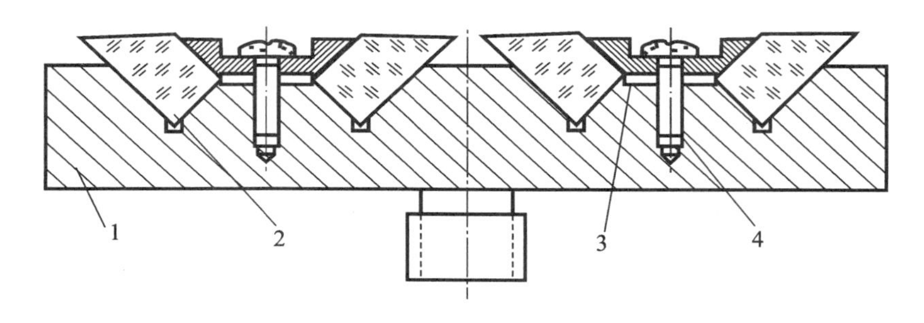

图 3-7　机械装夹

1—槽盘；2—光学零件；3—压板；4—螺钉

磁性装夹常用于平面铣磨中，尤其在大型平面铣磨机上被广为应用。国内制造的 PM500 大型平面铣磨机（立式），零件固定方式为磁性装夹。它适用于大平面或成盘加工，加工效率高，操作方便，但装夹前需要将零件先黏结到有一定平行度要求的导磁性平板上（一般用钢或铸铁），因此较费辅助工时；然后将黏有零件的平板放在铣磨机的磁性工作台上，并使平板对好中心，打开磁力开关，将黏有零件的平板吸住；关闭磁性开关，即可取下镜盘。若平板没有磁性，则可采用具有导磁性的挡块将镜盘挡住，如图 3-8 所示。

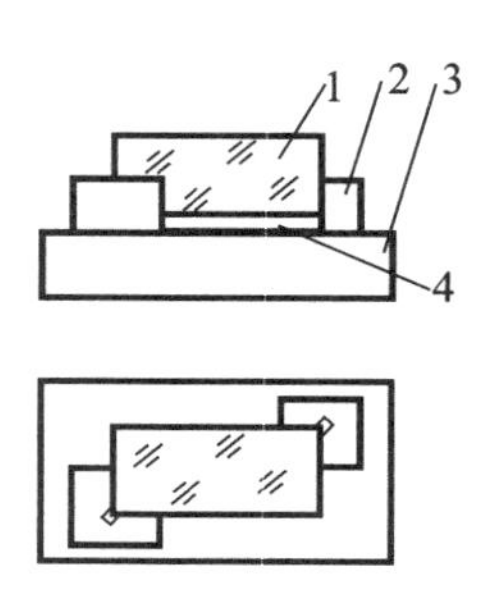

图 3-8　磁性装夹

1—工件；2—导磁挡块；3—磁性工作台；4—黏结平板

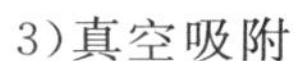

3）真空吸附

真空吸附如图 3-9、图 3-10 所示。

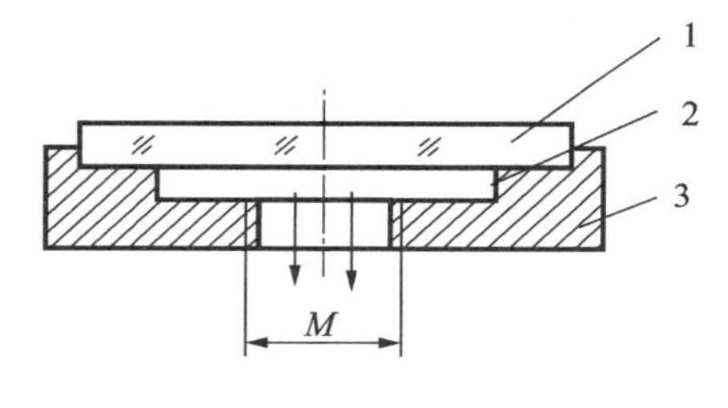

图 3-9　单片真空吸附

1—工件；2—耐油橡皮；3—胎具

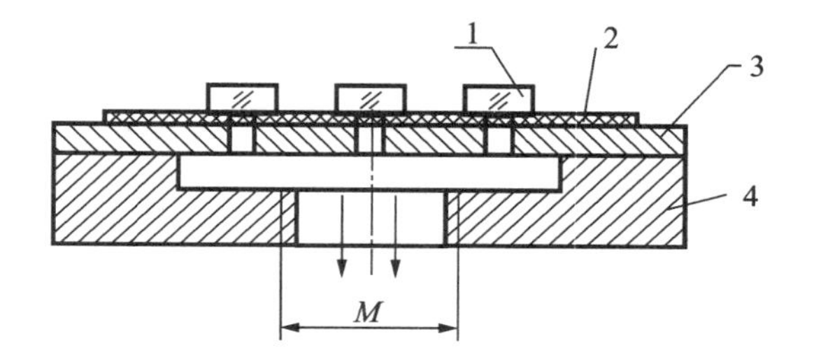

图 3-10　平板玻璃的吸附

1—工件；2—耐油橡皮；3—平板；4—底座

任务二　棱镜的倒角

铣磨完的棱镜的各条边都是锋利的，易破边，且抛光时还极易刮模，因此要对各条棱、角进行倒角。棱镜的倒角包括倒二面角和倒三面角，在车间通常将倒二面角称为倒边，倒三面角称为倒角。一般对小于 135°的二面角均需要倒角。

1. 倒边、倒角的不同标注方法

1.1　二面角

铣磨完的棱镜各条边都是二面角：倒角面垂直于二面角的二等分线；一般情况下，二面角大小是指倒完后的宽度，如图 3-11(a)所示；如图上标明为 C 尺寸，则应按图 3-11(b)的要求检查。

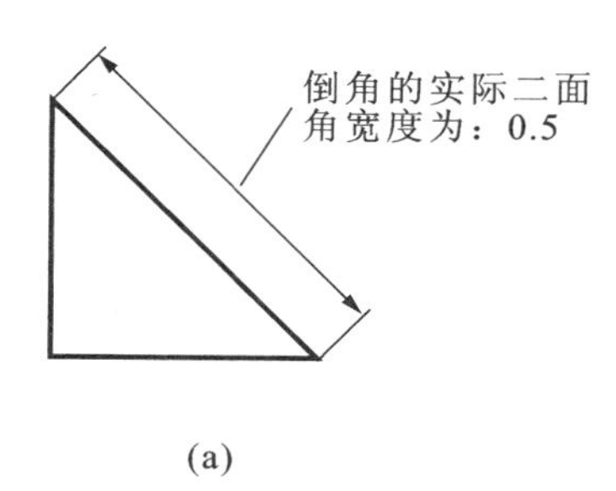

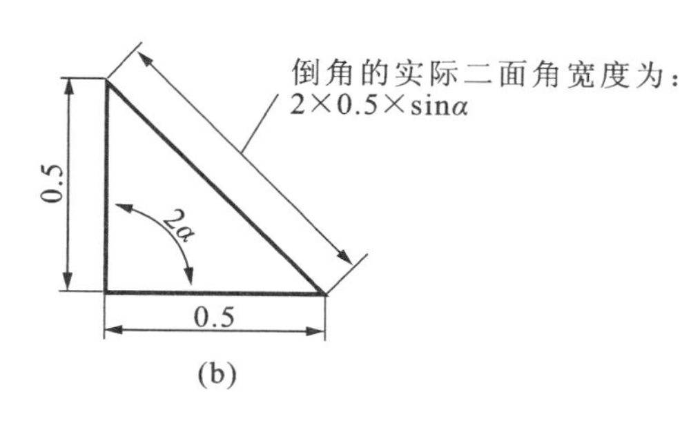

图 3-11　二面角示意图

(a)标注为“倒角 0.5”或“B0.5”时；(b)标注为“C0.5”时

1.2　三面角

三面角：倒角面垂直于三面角中的每个二面角的二等分面之交线；三面角倒角宽度是指倒角后所得到的三角形倒角面中最长边的长度，如图 3-12 所示。

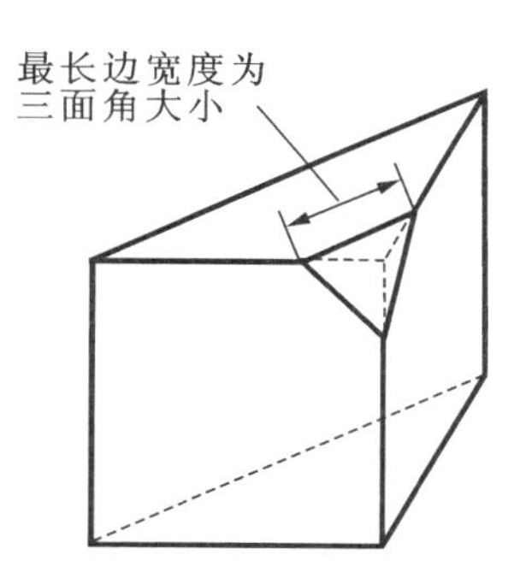

图 3-12　三面角示意图

2. 手工倒角

右手握着零件，让该角的角平分线垂直于磨轮平面(当该角为 90°时，面与磨轮平面成 45°角)。用力适中，根据工艺图纸对零件各边之要求(宽度、角度)进行操作，并对首件零件用倍率计测量，至边宽符合图面要求才能批量作业。作业过程中还需自检，肉眼观察时不能出现大小头，与样板比对基本一致。

圆弧倒边需注意手腕转动方向(顺时针)与力度，接口处应平滑，不得有断口、大口现象。

未倒边零件只能拿一件于左手，右手的倒边完后，整齐地放置于工作台面上或清洗篮内。

判断为工废的零件应轻轻地放置于指定塑料盒内，并在下班前对它进行清洁、清理，工作场地也应清洁、整理。

零件倾斜方向如图 3-13 所示，要求 $\alpha=\beta$。

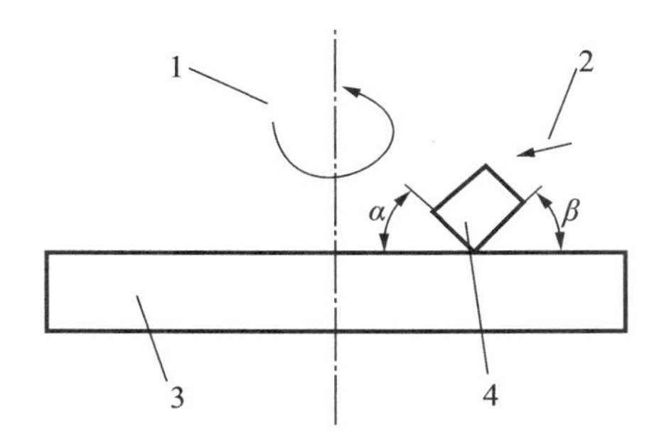

图 3-13 倒二面角示意图

1—磨轮旋转方向;2—倒角时手部用力方向;3—磨轮;4—被倒角零件

3. 利用倒角夹具进行倒角

手工倒角对操作员要求高,可控性差,零件倒角的一致性难以保证,因此,可以设计倒角夹具(见图 3-14)进行倒角,以保证被倒角的尺寸一致性,并避免出现大小头现象。

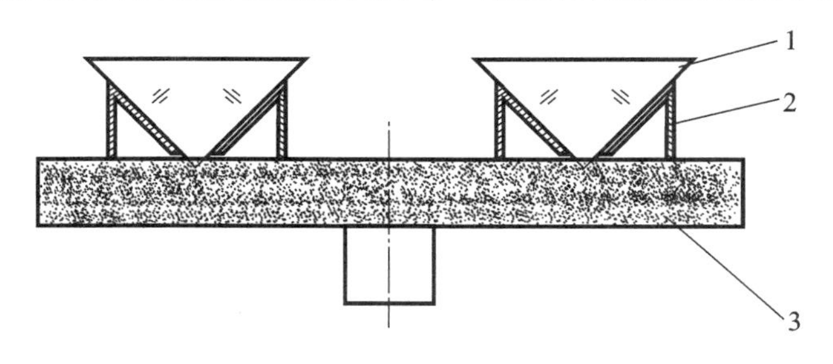

图 3-14 倒二面角夹具

1—被倒角零件;2—V 形倒角槽;3—倒角磨轮

任务三 上盘、下盘方法及夹具

因为大部分平板和棱镜的尺寸都比较小,而且有各种不同形状,平面间有一定的角度,所以从提高生产效率、零件质量角度考虑,需要将零件以一定的形式上盘、下盘来对零件进行加工。光学零件高速加工技术普及之后,由于平面的通用性,它不像球面带有特定曲率半径,所以,平面加工依然保持着上盘加工的特点。

上盘是一种装夹光学零件的方法。把光学零件按照一定的排列方式黏结在黏结模上的过程称为上盘。上盘后的光学零件和黏结模组成通称的镜盘。镜盘的大小主要取决于生产批量、机床的加工能力、光学零件的精度要求和操作技术。粗磨(铣磨)、精磨、抛光等主要工序将依据加工机床的特点和被加工零件的形状及技术要求,采用不同的上盘方法。常用的上盘方法有弹性上盘、刚性上盘、石膏上盘、靠体上盘、光胶上盘、浮胶上盘等。

下盘指的是将零件从镜盘上取下，其方法随上盘方法的不同而不同。

1. 弹性上盘与下盘

弹性上盘是用较厚的火漆将待加工光学零件黏结在黏结模上形成镜盘的方法，这种上盘技术因为黏结模和被加工零件之间有一层略有弹性的火漆作为缓冲而得名。它又可分为火漆团弹性上盘、火漆条弹性上盘和火漆点弹性上盘三种方法。

具体操作方法如图 3-15 所示。先将火漆团、火漆条或火漆点烧热黏在被加工零件的非加工面上，在贴置模上涂一层薄薄的机油或凡士林，以贴置模为基准面将被加工零件的加工面在基准面上均匀排列；再将黏结模加热，放置在黏有火漆的被加工零件上，并适当加压；待火漆自然冷却硬化后，取下贴置模，镜盘即形成。

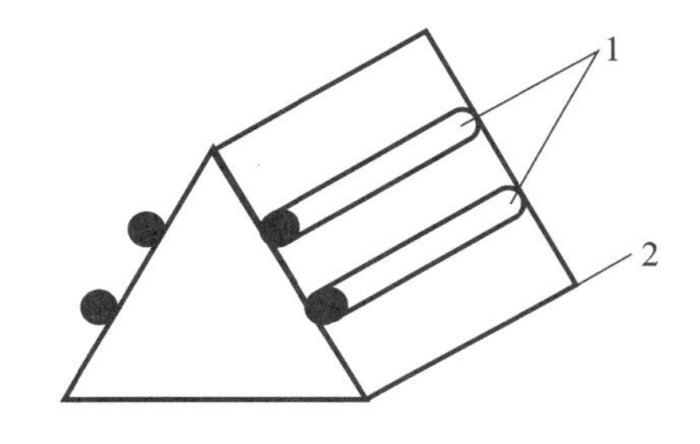

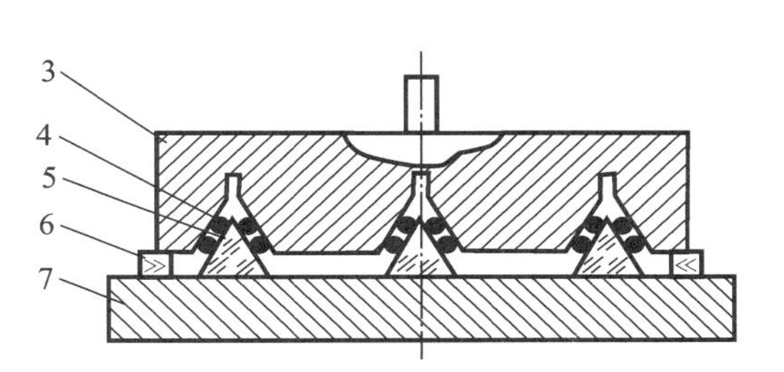

图 3-15　弹性上盘过程

1—火漆条；2—棱镜；3—黏结模；4—火漆条；5—棱镜；6—垫条；7—贴置模

弹性上盘的缺点是，在速度和压力的作用下，黏结胶层易于受热变形，甚至“走动”，影响加工精度；上盘过程中是以贴置模的表面作为基准(即以零件被加工面作为定位面)，因此无法通过精磨、抛光消除或改善透镜的偏心量和提高平面零件的角度精度。因此，弹性上盘只能适用于中、低精度的零件，对形状复杂的零件也有一定的局限性。

另一方面，火漆团弹性上盘过程中，火漆由塑性状态冷却下来，收缩大，零件的拉力也大，因此，等冷却下盘后，加工表面易产生变形，所以火漆团弹性上盘不适于加工外圆直径大、中心厚度薄、表面精度要求高的零件。

火漆条弹性上盘适用于平面镜、棱镜和楔形镜等圆形和方形光学零件的上盘。

火漆团和火漆条弹性上盘法的优点是，操作比较简单，能满足一般光学零件的技术要求；模具具有较大的通用性，透镜上盘时，只要被加工面曲率半径相同，零件中心厚度差不多，模具就可以适用于不同外圆直径、第二面曲率半径不同的各种零件；棱镜上盘的黏结模是一块具有与棱镜形状相适应的带槽的平模，不需要有很好的平面度和平行度要求，也不需要有精确的角度要求和精度要求。

火漆点弹性上盘法的优点是，胶层为点子胶，减小黏接面积，从而使变形减小。所以它适用于尺寸较大的透镜(直径大于 40 mm)、平行平板以及薄形、易变形光学零件的上盘。图 3-16 所示的为火漆点上盘的平行平板平模镜盘。

弹性上盘是采用火漆黏结工件，下盘时只需加热黏结模，待火漆软化后即可取下零件，冷

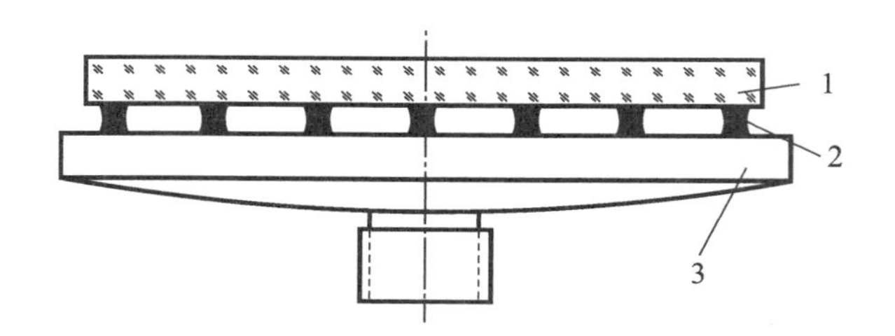

图 3-16　火漆点上盘的平行平板平模镜盘

1—光学零件；2—火漆点；3—黏结模

却后清洗。

2. 刚性上盘与下盘

刚性上盘是用比较薄(厚度要比弹性上盘薄得多)的一层黏结胶或石蜡，将待加工光学零件黏结在黏结模上的方法。在球面光学零件和平面光学零件加工中都可用刚性上盘方法。

刚性上盘的具体操作方法是，将零件和黏结模(一般黏结模用玻璃或铝合金制造)分别用电热板加热；然后将浸有黏结胶的纸或布贴在黏结模上(或在黏结模上均匀地涂一层石蜡)；最后将零件的非加工面贴在黏结模上，使其自然冷却即得。若使用胶作为黏结剂，则可以在常温下对被加工零件上盘。

刚性上盘的优点是，上盘时不需要贴置模，以黏结模的表面作为基准(即以零件的黏结面作为定位面)，如果黏结模精度高，那么从原则上来说，刚性上盘可以改善粗磨单块加工时所遗留的偏心量或角度误差；黏结胶层厚度薄，不易变形，黏结强度高，因此能承受较高的加工速度和压力，加工效率高；只要黏结模制造完好，上盘方法相对简单且易掌握。

刚性上盘法的缺点是，黏结模上要加工出与被加工棱镜相应角度的垫槽(见图 3-17)，黏结模通用性很差；为保证被上盘加工零件的尺寸精度和彼此间的一致性，黏结模上、下表面的平面度、平行度，以及棱镜垫槽的平行性、平面度和表面粗糙度都应有较高的要求，所以制造比较困难，加工成本高。

因此，刚性上盘适用于中、低精度，大批量，单一品种零件的生产工艺中。

图 3-17　刚性上盘的棱镜镜盘

当刚性镜盘采用黏结纸上盘时，下盘只需略微加热一下，即可方便地取下零件。

3. 石膏上盘与下盘

石膏上盘是利用熟石膏($CaSO_4$)加水后能够很快凝固的特点,将待加工光学零件固定成镜盘的方法。

石膏上盘的具体操作方法如图 3-18 所示。将被加工零件 2 的待加工面整齐地贴置在贴置平模 1 上,在零件的间隙处浇一层薄薄的熔融石蜡 5,再将石膏盘壳体 4 放置在贴置平模上,周边垫一层橡皮垫圈 3,并通过石膏盘底部的孔将调好的石膏 6 倒入石膏盘壳体内,待石膏凝固后,将镜盘沿贴置平模平面取下,再将石膏与零件的结合处修刮,用喷灯把多余的石蜡熔去,石膏表面上还留有薄薄的一层石蜡,它可以防止水进入石膏,从而保证了装夹的牢固性。

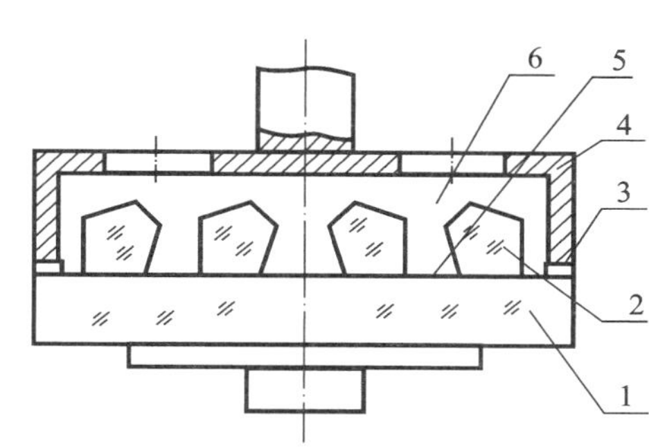

图 3-18 石膏盘结构

1—贴置平模;2—加工零件;3—橡皮垫圈;4—石膏盘壳体;5—石蜡;6—石膏

石膏盘上各个被加工零件的被加工面是依靠贴置平模形成统一的被加工平面的,因此,贴置平模应有较高的平面度要求。由于石膏凝固后,会产生一定的变形,按照变形的规律,贴置平模的光圈应选择高光圈的面形,使得被贴置的石膏盘被加工面呈低光圈的平面。为了改善石膏凝固后的变形,通常在石膏中加入膨胀系数为负的水泥,使石膏与水泥之比为 2∶1。配制石膏浆时,应该严格控制加入水的比例。

石膏上盘的优点是,工艺装备相对简单,夹具通用性强。它的缺点是,以加工面作为装夹基准,因此,装夹本身不能提高原有棱镜的角度精度;由于石膏凝固过程中,体积要膨胀,使镜盘表面凸起,当凸起面被磨平下盘后,加工面必然变凹,使角度精度降低。

因此,石膏上盘适用于形状比较复杂、一般精度的棱镜的精磨、抛光,或加工屋脊棱镜的第一个屋脊面。

石膏盘的下盘,一般先用小刀或小锤取下黏结模,然后翻转,用木榔头敲击背面,使零件振动脱开,如图 3-19 所示。

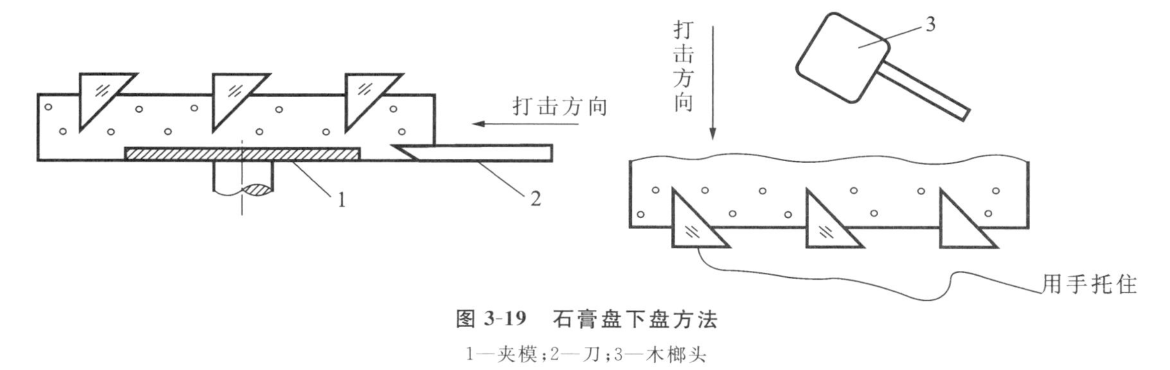

图 3-19 石膏盘下盘方法

1—夹模;2—刀;3—木榔头

由于取出零件后的石膏盘黏结模相当于建筑垃圾,需专门进行清运处理,且敲击下盘易造成零件破损,从成本及环保上来讲,石膏上盘方式已不合时宜,目前已基本被淘汰。

4. 靠体上盘与下盘

由于各种棱镜具有相互各异的角度，为了方便在机床上的加工，并保证角度加工的准确性，应对不同的棱镜角度采用不同的角度靠体，这种上盘的方法称为靠体上盘方法。应使棱镜的被加工面 A 面与靠体和垫板的黏接面 E 面之间成互相平行的两个平面，然后进行成盘加工。

具体的操作为：首先将待加工棱镜黏结到靠体上（见图 3-20），为了保证黏结的一致性，通常借助设计的定位夹具，将靠体放在夹具上定位；在黏结面滴上胶，再将被加工棱镜放在靠体上，同时使棱镜紧靠定位板，以保证棱镜与靠体沿黏结面的相对位置；等待胶固化后，将黏结有棱镜的靠体用胶黏在大平行垫板上（见图 3-21）。

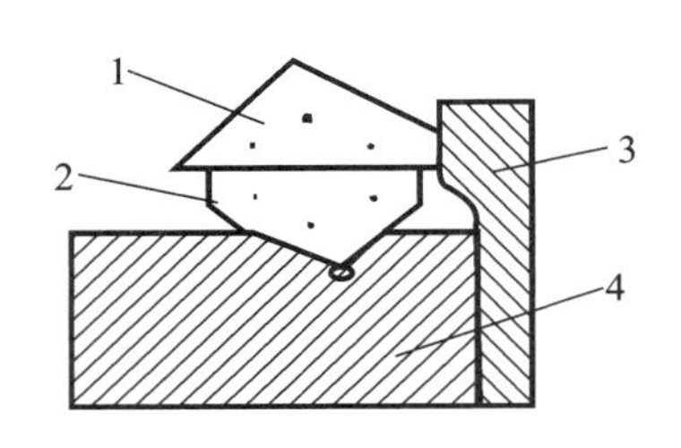

图 3-20 黏结棱镜与靠体的定位夹具

1—棱镜；2—靠体；3—定位板；4—夹具

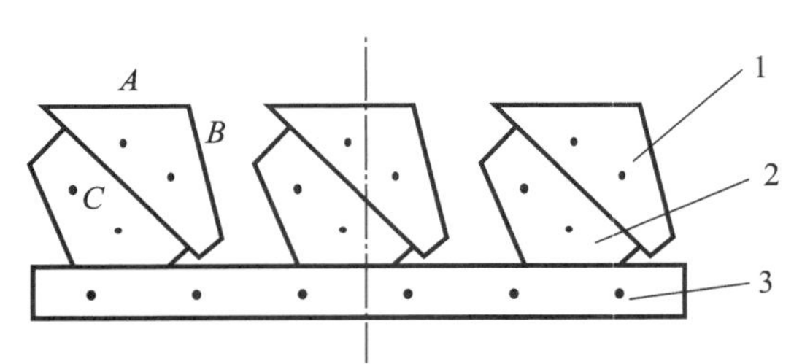

图 3-21 棱镜靠体上盘结构

1—棱镜；2—靠体；3—垫板

靠体上盘的定位基准是工件与靠体之间的黏结面 C，因此，棱镜的加工精度是由靠体的精度决定的。制造靠体的材料可以用金属，也可以用玻璃。当使用玻璃制造靠体时，其角度精度容易测量，方便制造；当使用金属制造靠体时，可以利用电磁吸盘的性能，方便在机床上固定，可以省去一道胶黏的程序。为提高加工效率，在设计靠体时，应使靠体的几何形状满足棱镜一次黏结后可以加工几个表面的要求。如图 3-21 所示，棱镜 C 面与靠体黏结一次后，既能加工 A 面，又能加工 B 面。

靠体上盘的优点是，可保证零件的角度精度，减少了加工工序和辅助工序，生产周期短，效率高，且对操作者的技术要求不高，操作简单。

靠体上盘广泛地应用于棱镜的批量制造中，从铣磨、精磨、抛光工序都能有效地使用。它适用于光轴截面在一个平面内的棱镜。靠体上盘加工棱镜的角度误差和尖塔差一般在 $2'$左右。

靠体镜盘下盘与刚性下盘类似，只需略微加热一下即可方便地取下零件。

5. 光胶上盘与下盘

光胶上盘是利用两个光学玻璃抛光面（棱镜的抛光表面和光胶工具的抛光表面）之间的分子引力将两者结合到一起的方法。

具体操作方法如图 3-22 所示。首先将光胶工具（如长方体）擦净后放在垫板（垫板只需磨过 W10)上;然后将擦净的棱镜光胶面贴到工具的光胶面上,这时出现清晰的干涉条纹,轻轻用力挤去光胶面上的空气,条纹即消失,形成光胶,再将光胶工具光胶到垫板上;最后在所有光胶面缝隙处涂保护漆(如洋干漆、沥青漆等),防止在加工过程中进水造成开胶。

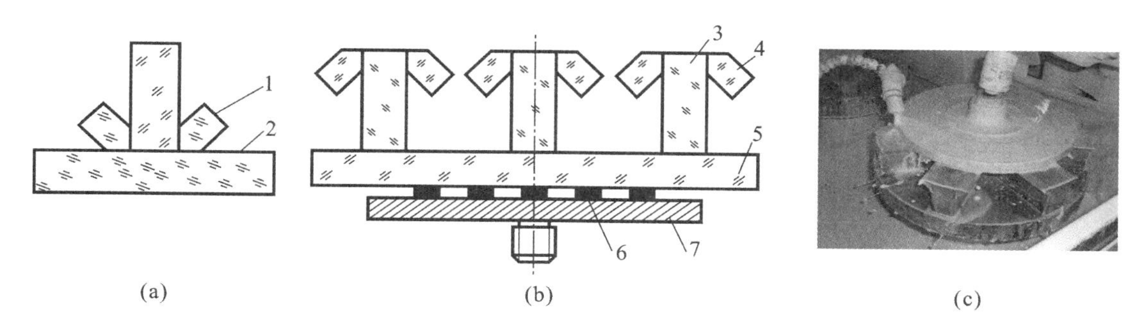

图 3-22 光胶盘结构

(a)棱镜光胶到长方体上;(b)光胶盘;(c)棱镜光胶上盘精磨后正在抛光

1,4—棱镜;2—垫板;3—长方体;5—垫板;6—火漆点;7—平模

零件的加工精度是由光胶工具的精度决定的。利用光胶工具如长方体、立方体和角度垫板光胶棱镜的方法,让光胶工具与棱镜的角度互补成 180°,然后使光胶垫板与被加工面成一对平行平面,加工中依靠控制两平行平面的平行差来保证零件的精度。光胶工具的材料通常用 K9 或 BaK7 玻璃制成。

光胶上盘的优点是,光学零件变形小,加工精度高,整盘光学零件一致性好。它的缺点是,光胶表面容易起纹路、擦痕;对光胶工具的精度要求较高;要求环境温度、湿度稳定,且空气清洁。

因此,光胶上盘适用于实现高精度角度的加工,主要用于抛光工艺。采用光胶上盘,零件的角度精度可为 2″～5″,零件的面形精度可达 0.1 道光圈。

光胶镜盘下盘时,只需使光胶件局部受热或受冷,即可使零件脱落,但要防止光胶件因温度急剧变化而炸裂。

6. 浮胶上盘与下盘

浮胶上盘也称假光胶上盘,是把其他上盘方法中垂直于被加工面的夹紧力改变为平行于被加工面的夹紧力,从而减小被加工面的变形,这样可以减小光学零件下盘后光圈的变形和平行差。

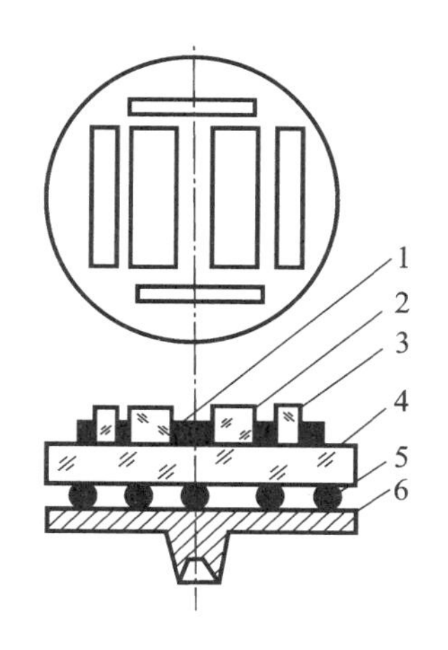

图 3-23 浮胶上盘的平模镜盘

1—松香蜡;2—光学零件;3—辅助玻璃;4—光胶垫板;5—火漆点;6—黏结模

浮胶上盘的操作过程如图 3-23 所示。首先将待加工光学零件、辅助光学玻璃的表面和光胶垫板擦拭干净后,将光学零件和辅助玻璃在光胶垫板(表面平度为 1/4～1/2 光圈,直径与黏结模的相同)上排列好,在光胶垫板周围围上挡圈;然后将松香蜡加热熔化,均匀地浇在零件与辅助玻璃之间及整个光胶垫板上,待松香蜡冷却后即成为镜盘。要注意松香蜡

温度不能高，刚熔化就行，各空隙间蜡层的厚度以零件厚度的一半多一些为宜，而且蜡层要一样厚。

浮胶上盘的缺点是，黏结强度较差，所以机器转速不能太高，也不能用冷水冲洗。

浮胶上盘适用于直径小、精度要求高的平面镜或形状不对称的薄形光学零件的上盘。

假光胶零件下盘时，只要加热表层即可拆下零件。

7. 上盘时零件的黏结数量

7.1 圆形平模上圆形零件的黏结数

在计算平模上零件的黏结数以前，先根据所用机床功率，初步确定在该机床上能加工的平面镜盘（黏结在平模上的所有零件组成镜盘）的最大直径，然后根据此初定直径计算能够黏结的零件数量，再根据计算结果对初定直径略加修正。

（1）确定排列方式。排列方式的区别主要在于中心第一圈的数量。比较合理的排列方法是中心一块、三块和四块三种（见图 3-24）。

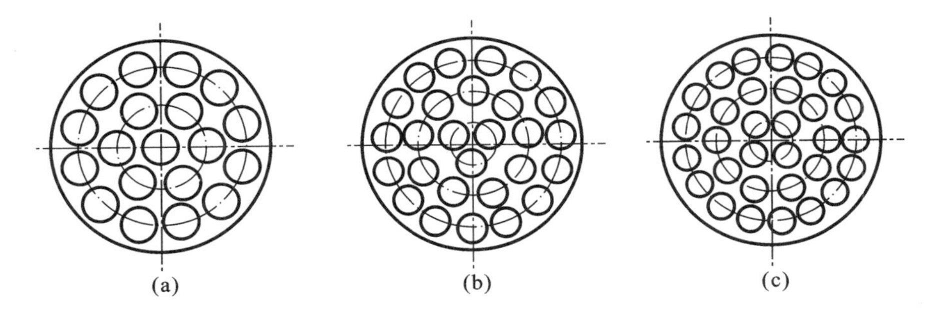

图 3-24 圆形平模上圆形零件的排列方式 1

(a)中心一块；(b)中心三块；(c)中心四块

（2）计算各圈零件数 n_m。

$$n_m = \frac{2\pi}{2\varphi_m} = \frac{\pi}{\varphi_m}$$

式中：$\varphi_m = \arcsin\dfrac{d+b}{2\rho_m}$，其中 d 为零件直径，b 为相邻两块零件之间的间隙量（一般取 $b=0.05d$，但不小于 0.5 mm），ρ_m 为过第 m 圈零件中心的圆半径（其计算方法根据镜盘中心零件排列方式的不同而略有差别）。

当镜盘中心放置一块零件时（见图 3-25(a)），有

$$\rho_m^1 = (m-1)(d+b)$$

当中心放置三块零件时（见图 3-25(b)），有

$$\rho_m^3 = (m-0.4)d + (m-2)b$$

当中心放置四块零件时（见图 3-25(c)），有

$$\rho_m^4 = (m-0.26)d + (m-1)b$$

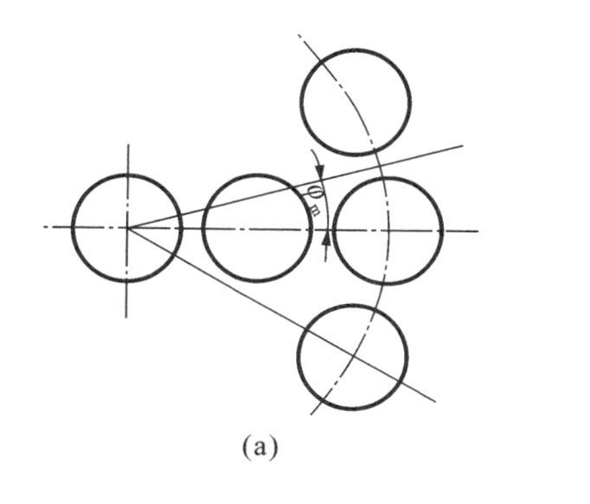

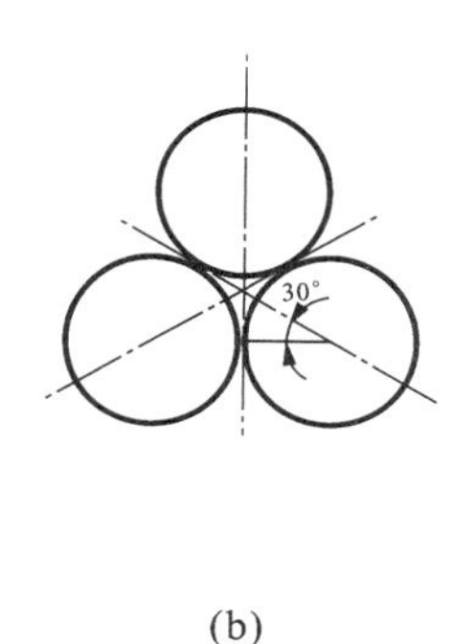

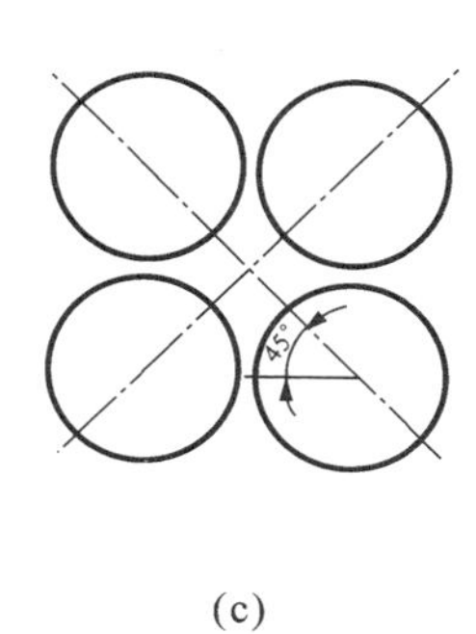

图 3-25　圆形平模上圆形零件的排列方式 2

(a)中心一块;(b)中心三块;(c)中心四块

(3)计算零件总数。镜盘上零件总数为各圈零件数之和。

7.2　镜盘和黏结模的直径

知道了最后一圈的半径 ρ_m,就不难求出镜盘的直径 D,即 D 等于两倍的 ρ_m 加上两倍的 $\frac{d}{2}$。按中心一块零件的方式排列时,镜盘直径 D_1 为

$$D_1 = (2m-1)d + (m-1)2b$$

按中心四块零件的方式排列时,镜盘的直径 D_4 为

$$D_4 = (m+0.24)2d + (m-1)2b$$

黏结模的直径由镜盘直径加上边缘间隙量 $2b$ 得到。

7.3　计算圆形零件黏结数的综合表

为了迅速求得已知直径为 d 的零件的排列情况,对上述中心一块、三块和四块三种排列方式编制了圆形平面镜盘上圆形零件的黏结数的综合表(见表 3-3)。此表的使用方法如下。

(1)根据所用机床功率或其他工艺条件,初步确定镜盘直径 D'。

(2)求出镜盘直径 D' 和零件直径 d 的比值$\frac{D'}{d}$。

(3)从表 3-3 的$\frac{D'}{d}$列中找与之相对应的值,若无相同的,则取较小的近似值。

(4)表 3-3 的第 3 列 m 是镜盘上零件的总圈数。

(5)表 3-3 的第 4 列 $n_1+n_2+n_3+\cdots$中,n_1 为第一圈的零件数,即中心零件的排列方式,n_2、n_3 依次为第二圈和第三圈的零件数,依此类推。

(6)表 3-3 的第 5 列 N 为镜盘上零件总数。

(7)表 3-3 的第 6 列为镜盘的最后直径。

(8)也可以根据已知零件直径 d 和需要加工的零件总数 N,求出镜盘的直径 D。

表 3-3 圆形平面镜盘上圆形零件的黏结数

序号	D'/d	m	$n_1+n_2+n_3+\cdots$	N	D
1	1	1	1	1	d
2	2.2	1	3	3	$2.20d$
3	2.48	1	4	4	$2.48d$
4	3.1	2	1+6	7	$3.00d+2b$
5	4.2	2	3+9	12	$4.20d$
6	4.58	2	4+10	14	$4.48d+2b$
7	5.20	3	1+6+12	19	$5.00d+2d$
8	6.30	3	3+9+15	27	$6.20d+2b$
9	6.68	3	4+10+17	31	$6.48d+4b$
10	7.3	4	1+6+12+18	37	$7.00d+6b$
11	8.40	4	3+9+15+22	49	$8.20d+4b$
12	8.78	4	4+10+17+23	54	$8.48d+6b$
13	9.40	5	1+6+12+18+25	62	$9.00d+8b$
14	10.50	5	3+9+15+22+28	77	$10.20d+6b$
15	10.88	5	4+10+17+23+29	83	$10.48d+8b$
16	11.50	6	1+6+12+18+25+31	93	$11.00d+10b$
17	12.60	6	3+9+15+22+28+34	111	$12.20d+8b$
18	12.98	6	4+10+17+23+29+35	118	$12.48d+10b$
19	13.60	7	1+6+12+18+25+31+37	130	$13.00d+12b$
20	14.70	7	3+9+15+22+28+34+41	152	$14.20d+10b$
21	15.08	7	4+10+17+23+29+35+42	160	$14.48d+12b$
22	15.70	8	1+6+12+18+25+31+37+43	173	$16.00d+14b$
23	16.80	8	3+9+15+22+28+34+41+47	199	$16.20d+12b$
24	17.18	8	4+10+17+23+29+35+42+48	208	$16.48d+14b$
25	17.80	9	1+6+12+18+25+31+37+43+50	223	$17.00d+16b$
26	18.90	9	3+9+15+22+28+34+41+47+53	252	$18.20d+14b$
27	19.28	9	4+10+17+23+29+35+42+48+54	262	$18.48d+16b$
28	19.90	10	1+6+12+18+25+31+37+43+50+56	279	$19.00d+18b$
29	21.00	10	3+9+15+22+28+34+41+47+53+59	311	$20.20d+16b$
30	21.38	10	4+10+17+23+29+35+42+48+54+60	322	$20.48d+18b$
31	22.00	11	1+6+12+18+25+31+37+43+50+56+62	341	$21.00d+20b$
32	23.10	11	3+9+15+22+28+34+41+47+53+59+66	377	$22.20d+18b$
33	23.48	11	4+10+17+23+29+35+42+48+54+60+67	389	$22.48d+20b$
34	24.10	12	1+6+12+18+25+31+37+43+50+56+62+66	409	$23.00d+22b$
35	25.20	12	3+9+15+22+28+34+41+47+53+59+66+72	449	$24.20d+20b$
36	25.58	12	4+10+17+23+29+35+42+48+54+60+67+73	462	$24.48d+22b$

任务四 平面精磨

精磨是平面零件制造中的一道重要工序。如果精磨不好，就会直接影响最终加工精度。平面加工的精磨有三个目的：一是形成较好的面形，理想的精磨面形应当与零件抛光后达到的面形一致；二是形成有利于抛光的表面粗糙度，使抛光时间最省；三是保证被加工零件的尺寸要求和平行差（塔差）要求。精磨的这些要求，除了表面粗糙度和抛光余量外，都要按照零件完工的要求去控制加工。

1. 传统平面精磨工艺

由于精磨的这种高要求，无论是绝大多数的平面精磨、抛光还是在传统的机床上，都应适当地增加速度和压力。

精磨的机床和抛光的机床是一样的，使用最多的还是传统的二轴机、三轴机、四轴机、六轴机，国产的四轴机的外形如图 3-26 所示，每个轴的运动关系如图 3-27 所示。图 3-27 中，曲柄连杆滑块机构 4 带动悬臂 5 绕着转轴 6 往复摆动，工件盘 2 由固定在悬臂上的铁笔 1 带动，既随悬臂摆动，又随精磨盘 3 的转动而随动旋转。

摆动的行程可由曲柄的偏心调整，工件盘相对精磨盘的偏心可由铁笔在悬臂上的伸缩调节。可以根据被加工零件的需要选择工件盘在精磨盘的上面，或者精磨盘在工件盘的上面。在铁笔上，可以根据工艺需要串压若干钢铁配重，以增加研磨过程中的压力，提高研磨效率。

这种精磨机主轴的转速一般不超过 120 r/min，所以使用这种机床精磨，一般使用散粒磨料，使用粒度为 W28～W10 配制的散粒磨料，可以自动加料，定期过滤、处理，循环使用。

影响精磨质量的最主要、最决定性的因素是精磨模。精磨模的面形是精磨面形的直接传递，因此，要保证被加工零件的面形，必须将精磨模的面形修整合格。精磨平面时所用的平面精磨模要用金属平模来修磨。金属平模最原始、最基本获得的方法是三块平模用W40～

图 3-26 国产的四轴机的外形

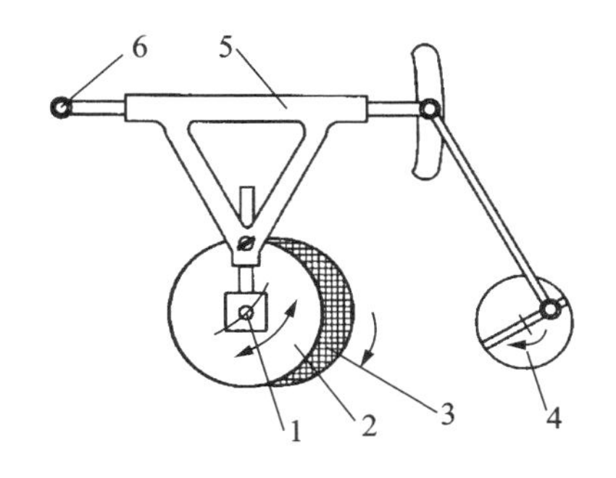

图 3-27 平面精磨、抛光机运动关系

1—铁笔；2—工件盘；3—精磨盘；
4—曲柄连杆滑块机构；5—悬臂；6—转轴

W28 的金刚砂彼此对磨，或者选两个均凸（也可以均凹）的模子彼此对磨，通过一段时间的相互研磨，几个铜模子的整体部分都被磨成黑色的，则可以测试彼此的面形，决定是否可以使用。测试面形的最有效方法是用一盘玻璃与其研磨，使用 W14～W10 的金刚砂，磨 10 min 后，在抛光模上抛 3～5 min，在保证整盘玻璃均匀抛亮的前提下，用直径为 80～100 mm 的平面样板来看光圈，以高 2～3 道光圈为宜，这时检测的精磨模面形低 2～3 道光圈。如果精磨模光圈不符合，则需在单轴机上用废砂轮块或砂布修改，修改后再整盘玻璃试磨，再测试，直至达到要求为止。精磨平面的过程就是精磨模的精度保持、破坏与修复的过程。工件与精磨模面接触，若工艺参数选择适当，则可达到均匀磨损，保持精度的传递，获得高精度平面。

平面精磨时一般都是精磨模在下面，镜盘在上面，只有少数镜盘（如石膏盘）因太重而把镜盘放在下面。

对于平板，精磨中要注意控制平行差。棱镜的精磨也可以通过控制盘的平行差来达到控制角度的目的。

精磨后的零件表面砂眼应均匀一致，符合表面光洁度要求。表面擦贴度应从边缘起为全盘零件直径的$\frac{2}{3}$～$\frac{3}{4}$。

2. 如何控制角度

2.1 手修角度

上盘中以加工面作为基准面的方法，不能提高角度精度，如采用弹性上盘、石膏上盘对棱镜进行精磨时就是如此。因此，在用此类方法上盘时，上盘前必须用单块手修精磨的方法，把要加工的这一面相对于侧面和另一参考面之间的夹角修改好，修改到比抛光完工后该角度的精度还要高一倍。也就是说，该角度在抛光后所要求的角度精度假如是 2′的话，那么手修精磨时，必须修到 1′，以防成盘精磨和抛光中角度精度被破坏。

手修精磨常在单轴研磨机上进行。如图 3-28 所示，修整时平模以速度 ω_1 沿逆时针方向转动，这时，工件 a 端比 b 端磨得多，角 a' 比角 a 磨得多。修改角度和尖塔差时就是利用了这一点。

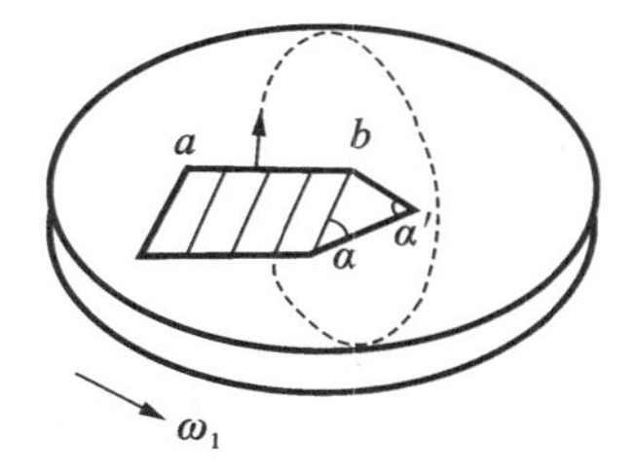

图 3-28 棱镜手修

为了保持平模平度，工件不应该经常在平模某一部分研磨，而要使平模到处能磨到。

被手修的面必须保证角度、平面度和光洁度。

关于角度的保证，除与相邻工作面间所要求的角度外，还必须保证与非工作面间的垂直度，只有每一个工作面都垂直于两侧面，才能保证尖塔差。

棱镜手修完工后，应用刀口尺检查一下表面平度。通常允许中间略凹些，不准中间凸出来，否则会使上盘过程中在贴置平模时贴置不稳，容易引起角度或尖塔差的偏差。

2.2 成盘控制角度

成盘上垫板加工时，通过控制被加工表面与垫板的平行来保证成盘零件的角度。一般使用高度尺来测量盘上四周及中心共五处的高度值，一致性应控制在3‰以内，且保证中心为最低点，即加工的低光圈传递原则。

3. 高速平面精磨工艺

为提高效率，有的企业在平面精磨、抛光中也使用高速平面精磨抛光机，其外形如图3-29所示。这类机床的主轴的转速最高可以达到450 r/min，最低也有200 r/min，因此精磨时，需要使用金刚石磨具，它能有效地提高加工效率，适用于一般要求的平板和棱镜加工。

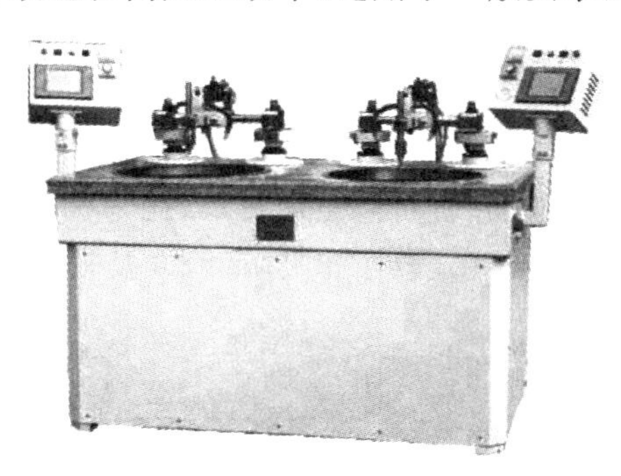

图 3-29 高速平面精磨抛光机外形

对于平面高速精磨，我们希望精磨盘实现理想损耗，这有利于保证镜盘光圈的稳定。经理论分析及实验得出，应采用金刚石丸片在精磨盘上内密外疏单头螺旋线的排列方式。螺旋排列旋向如果与主轴转向相同，则有利于冷却和润滑，相反则有利于排屑。精磨盘基体用280＃砂研磨平整，平面度达0.01 mm，这有利于金刚石丸片的黏结强度。然后用丙酮清洗干净，再用酒精擦洗一遍，采用CH-31黏结胶将W14、ϕ12 mm的丸片按上述规律旋向粘在基体上，用标准平模加压24 h固化。固化后用240＃砂修磨精磨盘，使其面形比加工零件的光圈高2～4道光圈即可。

为保持金刚石丸片精磨盘面形与聚氨酯抛光盘面形相吻合，要经常修改精磨盘，使其面形始终保持比加工零件高2～4道光圈。金刚石高速精磨对零件表面凸凹层去除量为0.01～0.03 mm，零件表面粗糙度达0.2～0.3 μm。

任务五 平面抛光

抛光是平板和棱镜加工中最关键的工序，对零件的基本技术要求如 N 和 ΔN、表面粗糙度、平行差或角度要求都要在这一道工序中得到保证。

1. 传统平面抛光工艺

平面光学零件抛光仍然采用古典抛光方法。对成盘加工的棱镜和平板而言，零件各面铣磨完工以后，精磨和抛光两道工序是随着被加工面的上盘顺序进行的，也就是说上盘一面，精磨后抛光，下盘后，再上盘另一面，精磨后再抛光。平板有两面，需要两次上、下盘；直角棱镜有三个平面，需要三次上、下盘，依此类推。

抛光的机床，目前的主流仍是二轴机到六轴机，与精磨的机床相同。在生产线的组织中，精磨的机床和抛光的机床应分开放置，便于环境的洁净和防止相互影响，也便于批量地组织研磨液和抛光液的回收循环使用。

抛光模盘的直径应根据上盘的被加工零件盘的直径而定。若抛光模在下、零件盘在上加工，则抛光模盘直径应比零件盘直径大 20%～30%；若抛光模在上、零件盘在下加工，则抛光模盘直径应比零件盘直径小 5%～10%。做抛光模的辅料，要依靠被加工零件的面形要求而定，对于一般精度的面形，既可以用聚氨酯做抛光模，也可以在抛光柏油上放置聚氨酯，抛光模层厚度以 4～8 mm 为宜。

抛光液的选择和配方不仅要考虑表面粗糙度要求，还与加工企业的工艺习惯有关，总的要求是，抛光液有良好的化学活动性、分散性和吸附性，以及较好的抛光效率。

2. 抛光中的光圈修整

抛光过程中，最难控制的是面形的变化。面形的稳定，往往是抛光时间长短的决定性因素。如果光圈与零件的要求有差距，则需要调整机床或修刮抛光模对光圈进行修整，具体的方法如表 3-4 所示。修正光圈时，应该遵循渐变的原则，不应操之过急，不要一次调整多项工艺因素，只能一次微量调整 1 项或 2 项因素，逐步地将光圈修整到位。

表 3-4　平面抛光光圈修改方法

镜盘位置		镜盘在下		镜盘在上	
检查光圈情况		低	高	低	高
希望光圈变化趋势		由低变高	由高变低	由低变高	由高变低
抛光情况		多抛边缘	多抛中部	多抛边缘	多抛中部
各工艺因素调整	摆幅	加大	减小	减小	加大
	铁笔位置	拉出来	放中心	放中心	拉出来
	主轴转速	加快	放慢	放慢	加快
	摆速	放慢	加快	放慢	加快
	压力	略加重	宜轻	加重	宜轻
	抛光模	修刮中部	修刮边缘	修刮中部	修刮边缘
	抛光液	浓些	淡些	浓些	淡些

抛光表面检验合格以后，需在表面刷上保护漆，以免在下盘和另外表面下盘的工序中，造成已抛光表面的破坏。

任务六 棱镜工艺规程的编制

1. 棱镜工艺规程编制的原则和步骤

工艺规程（或填写成的工艺卡片）是加工光学零件的重要技术文件，它反映了生产水平和工艺水平。一个先进的工艺规程不但能确保零件的加工质量，提高生产效率，而且有助于管理生产，促进生产的发展。

1.1 棱镜工艺规程编制的原则

(1)全面了解和熟悉原始资料。

(2)根据生产批量确定毛坯类型和加工方法。

(3)确定加工顺序。对于棱镜，一般的加工顺序是：基准面先加工，为提高定位精度，基准面也可粗抛光；一般角度精度要求高的面最后加工。

(4)毛坯尺寸加工余量的计算。

(5)确定设备、工夹具及工艺参数。

(6)注明主要技术要求。

(7)绘制工夹具图纸。

1.2 棱镜工艺规程的编制步骤

1)棱镜精磨、抛光工艺过程的确定

☆棱镜抛光面加工次序的安排。

根据零件形状和精度，考虑应先加工的面有：

①形状不规则的面；

②最后加工易修改光学平行差的面；

③在加工中零件重心不通过的面；

④角度要求较高的相邻两个面；

⑤表面疵病要求较低的面。

根据零件装夹方法，考虑应先加工的面有：

①用石膏盘加工的面；

②用光胶上盘的光胶面；

③加工过程中的基准面。

☆难加工、需特别注意的棱镜。

①棱镜角度、光学平行差值小于$\pm 5''$。

②棱镜具有四个以上的精磨、抛光面。

③加工面形状不规则。

④不允许倒棱边的零件。

⑤抛光完工后,要求像质高的零件。

⑥材料化学稳定性不好,同时对表面疵病要求较高的零件。

⑦特大或特小尺寸且不容易手修的零件。

⑧边长大于 20 mm,且光圈数少于或等于 0.1 的零件。

⑨零件光圈数少于 2,同时表面疵病要求高于 1 级。

☆棱镜精磨、抛光余量的确定。

①按零件每面加工次数(包括改角度次数)考虑余量。

②改角度时,零件加工面大时余量应取小些;相反加工面小时余量应取大些。

③特硬材料余量应给小些,特软材料余量应给大些。

④侧面光胶的零件,应留有精磨、抛光和再次磨毛余量。

☆按零件特点,确定每个面的装夹方法及所需夹具。

☆设计棱镜的镜盘、精磨模和抛光模。

①镜盘外形应是方形或圆形,高度不宜太高(一般应小于直径 1/6 为宜)。

②根据生产批量、零件大小、机床功率设计镜盘的大小。

③精磨模和抛光模尺寸应根据镜盘大小而定,手修模则应根据抛光面的大小而定。

④给定镜盘、精磨模、抛光模材料和结构尺寸。

☆选择棱镜精磨、抛光的磨料、抛光粉、黏结胶、抛光模层材料、保护材料、清洗材料。

☆编制棱镜精磨及抛光工艺规程。

2)棱镜粗磨工艺过程的确定

☆加工顺序的安排。

①确定加工中的基准面和辅助基准面。一般零件先加工两平行侧面,然后加工构成棱镜较小锐角的两个面;先加工较大的面,或能使下道工序成长条或成对加工的面。

②为便于成盘加工,与夹具接触的面应先加工。

③铣槽一般在最后加工,特殊情况酌情考虑。

④确定加工余量和尺寸公差。

⑤加工一个面应考虑控制一个或几个尺寸或角度。

⑥根据各面加工要求确定磨轮和磨料的粒度。

☆确定棱镜粗磨余量。

①毛坯不同(型料或块料)、尺寸不同,应给不同的余量。

②用散粒磨料或磨具加工,用不同的加工余量。

③选用不同的磨料粒度,应有不同的加工余量。

④需划切的零件应留有划切的加工余量。

⑤铣磨平面达不到粗磨完工的表面质量时,还应留有手修余量。

⑥对特硬或特软材料应考虑不同的加工余量。

☆棱镜粗磨完工尺寸的确定。

①不进行精磨、抛光的面组成的尺寸,为零件完工尺寸和精度。

②其他尺寸为零件完工尺寸上限加上精磨、抛光余量，其具体数据按零件几何形状计算而定。

③角度公差一般保证在±5′以内。

④一般倒角尺寸应等于或小于零件完工的倒角尺寸。

☆按各工序中加工要求，分别选用磨料号。

☆选择棱镜粗磨的设备、工装、辅助材料。

①根据零件要求选用机床设备。

②设计夹具、金刚石铣刀等专用工装。

③选择通用的夹具、研磨模、量具、仪器、刀具及辅具。

④选用磨料、磨具、冷却液、黏结材料和清洗材料。

☆编制棱镜粗磨工艺规程。

3)绘制棱镜毛坯图

☆毛坯图应考虑以下问题。

①按生产量尽可能选用热压成型料。

②根据加工的可能性，并考虑到提高生产效率，毛坯尺寸通常为零件厚度方向的整数倍，但应注意划切的可能性，且应留有划切的余量。

③毛坯的大小、精度要求、外形尺寸及公差的给定，应考虑毛坯加工时的可能性和机床设备的加工范围。

④一般毛坯外形尺寸的下面用括弧注明完工尺寸，以便参考。

⑤对块料毛坯，图纸中应注明下料用的主要外形尺寸。

⑥热压成型料按零件大小考虑边宽尺寸。

☆尺寸的给定。

①线尺寸为零件完工尺寸加精磨抛光工序的加工余量，公差为自由公差。

②角度一般以度为单位，为零件完工值或工艺设计后所得之数值，公差为自由公差。

③按热压成型的几何形状及尺寸计算毛坯的重量。

☆绘制毛坯图。

思考与练习

1. 光学平行差的定义是什么？什么是第一平行差？什么是第二平行差？各用什么符号表示？各由什么误差所引起的？

2. 棱差分为哪几类？各表示什么误差？

3. 只用光学平行差，是否能完全保证棱镜的角度精度？举例说明之。

4. 球面铣磨机能否铣平面？如何调整？

5. 试述铣磨工艺中产生擦贴圈缺口的原因。

6. 试述弹性上盘和刚性上盘的方法。

7. 贴置模的用途是什么？贴置模的曲率半径与粗磨完工的曲率半径间有什么关系？为什么刚性上盘时不用贴置模？

8. 棱镜上盘的方法有哪几种？各有什么优缺点？

9. 试述浮胶上盘的特点。

10. 分别叙述弹性上盘、石膏上盘、靠体上盘、光胶上盘的基准面，以及各适用于何种精度的棱镜。

11. 棱镜的精磨和抛光中，哪几种上盘方法是以被加工面为基准的？哪些方法是以黏结面为基准的？

12. 修改角度时，应多磨角度大的一端还是多磨角度小的一端？为什么？

13. 平面精磨模设计应考虑哪些因素？

14. 平面高速精磨用的镜盘有哪些特点？

15. 若直角棱镜抛光后的三个角为 $\alpha=90°$，$\beta=60°$，$\gamma=30°$，三条边长为 $a=25$ mm，$b=20$ mm，$c=15$ mm，求块料毛坯的尺寸？

16. 工艺规程的设计原则是什么？

17. 试述工艺规程的设计步骤。

18. 某棱镜完工图如图 3-30 所示，请按型料毛坯来设计工艺。

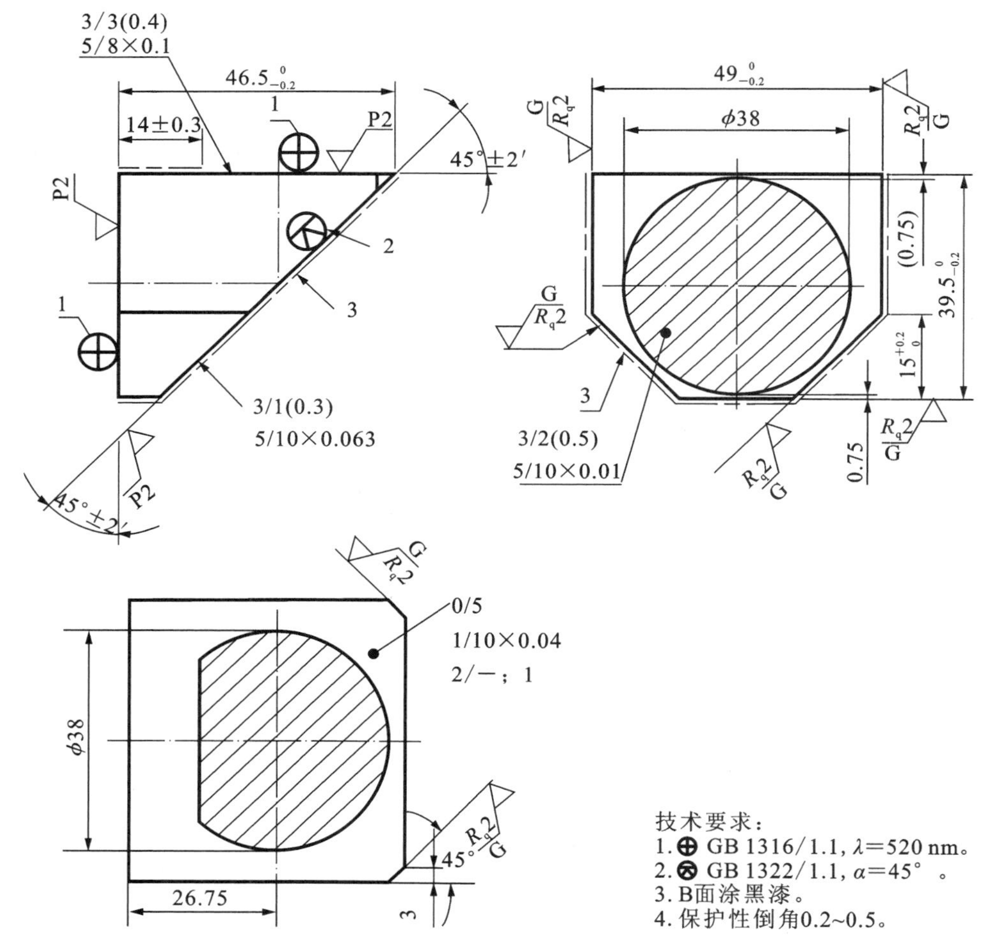

图 3-30　题 18 图

第四部分

平板加工岗位

◆知识要求：

(1)掌握平板单面加工与双面加工的不同之处；

(2)掌握单面加工平板的光圈控制要点；

(3)掌握双面加工技术的基本原理；

(4)掌握影响质量的主要工艺因素。

◆技能要求：

(1)掌握薄形平板光圈的控制方法；

(2)掌握双面加工的工作过程，会分析影响质量的工艺因素；

(3)能编制平行平板加工的工艺卡片。

平板是由两个互相平行的光学表面构成的光学零件。它包括各种类型的分划板、反射镜、保护玻璃片、补偿板、隔热玻璃片、滤光片、载物片、盖玻片、照明窗和观察窗等。平板与棱镜一样，都属于平面光学零件。其技术要求等与棱镜的基本相同，可参考第三部分，这里不再赘述。

平行平板的加工可分为单面依次加工和同时加工双面两种方式。

任务一　平板的单面加工

根据平行度要求的高低，平板的单面加工可采用蜡胶、浮胶或光胶等多种方式上盘后成盘加工，通过控制成盘平行度来保证单件零件的平行度。

单面加工的难点主要是在光圈的控制上，尤其是薄形平板的光圈，下盘后很容易产生变形。

薄形平板的厚度与直径(或长度)比一般小于 1∶10，有时达到 1∶40 以上。加工这样的薄形光学零件是很困难的。

1. 薄形平板加工困难的主要原因

1.1　加工中的胶结变形

弹性上盘的胶结变形最为明显，如图 4-1(a)所示；零件上盘时，黏结胶在冷却后收缩使平面变成凸状，经过研磨抛光成平面，如图 4-1(b)所示；下盘后，胶结力消失，加工面因零件的弹性变形而凹进去，如图 4-1(c)所示。实际上胶结变形情况很复杂，不易控制。总之，用弹性上盘法加工薄形平板时，即使是微小的变形，对光圈的影响也是很大的。

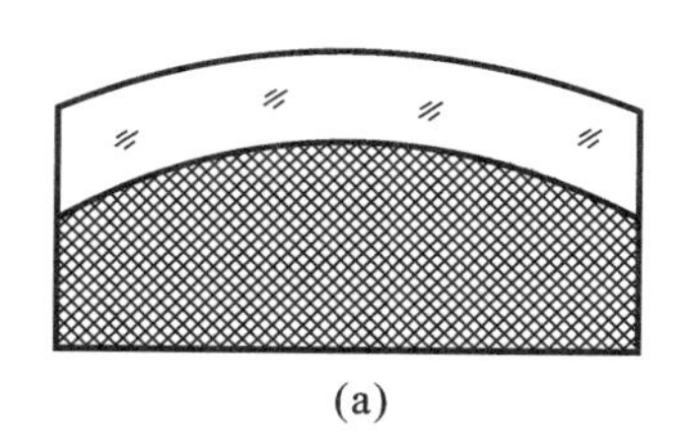
(a)

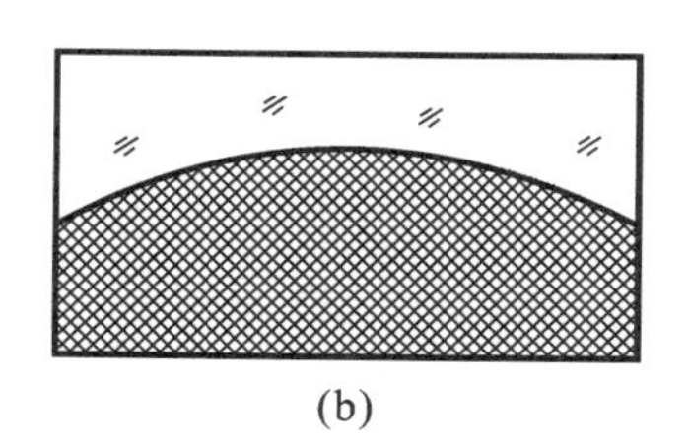
(b)

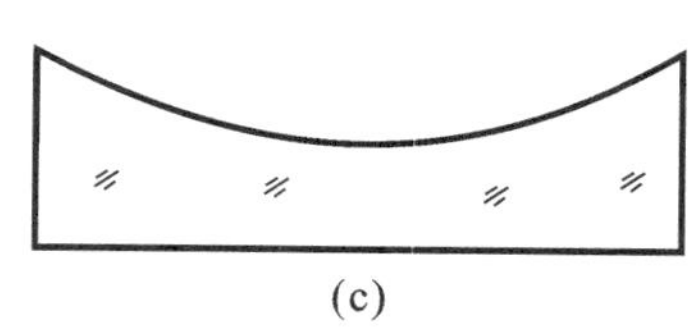
(c)

图 4-1　薄形平板在弹性上、下盘时的变形

(a)光学零件弹性上盘；(b)抛光成平面；(c)下盘后表面凹进去

1.2　热变形

热变形是导致薄形平板光圈变形的另一个重要因素。

抛光中及抛光后的一段时间，由于被加工件与磨盘间的互相运动总要产生热量，这种热量必定影响被加工件本身上、下表面的温度差异(温度梯度)，从而导致表面面形精度变化。

这种微量变化对薄形平板是不可忽视的。也就是说，抛光热使抛光表面产生凸状的变形，这种凸状经过一段放置时间后会渐渐趋于变低，如图 4-2 所示。如果抛光表面温度上升 Δt，平板在垂直轴方向上的温度分布是线性的，水平方向上温度是一致的，则抛光面的微小变形量 Δx 可用下式表示，即

$$\Delta x = \alpha\phi^2 \Delta t/(8d)$$

式中：α 为玻璃的线膨胀系数；ϕ 为零件的直径或长度；d 为零件的厚度。

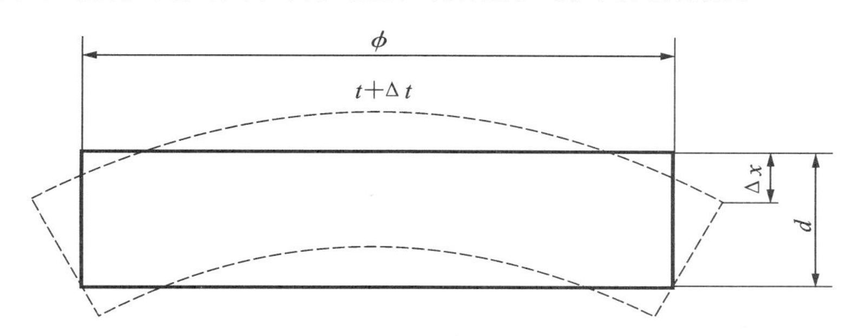

图 4-2　加工零件的热变形

某工厂用 QK2 玻璃（$\alpha = 33 \times 10^7$）加工 ϕ300 mm×38 mm 的平面镜，当温度梯度为 0.3 ℃时，抛光表面的变形量 Δx 实测值为 0.3 μm，近似于 $\lambda/2$。因此，当外径一定时，厚度越薄，变形量就越大。因此，加工时应严格控制温度的变化。

1.3　材料的内应力引起的光圈变形

光学玻璃的内应力表征光学玻璃的折射率、热膨胀系数等不一致的程度。在加工薄形平板时，抛光面各处由于热膨胀系数不一致而造成抛光不均匀。此外，完工的光学零件经过一段时间后，由于温度影响，表面精度也会降低。

2. 克服加工中光圈变形的方法

2.1　选料与材料处理

要减少胶结变形、热变形和应力变形，首先必须选好材料。一般应要求热膨胀系数小、热导率和杨氏模量高、双折射小的材料，如 QK2、K4、K9、零膨胀玻璃或硬质玻璃。若加工精度高的薄形光学零件，则可选用人造石英玻璃。

为克服应力变形，薄形光学零件的毛坯应该选用应力双折射等级为 1～2 类的材料，或者加工前进行精密退火处理，使材料内应力达到最小程度；粗加工后，应将毛坯浸入 20%～25%的氢氟酸溶液中浸蚀处理 10～20 min，以消除应变层。

2.2　增厚和"毛光"

所谓"毛光"，是将镜片的一个表面上盘，另一面精磨抛光到肉眼看不到砂眼为止。在加工第一面时，往往将零件厚度增加几毫米，以保证第一面加工精度。贴置面进行"毛光"的原

因是，贴置面没有进行“毛光”前，存在较粗的砂眼，表面有很多起伏不平的峰谷，而且平面性也不好。如果把胶滴在毛面上，拉力是不均匀的(胶渗透的厚度不同)。零件经过“毛光”后，粗糙度和平面性都得到提高，这样只要胶的硬度适当，胶对零件的拉力就会显著减小。此外，由于平面性好，滴胶厚薄均匀，又因是光面，峰谷的高低度明显减小，胶对零件拉力也均匀了。因此，下盘后薄形光学零件的光圈变化小，且能控制在一定的范围内。

2.3 采用特殊上盘方法

弹性上盘的胶结力大，零件变形也大。有时在镜片的中心垫上纸片，以减少拉力。但是这样往往还不行，还必须采用软点胶法、假光胶法、光胶法和分离器法等特殊上盘方法。

2.4 控制加工条件

当加工薄形平板时，要采用低速、低压的抛光规程，以及严格的恒温条件，特别对大而薄的高精度光学零件更为重要。工作间温度一般应恒温在(22±2) ℃，严格要求温度梯度保持在(0.1～0.5) ℃。

任务二　掌握双面加工的基本原理

光电仪器中的保护玻璃和分划板、制造集成电路的基片、平面显示器玻璃，都属于一般精度要求的平板类平面光学零件，由于这类零件的需求量日益增大，使这类零件的双面加工技术逐渐发展成熟。

双面加工技术是指同时对平板类光学零件的两个平面同步进行加工的技术。显然，这种两面同步加工的技术，比每个面分别单次加工的效率要高得多，但相应的设备要求和控制要求也要高得多。

1. 双面加工的基本原理

早期的双面加工是在一般的二轴机上，采用上、下平模，使用挡圈和分离片对平板的两个面同时进行加工的，其装置如图 4-3 所示，主要进行精磨和抛光的双面加工。加工时，下模 1 随机床主轴转动，上模 5 在摆架带动下摆动，同时随下模 1 的转动而转动，其转动没有动力，被加工平板 2 放在分离片 3 内，摆动的上模将带动挡圈，从而带动被加工平板在下模平面上平动，同时平板也可以在分离片圈内随上、下模的转动而转动。

这种双面加工，一般速度不高；下模比较大，上模比较小，挡圈直径比上模的大，但比下模的小。适当地调节上模的摆动量，可以实现平板的上、下表面同时精磨或抛光。研磨或抛光时，人工将磨料或抛光粉间断地添加到下模和平板的表面。这种低速的双面加工与单面加工相比，提高了效率，但被加工的平面度和双面的平行度达不到很高的要求，所以只适用于一般精度平板的加工。

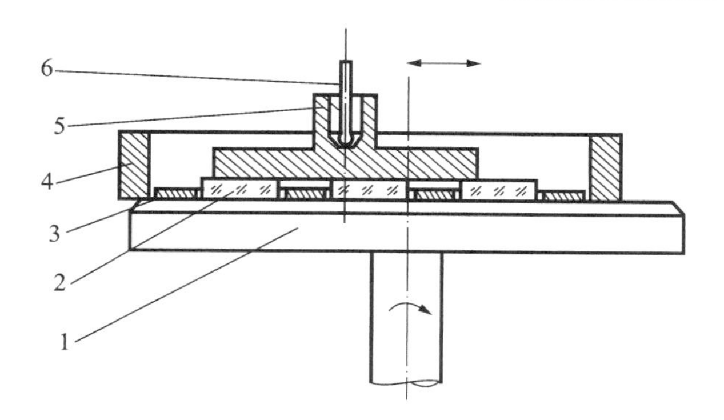

图 4-3　低速双面加工原理图

1—下模；2—被加工平板；3—分离片；4—挡圈；5—上模；6—铁笔杆

2. 高速双面加工原理

随着大规模、超大规模集成电路制造技术的发展，由于大批量半导体硅片加工的需要，国外出现了双面高速加工机床，适用于半导体硅片的双面研磨和抛光，进而被推广到高速研磨抛光光电仪器中的光学平板。

图 4-4 所示的为高速双面加工机床，其加工原理如图 4-5 所示。图 4-5 中，高速双面加工的上模 3 和下模 5 直径相同，分别以大小相同、方向相反的角速度绕机床的主轴转动。在上、下模之间，还有带动被加工工件 4 的行星轮 2，它被与主轴同心的内齿轮 1 和中心齿轮 6 啮合、驱动，绕着上、下模的中心作行星运动，既有绕中心的公转，又有绕行星轮自我中心的自转。而被加工工件，则被放入行星轮中与被加工工件形状一致的孔内，因此，被加工工件在上、下模之间的运动，是行星运动与自转运动的合成。支承被加工工件的行星轮啮合情况如图4-6所示。

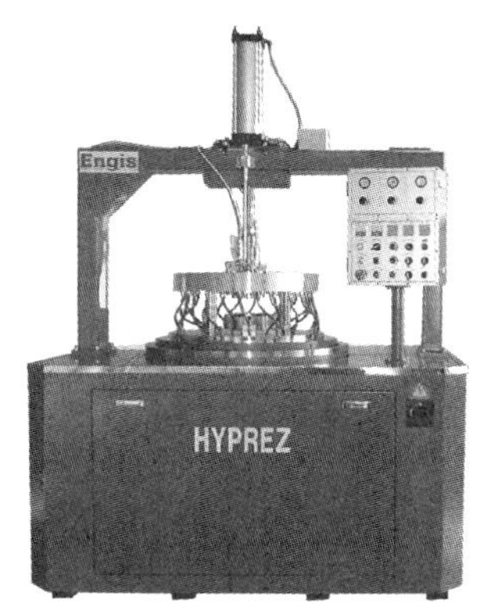

图 4-4　高速双面加工机床

这种高速双面加工主要应用在精磨和抛光工序中。在精磨阶段，使用自己配制好的散粒磨料液；在抛光阶段，使用自己配制好的抛光液。加工过程如图 4-7 所示。随着加工的开始和结束，机床的控制系统可以逐渐加速和减速，可以在上模上加压和减压，还可以控制研磨

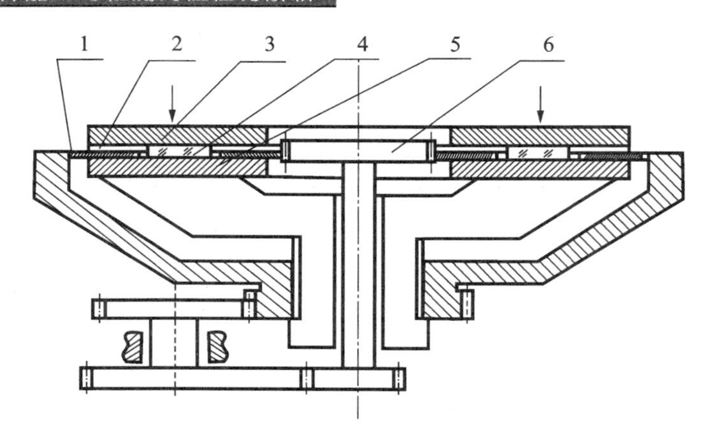

图 4-5　高速双面加工原理图

1—内齿轮；2—行星轮；3—上模；4—被加工工件；5—下模；6—中心齿轮

图 4-6　双面精磨、抛光中的行星轮啮合情况

液、抛光液循环使用。通常，主轴的转速可以达到 200 ～700 r/min；中心齿轮的转速可以达到10 ～60 r/min。各项加工参数经设定以后，机床的运转完全依靠程序控制。

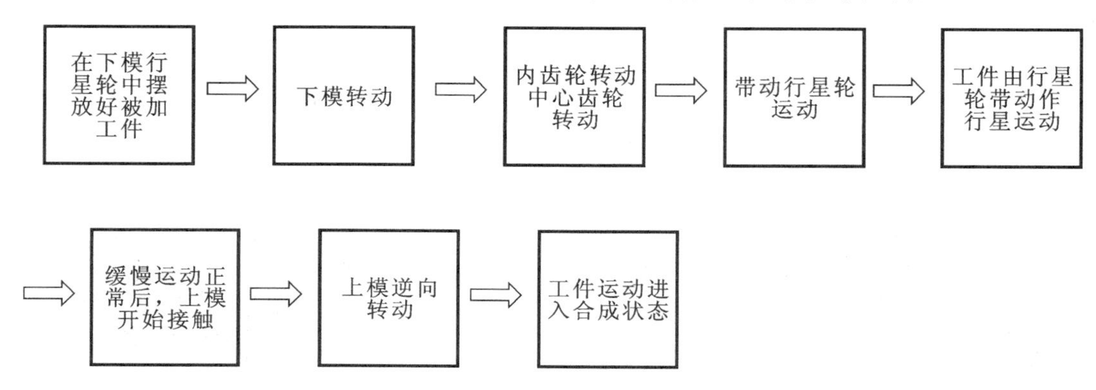

图 4-7　双面加工运动过程

高速双面加工与低速双面加工相比，极大地提高了加工效率。其加工的特点是，平板的双面平行性很好，一般可以达到 30″以内的水平，其面形和表面质量也能保证一般精度的加工需要。工艺参数调整合适后，设定好加工机床的程序，可以获得很高的零件加工合格率，这

种加工的确定性，使得其工艺在大规模制造中得到广泛的应用。

任务三　掌握影响双面加工质量的主要工艺因素

由于双面加工是两个表面同步加工，加工过程中被制约的因素提高了一倍，因此，在加工的工件和模具的相对运动中，力求被加工零件表面任一质点的运动轨迹均匀，是非常重要的。只有这样才能保证双面上的每一部分都被均匀去除，达到均匀研磨、均匀抛光的效果。

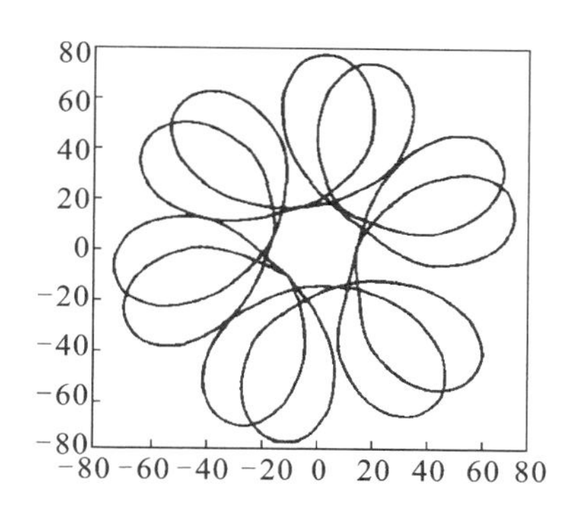

图 4-8　高速双面加工模拟相对运动轨迹(单位:mm)

图 4-8 所示的为磨盘上的一点相对被加工零件的运动轨迹，说明在双面加工机床设计的参数范围内，达到双面上的每一部分都被均匀去除是有可能的。

在高速双面加工工艺中，影响其质量的主要工艺因素分析如下。

1. 研磨盘或抛光盘的面形

显然，在双面研磨或抛光的过程中，平板的双面面形主要依靠机床下模和上模面形的传递。因此，新机床在正式使用以前，要对上、下模的平面性进行鉴定，达不到要求的要用平面的母模进行修正，并通过零件的试加工，确定转速、压力、加工时间等工艺参数，并测试试加工零件的面形，进而对上、下模的面形进行调整。经过多次试验、调整，使零件的加工面形符合图纸要求后，方可进行批量生产。

为了保证在研磨和抛光过程中，双面对磨料和抛光粉的吸附性，精磨盘和抛光盘上均应开有沟槽，沟槽的形状以纵横的长条为宜。图 4-9 所示的为修模用磨盘实物。

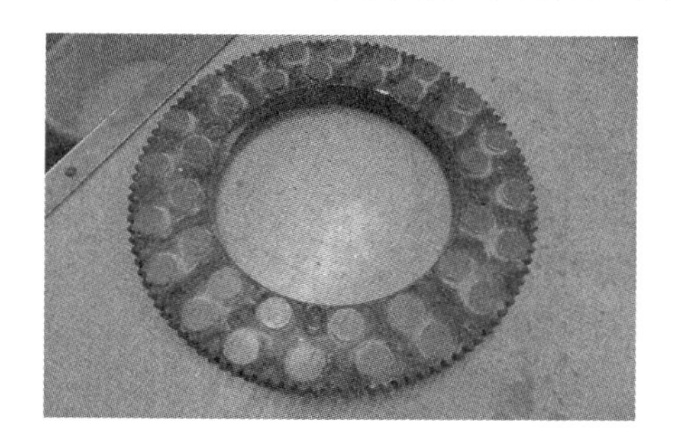

图 4-9　修模用磨盘

2. 行星轮的正确设计

被加工的平板是放在行星轮(见图 4-10)中的,因此,行星轮的正确设计对被加工零件的质量影响很大。行星轮的设计除机床齿轮啮合的模数、齿数之外,主要把握三个因素:一是行星轮的厚度;二是行星轮的开孔尺寸;三是行星轮的开孔布局。行星轮的直径和齿形是由机床决定的。

图 4-10 车间分类标识悬挂的各种行星轮

行星轮的厚度要根据被加工零件的毛坯厚度和加工余量决定,一般应比被加工零件的毛坯厚度薄,薄的尺寸要大于零件的加工余量。只有这样,才能保证双面加工过程中,施加一定压力的上、下模磨削的是被加工零件而不是行星轮。通常,对厚度小于 0.2 mm 的超薄被加工零件,行星轮的厚度应比被加工零件的厚度小 3~5 μm;对于一般厚度的被加工零件,行星轮的厚度应比被加工零件的厚度小 0.05~0.1 mm。行星轮的厚度不可比被加工零件的厚度小很多,否则会造成加工过程中零件从行星轮的开孔中跳出来,从而造成零件崩边和破碎。

行星轮的开孔尺寸要比被加工零件的尺寸稍大,但不能太大,太大也会造成加工过程中被加工零件和行星轮之间的撞击,从而造成零件的崩边和崩角。通常,长方形零件的边长和圆形零件的直径应比行星轮的开孔尺寸小 0.20 mm 左右。

行星轮的开孔布局在行星轮中应均匀分布,合理的分布可以提高在一个行星轮面积范围内的零件个数。如果是圆形零件,圆形零件孔相对行星轮应偏心布局,以利于被加工零件在加工过程中相对行星轮开孔的转动。

行星轮的材料可以选择金属,也可以选择树脂塑料,其平面性和双面的平行性应较好。若材料的性能达不到要求,插好齿以后,可以将行星轮的毛刺面朝下,装在机床上自动研磨,以达到其要求。

3. 研磨液、抛光液的配制和使用

用于高速双面精磨的机床使用配制的研磨液,以及用于高速双面抛光的机床使用配制的抛光液。研磨液和抛光液都应根据被加工零件的材料、表面粗糙度和零件尺寸,来选取适当的磨料、抛光粉、添加剂、去离子水,并以一定的比例配制而成。配好的研磨液和抛光液由机床控制系统自动送给,循环使用。在使用期间应定期地过滤,使用时注意控制流量,在保证正常加工需要的情况下,控制的流量应尽可能少,以维持精磨和抛光时必要的温度。

4. 加工参数的确定

上、下模的转速、压力、正常加工时间等这些机床运行的主要参数需要根据被加工零件的材料、加工要求、零件的尺寸(特别是零件的厚度)来确定，并经过试验来修正，一经确定后，通过程序设定，从而实现自动化操作。在精磨和抛光的过程中，为了保证双面加工的均匀一致，一般加工一定时间，自动停机后，将被加工零件在行星轮的孔中翻面，并转换相互位置，再启动机床运行。这个过程被称为“一车”加工，一般有 2～3 车后，零件就会被精磨、抛光完毕。

5. 被加工零件厚度的一致性

因为模盘直径大的双面加工机床有 5 个行星轮，每个行星轮内又可安排多个被加工零件，所以一次双面加工，可以加工比较多的零件。在精磨阶段，这些被加工零件厚度的一致性，往往是双面加工过程中影响加工质量的一个重要因素。所以粗磨提供的坯片，其厚度差应该比较严格，一般不大于 0.02 mm，而且要求上模合上之后，开始有一段时间只能缓缓加压，以便在磨削的过程中，零件的厚度逐步趋向一致；否则，会因为压力的不均衡，造成加工过程中的零件破碎。如果是用裁片机将大片的光学玻璃裁成小片的毛坯进行双面加工，则这个工艺因素的影响将不存在。

为了保证双面抛光阶段，一盘加工的各个零件厚度的一致性，一般选取同样模盘大小的双面加工机床，将研磨和抛光配对，经一盘精磨的零件，安排在一盘上抛光，这样可以消除其影响。

双面抛光完成的零件，经过清洗之后，还需要逐块倒边、倒角、送检验；也可以在精磨完成之后，先对被加工零件倒边、倒角，再进行双面抛光。一般而言，精磨后倒边、倒角的程序比较科学合理。

思考与练习

图 4-11 所示的为一平行平板，试设计其双面加工工艺。

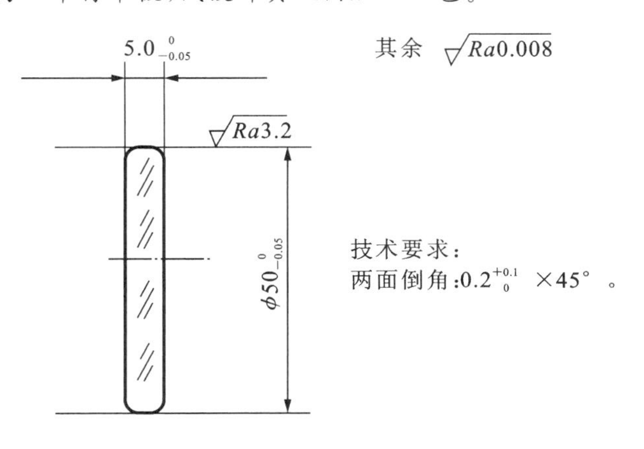

图 4-11　平行平板

第五部分

刻划岗位

◆**知识要求：**

（1）认识光刻工艺；

（2）了解光学曝光技术；

（3）了解掩模板制造。

◆**技能要求：**

（1）能安全操作切割机、甩胶机、曝光机；

（2）掌握光刻工艺流程各环节的操作方法和基本要求，能通过各种途径查找资料，完成分划板或光栅加工的研究报告。

任务一　认识光学光刻工艺

传统的光学仪器中的分划板、度盘、直尺和光栅等光学零件的刻划加工，由于当时生产的光学仪器主流是目视探测，仪器的生产批量也比较小，刻划精度有限，刻划技术发展长期停滞，主要的技术手段是机械化学法或机械物理法和照相复制法。

机械化学法是利用安装在精度圆刻度机、精度长刻度机或仿型刻度机上的精心研磨的刻刀在涂有耐酸蜡层的玻璃基片上，刻划出所需要的分划线条，然后酸蚀玻璃，涂色形成分划图形和线条。

机械物理法是在刻度机上用刻刀在涂有刻划底层的玻璃基片上，刻划出所需要的图案和线条，然后用真空镀膜的方法在已刻划出的线条上着色，从而形成微米级的图案。

照相复制法是用制造的精密掩模底板，通过光刻法接触复制出与底板相同的分划图案。

随着光电技术的彼此渗透、相互结合，光学仪器向光电仪器发展，传统的目视探测大量地被光电探测取代。随着图像传输、显示技术的迅速发展，探测器、显示器的发展和制造是光学仪器分划板、度盘制造的延伸，大量使用光学微细加工技术，大批量的生产和精度的日益提高，使原有的刻划技术完全力不从心了。光刻工艺迅速发展，并与 X 射线、电子束、离子束等相结合逐渐成为一门新的工艺技术——微细加工技术。相应的产业链，除了探测器、显示器、分划板、光栅、编码器、度盘以外，各种用途的超大规模集成电路成为主流产品。

现阶段的微细加工技术仍然是以光刻技术为主流的技术，它是探测器制造技术、液晶显示器制造技术、光电编码器制造技术、超大规模集成电路制造技术共同的基础制造技术。

1. 光学光刻的工艺流程

光学光刻是指在涂有感光抗蚀剂的基片表面，通过光学曝光，将图形复印、腐蚀，从而制造出一定的图形结构的过程。其工艺流程包括：基片镀膜→涂胶→曝光→显影、坚膜→腐蚀→去胶。其基本流程如图 5-1 所示。

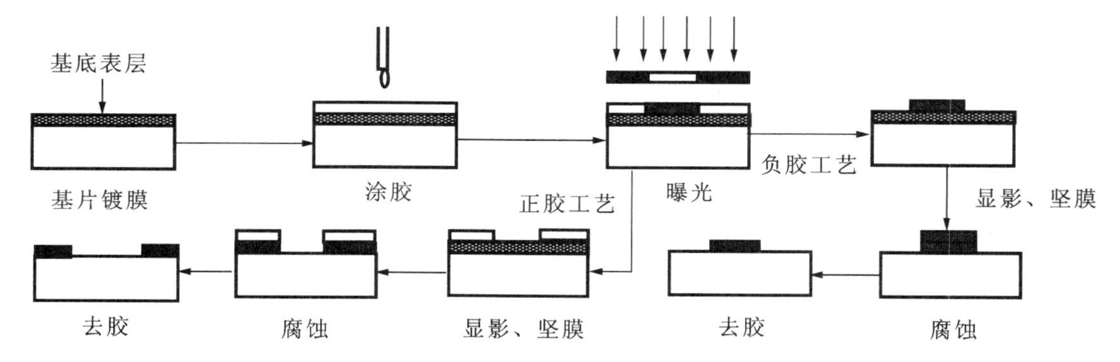

图 5-1　光学光刻工艺流程

图形复印就是将掩模图形通过曝光复制在基片的光致抗蚀剂上，通过显影、坚膜、腐蚀，最后将曝光的部分从基片表面去除（正胶工艺）或保留（负胶工艺），从而在基片表面形成被复印的图形结构。

显影将经过曝光的胶膜溶解，再经过腐蚀、去胶，得到的图形是与掩模板明暗完全一致的。如果涂胶涂的是负性光刻胶，那么曝光后，执行的就是负胶工艺。如果涂胶涂的是正性光刻胶，那么曝光后，执行的是正胶工艺。

显影若未经过曝光的胶膜溶解，而直接经过腐蚀、去胶，得到是与掩模板明暗完全相反的的图形，这在照相复制工艺中，俗称为“负片”。

2. 光学光刻工艺要点

下面按照光刻工艺的基本流程，将工艺的要点分别做简要的叙述。

2.1 基片镀膜

基片镀膜是在基片上实现光刻的前提。如果是半导体硅片，在其上光刻，通常要镀导电膜或绝缘膜。最常用的导电膜是镀金属铝（A1），而最常用的绝缘膜是镀二氧化硅（SiO_2）。如果是光电仪器的分划板制作，基片就是光学玻璃，在上面光刻，首先需要在基片上镀金属膜，最常用的是镀铬（Cr）、镀铝（A1）。

镀膜前应对基片进行清洗、烘干，洗掉表面的沾污、杂质及自然氧化层，并将水汽烘干，以提高基片对所镀膜层的附着力。镀的膜层依工艺和器件的用途而定，可以是金属膜，也可以是介质膜；可以用物理气相沉积，也可以用化学气相沉积；沉积的质量指标有薄膜的厚度、薄膜的光学均匀性、薄膜与基底的结合牢固度等。

2.2 涂胶

镀好膜的基片，通常在旋转的离心机上涂胶。首先将基片装在离心机的接头上，利用基片在离心机上高速旋转的离心力，将滴到基片中央的光刻胶溶液瞬间形成均匀的胶膜，胶膜的厚度与成胶的浓度和离心机的转速有关。因为胶中加有感光剂，涂胶应在对曝光不敏感的光学环境下进行。对胶膜的质量要求，主要是两条：一是胶膜厚度的一致性，一片基片本身胶膜厚度要一致，不同基片之间胶膜厚度也需要一致，只有基片胶膜厚度一致，才有后面工序工艺参数的一致，通常，胶膜厚度为 0.5～1 μm，厚度的一致性应小于 3 mm；二是胶膜表面应没有缺陷，如没有针孔、回溅斑等。

2.3 前烘

涂胶后，还需要对涂好胶的基片烘烤，就是所谓的前烘，以彻底挥发有机溶剂，提高胶膜对基片上膜层的吸附性，增加曝光时的光吸收，提高胶的抗腐蚀能力。

2.4 曝光

曝光是光学光刻工艺中最为关键的一环，这一关的质量主要通过投影光刻机来保证。目前，世界上的光刻机制造厂家中最有名气的是日本的 Nikon、Canon 和荷兰的 ASML 等公司。常常需要依据不同的特征尺寸来选用不同性能的光刻机来完成这一关键的流程。

首先，要考虑曝光光源必须满足光刻胶的感光特性。也就是说，光刻胶必须在曝光光源的强峰波长，具有比较大的灵敏度。目前最常用的曝光光源是汞灯和准分子激光器，分划板制作的投影光刻机采用高压汞灯作为曝光光源。

其次，要有合适的曝光剂量。曝光剂量是光强与曝光时间的乘积，光强越大，曝光时间就越短；光强越小，曝光时间就越长。虽然高压汞灯在深紫外和紫外有几个强度峰，但是各峰的强度并不相同，因此明确了曝光光源的强峰波长之后，需要了解其强度，从而确定合适的曝光时间。曝光不足的正胶，不能彻底显影，会产生底膜，使待腐蚀的膜层腐蚀不干净；曝光过量的正胶，由于感光剂反应太充分，显影时聚合物会发生膨胀，从而引起图形畸变，严重时部分图形会被溶解。而负胶曝光不足或过度的情况正好与上述相反。

再次，有些复杂图形的光刻，需要将掩模板上的图案和基片上的图案套准后曝光；有的是将一个图案在基片的多个位置对准后曝光。这样就要求曝光前，有十分精密的对准定位系统来保证对准精度，通常对准容差是特征尺寸的 1/3，对于 0.15 μm 特征尺寸工艺，对准误差不超过 50 nm，这主要通过投影光刻机的自动对准系统来保证。

曝光后，需要对曝过光的基片进行短时间的烘烤。典型的工艺是在 90～130 ℃的温度下，烘烤 1～2 min，其主要作用是减少了驻波的影响，而这种驻波是曝光时入射波和基片上反射波干涉所形成的。由于烘烤时高温导致感光剂在光刻胶中扩散，使得曝光区和非曝区的边界由交错变得比较均匀，如图 5-2 所示。

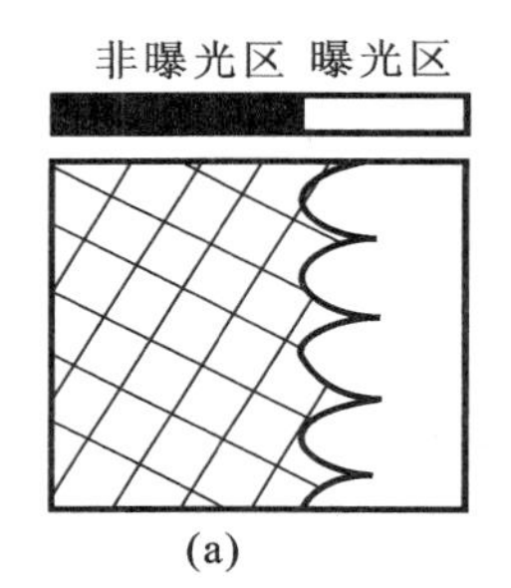

(a)

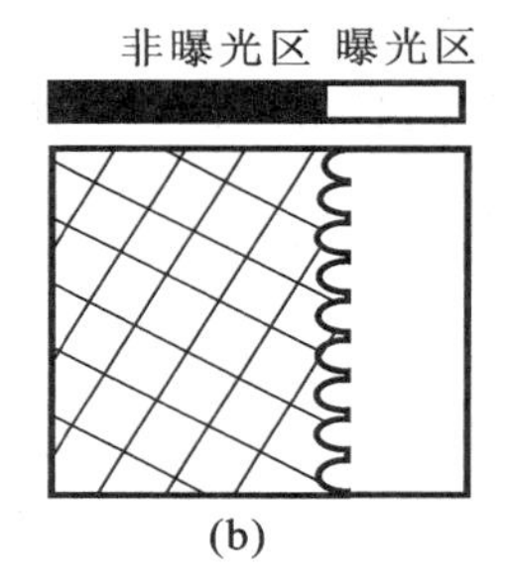

(b)

图 5-2 曝光后烘烤降低驻波影响

(a)驻波引起的条纹；(b)烘烤后的结果

2.5 显影

曝光的基片经烘烤送入显影后，将掩模板上的图形转移到光刻胶上，并迅速溶解掉不需要的光刻胶，对正胶工艺，能快速地将被曝光的光刻胶显影去除；对负胶工艺，则将未被曝光的光刻胶溶解掉。

在显影工艺中，需要严格控制如下工艺参数。

(1)显影液温度。合适的显影液温度是 15～25 ℃。在显影过程中，显影液温度的波动要控制在±1 ℃以内，显影液温度对光刻胶的溶解速度有直接的影响。对于负胶，温度越高，溶解速度越快；对于正胶，则反之。

（2）显影时间。从浸入显影液到清洗显影液之前这一段时间，称为显影时间。显影时间过长，会造成光刻胶的过溶解，从而影响图形和特征尺寸；反之，显影时间不足，溶解区会留有残胶，会造成腐蚀时的缺陷。只有显影时间适当，才能使图形边沿垂直、轮廓清晰。

2.6　坚膜

坚膜就是对显影后的基片进行烘烤。经过显影后的光刻胶膜已经软化、膨胀，胶膜与基片之间的附着力下降，坚膜的作用是使残留的光刻胶溶剂全部挥发，提高光刻胶的附着力和抗腐蚀能力，使光刻胶确实起到保护图形的作用，未被去除的胶膜强度增加，以作为掩蔽层，抵抗腐蚀，为下一步腐蚀做好准备。

通常正胶的坚膜温度为 130 ℃，负胶的坚膜温度为 150 ℃，坚膜时间为几分钟到十几分钟不等，依工艺具体内容而定。

2.7　腐蚀

腐蚀是将经过曝光、显影后的基片上的光刻胶膜上的图形转移到光刻胶下掩蔽的薄膜材料上的过程。腐蚀工序要完整、精确地重现胶层上的图形，必须保证腐蚀剂不对坚膜后的胶膜起作用，而仅仅将没有被光刻胶覆盖和保护的部分薄膜除去。根据腐蚀剂的状态不同，腐蚀工艺可以分为湿法腐蚀和干法腐蚀。

湿法腐蚀的腐蚀剂是液体，属于各向同性腐蚀。为了保证纵向的腐蚀深度，常常造成横向的过度腐蚀，所以造成的图形保真度不强，不适合深亚微米的精细图形腐蚀，但它的工艺装备比较简单。

干法腐蚀的腐蚀剂是气态的腐蚀剂。干法腐蚀是利用气态的原子、分子与被腐蚀表面反应，形成挥发物质，或者直接轰击被腐蚀表面使之被腐蚀，所以它能实现各向异性腐蚀，使纵向的腐蚀速率远大于横向的腐蚀速率，从而保持图形的保真度。干法腐蚀已成为深亚微米特征尺寸图形生产中的主流腐蚀工艺，但需要有相应的腐蚀工艺装备。

湿法腐蚀的各向同性和干法腐蚀的各向异性，如图 5-3 所示。

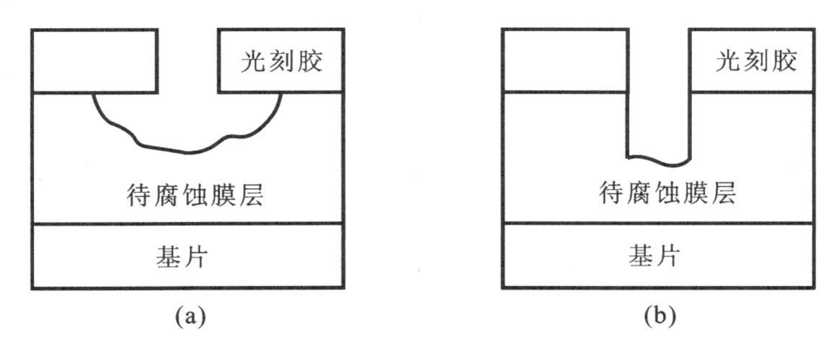

图 5-3　湿法腐蚀和干法腐蚀效果

（a）湿法腐蚀的各向同性；（b）干法腐蚀的各向异性

2.8　去胶

腐蚀完成后，附着在薄膜上的光刻胶不再有用，需要彻底除去，这就是去胶。选择一种能除去胶膜而不对薄膜和基片产生反应的腐蚀过程，即可将薄膜上的胶层去掉，这称为溶液去胶。溶液去胶会在基片上留下杂质，而且去胶时间比较长，所以不常采用，目前，使用最多的是等离子去胶。等离子去胶是利用高频电磁场使氧气电离形成等离子体，等离子体中活化的原子态氧与光刻胶反应，使光刻胶变成易挥发的物质排出，从而完成去胶，并在基片表面的薄膜上呈现出复制的图形。

在复制图形的结构上，如果需要与掩模板完全相同的图形，则选择正胶型的光刻胶；如果需要与掩模板相反的图案，则选择负胶型的光刻胶。

3. 认识与选择光刻胶

光刻胶是光致抗蚀剂的俗称，它是指通过曝光光源照射，使溶解度发生变化的耐蚀刻材料。它的特点是，对特定波长的光具有光化学敏感性，可利用其进行光化学反应，经曝光、显影等工序，将所需要的微细图形从掩模板复制到待加工的基片上。因此，光刻胶是光刻技术中关键性的基础材料。

光刻胶一般分为正性光刻胶和负性光刻胶。正性光刻胶被曝光后，由于光化学变化，显影时，溶解速率高，成为良溶性，从而得到与掩模图形一致的图案。负性光刻胶在显影时，被曝光的部分溶解速度低，呈非溶性，从而得到掩模图形的负片，与我们通常的照相底板一样。

3.1 光刻胶的组成

光刻胶是一种光敏聚合物与有机溶剂组成的混合物质，其基本组成结构如图 5-4 所示。有机溶剂用来溶解光刻胶中的有效成分，并作为其载体，它具有较低的黏稠度，以方便光刻胶的涂覆及对胶膜厚度的控制。有机溶剂在涂胶后的前烘工序中大部分会受热挥发，在曝光过程中不起作用。

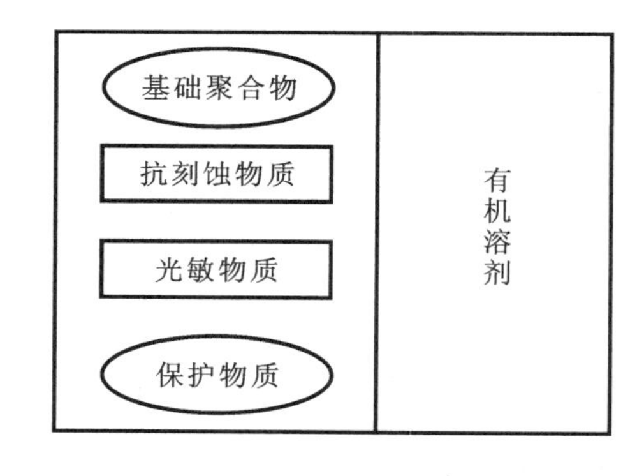

图 5-4 光刻胶的组成

光刻胶的有效成分是光敏聚合物，它是在基础聚合的基础上添加抗刻蚀物质、光敏物质和保护物质。曝光发生时，光刻胶发生化学反应，聚合物分解，光敏物质脱离聚合物；同时，与其连接的保护物质也离开基础聚合物；显影时，由于整个聚合物失去了保护物质的保护，显影液与其发生反应使之溶解，而未受到曝光的部分由于保护物质的存在与显影液之间不发生反应，从而保留在基片衬底表面。聚合物中存在的抗蚀物质将在腐蚀工序中对衬底起保护作用。

光敏物质的特性是对特定波长的光线具有灵敏性，能够发生光生化学反应，而对其他波长的光线反应迟钝，不能发生光生化学反应，从而保证了在工艺过程中的连续性和不可替代性。

3.2 光刻胶的技术指标

3.2.1 灵敏度

灵敏度又称剂量，是指在光的作用下，发生化学反应所需的光能量。如果较小的入射光能量就能引起光刻胶的化学反应，就意味着光刻胶的灵敏度高；反之，则灵敏度低。灵敏度一般以面曝光量来度量，即单位面积上入射的光能量，通常用 mJ/cm^2 来表示。对不同波段敏感的光刻胶，一般灵敏度不尽相同。例如，对 193 nm 曝光技术所用的光刻胶，灵敏度为 10～40 mJ/cm^2；248 nm 波长光刻胶的灵敏度为 20～50 mJ/cm^2。

3.2.2 分辨率

分辨率是光刻胶的重要技术指标之一，它决定了光刻胶所能达到的特征尺寸，因而也是光刻胶适用工艺范围的重要参数。通常，分辨率受下述因素的影响。

(1)对比度，又称反差，是光刻胶对入射光剂量变化的敏感程度。它决定了光刻胶被曝光后，显影液与曝光和未曝光的光刻胶的反应速度，从而影响图形轮廓的清晰与否，曝光区域与未曝光区域分界是否明显。

(2)吸收率，是光刻胶对光能的吸收程度。低的吸收率可使光能沿胶层厚度分布均匀，使底层的光刻胶容易曝光充分，从而改善图形质量。

(3)胶层厚度，一般是特征尺寸的 3～4 倍。胶层太厚或太薄都会影响线条的清晰度。因此，在同一基片的不同部位的胶层厚薄应力求均匀，这样才能保证线条尺寸在基片不同部位的同一性。

3.2.3 附着力

附着力指涂布的光刻胶与基底材料的附着力。基片上由于各种不同的工艺要求，还可能镀有不同材料的薄膜，这时附着力就表现为与基片上这种薄膜材料的附着力。附着力优良是湿法腐蚀工艺所必须要求的，否则会产生钻蚀而导致掀膜。

3.2.4 抗蚀性

在显影、腐蚀等工序中，光刻胶要起到保护胶膜下薄膜的作用。因此，光刻胶要有比较好的抵抗腐蚀的性能。

3.3 常用的光刻胶

3.3.1 正性光刻胶

正性光刻胶是由光分解剂和碱性可溶的线性酚醛树脂相组合而成的。它的特点是分辨率高，适用于微米、亚微米级的加工，但灵敏度、耐刻蚀性、附着力等较差。正性光刻胶中常用的感光剂是重氮萘醌磺酸酯、苯酯双叠或萘醌双叠氧化物。常见的正性光刻胶有 AZ-1350、1350J、2400、LSI、OFPR 等。

3.3.2 负性光刻胶

常用的负性光刻胶主要是聚乙烯醇肉桂酸酯、聚肉桂叉丙二酸乙二醇酯和环化橡胶型系列。肉桂酸系列的有 KPR、OSR、SVR；环化橡胶型系列的有 OMR-81、OMR-83 和 MR-747

等。与正性光刻胶相比，负性光刻胶具有针孔少、尺寸精度高、耐刻蚀、附着力好、灵敏度高等优点，已成为光刻工艺的主流用胶。

任务二　认识光学曝光技术

光学曝光技术可以分为接触式曝光技术、接近式曝光技术和投影成像曝光技术。特征尺寸较大的分划板或(和)度盘一般使用接触式或接近式曝光技术；特征尺寸小的大规模集成电路一般使用投影成像曝光技术。

1. 接触式曝光技术

接触式曝光技术是传统的曝光方式，它的主要特点是将掩模板直接与涂有光刻胶的基片接触，并使其对准。为了在对准的过程中，使两者不致相互移动，而造成涂有感光胶的面破坏，一般使基片和掩模板同等大小，并设计有对准的框。当基片和掩模对准后，将两者相互夹紧，送入曝光台曝光，所以曝光是在掩模的几何阴影区进行的，没有光衍射的影响。曝光后取出掩模，将被曝光复制了掩模图案的基片送下道工序。

接触式曝光的优点是：设备简单，操作方便，生产效率高，分辨率高，成本低。其缺点是：掩模和基片接触，容易损坏掩模板。因此，掩模板的使用寿命较短，掩模板出现疵病之后，会影响复制的质量，所以其合格率不高；同时，采用这种曝光方法，掩模板和基片的对准精度较差，一般不适用多块掩模板套刻的场合，比较适合光电仪器的分划板制作工艺。这就是俗称的分划板照相复制工艺。

2. 接近式曝光技术

接近式曝光技术是为了改进掩模板与基片的接触而对掩模容易造成损坏所设计的曝光技术。它的优点是，掩模板和基片之间保持很近的距离，一般的典型值是 5～50 μm，通过平行光束垂直照射掩模板和基片进行曝光，这种曝光方式可以避免掩模和基片的接触而造成的玷污和损伤，大大提高了掩模板的使用寿命。其缺点是，由于掩模板和基片间有间隙，曝光是在菲涅耳衍射区进行的，而且光在其间会造成多次反射和散射，导致在光刻胶上的曝光图形能量分布的横向扩展，而且反射光和入射光之间产生干涉，在胶层内部产生驻波效应，将导致纵向曝光的不均匀性。最显著的缺点还是因为有间隙，造成光的衍射，而影响其分辨率，使分辨率变坏，只适合特征尺寸大于 3 μm 的光刻。

为了提高接近式曝光的分辨率，减少上述缺陷，需要提高掩模板和基片的平面度，并尽量减小其间的间隙，减小曝光光源的波长。

3. 投影成像曝光技术

投影成像曝光技术是将掩模板上的图像通过光学系统成像到涂好光刻胶的基片上，从而实现曝光复制的技术。投影成像系统的放大率，初期一般采用 1∶1，目前一般是 5∶1。投影成像曝光的方式分为一次投影曝光和分步重复投影曝光两种。一次投影曝光的掩模板上含有芯片图形阵列，通过投影曝光方式，等比例地复制到基片上；而分步重复投影曝光是涂好光刻胶的基片垂直于光轴间歇运动，控制系统控制光刻机将单个掩模或几个掩模图样分步重复曝光，从而实现在整个基片上曝光复制，形成掩模图样阵列的效果。图 5-5 所示的是 1∶1 投影曝光系统的原理，因为使用反射系统，其特点是没有色差，曝光波段和观察波段没有偏差，从而提高了位置对准精度。

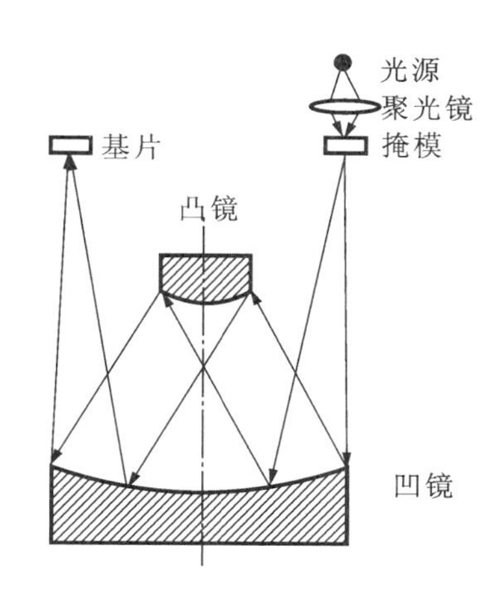

图 5-5 1∶1 投影曝光系统原理

目前，采用的 5∶1 分步重复投影曝光系统，可以在一片基片上实现 40～60 次分步重复投影曝光。这不仅提高了生产的效率，由于曝光的是掩模图样缩小 4/5 倍的像，因此对掩模板的制造要求可以相应降低，掩模板缺陷对光刻复制的影响也减小了。但是，这种系统对环境的要求非常高，微小的振动都会影响定位的精度。而且，投影成像需要有光学系统，这种曝光技术的分辨率就要受到光学系统分辨率的限制，光刻机上使用投影成像的光学系统一般是显微物镜，显微物镜的理论分辨率为

$$\Delta l = \frac{0.61\lambda}{NA} = \frac{0.61\lambda}{n\sin u} \tag{5-1}$$

式中：λ 为曝光单色光源的波长；Δl 为物方可分辨的最小线宽；NA 为投影显微物镜的数值孔径，它由物方空间折射率 n 和物方孔径角 u 的正弦乘积组成。

由式(5-1)可见，要提高投影成像曝光的分辨率，只有两种途径：一是减小曝光的波长；二是增大显微物镜的数值孔径。

投影成像曝光技术通过上述提高分辨率的措施，有效地利用了光衍射的规律，提高了特征尺寸的精度；延长了掩模板的使用寿命；减少了芯片的废品率。但是缩短曝光光源的波长，提高显微物镜的数值孔径，采用高精度工作台定位系统、自动调焦系统和精密的自动对准系统，则大大地提高了设备的制造难度和成本。例如，ASML 公司推出的 AT：1200B 步进扫描光刻机，使用波长 193 nm 的 ArF 激光光源，数值孔径达到 0.85，分辨率为 80 nm，每小时可曝光 ϕ300 mm 的硅片 103 片，生产效率很高，但每台售价高达 2000 多万美元。所以投影成像曝光技术，不适宜光电仪器的分划板制作，而广泛地应用于半导体集成电路的制造。

三种光学曝光技术的典型衍射曲线如图 5-6 所示。

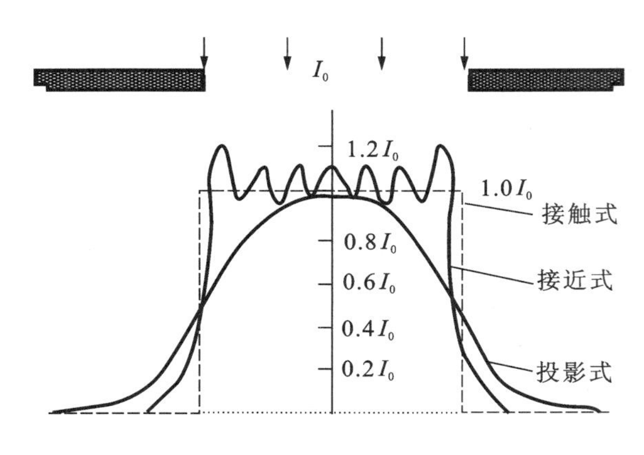

图 5-6　三种曝光技术的衍射曲线

任务三　掩模板制造

掩模板是光刻复制的模板，它的线条和图形的质量将决定光刻复制的质量，甚至掩模板基板的表面缺陷都会反映到被复制的图形中来，所以掩模板的制造是光刻工艺中的一个关键。随着光刻特征尺寸不断减小，掩模板制造成本在整个光刻成本中所占的比例也日益增大。

做掩模板的基片，被称为掩模板基板或掩模白板，通常用石英晶体或石英玻璃制造，这主要是因为其热膨胀系数小，温度变化对光刻复制不会造成大的尺寸偏差；同时石英晶体对紫外波段有良好的透过率，适合紫外波段光源的光刻。

掩模板基板的表面粗糙度和平面度应有较高的要求。表面粗糙度应比一般光学零件的表面粗糙度高 1～2 个数量级，平面度应不大于 5 道光圈（$N \leqslant 5$、$\Delta N \leqslant 0.5$），以保证掩模板基板的表面疵病和平面度不影响光刻复制，并减少投影光刻的焦深。

掩模板的基板上需要镀铬，其厚度为 50～110 nm，掩模板上的图案、线条及不透光的部分将由所镀的铬构成。因此，掩模板的制造工序与零件的制造工序类似，也需要在所镀的铬上涂光刻胶，但光刻所上的设备完全不同，制作掩模板的光刻设备比加工一般零件的光刻设备的对准精度和定位精度要求更高。

掩模制板设备有光学图形发生器、光栅扫描制板系统和电子束制板系统。通过这些制板设备制造一个放大了 4～10 倍的原板，再使用精缩机将原板缩小相应的倍数而制成掩模的母板，在制板光刻设备上，依靠对准系统和定位系统，对设计的掩模图案选择曝光或不曝光，从而将设计图案转移到镀铬并涂有光刻胶的掩模板的基板上，经显影、腐蚀、去胶等后续工序后，从而实现掩模图形的复制。由于特征尺寸的不断减小，目前掩模制板设备的主流产品已经是电子束直写曝光制板设备，其最小电子束束斑可达 5 nm，定位精度（3σ）可达 30 nm。

由于工艺过程中，空气中灰尘的玷污、清洗溶液的污染、胶膜的脱落等原因，必然会导致掩模板制造的缺陷，这些缺陷一般分为图形缺陷和污染损伤缺陷。掩模板的常见制造缺陷分类如表 5-1 所示。

表 5-1 掩模板常见缺陷的分类

<table>
<tr><th colspan="3">缺陷分类</th><th>缺陷表现与原因</th></tr>
<tr><td rowspan="8">图形缺陷</td><td rowspan="2">随机缺陷</td><td>透明缺陷</td><td>针孔、缺口、凸起、断线</td></tr>
<tr><td>不透明缺陷</td><td>小岛、毛刺、凹陷、连线</td></tr>
<tr><td rowspan="2">误差</td><td>拼接误差</td><td>拼接缝、拼接错位</td></tr>
<tr><td>线宽误差</td><td>线细、线宽</td></tr>
<tr><td rowspan="2">图形错误</td><td>曝光错误</td><td>错位、丢失、增多</td></tr>
<tr><td>设计错误</td><td>错位、丢失、增多</td></tr>
<tr><td rowspan="2">成像误差</td><td>邻近效应</td><td>断头、边缘模糊</td></tr>
<tr><td>不均匀性</td><td>光源、显影、材料不均匀</td></tr>
<tr><td rowspan="10">污染损伤缺陷</td><td rowspan="5">污染</td><td>随机污染</td><td>灰尘、纤维</td></tr>
<tr><td>人为污染</td><td>手印、油迹、吐沫</td></tr>
<tr><td>化学污染</td><td>结晶、沉淀</td></tr>
<tr><td>清洗污染</td><td>水迹、水碱</td></tr>
<tr><td>残胶污染</td><td>胶粒、胶膜</td></tr>
<tr><td rowspan="3">材料缺陷</td><td>铬膜缺陷</td><td>损伤、鼠齿</td></tr>
<tr><td>胶膜缺陷</td><td>损伤、脱膜</td></tr>
<tr><td>基片缺陷</td><td>损伤、气泡</td></tr>
<tr><td rowspan="2">灰雾</td><td>铬膜灰雾</td><td>显影不足、显影剂老化失效</td></tr>
<tr><td>干版灰雾</td><td>杂散光、超过使用期、污染</td></tr>
</table>

掩模板制造缺陷，不符合技术要求的，要给予修正。对于污染损伤缺陷，一般采用清洗的方法解决，清洗液一般采用硫酸加过氧化氢溶液或过氧化氢加氢氧化铵溶液。对于图形缺陷，应当采用缺陷修补技术进行相应的修补。常用的缺陷修补技术有飞秒激光技术、聚焦离子束技术或扫描探针技术。

掩模板缺陷修补完成后，为了保证耐用性，需要在 200～300 ℃的温度下烘烤几个小时，对掩模板进行老化，使铬膜与基板之间的附着力更好。经过最后的质量检验，掩模板合格，就可以交付使用。

任务四 光刻常见质量故障分析与解决

光刻工艺中，最常见的质量问题有三种：溶胶、小岛和针孔。下面对产生这些质量故障的原因做基本的分析。

1. 溶胶

在显影或腐蚀时，基片表面的光刻胶如果起皱或大面积脱落，这种现象称为溶胶，也称为脱胶。出现溶胶的主要原因如下。

(1)环境湿度太高。工作环境水分太多，薄膜表面会吸附水分，从而造成光刻胶膜与薄膜表面附着力降低，显影时就会溶胶。

(2)基片上薄膜表面不干净。薄膜表面脏会导致薄膜和胶膜之间的附着力下降，因而造成溶胶。

(3)前烘不足或过度。前烘不足，光刻胶膜内还留有溶剂，显影时会造成溶胶；如果前烘过度，胶膜会太硬，抗蚀能力下降，也会造成溶胶。

(4)曝光或显影不合适。曝光时间太短，光刻胶膜没有完成反应，会使光刻胶溶解于显影液而产生溶胶；曝光时间过长，胶膜软化，显影液从底部侵入，也会引起胶膜脱落。

2. 小岛

小岛是残留的小面积待腐蚀膜层，在大片的透光区域表现出不透光的点，类似小岛屿而得名。产生小岛的原因如下。

(1)掩模板上的疵病。掩模板上遮光区的小孔在负胶工艺中会造成小岛；同样，掩模板上透光区的铬点在正胶工艺中也会造成小岛。

(2)杂质。光刻胶中不溶性的颗粒状杂质残留在基片表面，使得被杂质覆盖的薄膜没有被腐蚀，从而形成小岛。

(3)曝光过度。曝光过度，造成显影不净，光刻胶残留在薄膜表面，腐蚀后形成小岛。

3. 针孔

针孔是小岛的反效应，是在图形的不透光区存在的透光小孔。形成针孔的原因如下。

(1)掩模板上的疵病。掩模板上遮光区的小孔在正胶工艺中会造成针孔；同样，掩模板上透光区的铬点在负胶工艺中也会造成针孔。

(2)光刻胶中的颗粒状杂质。如灰尘，曝光时，阻挡光线，形成针孔；或者光刻胶太稀薄也会出现大面积针孔。

(3)曝光不合适。曝光不足，光刻胶聚合不完全；曝光过度，造成皱胶，腐蚀时胶膜失效形成针孔。

思考与练习

某分划板图纸如图 5-7 所示，请按以下要求完成该零件工艺。

(1)按照分划板的生产流程及零件图，在企业师傅的指导下完成加工及检测任务。

(2)利用课外时间收集相关资料，完成总结报告(要求做 PPT)。

(3)严格遵守企业规章制度和安全操作规程，尊重师傅，热心求教。

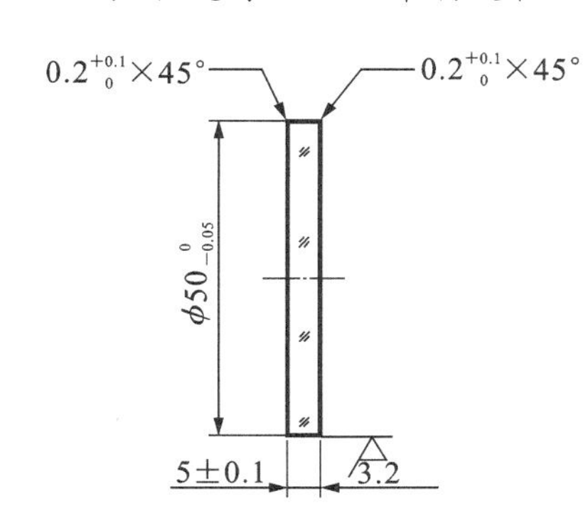

其余 0.01

1. 刻线长0.65，刻线粗0.007±0.002，刻线间隔1.0±0.004
2. 刻字粗0.01±0.005，高0.2±0.02，宽0.15±0.02
3. 刻反字0，1，2，…，7，8，内嵌黑色永不褪色
4. 字高刻线距离为0.15
5. 刻线应相应于中心，均分偏差0.01

图 5-7　分划板图纸

第六部分

光学零件的胶合岗位

◆**知识要求：**

(1)掌握透镜胶合定中心的基本原理；

(2)掌握胶合工艺流程；

(3)掌握不同胶种的胶合。

◆**技能要求：**

(1)能正确编制胶合工艺流程,选择合适的胶合用胶；

(2)能较好地进行拆胶工作；

(3)能对胶合中出现的各种质量问题进行分析与解决。

光学零件的胶合工艺是指将两个或两个以上的透镜、棱镜、平面镜中彼此吻合的光学表面，按照一定技术要求黏结成为光学部件的工艺。在实际生产中，胶合有两方面技术要求：一是保证中心误差或角度误差，对于透镜，保证透镜的中心误差，对于棱镜或平面镜，保证棱镜的光学平行差；二是保证胶合表面实现“零疵病”的胶合，即保证胶合的抛光表面不因为胶合而降低对表面疵病的要求，同时不因为胶合而影响非胶合面的面形。

光学零件的胶合方法主要有胶合法和光胶法两种。胶合法是利用透明的光学胶黏剂涂抹在待胶合表面上，利用胶黏剂的黏合作用将若干个光学零件结合成复杂的光学部件。光胶法则是利用待胶合的两抛光表面之间的分子间吸引力来将零件吸合在一起。除此之外，光学零件的组合还有机械法，机械法是采用机械零件（如隔圈、压圈、镜座等）将若干个光学零件结合起来，组成一个复杂的光学组件。从批量生产而言，车间主要采用胶黏剂胶合的方法。

表 6-1 所示的为几种光学零件结合方法的比较。

表 6-1　几种光学零件结合方法的比较

结合力法	胶合法	光胶法	机械法
定义	利用透明光学胶将若干个光学零件结合成复杂的光学部件	依靠零件抛光表面分子间的吸引力，将零件结合成复杂的光学部件	采用机械零件（如隔圈、压圈等）将若干个光学零件结合成复杂的光学部件
图示			
特点	（1）胶合件的结合力大，机械强度高，耐寒性和耐热性好 （2）对胶合件的制造精度要求较高 （3）适合与各种零件的胶合	（1）光胶件的结合力大，机械强度高，耐寒性和耐热性好 （2）要求光胶件的制造精度很高 （3）不适用于大型零件、温差较大条件下工作零件、工作在光谱短波零件的胶合	由于光学零件之间存在空气间隙，在界面上会发生发射，有光能损失，适用于大型光学零件的结合

把光学零件结合在一起，这主要是因为以下几方面原因。

（1）改善像质。为了保证光电仪器具有良好的成像质量和成像要求，例如，正、负透镜的胶合可以消除球差、色差；又如，为了转像或分像常将若干个棱镜胶合成复合棱镜；再如，为了不损坏光学分划板表面、偏振片或晶体零件，经常在零件上胶合保护玻璃。

（2）减少光能损失，增加成像亮度。一般光学材料，空气与玻璃界面的反射损失为 5%～6%，而光学胶与玻璃界面的反射损失只有 0.1%或更小，因此，将光学零件胶合在一起，可以减少空气与玻璃的分界面个数，从而减少了光能损失，增加了成像亮度。

（3）可以简化光学零件的加工。由于胶层能够补偿胶合面曲率半径的微小差异，从而可以适当降低胶合面的精度要求。对于复杂形状的棱镜，可以通过加工形状简单的棱镜胶合而成。

（4）保护光学零件表面。为了不损坏光学分划表面、偏振片或晶体零件表面，经常在零件表面胶合保护玻璃，用于保护这些表面。

任务一　透镜胶合定中心的原理及方法

1. 选择胶合定中心基准轴

透镜胶合通常以一个透镜（大多为负透镜）作为基准透镜，使另一块透镜的球心落在基准透镜的基准轴上，完成胶合定中心工作。基准透镜的基准轴有以下三种形式：

（1）以基准透镜的几何轴作为基准轴；

（2）以基准透镜的一个表面曲率中心和这个表面中心点所形成的基准轴；

（3）以基准透镜的光轴作为基准轴。

在精密的胶合透镜中，还可以采用精确调整基准透镜的两个球心与定心仪的精密旋转轴线相重合的办法，来重新建立胶合的基准。基准透镜的磨边定中心精度对它无影响。

2. 胶合定中心原理及方法

在透镜胶合过程中，必须保证用于胶合的两个甚至更多的透镜的光轴重合在允许的范围内，否则胶合透镜的光轴就要偏离允许的中心误差，从而使胶合透镜的像质变坏。使待胶透镜的光轴与胶合透镜的基准轴重合，就是使胶合透镜各光学表面定心顶点处的法线与基准轴重合。由于胶合透镜的定心原理不同，因而有不同的定心方法。

2.1　透射像焦点定心

胶合过程中，基准透镜在定中心仪中按一定方式定位后，将另一块透镜（大多为正透镜）胶在基准透镜上，观察像的跳动程度来确定两透镜的光轴重合程度。平行光束通过定心好的胶合透镜后，其焦点像为 F_1'（见图 6-1）。通过未定心好的胶合透镜后，焦点像会发生偏移，成像在 F_2'。旋转正透镜，像点 F_2' 也随之旋转，极限位置为 F_3'。

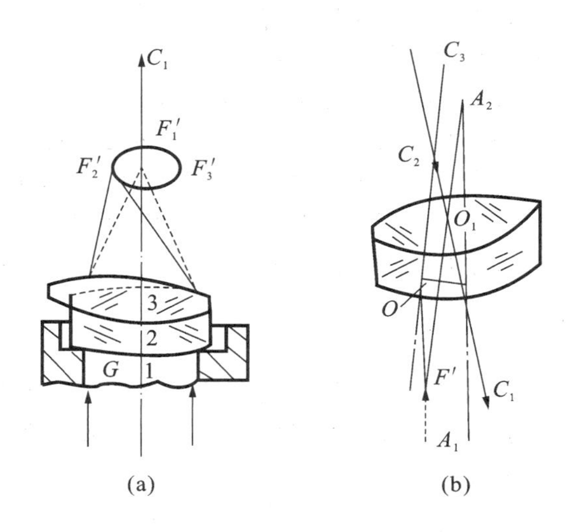

图 6-1　透射像定中心原理

（a）透射像定心；（b）胶合透镜的“伪定心”

焦点像 F_1' 的偏离量 $F_2'F_3'$ 就反映了透镜组的中心误差。由于焦点像的偏离是胶合透镜三个球心对基准轴偏离的综合效果，三个球心在透镜组旋转时对焦点像跳动的贡献有相互抵消的可能，产生“伪定心”现象，而影响定心精度。但由于这种定心方法操作方便，而且透镜磨边时已经定心，使之在胶合时保持一定精度，因此在大批量中等精度的透镜胶合中仍然采用。

2.2 球心反射像定心

对于高精度的胶合透镜应采用球心反射像方法定中心（见图 6-2），分别对三个球心进行校正，这种单光路反射胶合定中心仪比焦点像定中心仪具有更高的定心精度，但仍有如下不足之处：对上表面可以获得纯粹的球心反射像，而另外两个球面的自准球心反射角由于成像光束要穿过 1～2 个折射面，折射面对反射像发生影响，也会产生"伪定心"现象；各个球心需多次校正，逐步逼近，影响效率，因而，出现双像球心反射像胶合定中心仪。

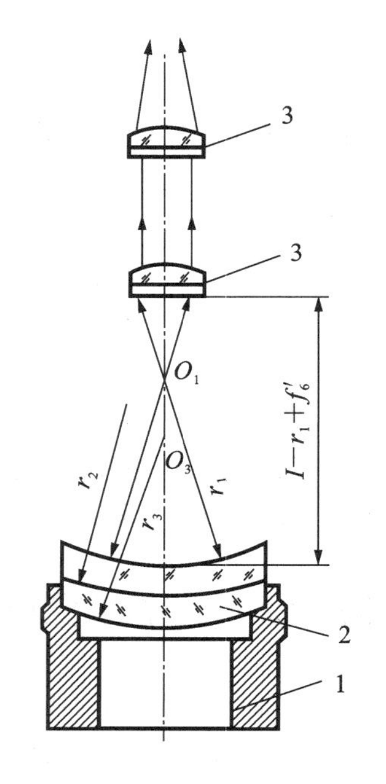

图 6-2　球心反射像定中心原理

1—镜座；2—待测透镜组；3—物镜

图 6-3 所示的为双像球心反射像胶合定中心仪。半透镜组 A、B 分别沿轴向移动，先定好负透镜的两个球心 O_1 和 O_2，旋转精密镜座轴时，同时获得两个不动的自准球心像。然后，胶上正透镜，移动半透镜组 B 找正正透镜的上表面的球心 O_3。这样既避免了负透镜的磨边误差的影响，同时也不会出现"假定心"现象，并提高了胶合定中心的精度。对于精度要求不高的胶合透镜组，可将暗视场亮十字分划板成像在胶合透镜的焦面上，使胶合透镜射出平行光束。利用反射镜，获得两次透射的焦点像，精度比一般透射法的高一倍，生产率同时提高了。

双像球心反射像胶合定中心仪的主要缺点是：两个半透镜级的光线相互发生干扰，使视场的两个球心像都不清晰。如果采用双光路球心像胶合定中心仪就可以克服这一缺点。

图 6-4 所示的为双光路球心像胶合定中心仪原理图。先用真空吸附方法固定透镜到镜座上，利用下光路球心反射像校正负透镜光轴；然后再用上光路找正正透镜上表面的球心像。在校正负透镜光轴时也可以用上光路找正负透镜上表面的球心像。这种定中心仪显然也克服了"伪定心"现象。为了获得系统的成像并具有一定的精度，所有各种类型的胶合定中心仪除用可换物镜和变焦系统外，有时也可用适当的附加透镜。

2.3 自动定心

经过定心磨边后的透镜，其光轴与几何轴基本是重合的。在此基础上，将胶合中的负透镜的凸面或平面放在工作台面上，正透镜放在负透镜上，依靠零件自重使透镜的重心与其光轴自动重合。

放置透镜的工作台要经水平仪调整水平，且表面精度要求 $N\leqslant 3$，$\Delta N\leqslant 0.5$。该定心方法适用于偏心差 $C\geqslant 0.05\ \mu\text{m}$ 的胶合透镜，适合于大批量生产。

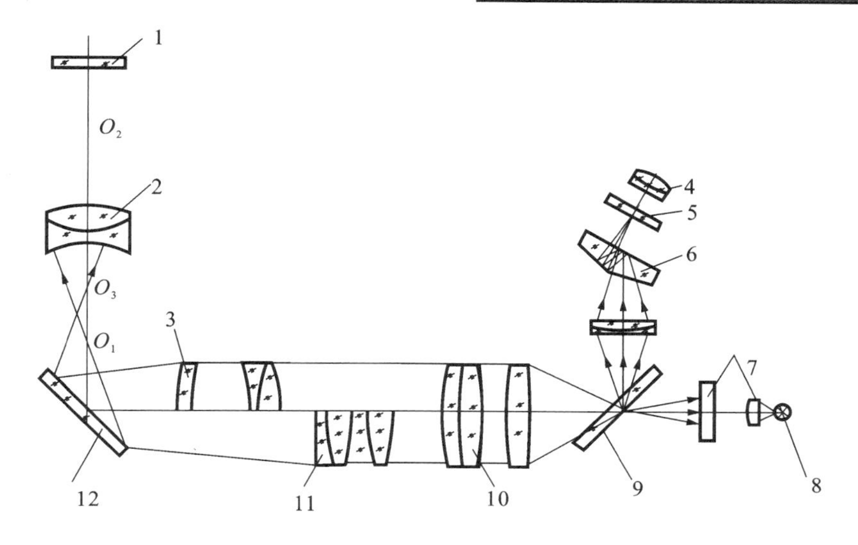

图 6-3　双像球心反射像胶合定中心仪

1—反射镜；2—胶合透镜；3—半透镜组 B；4—目镜；5—分划板；6—棱镜；7—聚光镜；8—光源；9—暗视场分划板；10—物镜；11—半透镜组 A；12—反射镜

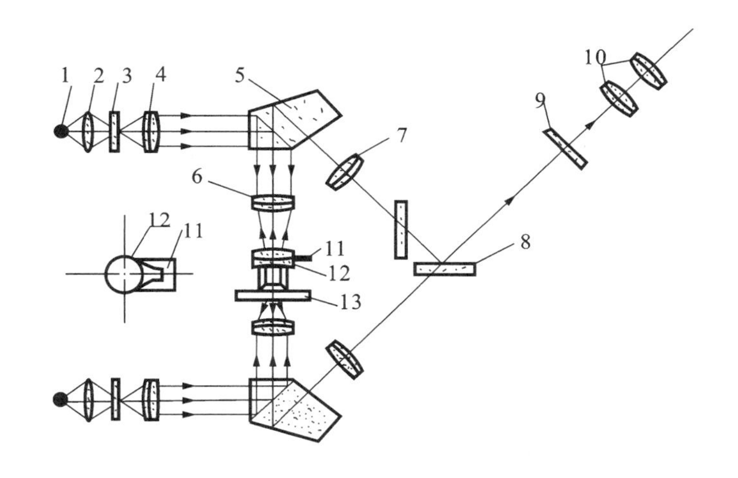

图 6-4　双光路球心像胶合定中心仪

1—光源；2—聚光镜；3—分划板；4—物镜；5—棱镜；6—显微物镜；7—望远物镜；8—半反射镜；9—分划板；10—目镜；11—靠板；12—待测透镜组；13—承座

任务二　胶合工艺流程

胶合用胶的分类与要求可参照本书第一部分通用知识中有关光学辅料的内容。

胶合工艺按采用的胶合材料不同，可分为热胶法和冷胶法。

1. 热胶胶合工艺

热胶胶合工艺过程包括:准备工作→加热镜片→滴胶排泡→胶合定心→冷却清洗→胶层退火(以透镜为例)。

1.1 胶合的准备工作

如果透镜的外径公差大,有时则需分组配对,使凸透镜的外径比凹透镜的稍小,然后用酒精和乙醚的混合液(1∶1)仔细而耐心地擦镜片,将正透镜放在负透镜上使之能来回自由晃动并出现圆而粗的光圈,这就说明透镜已清洁了。

1.2 加热镜片

将已清洁的透镜放在水平电热板上缓缓加热到胶合温度(80～130 ℃),胶合工具和胶合材料也要适当加热。

1.3 滴胶排泡

在负透镜上滴上胶液,放上正透镜,用橡皮塞压出气泡。

1.4 胶合定中心

将透镜放在定中心仪上定好中心(40 ℃),使两个透镜的光轴重合。

1.5 冷却清洁

将已定好中心的透镜放在水平平板上冷却,平板用水准器校正,冷却后用擦布仔细清洁透镜组。

1.6 胶层退火

透镜组按透镜的大小选用的退火温度为40～60 ℃,在此温度下保温4～5 h,然后缓冷到室温。

直径不大的胶合透镜定中心可以采用如下简便方法:将单个透镜外径精度提高并使两块透镜外径尺寸相同,然后用分厘卡对正两透镜的外圆。

2. 冷胶胶合工艺

冷胶胶合工艺过程与热胶胶合工艺的主要区别是工件不需加热。其一般工艺过程为:准备工作→滴胶排泡→胶合定心→加热聚合→胶层退火。

2.1 甲醇胶胶合

用吸管吸取经提纯和预聚到一定黏度的胶液滴到擦净的负透镜内,然后合上正透镜,放大水平台上，排除气泡和多余的胶液。用红外灯源照射或电炉加热，保持温度 60 ℃，时间约为 1.5 h，以加速甲醇胶的聚合。定中心后仍放在平台上继续聚合至不再移动为止。初步聚合的工件在检验胶合质量后，仍应放入烘箱进一步聚合固化，使甲醇胶完全聚合。

2.2　环氧树脂胶胶合

按配方比例称取所用环氧树脂和固化剂，经充分摇动和搅拌均匀，按不同胶种、配比及工件选择聚合时间，一般为 0.5～1.5 h。对于大直径工件不需要预先聚合。

工件经擦净，加进环氧树脂胶。排除气泡后，在灯光下检验胶层质量，然后放在水平台上聚合，3 h 后擦净边缘余胶再复检。定中心后仍放在水平台上继续聚合。每隔 20～30 min 复检一次，直至初步聚合，中心不再移动为止。一般要聚合 6 h，24 h 后才能使用。

2.3　光敏胶胶合

当采用双组分光敏胶时，需按说明进行配胶，配好的胶有一定的使用时间限制，一般不超过 12 h。现在多采用单组分光敏胶，不需配胶，但也要注意每班次的用量控制，防止时间过长而失效。目前广泛采用的光敏胶胶合透镜的工艺流程基本如下。

(1)胶合前准备。

①在超净台作业，室内温度为(22±3) ℃，相对湿度在 70%以内，作业者必须要佩戴口罩、指套。

②透镜在 15 W 台灯下进行透过和反射检查，不得有亮点、异物、划伤、脱膜点、蓝斑等。

③确认单体透镜光圈、偏心，按选配中心厚尺寸进行配对。

(2)排胶。

把要胶合的透镜放在干净的黑橡皮上，用松鼠毛刷(每次胶合前都要清洗)把要胶合透镜的胶合面和非胶合面分开，在胶合组面的凹面点上适量光敏胶(切记胶合面上不可落入灰尘)。滴胶口离胶合面 0.1 mm 左右，这样一方面利于挤胶泡；另一方面保障胶层的均匀。放上要胶合的凸面进行排胶。排胶时用吸管压住凸镜片，从里向外沿同一方向旋转排开，排出多余的空气和胶，使两透镜能自由摆动并出现粗而圆的光圈即可。注意：排胶时不要过分用力，用力要均匀，胶层厚度为 0.005～0.01 mm。

(3)检查胶合面夹层。

在 60～100 W 灯泡的透射光下用 6 倍放大镜检查胶合面，确认夹层无气泡、雾气和脏点。经检查合格后放入盒内，盖上盖子，以防在工作台灯照下固化。

(4)选择目镜。

选择合适的目镜找像，一般焦距长的透镜组目镜倍数小，焦距短的透镜组目镜倍数大，在同时能找到像的目镜中选择倍数比较大的目镜。

(5)聚光。

在胶合专用治具上放一张白纸，调整紫外灯距镜片的高度及两紫外灯与镜片的夹角，使得整个镜片上光照均匀，无亮斑，再调整光源的强弱。

(6)定中心。

在整个生产过程中，定中心是关键，它直接影响着光学系统成像的好坏。我们设计了同心度在 0.01 mm 范围内的胶合治具，先胶合一组偏心在零附近的胶合透镜作为标准件，把待校中心的透镜组以此标准件作比较定心。

(7)一次固化。

把要胶合的透镜放在承座上，如图 6-5 所示。在图纸没特别要求时，一般以胶合负透镜几何轴为基准定位，用竹签顶住承座内的凹透镜，移动要胶合的凸透镜在仪器上定中心，边照边对。当透镜的十字像与胶合仪显示屏上的十字像重合时踩下紫外灯开关，因为胶合面相当滑，第一下要轻快。这时移动会稍有阻力，再移动凸透镜，纠正定心位置至中心后踩下紫外灯开关，第二下要重慢。这时胶合面已黏住不能动，第三次踩下紫外灯开关位后转动胶合组透镜，持续光照几秒或数十秒。根据透镜的材料、中心的厚度和外形尺寸，控制紫外灯的照射时间，通常胶合的透镜直径在 10 mm 左右、中心厚在 2 mm 左右时的透镜胶合时间为 3～5 s。这样把握好踩紫外灯的力度和时间，逐步完成一次固化。

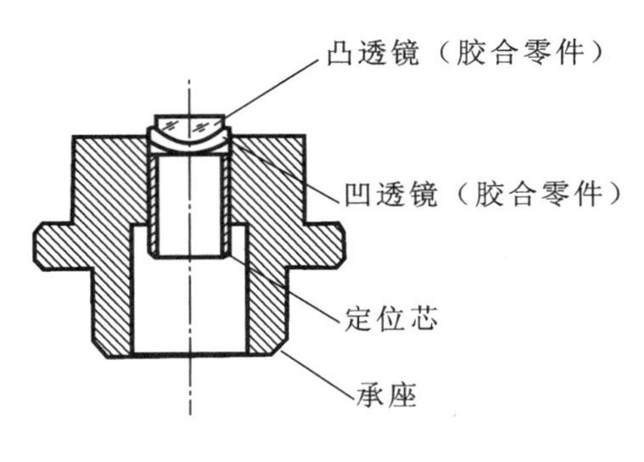

图 6-5 胶合治具

检查首件光圈有无变形，胶合过程有无划伤，检查偏心是否在图纸要求的范围内。

(8)二次固化。

二次固化实际上就是完全固化。由实践可知，若完全固化不彻底，则胶合组透镜放置一段时间后会大面积开胶。把胶合好的零件放在紫外灯箱内照 20～60 min，完成二次固化。光照的时间同样取决于透镜的材料、中心的厚度和外形尺寸。胶合的外形直径在 10 mm 左右、中心厚在 2 mm 左右时的透镜在紫外灯箱内照 20 min。

(9)检查。

检查透镜组的外观、偏心、光圈。对于外径相同的两胶合透镜，完工后要用刀片刮去胶缝周围的余胶，并用蘸有无水乙醇的脱脂棉或脱脂布擦去边缘的残胶。

最后良品入库。

任务三　拆　　胶

不管使用什么品种的光学胶，除胶本身的问题外，由于光学元件或胶合工艺过程中的问题，胶合的光学胶合件出现疵病等质量问题是在所难免的。若出现胶合质量问题，光学胶合件就要拆胶返修。

1. 拆胶分类

按拆胶时的温度高低，拆胶方法可分为低温拆胶、常温拆胶和高温拆胶三种。

1.1　低温拆胶法

低温拆胶法是将胶合件放入液态氧降温的低温箱内，降温到－120～－150 ℃，当胶层开裂后，即可取出拆胶。它不受胶合件形状和胶合时间长短的限制，对零件的精度和像质都没有影响，也不降低表面疵病等级，不破坏光学薄膜，但必须注意防火、防爆。由于需要冷冻装置，因此该方法在车间并不被普遍采用。

1.2　常温拆胶法

常温拆胶法包括浸泡法和直接敲击法。直接敲击法由于易造成工件的损伤甚至报废，已基本不再使用。浸泡法是指将光学胶合件浸泡在某些液体内，经过一段时间后胶层脱开。

1.3　高温拆胶法

高温拆胶法是指利用加热的方式来使胶层脱开的方法。

2. 具体拆胶方法

2.1　树脂胶拆胶

当对使用天然树脂光学胶的加拿大胶、冷杉树脂胶和光学树脂胶的光学胶合件的返修件进行拆胶时，需将胶合件放在电热板上稍加热，使其温度超过该胶的软化温度即可将胶合件拆开。与天然树脂光学胶相比，由于在合成树脂胶中的甲醇胶、光学环氧胶、光学光敏胶等具有较高的耐热温度和黏接温度，所以胶合件固化后拆胶就比较困难。这就要求对光学胶合件在胶合前必须认真检查光学元件有无疵病，所用的胶有无脏点，胶合后在未进行固化前，要对初步胶凝的胶合件进行认真检验，检查合格后再进行固化处理，尽可能地避免或减少固化后的光学胶合件的疵病，否则会增加拆胶返修的困难，甚至会出现损坏光学元件的情况。

2.2　甲醇胶拆胶

甲醇胶是在国内使用较早的一种合成光学胶。目前除少数在野外作业的光学仪器的光学胶合件需使用它以外，由于它收缩率大、耐老化性能差等原因，应用面越来越窄，有被光学光敏胶取代的可能。

甲醇胶胶合件的拆胶方法是：把刚固化后的光学胶合件及时在电热板上加热，待胶层颜色变黄后，用外力推开或浸泡在丙酮溶液中，存放较长时间后，让它自行脱开，这样不致损坏光学元件和光学胶合件。当发现有疵病后，要及时拆胶返修。如果存放时间太长会增加拆胶困难。

2.3　光学环氧胶拆胶

光学环氧胶胶合件拆胶方法是：

（1）直接或间接加热至 250～270 ℃，并用外力推开；

(2)放在甲醇、甲酸、苯酸和二氧甲烷混合液中浸泡,但对化学稳定性差的光学玻璃元件不可用此方法。操作时,严防溶液与皮肤接触,以免溶液灼伤皮肤。

2.4 光敏胶拆胶

光学胶合透镜是光学仪器上应用范围广、用量大的一类光学胶合件。在拆胶的具体操作时,要考虑透镜的直径大小,特别是透镜 R 的大小,即凹凸深度不同而有所区别。但在一般情况下,仍应采取以下方法。

(1)未经初固化的光学胶合件,若检查出胶层有气泡、脏点或中心偏等后,应及时拆开。

(2)已经初固化的光学胶合件,经检查有上述情况时,可用力推开,或在电热板上稍加热推开,或放在丙酮溶液中浸泡脱胶。

(3)已经后固化的光学胶合件,若发现有疵病或中心偏,应立即拆胶返修。存放时间越长越难拆胶。其拆胶方法如下:

①将拟拆胶的光学胶合件放在电热板上,加热至 170 ℃左右,用力推开;

②将拟拆胶的光学胶合件放在甘油浴中,加热至 200 ℃左右,即可自行脱开,脱开后仔细用竹镊子钳出,不要与冷的物件接触或用冷风吹,以免玻璃炸裂;

③将拟拆胶的光学胶合件放在二氧甲烷、甲酸等混合液中,浸泡一个星期左右即可脱开。但对 LaK、ZK 等牌号的光学玻璃零件来说,这种溶液会引起玻璃表面的腐蚀。

尽管目前可选的拆胶方法很多,但可操作性并不是很好,拆胶造成的返修甚至报废率还是比较高的。为了寻找比较理想的光学胶合件的拆胶方法,还要从理论上进一步探讨胶合件的剥离机理,以提高光学胶合件拆胶质量及可操作性。

从质量控制的角度而言,在胶合的各道工序中,应严格检查,这样流到后固化工序的不合格光学胶合件必将大大减少,减少了拆胶返修的麻烦,避免了光学零件损伤甚至报废。

任务四 胶合质量分析

在胶合过程中经常出现表 6-2 所示的质量问题,应及时注意分析和克服。

表 6-2 胶合常见疵病及消除方法

质量问题	产生的原因	消除方法
胶合透镜中心误差超差	(1)单件偏心超差 (2)中心没有校正好 (3)工作台不平、胶层软、热处理或退火温度过高,致使零件滑动	(1)胶合前仔细检查单件中心 (2)胶合时对中心要反复进行检查,直到符合要求为止 (3)校正工作台、保证固化时间、严格按规定进行胶合后的处理

续表

质量问题	产生的原因	消除方法
脱胶	(1)胶层没有完全聚合 (2)聚合时零件的相对位置有较大移动 (3)胶层太薄 (4)胶层不干净或变质	(1)保证聚合温度和时间 (2)校正中心时,控制温度和时间,直到校正为止 (3)控制胶合厚度 (4)严格检查胶液的质量
非胶合面光圈变形	(1)单件零件加工不合格 (2)胶太厚,聚合温度太高 (3)承座温度低 (4)胶聚合时体积收缩率太大 (5)对中心时用力不均匀	(1)严格检查单件 (2)控制好胶合温度和工作温度 (3)控制承座与零件的温度相近 (4)选胶要合适,聚合温度取下限 (5)用力均匀,摆动要小
尺寸误差	(1)单件尺寸有误差 (2)尺寸选配不合适	(1)认真检查单件尺寸 (2)尺寸配对要仔细

思考与练习

1. 常用胶合材料有哪些?比较它们的优缺点。
2. 透镜的基准轴是怎样确定的?
3. 简述胶合定中心的方法和过程。
4. 胶合透镜中心误差超差是由于什么原因引起的?
5. 非胶合面光圈变形的原因有哪些?

第七部分

波片的加工岗位

◆知识要求：

(1)掌握晶体零件的制造特点；

(2)掌握晶体的光轴及其定向；

(3)掌握波片的加工控制要点。

◆技能要求：

(1)能正确进行晶体定向；

(2)能设计波片加工流程。

任务一　掌握晶体零件制造特点

由构造基元(原子、原子团或离子团)近似无限的、周期性重复排列构成的固体或液体物质称为晶体。晶体材料本身具有特殊的性质,其制造过程与一般光学零件的制造过程不完全相同,甚至完全不同,并且制造方法因晶体种类而异,有不少晶体的加工方法仍处于研究阶段。

1. 晶体加工的特点

1.1　材料选用

晶体大部分来源于人造,也有来自于天然,但都存在不同程度的缺陷及疵病,如位错、杂质、节瘤、云雾、结石、夹层、双晶等,必须用强光观察、检查、挑选或截取使用。

1.2　找正光轴

有些晶体,如属等轴晶系的晶体,在光学上是均匀的;而另一些晶体,则要产生双折射。在晶体内仅有一个方向不发生双折射,此方向称光轴方向,这类晶体称为单轴晶体。三方晶系、四方晶系及六方晶系均为单轴晶体。单轴晶体在加工时必须找正光轴,磨出一个与光轴垂直的表面。

1.3　选择磨料及抛光粉

晶体的硬度变化很大,不同硬度的晶体选用不同硬度的磨料及抛光粉。比玻璃硬的晶体选用石英粉、玛瑙粉、碳化硅、白宝石、天然石榴石及金刚石粉等磨料。比玻璃软的晶体常选用氧化铁、氧化铬、氧化钛、氧化锡和氧化镁等磨料。常用的抛光液有水、无水酒精、煤油、盐和饱和溶液等。

1.4　选择磨模及抛光模

硬晶体使用的磨模有铁、铜和铝模。抛光时用硬抛光模,机抛时用聚氨酯、酚醛胶布和硬木抛光模;手抛时用铜、铁、钢、锡、石料和红宝石抛光模。

软晶体使用的磨模为铜、玻璃模。抛光时则用蜡、沥青蜂蜡和沥青松香抛光模。

1.5　控制温度、湿度

有的晶体热传导速度各方向不同,温差大时容易造成晶体的炸裂。即使各方向热传导速度相同,骤冷或骤热也可能引起开裂。

对一些水溶性晶体的环境湿度应加以控制。

1.6　控制振动与外力

大多数晶体质脆且软，加工过程中的外力及振动经常引起晶体炸裂，使昂贵的晶体报废。

1.7　注意加工面不能与解理面平行

晶体的解理面是一个天然的晶面，加工面的取向与解理面平行时易产生磨不平、抛不光的现象。

1.8　注意劳动保护

很多晶体中的化合物（铊化物、磷化物及砷化物等）或其他物质对人体有危害，应注意防护。如锗抛光中会产生四氧化锗气体，毒性较大，应该做好排气工作。

任务二　进行晶体的定向

1. 晶体定向的意义

晶体定向就是在晶体内部建立坐标系统确定方向之意，是晶体加工的基本工序，也是晶体和光学玻璃加工最大的区别之一。在具体的操作上，它是通过某些技术手段测定已知晶体的实际晶面相对于理想晶面的偏角，进而使用切割或研磨等机械加工方法校正这一偏角，使之满足使用要求的工艺过程。晶体加工之所以要定向是由晶体的各向异性所决定的，因为不同晶向的晶体，其物理、光学性质是不相同的。

从晶体生长的角度看，沿不同晶向生长的晶体，其生长的速度、光学质量和外形都是有差别的。正是由于晶体不同方位使用性能和生长特性上的这一差异，决定了晶体加工必须定向。

2. 定向的方法

2.1　用 X 射线定轴仪定向

当高速运动的带电粒子与金属靶内部电子相碰撞时，会产生一束单色 X 射线。当 X 射线入射到晶体表面时，由于晶体晶格而发生衍射效应。若 X 射线的入射角满足布拉格定律，则产生衍射强度的极大值。根据衍射线极大值出现时晶面的位置与理论上应该得到的位置来确定晶面的取向，这样确定的晶体光轴方向（或其他晶轴方向）可达到 30″的定向精度。当 X 射线以 θ 角入射时，按布拉格公式

$$2d\sin\theta = n\lambda \tag{7-1}$$

产生衍射的极大值。

式(7-1)中：d 为晶面间距，因晶体而异，可以查有关表格；n 为正整数，衍射级次，$n=1$ 时为初级衍射，强度最大；λ 为 X 射线波长，因靶材料而异，铜靶时 $\lambda=0.15418$ mm；θ 为 X 射线束与原子面的夹角，即布拉格角。

θ 可以查表获得，也可以计算求出，当 $n=1$ 时，有

$$\theta = \arcsin\frac{\lambda}{2d} \tag{7-2}$$

2.2 用偏光光学仪器定向

用偏光仪或偏光显微镜定向是常用的方法，可达到 $\pm2'\sim\pm5'$ 的精度。偏光仪的定向原理与方法：当单色自然光经起偏棱镜 1 后变成振幅为 A_1 的直线偏振光(见图 7-1)；然后通过厚度为 d 的晶体平行片 2，射到检偏棱镜 3 上。由于晶体的双折射现象，A_1 分成 A_o 和 A_e 两部分。如以 P 方向代表晶体的晶轴，按图 7-2 分解，显然 A_o 与 A_e 通过检偏后得到相同方向的振动 A_{oe} 和 A_{ee}。o 光与 e 光在晶体内造成的光程差 δ 引起偏振光的干涉。

$$\delta = d(n_e - n_o) \tag{7-3}$$

因此，不同的晶片厚度在白光照明下能看到不同干涉颜色。当旋转晶片、干涉色不改变时，晶轴垂直于晶片表面。

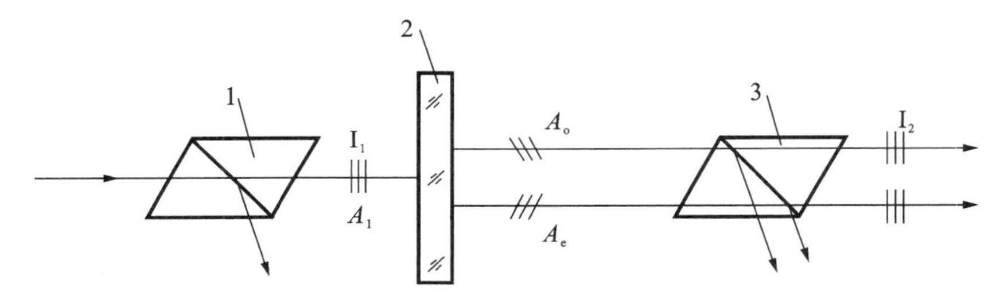

图 7-1 晶体的定向

1—起偏棱镜 N_1；2—平行晶片；3—检偏棱镜 N_2

图 7-3 所示的为晶轴不平行于偏光仪光轴时的干涉图形，黑十字偏离视场中心。当载物台旋转时，黑十字及干涉圆环绕轴打转；当载物台中心轴偏转一定角度使圆环对准视场中心时，可测出晶轴与偏光仪光轴偏离的角度。图 7-4 所示的为偏光仪光轴与晶轴平行的干涉图形，黑十字在视场中心。旋转载物台时，干涉圆环及黑十字保持不动。黑十字及干涉圆环变形时，说明晶体有内应力存在。

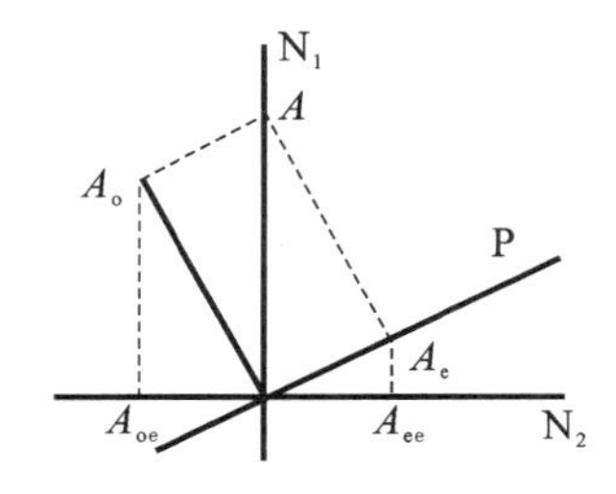

图 7-2 偏振光通过晶体后的干涉

图7-3 晶轴不平行于偏光仪光轴时的干涉图形

图 7-4 晶轴平行于偏光仪光轴时的干涉图形

任务三 掌握加工波片的工艺流程

1. 波片的特性与用途

波片是一种光波相位延迟器，是用双折射晶体或其他各向异性材料加工而成的，具有精确厚度的光学平行平板。当光线垂直入射时，会产生双折射，其中o光在晶体内部各个方向上的折射率是相同的，而e光在晶体内部各个方向上的折射率是不相同的。因此，o光在晶体中各个方向上的传播速度相等，而e光在晶体中的传播速度随着传播方向的不同而不同。对正晶体而言，o光在晶体中的传播速度大于e光在晶体中的传播速度。这样，两光束通过晶片后，o光总是超前e光。所以，o光和e光之间产生的相位差为

$$\delta = \frac{2\pi}{\lambda}(n_e - n_o)d \tag{7-4}$$

式中：n_o和n_e分别为晶片对o光和e光的主折射率；d为晶片的厚度；λ为所通过光波的波长。

改变晶片的厚度就可以改变o光和e光之间的相位差δ。通常称δ为2π整数倍（光程差为波长的整数倍）的晶片为全波片；称δ为π奇数倍（光程差为波长一半的奇数倍）的晶片为1/2波片或半波片；称δ为$\pi/2$奇数倍（光程差为$\lambda/4$的奇数倍）的晶片为1/4波片。

需要注意的是，全波片、半波片、1/4波片都是针对某一特定的波长而言的。半波片主要用于偏振光路系统中，偏振光通过半波片后仍为偏振光，只是光的旋向发生变化。利用这一性质，在激光测试中常用到半波片。1/4波片既能将入射的线偏振光变成圆偏振光，也能将入射的圆偏振光变成线偏振光。它是激光技术领域中常用的晶体光学零件之一。在光纤通信和图像处理系统中常用作光学隔离器。

加工波片的材料通常有石英、云母、氟化镁和硫化镉等晶体。但是，其中的云母由于材料强度低，使用时通常需要在其两个表面上加上保护玻璃。这不仅会增加应力引起的双折射，还会影响波片的透过率。而氟化镁和硫化镉晶体主要是用来加工中、远红外波段使用的波片，用得并不普遍。从材料的物理、机械、热学、光学和加工性能综合考虑，用光学石英加工波片是较为理想的。

2. 波片的制造工艺

2.1 修定光轴

一块石英晶体，它的光轴方向与种子面基本垂直，磨平与光轴垂直的表面，在正交光显微镜下观察黑十字干涉图像，转动工作台，如光轴不准，黑十字图像就不在视场中央，转动工作

台时图像就会跳动。此时微微拨动工件把黑十字图像扳到视场中央，确定修正角，反复几次直至修正到黑十字图像在视场中央，即转动工作台时图像不跳动。此时的精度完全能满足图纸上的要求。

2.2 切割

与修定好的通光面成90°垂直切片，薄片厚度约小于3 mm，磨平表面，保证光轴平行于表面。认准基准面，再将石英薄片放余量切成条状。

2.3 第一面磨砂抛光

将零件上盘。认准基准面，用刚玉粉精磨至M14号，加氧化铈抛光。由于石英的硬度高，用氧化铈抛光能得到理想的表面。第一面的光圈小于一个圈。

2.4 第二面磨砂抛光

第二面磨砂抛光的好坏是保证零件精度的关键所在。把切成条状的薄片光胶放在平行平板上，然后精磨。精磨阶段必须测量波片的绝对厚度，而要测量这样精确的厚度，要用到读数值为1 μm的测厚仪。实际加工中，当厚度抛光大于理论值3～5 μm时，就不再测量其绝对厚度，而应通过实验装置进行实测。测量用的光源波长要用波片将来使用的工作波长。用比较测角仪检查平行度，要求双像重叠、光圈小于一个圈，这时候就可以下盘。

2.5 侧面抛光

对于晶片还有一个特殊要求，即薄型波片的两个侧面与表面要垂直，并且四条棱线要求锋利，不能有缺口和毛边。

波片加工的最大难点是第二面的抛光，因为抛光第二面时，需要对厚度进行精确测量与控制。测量过程中需要准确判断厚度是“过头”还是“不足”，以便采取相应措施加以修正。厚度过头是指波片的加工厚度已经稍薄于应有的厚度，但又与下一个厚度周期相差较大。出现这种情况时，就不能仅仅依靠抛光来修正厚度，而是要重新精磨后再抛光至下一个厚度周期。厚度不足是指波片的实际加工厚度稍大于应有的厚度。出现厚度不足时，一般不必重新研磨，而是直接依靠抛光来减薄。

思考与练习

1. 晶体光学零件加工有哪些特点？
2. 晶体光轴方向的确定有哪些方法？
3. 什么是布拉格角度？怎样确定布拉格角度？
4. 如何识别石英晶体的光轴方向？
5. 波片的制造是怎样进行的？

第八部分

非球面光学零件加工岗位

◆**知识要求：**

(1)掌握基本二次非球面的光学性质；

(2)能正确理解非球面光学零件图纸上各项参数，了解非球面的评价指标；

(3)掌握数控研磨光法制造非球面的加工工艺；

(4)了解光学塑料注射成型法制造非球面的加工工艺；

(5)了解注塑机结构和模具；

(6)了解光学玻璃模压成型法制造非球面的加工工艺。

◆**技能要求：**

(1)能根据图纸要求完成研磨抛光法制造非球面，并对非球面零件进行检验并填写质检报告；

(2)非球面质量指标检测；

(3)研磨抛光磨具设计；

(4)数控研磨机床操作；

(5)注塑机操作，包括光学塑料原材料的选取和预处理；注射成型零件质量分析及工艺参数的选取。

由于非球面在改善成像质量、简化光电信息采集系统的结构和减小系统的尺寸和重量等方面有显著的作用，因而在军用和民用光电仪器中得到越来越广泛的应用。目前，不论在武器火控、制导武器的导引头等军用系统还是在数码相机、光盘读写装置等民用系统中都已广泛采用非球面光学零件。因此，非球面零件的制造技术在光学制造业中的重要性也越来越明显。

任务一　认识非球面

1. 非球面分类

非球面光学零件按不同的分类标准有不同的分类方法。

1.1　按外形尺寸分类

非球面光学零件按外形尺寸分类如表 8-1 所示。

表 8-1　按外形尺寸分类

分　　类	规　　格	用　　途
大型非球面	直径超过 0.5 m 以上，甚至达几米以上	天文仪器中的非球面
中型非球面	一般光学仪器中的非球面	如电影放映机中的反射镜、显微镜、聚光镜、瞄准仪器中的目镜等
微型非球面	毫米至纳米级	随光通信、VCD、DVD、计算机摄像头、手机摄像头等光电产品的急需而发展起来的

1.2　按加工精度分类

非球面光学零件按加工精度分类如表 8-2 所示。

表 8-2　按加工精度分类

精度等级	面形误差	用　　途
高精度	RMS 值小于 0.03 μm	航天遥感、军用航空航天系统、光学数据存储、光刻及强激光系统等
中等精度	PV 值为 1 μm 左右	一般的照相设备、视频成像系统（尤其是变焦镜头）、激光照排系统、中远红外光学系统等
低精度	PV 值大于 2 μm	照明器、聚光镜、投影电视、文献扫描仪、低端视频成像系统、医疗设备（如内窥镜、眼底镜）等

1.3　按对称轴分类

1.3.1　回转对称非球面

回转对称非球面又称单轴对称非球面，通常是一条二次曲线或高次曲线绕曲线自身的对称轴旋转所形成的回转曲面，如图 8-1 所示。

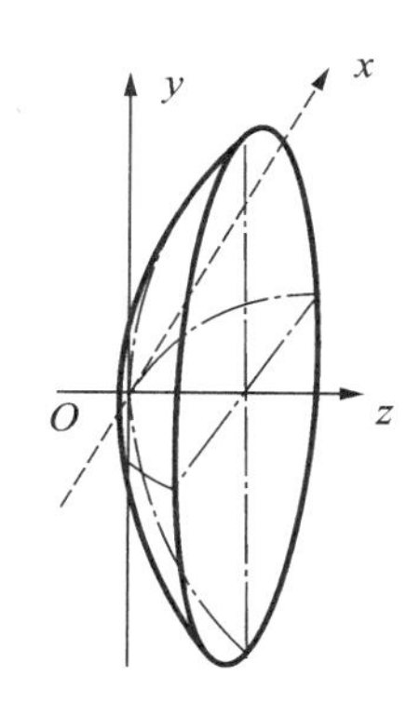

图 8-1　非球面的直角坐标系统

设一条曲线 z 为回转轴，z 轴也是光轴，非球面上任意一点到光轴的距离为 r，非球面顶点在 $z=0$ 处，则回转对称非球面方程为

$$z=\frac{cr^2}{1+\sqrt{1-(1+k)c^2r^2}}+\beta_1r^1+\beta_2r^2+\beta_3r^3+\cdots \tag{8-1}$$

式中：第 1 项是这个非球面的基面，它表达了一个二次曲面；后面各项是这个非球面的高次项，它是偏离二次曲面的表面特征，即非球面是在二次曲面的基础上作一些微小的表面变形，可以达到校正像差的目的。

图 8-2 所示的为二次曲线的形状。

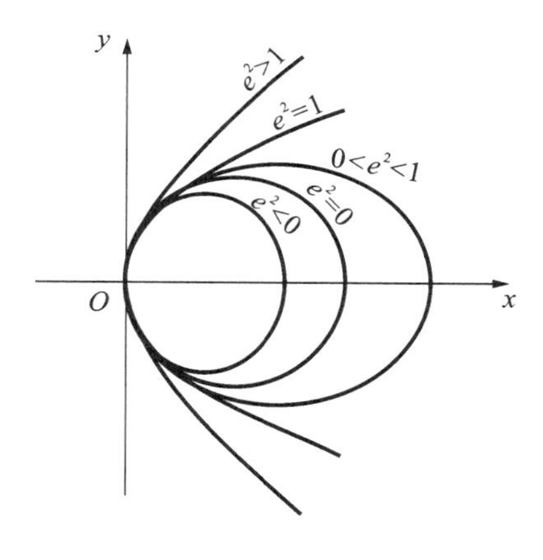

图 8-2　二次曲线的形状

由于一个非球面有多个量可以选择，与球面只有一个 c 量选择相比，非球面可以由一个非球面产生几个球面结构。只取第一项时为标准二次曲面方程，即

$$z=\frac{cr^2}{1+\sqrt{1-(1+k)c^2r^2}} \tag{8-2}$$

式中：c 为顶点曲率，$c=1/R_0$，R_0 为顶点曲率半径；k 为二次系数或圆锥系数，$k=-e^2$，e 为偏心率；z 为相应垂直距离或曲面矢高；二次系数 k 的大小决定二次曲面的形状。

$k<-1$（即 $e^2>1$）时，为双曲面；

$k=-1$（即 $e^2=1$）时，为抛物面；

$-1<k<0$（即 $0<e^2<1$）时，为椭圆（长轴与光轴重合）；

$k=0$（即 $e^2=0$）时，为球面；

$k>0$（即 $e^2<0$）时，为扁椭圆（短轴与光轴重合）。

1.3.2　非回转对称非球面

非回转对称非球面是将一个具有一定方程式的曲线，绕与曲线处于同一平面内的其他轴旋转而得到的曲面，如圆柱面、圆锥面、复曲面、环形曲面等，又称为二轴对称非球面或离轴非球面。

1.3.3　无对称中心非球面

无对称中心非球面一般是没有对称轴或没有对称面且无确定方程描述的非球面，一般也称为自由曲面。

1.3.4 阵列表面

阵列表面通常是具有非连续性变化特征的曲面，如光栅的表面、菲涅耳透镜、二元光学元件等。前面所讲的三种非球面均为连续变化的曲面，而阵列表面最主要的特点就是它的表面是一个有间断点的曲面，它们的表面不是连续变化的。在光学制造领域，非球面通常是指不包括阵列表面在内的连续型非球面。

在光学制造领域，较多关注的是目前大批量生产的适用于民用的常见非球面，这主要是指中等精度、中小尺寸的回转对称和非回转对称非球面，尤其是回转对称的二次非球面。

2. 非球面加工时的重要参数

2.1 非球面孔径

对于单调的非球面，非球面法线与光轴夹角有一个最大值，在非球面的边缘达到最大值 ϕ_{max}。$A_0=\tan\phi_{max}$ 称为非球面的孔径。例如，相对口径为 1∶1 的抛物面的孔径 $A_0=0.25$。孔径是非球面的重要特性之一，因为该值决定了加工的难易程度和应该采用的检验方法。

2.2 最接近比较球面与非球面度

某一个二次非球面在有效口径范围内沿光轴方向与一个球面进行比较，这个球面称为比较球面。如果一个比较球面与非球面的顶点及边缘接触时，两者偏差最小，这个比较球面就称为最接近比较球面。非球面和它的最接近比较球面在光轴方向上的偏离量称为轴向非球面度 δ。最大非球面度 δ_{max} 越大，非球面就越难加工。

非球面加工的难易程度与口径有关，即在比较小的口径中磨去同样量的 δ_{max} 比在较大口径的零件中加工要困难，因为前者更为“陡峭”。

非球面度的大小反映了非球面加工的难易，但真正反映加工难度的是非球面度的变化值，如在镜面径向每 10 mm 内非球面的差值。

3. 非球面制造的各种方法

非球面制造通常分为非球面成形和光学面实现两个工艺方面，其中，光学面的实现是难点。非球面成形就是通过研磨等方法使零件表面达到非球面要求，但是表面粗糙度还很大，不是光学面，不能够透射或是反射光线。光学面的实现主要有抛光、模压和切削等方法，是在保持非球面面形的前提下，减小表面粗糙度，使之成为光学表面。也有一些方法是将非球面成形与光学面实现同时完成。总的来说，非球面的制造技术也是在不断进步的，发展过程始终遵循高效率、低成本地制造高品质零件的原则。

将非球面制造方法分类是个复杂的问题，一般可以分为表面材料去除法、改变材料形状法、材料表面沉积法和改变材料性质法等。加工时应根据零件的材料、形状、精度和口径等因素的不同，合理采用不同的加工方法。

3.1 表面材料去除法

表面材料去除法又称为去除加工法，是将光学零件的表面材料去除一部分，从而得到所需形状、尺寸和表面粗糙度的制造方法，主要包括：

(1)研磨抛光修正法；

(2)弹性变形法(应力盘、应力镜)，有工件的弹性变形法和磨具的弹性变形法等方法；

(3)成形磨具法；

(4)靠模仿形法；

(5)接触轨迹法；

(6)数控研磨抛光法，有计算机数控铣削抛光技术、单点金刚石切削技术等；

(7)离子束加工法；

(8)柔性抛光法；

(9)气囊抛光、磁流变抛光等。

3.2 改变材料性质法

改变材料性质法又称为热成形法，是通过加热的方法，将光学材料的形状改变，从而实现非球面制造，主要包括：

(1)光学塑料模压技术，有注射成形和热压成形两种；

(2)光学玻璃模压技术，这是非球面制造的趋势。

3.3 材料表面沉积法

材料表面沉积法又称为附加加工法，是通过在光学材料表面沉积其他光学材料制造非球面的方法，主要包括：真空镀膜法、表面复制法、电镀法等。

3.4 改变材料性质法

改变材料性质法又称为变质加工法，类似于在球面表面上通过改变局部表面材料折射率的分布来实现非球面的作用；在一个表面复制某一性质呈梯度分布特性的材料来实现非球面等，还是一个新的研究课题。

至今为止，还没有一种非球面加工方法能与现行的球面加工方法相比拟，既能保证加工精度和质量，又能适应各种批量生产、成本适中。因此，寻找既要有较高的加工精度和加工效率，又有较低成本的非球面加工方法是今后较长时间内一个重要研究方向。

目前，研磨抛光法是非球面加工的基本方法，尤其是在打样、小批量上广泛使用。而在民用大批量制造上使用较广的是光学塑料模压技术和光学玻璃的模压技术。本书仅针对这几种方法重点介绍。

任务二　掌握常见非球面的光学性质

1. 反射面

二次非球面的反射面，如图 8-3 所示，是由平面曲线围绕连结其几何焦点的轴线旋转而成的。

这类表面具有很好的光学性质：若点光源置于几何焦点之一 F_1 处，则被非球面反射的所有光线都严格交于第二焦点 F_2 处。几何焦点 F_1 和 F_2 是一对无像差点（齐明点），即光线以任何角度入射时在该反射面上都不产生像差。其中，应用最普遍的是凹抛物面镜（包括大型天文望远镜，在可见光以外的波段工作的物镜，探照灯反射镜等）、凹椭球面镜（包括聚光镜，反射式物镜和望远镜的二次反射镜等）、凹双曲面镜（卡塞格林系统中的反射镜），凸非球面镜的应用很少，主要是和凹反射镜配合使用，因此其外形尺寸较小。

这类表面的基本几何参数是：子午曲线顶点的曲率半径 R_0 和偏心率 e 决定了几何焦点相对于表面顶点的位置，如表 8-3 所示。

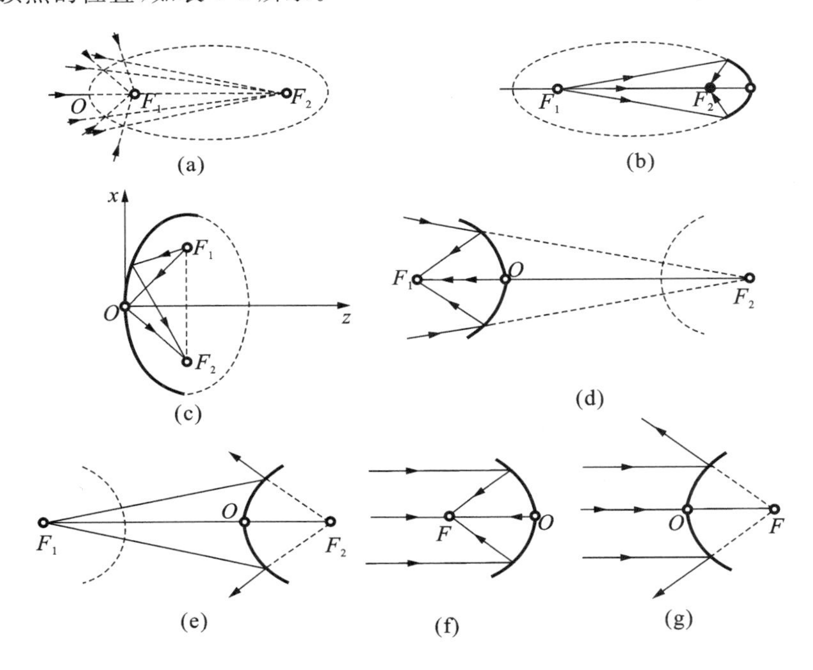

图 8-3　二次非球面反射面

(a)凹椭球面；(b)凸椭球面；(c)扁椭球面；(d)凹双曲面；(e)凸双曲面；(f)凹抛物面；(g)凸抛物面

表 8-3　二次非球面的几何焦点的参数

表面类型	e 的范围	OF_1	OF_2	F_1F_2
凸椭球面	$0<e<1$	$\dfrac{R_0}{e+1}$	$\dfrac{R_0}{e-1}$	$\dfrac{2R_0}{1-e^2}$
凹椭球面	$0<e<1$	$\dfrac{R_0}{e-1}$	$\dfrac{R_0}{e+1}$	
凹双曲面	$e>1$	$\dfrac{R_0}{e+1}$	$\dfrac{R_0}{e-1}$	$\dfrac{2R_0}{e^2-1}$
凸双曲面	$e>1$	$\dfrac{R_0}{e-1}$	$\dfrac{R_0}{e+1}$	
凹抛物面	$e=1$	$OF=\dfrac{R_0}{2}$		∞
凸抛物面	$e=1$			∞

实际的二次曲线反射面物镜如图 8-4 所示，均有两个无像差点以及相应的两个无像差的共轭距 l 和 l'，在其中一个无像差点上放置一个点光源，在另一个点上就得到它的无像差的像。这一光学特性给加工二次非球面提供了检验方便。如果在一个点上放置点光源，在另外一点上放置刀口，根据阴影图形，可以判断面形的缺陷，从而可以把面形修正到所要求的形状。

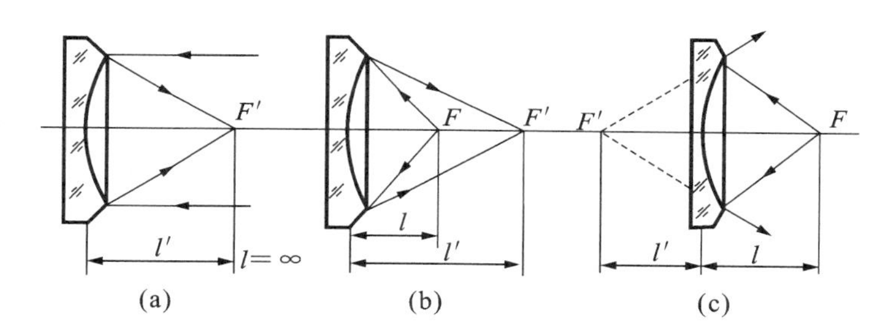

图 8-4　各种非球面的无像差点位置

(a)抛物面；(b)椭圆面；(c)双曲面

2. 折射面

设一个理想的两边介质的折射率分别为 n 和 n'，在表面上入射的会聚光束的顶点 F 位于它的第二几何焦点 F_2 上，如图 8-5(a)所示。若椭球面的偏心率 $e=\dfrac{n'}{n}=\mu$，则折射光束变成严格的平行光束，与入射光束的孔径无关。由于椭圆的 $e<1$，所以此性质仅在 $n'<n$ 时存在。显然，如果光线变至相反方向，则光束的结构不变。

如果 $n<n'$，则入射在椭球面上的平行光束(见图 8-5(b))聚焦在 F'点，这点即第二几何焦点 F_2。

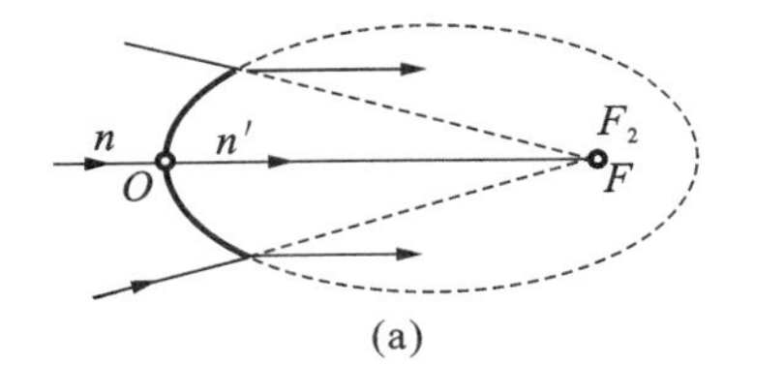

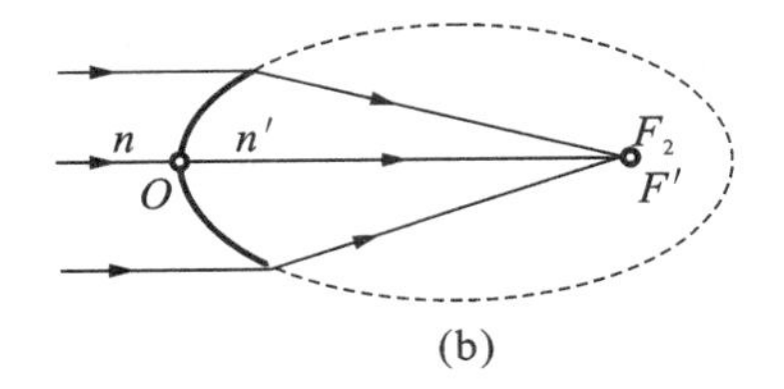

图 8-5　椭球面上光线的折射

双曲面也表现出类似的性质（见图 8-6），当 $e=n/n'$ 时，相应于双曲线的两支有两种情况。在这两种情况中，$n>n'$。若 $n'=1$，则位于空气中的透镜的第一个表面应该是平面。

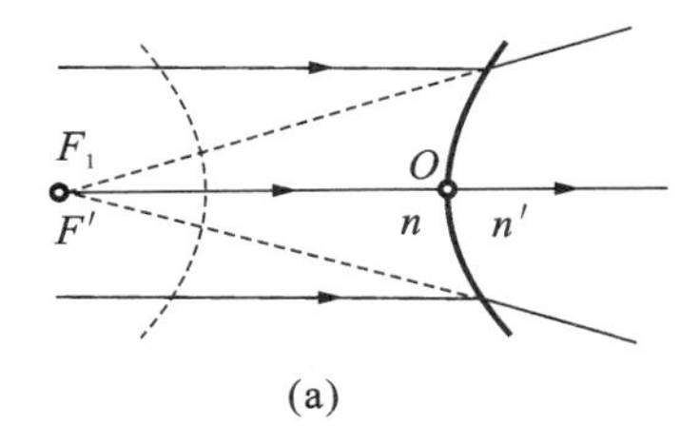

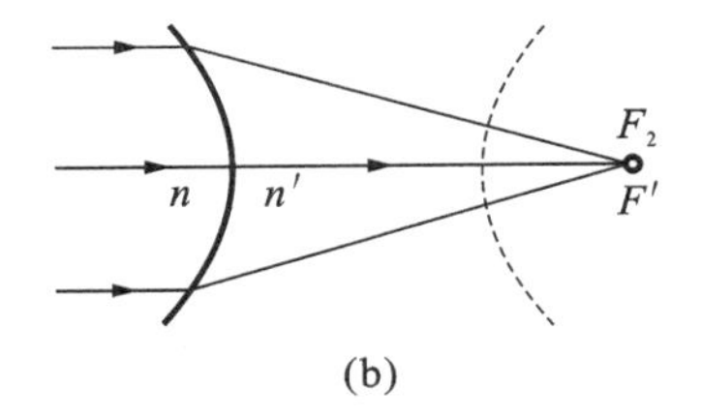

图 8-6　光线在双曲面上的折射（$n>n'$）

图 8-7 和图 8-8 所示的分别为椭球面透镜和双曲面透镜的结构。

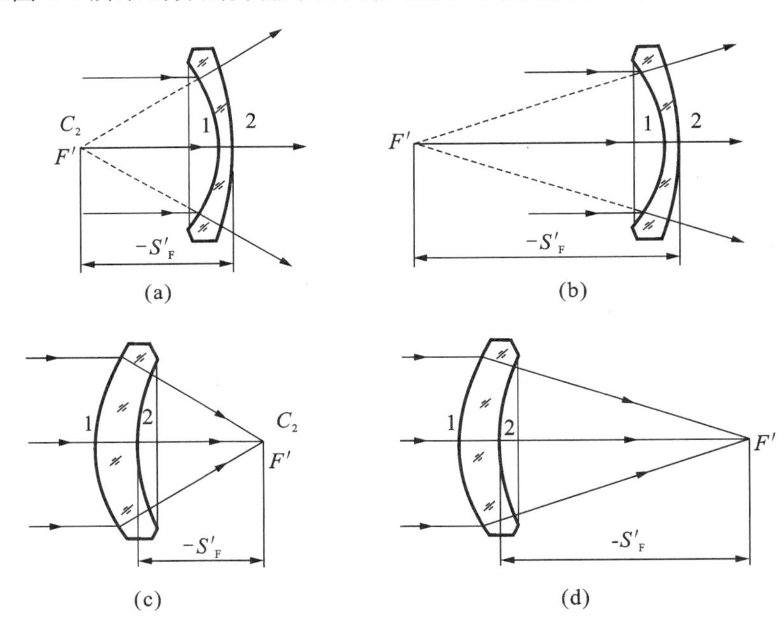

图 8-7　椭球面透镜

（a）、（b）负透镜；（c）、（d）正透镜

1—椭球面；2—球面；F'—透镜的后焦点

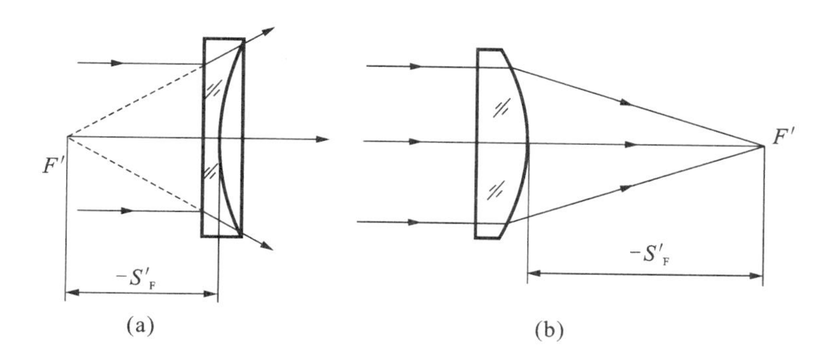

图 8-8 双曲面透镜

(a)负透镜;(b)正透镜

3. 实际非球面的评价指标

3.1 面形精度

在国际标准 ISO 1010—12:1997(E)中规定了非球面表面面形允差的表示方法,应采用以下三种方法中的一种。

(1)按照 ISO 10110 的规定,以表面轮廓度表示。

(2)按照 ISO 10110—5 的规定,以光圈和局部光圈数表示。

(3)Z 值的允许偏差用列表给定。该值是名义值与工件的实际值之差,即

$$g(x)=\frac{x^2}{R_x-(1+k_x)x^2} \tag{8-3}$$

在上述三种表示法中,可能另外还要给出允许的斜率偏差,它是表面法线和名义值的偏差。此时,在图纸上同时要给出斜率的采样长度——测量斜率时在表面上移动的距离。如果是非回转轴对称表面,在不同的截面内斜率允差有可能是不同的。

3.2 弥散圆直径 d

对非球面光学零件或系统,如已知理论值为 d_0,测得轴上点的爱里斑直径 d_i(星点像),则弥散圆直径 d 为

$$d=d_i-d_0 \tag{8-4}$$

此式表示因非球面面形不准而产生的像差大小,常用于消像差系统中的非球面检测。

3.3 光能集中度和能量密度曲线

如图 8-9 所示,根据像平面上光能集中程度或能量密度曲线可判断非球面的偏差。

3.4 鉴别率

鉴别率是指非球面系统像面上能分辨的最小线距离。

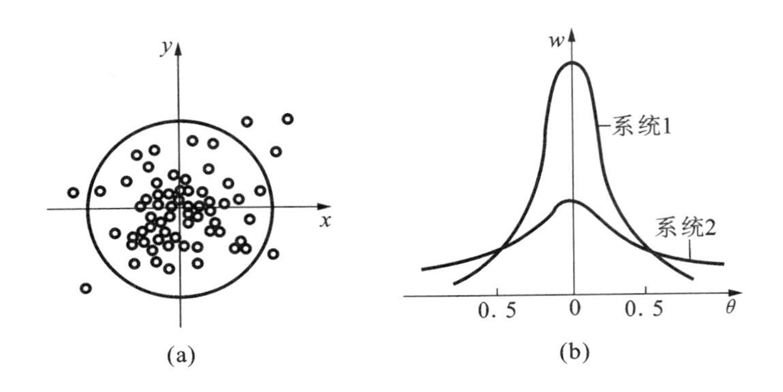

图 8-9　能量分布曲线

(a)点列图;(b)能量密度分布曲线

3.5　面形误差

面形误差是指实际的非球面与理论曲面在 x、y 方向上的误差,常用于特殊曲面的检测。

3.6　阴影图

利用刀口仪的阴影图可定性判断非球面的面形精度。要求阴影图均匀、无明显切带等。但阴影图对面形变化的误差不灵敏。

3.7　最大波相差 W_{max}

最大波相差是指非球面光学零件成像后实际波面相对于理想波面的最大偏差数。该偏差数用波长表示,如 $\lambda/4$、$\lambda/8$ 等。用 W_{max} 表示时,必须在图纸上注明其意义及所用波长。

3.8　陡度 S

陡度是指限定长度内非球面面形与理论面形的偏离程度。如 S:$(A/200)/\text{cm}$,即表示在非球面任意处每厘米长度上其偏差不得大于～/200。这种方法是最大波相差的一种补充指标,用于控制非球面的局部区域的平滑程度。

3.9　哈特曼常数 T

非球面系统所成像点的大小由式(8-5)表示,即

$$T=(2\times10^5/F_0^2)\left[\sum R_i^2\,|F_i-F_0|/\sum R_i\right] \tag{8-5}$$

式中:F_0 为加权焦点,$F_0=\sum(R_iF_i)/\sum R_i$;$F_i$ 为从直径两端某一对光阑孔发出的光线求出任一侧的顶点焦距;R_i 为一对光阑孔所在区域的径向距离。

哈特曼常数 T 以弧秒表示,常用于天文镜面的测量。

通常用实际非球面的面形误差评价结果来确定该非球面的制造精度水平,根据面形误差的水平,一般将非球面分为以下四种精度等级。

(1)超高精度:小于 0.1 μm(玻璃);0.1～0.21 μm(光学塑料)。

(2)高精度:小于 1 μm(玻璃);1～2 μm(光学塑料)。

(3)中精度:小于 4 μm(玻璃);2～5 μm(光学塑料)。

(4)低精度:2～10 μm(玻璃);6～100 μm(光学塑料)。

3.10　其他质量指标

加工非球面光学零件表面时,与球面零件一样,也要给出中心误差、中心厚度、表面疵病允差和表面粗糙度,给定方法与球面零件的一样。

任务三　数控研磨抛光法制造非球面

1. 研磨抛光非球面方式和设备

非球面研磨抛光方法是非球面加工最基本的方法,也是传统的方法。先把零件研磨成最接近球面形状,然后用机器或手工继续局部研磨或抛光,边加工边测量,最后修磨出非球面面形。这种方法适用于大口径且非球面度较小的非球面。这种研磨抛光修正法的加工精度高,但加工效率太低,精度重复性差,只适用单件或小批生产。

研磨抛光法加工非球面的基本流程如图 8-10 所示。

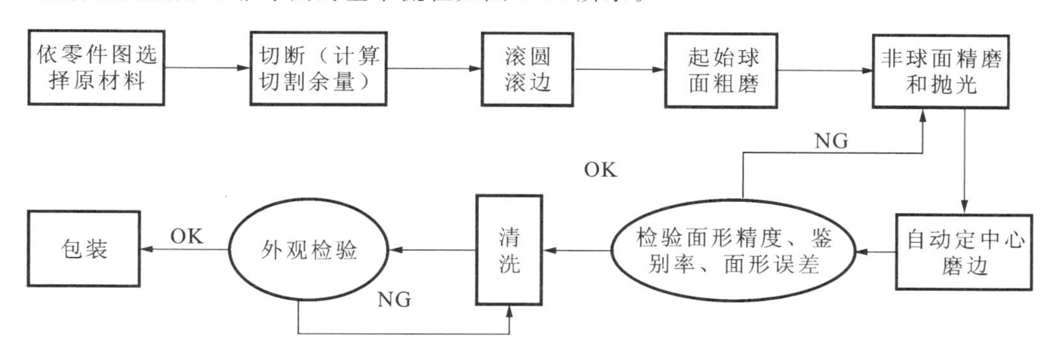

图 8-10　研磨抛光法加工非球面基本流程图

非球面研磨抛光修正法有粗磨修正成形、精磨修正成形、抛光修正成形以及全口径抛光修正成形等不同方式。选择非球面加工修正方式一般依据最大非球面度的大小来确定,如表 8-4 所示。

表 8-4　非球面修正方式

δ_{max}/mm	形成方式
>0.02	粗磨修正用金属卡检验
0.05～0.2	W40 砂修正或成形机床砂轮磨出

续表

δ_{max}/mm	形成方式
0.02～0.05	W40砂修正或超精密机床金刚石砂轮铣磨
0.005～0.02	抛光修正
<0.005	全口径抛光盘修正

采用研磨抛光法加工非球面除了考虑最大非球面度外，还与具有的设备相关，一般专门非球面加工设备有仿形机床，采用这种设备加工非球面称为仿形成型法。利用放大的仿形板来控制磨轮的运动，磨轮运动的轨迹在回转零件的一个截面上是非球面曲线，在零件旋转时就可以加工出非球面表面。图8-11所示的是一个凸形仿形加工原理图；图8-12所示的是一个加工凸非球面的机床示意图。

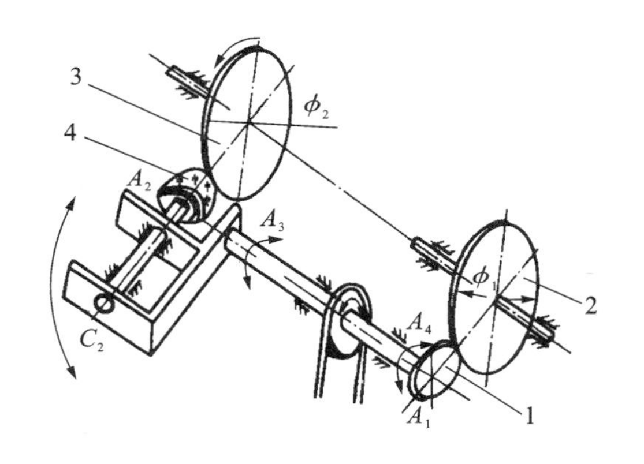

图8-11 凸形仿形加工原理图

1—仿形板(凸样板)；2—靠轮；
3—金刚石砂轮；4—零件

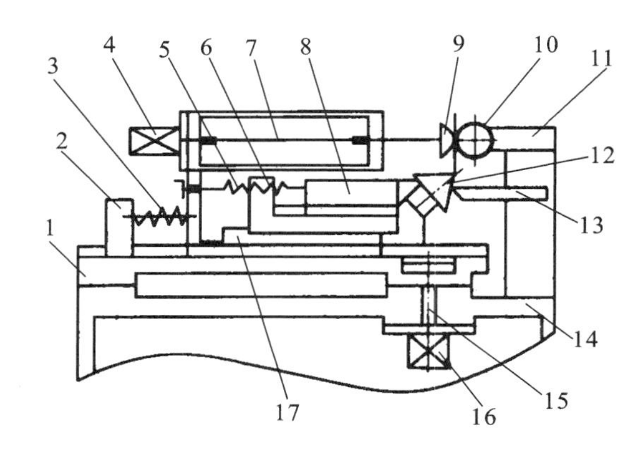

图8-12 加工凸非球面的机床示意图

1—摆动台；2—推力支块；3—推力器；4—工件轴驱动电机；
5—圆锥体移动丝杆；6—导座；7—工件安装轴；8—支座；
9—工件；10—磨轮；11—支架；12—圆锥体；
13—轨迹截取体；14—床身；15—摆动轴；
16—摆动轴驱动电机；17—工件轴箱体

在一个圆锥体上用一个截面去截取，截面和圆锥体交线是一个二次曲面，改变截面和圆锥体的位置，在理论上可以获得任意一个二次曲线。把这个二次曲线转移到被加工的零件上，就可以得到任意一个二次非球面的零件。

如果没有专门设备加工高精度的非球面，可使用修带工具在普通的研磨抛光机床上进行，这种方法称为修磨法。常使用的修带工具如图8-13所示。按其精度要求可以制成不同直径和宽度的圆环。环形磨具通常选用钢材制成。用环形磨具加工时，对非球面度较小的带区磨制效果较好，而对非球面度大的带区就很难使用，不易磨平滑。零件非球面度越大，修磨带区的宽度应相应变窄，环的数量也应适当地增加。三点工具是由环形磨具发展而来，它的结构如图8-14所示。该工具是利用三点可组成一个圆的道理，随着中心距的改变，就可以在支架上调整其位置。为了防止小磨具的转动，一般需加定位销。三脚架通常用钢材(或铝合金)制成，而小磨具的材料为铝合金。三个小磨具的形状、大小和位置的选择，应根据被加工零件需要修改带区的宽窄及部位而定。在使用香蕉形磨具时，三个模具的两头都应在同一圆周上，并使磨具处于正确位置。

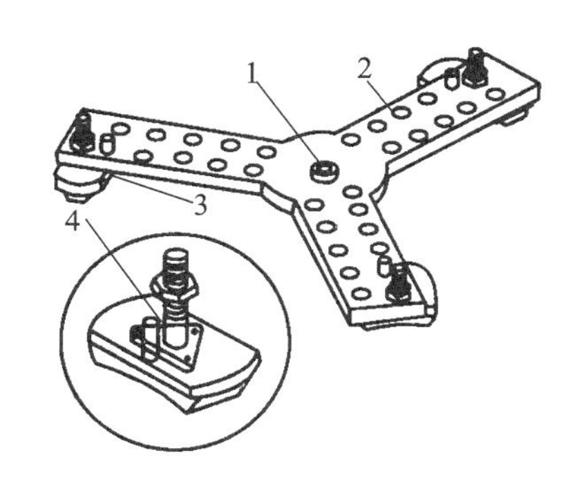

图 8-13　修带工具

1—铁笔孔；2—三脚架；3—小磨具；4—定位销

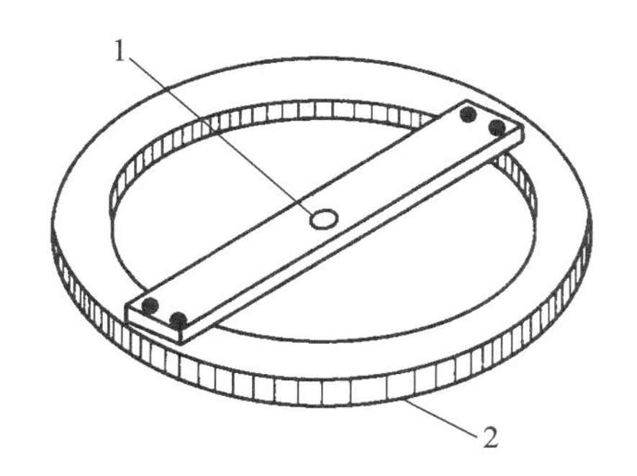

图 8-14　三点工具

1—铁笔孔；2—工作面

2. 研磨抛光法关键点

无论采用哪种研磨抛光法加工非球面，通常都是先加工出一个起始球面，它是通过非球面最接近比较球面来确定的一个研磨起始球面，然后修磨此球面的各带成为一个非球面。假如是用来修磨凸非球面的话，就使起始球面的边缘和顶点分别与要求的非球面最接近比较球面的边缘和顶点重合，此起始球面最大修磨量在半径的 0.07 处；假如用来修磨凹非球面，把最接近比较球面沿 x 轴平移 δ_{max} 一段距离，δ_{max} 是非球面的最大非球面度，于是最接近比较球面与二次曲面在 $0.707h$ 处重合，以此时的最接近比较球面为研磨的起始球面，最大修磨量在球面的顶点与边缘处，如图 8-15 所示。当然实际加工时，起始球面还要充分考虑加工余量。

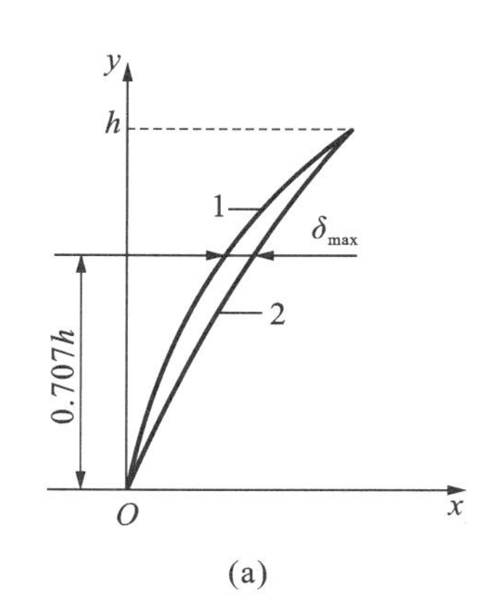

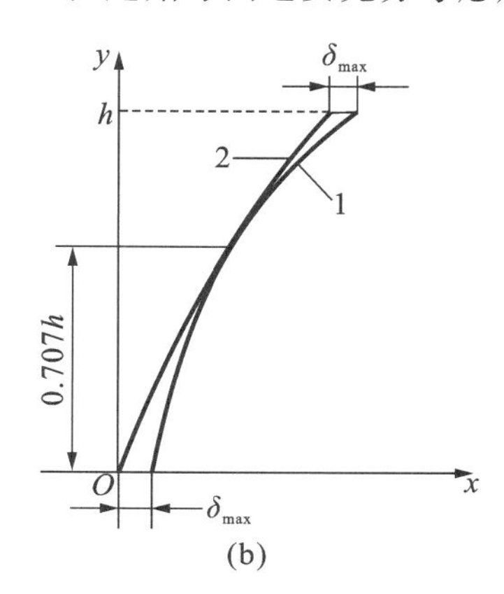

图 8-15　最接近球面与非球面间的偏离

(a)凸回转二次曲线；(b)凹回转二次曲面

1—圆；2—二次曲线

假如 δ_{max} 在几个波长的数量级，则应在抛光工序将最接近球面修磨成非球面。若 δ_{max} 为十分之几毫米，则在精磨中修磨；若 δ_{max} 为几个毫米，则在粗磨中修磨。

3. 非球面研磨抛光工艺

非球面的毛坯一般定制成球面透镜形状，通常是从起始球面粗磨开始，将起始球面修改成非球面。

3.1 起始球面的粗磨

根据计算求出的起始球面曲率半径，其毛坯准备、粗磨工艺和测量方法与球面加工的相同。粗磨完工后边缘厚度差小于 0.05 mm。零件表面粗糙度要磨到 W40～W28 砂。依照非球面度的大小和考虑到精磨反复的次数，粗磨后零件厚度要留有适当的精磨余量。

3.2 非球面的精磨

精磨是起始球面修改成非球面的主要工序。该工序是根据所计算出的不同带区的不同修磨量，采用手工或机器进行修磨。精磨的好坏直接影响到非球面的成形质量。一般对于非球面度小的非球面（1 μm 左右），精磨仍然是磨球面，主要是把粗砂眼去掉，然后由抛光来修改非球面。对于非球面度较大的，则需在精磨时磨出非球面面形，即将开好球面的零件放在精磨机上，按照非球面的金属样板进行精磨，修改面形。完工表面应磨到 W20～W14 砂。对面形精度要求高的零件，当用样板初检面形合格后，可用球径仪或线条板法，或其他方法进一步检验，若有缺陷则应继续修改。

3.2.1 精磨方法

精磨方法有两种：一是机器修磨，即零件装在精磨机主轴上转动，磨具由机床摆架铁笔带动，作短动程（磨具移动的距离称动程）的往复运动，加工中用一个三点工具或同时用几个单块磨具对零件进行修磨；二是手工修磨，零件仍装在精磨机主轴上转动，但磨具用手按住，在零件子午面内一定带区作往复运动。

3.2.2 精磨磨具

精磨磨具修改面形的作用原理，是基于磨具工作表面相对于非球面不同的带区有不同的接触面积。因此在加工中的单位时间内，精磨磨具使零件表面产生不均匀的磨损，从而达到修带的目的。

精磨磨具按用途不同，可分为单块精磨磨具和整盘精磨磨具两类。其形状分别如图 8-16、图 8-17 所示。各种形状的单块磨具可用手拿着进行加工，也可把小磨具装在三点工具上。

精磨磨具的大小和形状选择，应根据被加工非球面的类型、非球面度大小和精度而定。例如，加工离轴抛物面时，图 8-16(d)所示的磨具适用于修改 0.7 带以外的面形，图 8-16(e)所示的磨具适用于修改 0.7 带以内的面形（加工时小锐角应指向零件中心），图 8-16(f)所示的磨具可用于修改焦距和局部小带。

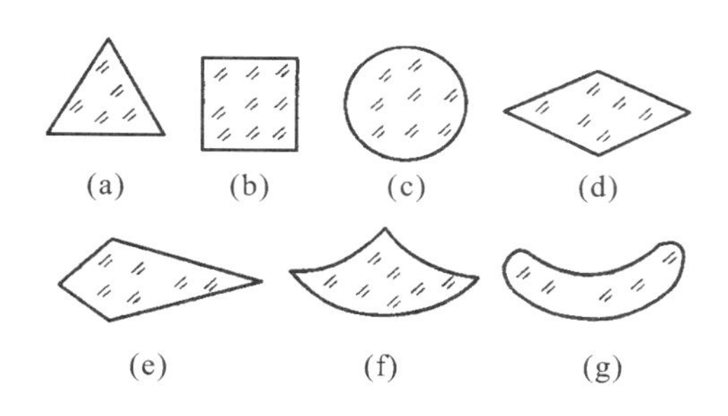

图 8-16　单块精磨磨具

(a)三角形；(b)正方形；(c)圆形；(d)棱形；(e)锥形；(f)斧形；(g)香蕉形

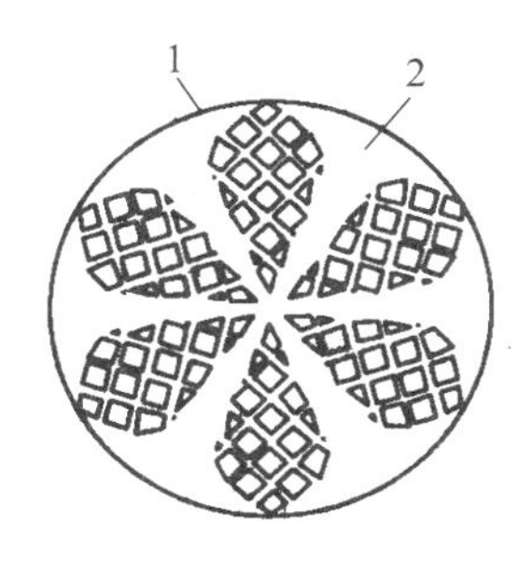

图 8-17　整盘精磨磨具

1—磨片；2—底盘

3.2.3　精磨注意事项

精磨前应调整零件轴线与机床主轴轴线重合。面形精度要求越高的零件，其同轴度要求就越高。

检查同轴度的方法如图 8-18 所示。用手拉动皮带轮使主轴慢慢转动，由千分表读出不同轴度的偏差，并给予校正。

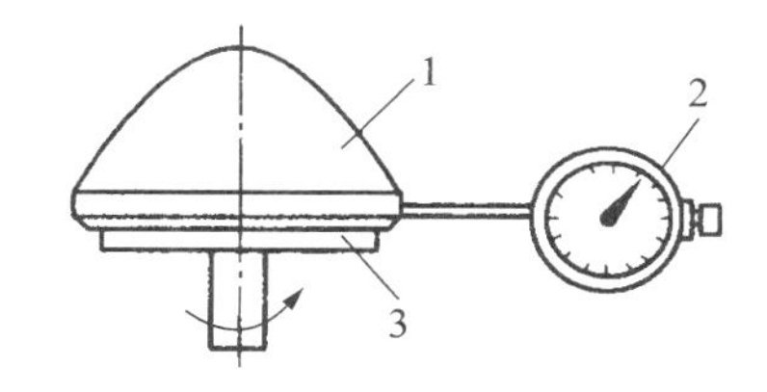

图 8-18　检查同轴度

1—零件；2—千分表；3—接头

精磨非球面时，一般先修磨非球面度最大、带区最宽的部位，此时应尽可能地少磨与球面接近的部位，这样可以使曲面保持平滑。

加工中按测得结果，哪个带区偏离量大，就先磨那个带区。精磨后若各带区的焦距相差很大时，应继续精磨修改。若各带区的焦距基本上一致时，则可进行试抛。通常精磨结束时，各带区要求尽量平滑些，否则会给抛光带来不便。

修磨部位和时间要尽可能准确，为了保证修磨时间准确，应多做试验，否则修磨时不宜达到预期的效果。

3.2.4　精磨检验

在精磨非球面时，通常多采用金属样板、千分表球径计、线条板法等进行检验。其具体方法的选择，通常是根据非球面面形的精度要求和非球面度的大小而定。对于面形精度低、非球面度大的，如对低精度和最大非球面度在零点几毫米以上的非球面零件，除用金属样板做初步检验外，在精磨加工中还需要用千分表球径计或线条板进行检验。

对于非球面度很小的零件，精磨后仍为球面，其检验方法可用球面光学样板或球径仪进行测量。

3.3　非球面的抛光

在专用球面抛光机上或普通抛光机上抛光非球面，其加工方法与球面光学零件的抛光方法相似，也可用手修的方法进行抛光。

3.3.1 抛光磨具

整盘抛光用的抛光模具如图 8-19 所示。此类磨具主要是用来抛光和使曲面平滑。图 8-19(a)所示的抛光模具是比较常用的一种，此类抛光模具适用于与球面相差不太大的非球面光学零件。图 8-19(b)所示的抛光模具是利用充气腔 1 来保证无孔橡皮抛光垫 5 与零件相吻合，这是一种抛光凸面和凹面两用的抛光模具。图 8-19(c)所示的抛光模具是将橡皮抛光垫 3 用套箍 4 绷在模具座上而成。气囊抛光模具加工零件通常边缘较差，采用如图 8-20 所示的夹具，可以保证非球面零件的正确定位和提高面形的加工精度。

局部抛光用的抛光模具如图 8-21 所示。此类抛光模具主要用于修改非球面各带区的误差。所用模具工作面的外形一般与精磨具的相同。模具座既可用金属制成，也可直接选用精磨时的磨具，不同之处是在磨具座上敷上一层柏油或其他弹性材料，如海绵、泡沫塑料等。

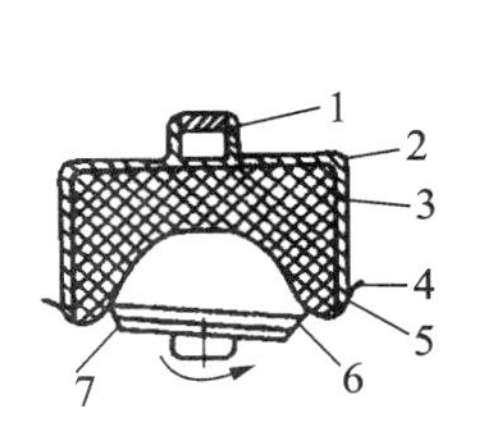

(a)常用抛光模具

1—端面带孔螺钉；2—模具座；3—海绵；4—绒布；5—棉线；6—保护面；7—接头

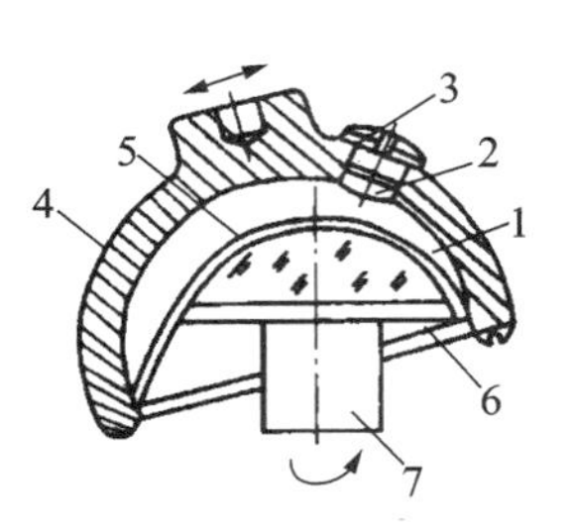

(b)带充气腔抛光模具

1—充气腔；2—充气孔；3—螺塞；4—模具座；5—橡皮抛光垫；6—零件；7—接头

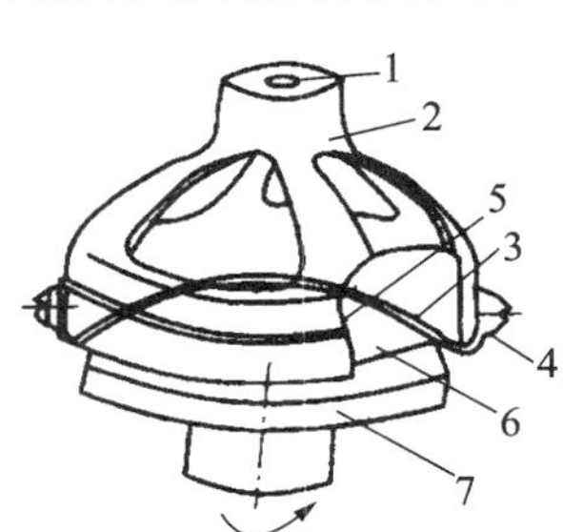

(c)带套箍抛光模具

1—铁笔孔；2—模具座；3—橡皮抛光垫；4—套箍；5—孔；6—零件；7—接头

图 8-19 全面抛光模具

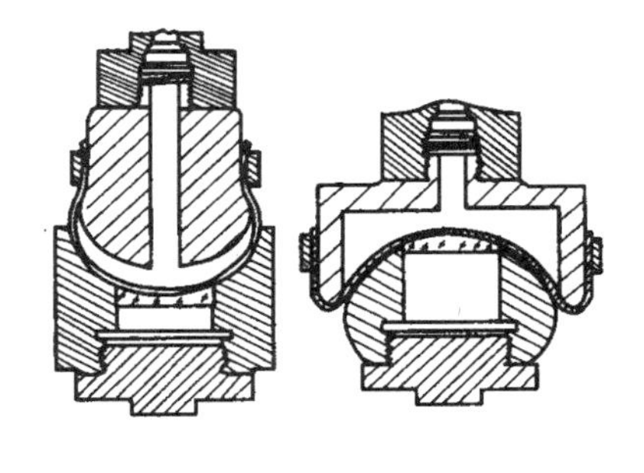

图 8-20 气压抛光零件夹具

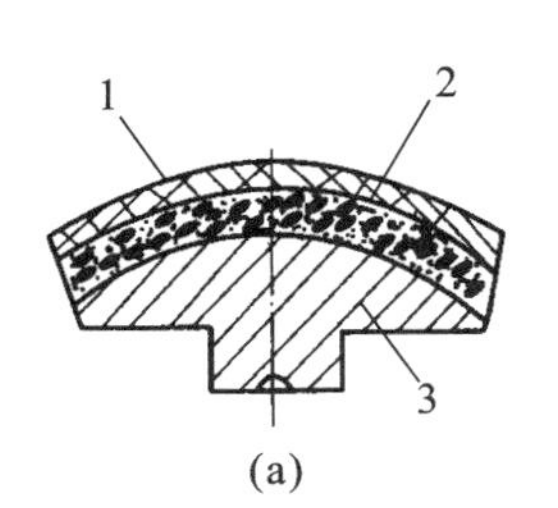

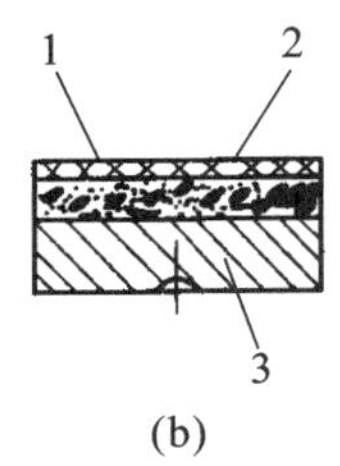

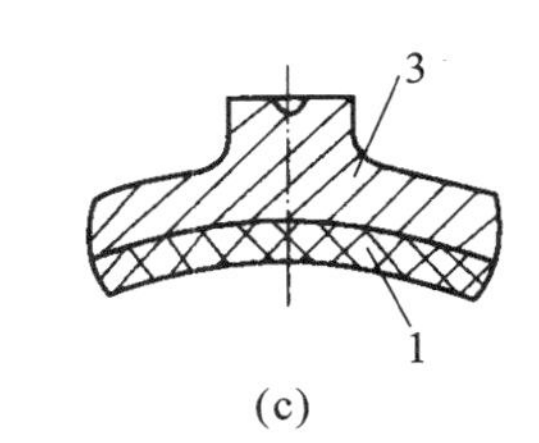

图 8-21 局部抛光模具

1—抛光柏油；2—泡沫塑料或毛毡；3—模具座

抛光模具的外形尺寸根据零件所需修磨带区的情况选用，一般与需要修磨的带宽相等。其面形的给定通常与被加工带区的表面基本相同。

直接用来修改非球面面形的抛光模具，其外径一般与被加工零件的外径相同，工作表面曲率半径为被加工球面的最接近球面曲率半径。常见的表面形状如图 8-22 所示。

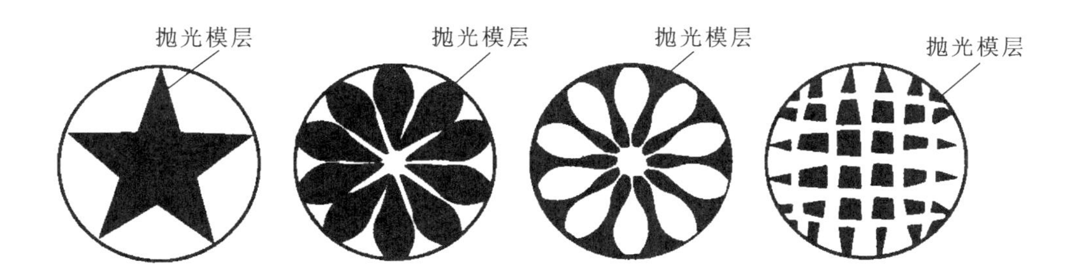

图 8-22　修改面形的抛光模具

对相对口径大的轴对称非球面加工，通常也是先磨成起始球面，然后精磨修改所需的非球面。其精磨抛光既可在专用抛光机上进行，也可在功率许可的普通单轴、双轴抛光机上加工。

机床的选择，应根据零件大小、精度要求和生产批量等而定。由于零件的相对口径较大，所以在精磨时，零件的面形误差一般用简易球径仪和导轨球径仪进行测量。抛光后的面形误差多是用刀口仪检验。

3.3.2　二次非球面的研磨抛光要点

从起始球面磨到非球面，应磨去镜面的哪些部分取决于镜面是凹的还是凸的，以及 $e^2>0$ 还是 $e^2<0$，如图 8-23 所示，几种不同情况列于表 8-5，并给出了磨抛要点。

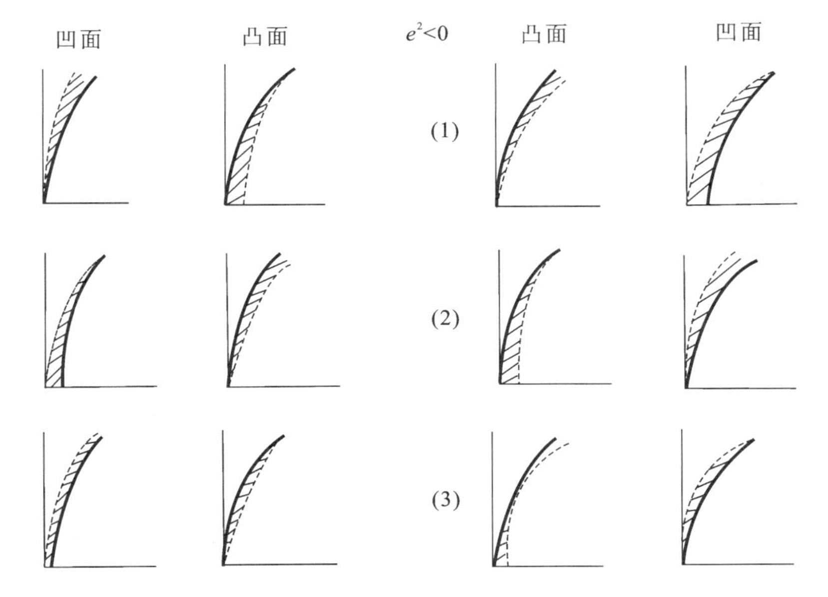

图 8-23　比较球面位置图

——表示比较球面；------表示非球面

表 8-5 磨抛要点

$e^2>0$	情况	磨抛要点	评价	$e^2<0$	情况	磨抛要点	评价
凹面	1	从中心向边缘磨去量增加，保持中心曲率不变，向边缘曲率半径逐渐变大	较难	凹面	1	从中心向边缘磨去量增加，保持中心曲率不变，向边缘曲率半径逐渐变小	较易
	2	从边缘向中心磨去量增加，保持边缘曲率半径不变，向中心曲率半径逐渐变小	较易		2	从边缘向中心磨去量增加，保持边缘曲率半径不变，向中心曲率半径逐渐变大	较难
	3	保持 0.707 带不磨，向边缘磨去量增加，曲率半径变大，向中心磨去量增加，曲率半径变小	难		3	保持 0.707 带不磨，向边缘磨去量增加，曲率半径变小，向中心磨去量增加，曲率半径变大	较易
凸面	1	从边缘向中心磨去量增加，但保持中心曲率半径不变，边缘的曲率半径逐渐变大	难	凸面	1	从边缘向中心磨去量增加，但保持中心曲率半径不变	难
	2	从中心向边缘磨去量增加，但保持边缘的曲率半径不变，中心区曲率半径逐渐变小			2	从中心向边缘磨去量增加，但保持边缘的曲率半径不变，中心区曲率半径逐渐变大	难
	3	保持 0.707 带曲率半径不变，但磨去量最大；向边缘磨去量变小，但曲率半径变大；向中心磨去量变小，曲率半径变小	较难		3	保持 0.707 带曲率半径不变，但磨去量最大；向边缘磨去量变小，但曲率半径变小；向中心磨去量变小，曲率半径变大	较难

从表 8-5 中可知：无论是加工凸面，还是加工凹面，选择第 3 种情况的比较球面容易加工，因为去量相对较小。

3.3.3 抛光检验

抛光后的非球面光学零件，应根据图纸资料的规定要求，进行面形误差、表面疵病、几何尺寸等项的检验。面形误差的检验，可采用将零件直接放入产品的光学系统中进行组合检验，但通常多使用阴影法对零件进行单块检验。

任务四 光学玻璃模压成型法制造非球面

美国柯达公司经过近 40 年的努力，在 20 世纪 70 年代成功研究出玻璃的精密模压成型技术，一次就可完成光学球面或非球面的零件成型，不需要研磨抛光的加工。光学玻璃模压成型技术，利用了玻璃从熔融态向固态转化的过程是连续可逆的热加工性质，在玻璃的转变温度 T_g 附近，在无氧条件下，对玻璃和模具进行加温加压，一次性将光学玻璃模压成达到使用要求的光学零件。由于光学玻璃模压成型法摒弃了传统的粗磨、精磨、抛光以及定心磨边等工序，直接一次成型，大大节省了材辅料、时间、设备及人力，且能模压出不同形状，尤其是在非球面光学玻璃零件制造方面，有着广阔的应用前景。

光学玻璃模压成型法制造光学零件有如下优点。

(1)不需要传统的粗磨、精磨、抛光、磨边定中心等工序，就能使零件达到较高的尺寸精度、面形精度和表面粗糙度。

(2)能够节省大量的生产设备、工装辅料、厂房面积和熟练的技术工人，使一个小型车间就可具备很高的生产力。

(3)可很容易经济地实现精密非球面光学零件的批量生产。

(4)只要精确地控制模压成型过程中的温度和压力等工艺参数，就能保证模压成型光学零件的尺寸精度和重复精度。

(5)可以模压小型非球面透镜阵列。

(6)光学零件和安装基准件可以制成一个整体。

光学玻璃模压成型技术是一项综合技术，需考虑玻璃材料、模具材料、模压设备及模压的工艺参数。它所涉及的技术均为各个领域的尖端技术，包括低熔点玻璃材料开发与熔炼、超硬合金材料的加工、模具表面镀膜，以及自动化精密模压设备的研制、模压工艺参数等。该技术主要适用于小型非球面制造，目前，批量生产的模压成型非球面光学零件的直径为 2～50 mm，直径公差为±0.01 mm；厚度为 0.4～25 mm，厚度公差为±0.01 mm；曲率半径可以小到 5 mm；面形精度为 1.5λ，表面质量可达到美国军用标准 80－50 要求；折射率可控制到 $\pm5\times10^{-4}$，折射均匀性可以控制到小于 5×10^{-6}；双折射小于 0.01λ/cm。

光学玻璃模压成型工艺的基本流程如图 8-24 所示。

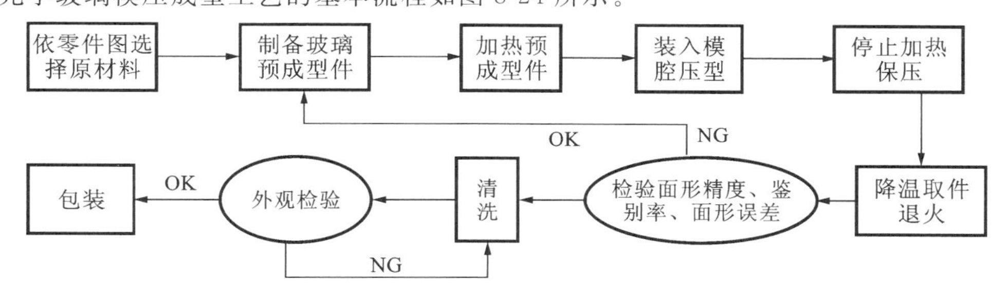

图 8-24 光学玻璃模压成型工艺的基本流程

1. 工艺基本条件

1.1 模压的玻璃材料

1.1.1 对用于精密模压的光学玻璃材料的要求

理论上讲，大部分的光学玻璃都可以模压，但实际情况并非如此。

首先，精密模压成型玻璃元件时，必须在高温环境下进行模压，若温度过高，则易发生铸模的成型面的氧化、腐蚀或脱模损伤，难以实现低成本批量生产。因此，精密模压成型中使用的玻璃应尽量具有低的转变温度 T_g，而且模压成型还对玻璃的耐酸、耐水等化学稳定性提出了更高的要求。

其次，在相同光学常数情况下，原有的玻璃各组分里可能含有在高温下会与模具发生反应的成分，或是会造成 T_g 值升高的组分，因而不适用于精密模压，必须重新调整配比。例如，硅酸盐玻璃中的 SiO_2 可改善玻璃的热稳定性，提高玻璃耐失透性和稳定性，但含量增大会导致 T_g 值升高；WO_3 和 TiO_2 具有提高玻璃折射率和色散的作用，与 Bi_2O_3 同时使用对改善玻璃耐失透性具有一定作用，但当 TiO_2 含量超过 4%，WO_3 含量超过 8%，会使玻璃的透过率恶化，在高温下会与模具发生反应，致使模具的使用寿命很短且零件表面质量差。

另外，对于光学玻璃而言，膨胀系数越高，在压制成型前后的骤冷骤热过程中，玻璃越容易破损，因而膨胀系数大的玻璃也不适用于低成本的精密模压成型。

再者，含有 Pb、As 等氧化物的玻璃不符合环境保护要求，因而也不能用于模压。欧盟官方于 2003 年 2 月 13 日正式颁布了《关于在电子电器设备中禁止使用某些有害物质的指令》(ROHS)，要求 2006 年 7 月 1 日以后投放欧盟市场的电子电器产品不得含有铅、汞、镉、六价铬、多溴联苯和多溴联苯醚等六类有害物质。日本、美国等国家现在也正在着手制定类似的法律法规。光学材料在新兴领域特别是在家用数字领域的广泛应用，对光学材料提出了更高的技术要求。为了适应全球环境保护的需要，特别是适应欧盟实施的 WEEE 和 ROHS 指令，用于精密模压的光学玻璃也同样要求不能含有不符合环境保护要求的成分。

以上这些，都对材料厂家提出了更高的要求。

1.1.2 各材料厂家低熔点玻璃进展

最近五年左右时间，低 T_g 值玻璃从品种数量的增长、折射率范围的扩大、T_g 值的降低等方面，都有了很大的进步。目前，日本和德国在这方面走在了世界的前列，HOYA(保谷光学)、OHARA(小原光学)、SUMITA(住田光学)和 SCHOTT(肖特光学)是其中的佼佼者。

日本 HOYA 和 OHARA 是较早研究精密模压用光学玻璃的厂家，HOYA 现有 27 个品种的低熔点玻璃提供，比 2005 年的 19 种增加了 8 种，OHARA 可提供的低熔点玻璃品种也由 2005 年的 12 种增至目前的 21 种，德国 SCHOTT 则由 19 种增至 27 种。在精密模压用光学玻璃材料方面进展最大的当属 SUMITA，可提供多达 41 个品种的低熔点玻璃，所有品种的 T_g 值平均仅为 467 ℃。SUMITA 拥有世界上成型温度最低的玻璃和折射率最高的模压玻璃，K-PG325 的 T_g 值仅为 288 ℃，而 K-PSF215 的折射率高达 2.154，转变温度也仅为 405 ℃。我国的两大材料厂家成都光明光电股份有限公司和湖北新华光信息材料股份有限公司在可用于精密模压的低熔点玻璃研制上比日本、德国起步要晚，2005、2006 年左右在聘请外部专家和借助外力的情况下，实现了低熔点光学玻璃的成功研发，目前可成熟生产的低熔点光学玻璃种类分别为 16 种和 15 种，具体品种上稍有差异，折射率范围为 1.518～1.854，与日本和德国相比，低熔点玻璃品种数量偏少。表 8-6 所示的为几大材料厂家能力对比。

表 8-6 几大材料厂家能力对比

	成都光明	湖北新华光	HOYA	OHARA	SUMITA	SCHOTT
品种数量	16	15	27	21	41	27
$n_d>1.8$ 的品种数量	4	5	9	9	13	7

续表

	成都光明	湖北新华光	HOYA	OHARA	SUMITA	SCHOTT
最高折射率材料型号	D-ZLaF85L	D-ZLaF851	M-FDS2	L-BBH1	K-PSF215	P-SF68
代码	854406	851401	002193	102168	154172	201210
n_d	1.85370	1.85135	2.00178	2.1020	2.1540	2.0052
T_g/℃	620	608	483	350	405	428
最低折射率材料型号	D-K59	D-K9	M-FCD1	L-BSL7	K-CaFK95	N-FK51A
代码	518635	516641	497816	516641	434950	487845
n_d	1.51760	1.51637	1.49710	1.51633	1.43425	1.48656
T_g/℃	497	495	384	498	431	464
最低 T_g 值材料型号	D-LaF79	D-LaF731、D-K9	M-FCD1	L-PHL1	K-PG325	N-PK53
代码	731405	731405、516641	497816	565608	507705	527662
T_g/℃	496	495	384	347	288	383

由于各个厂家的材料配方不同，导致光学常数相同或相近时，玻璃的 T_g 值会有所不同，且材料具体各项参数也有差异。因此，在进行系统设计时，必须首先考虑好所使用的光学玻璃材料的生产厂家。以下是以日本 HOYA 为基础，各材料厂家参数对比（见表 8-8）。

1.2 模压成型的毛坯要求

由于模压成型技术是光学玻璃材料直接一次性成型，出模后不再进行抛光，因此，对用于模压的毛坯相应提出了更高的要求。通常，毛坯会预加工成球形、椭球形或平面、平凸形、双凸形，也称之为预成型件。预成型件有热加工和冷加工两种方式，其中，小直径球形和椭球形可通过滴料直接成型，而其他几种形式的预成型件及直径超出滴料范围的预成型件必须先用传统的研磨抛光方法制造出来。各厂家滴料成型的预成型件一般每批次最小订单量为30 000件。例如，SUMITA 公司滴料毛坯重量允差如表 8-7 所示。

表 8-7 SUMITA 光学玻璃公司滴料毛坯重量允差

零件重量/mg	允差/mg
250～350	±5
350～500	±5
500～700	±5～10
700～1000	±10
1000～1200	±10～15
1200～1500	±15
>1500	±20

对预成型件的要求：因为模压不可能消除毛坯表面及内部的缺陷，因此毛坯在压型前的表面清洁度、表面粗糙度及材料内部质量均不得低于完工后的要求；由于要精密控制压型后的尺寸，毛坯的尺寸和重量也应进行精密控制。表 8-9 所示的为几大材料厂家可加工的研磨球能力。

表 8-8 几大材料厂家参数对比

HOYA			SCHOTT			OHARA			SUMITA			成都光明		
厂家编号	代码	T_g/℃	厂家编号	代码	T_g/℃	厂家编号	代码	T_g/℃	厂家编号	代码	T_g/℃	厂家编号	代码	T_g/℃
M-FCD1	497816	384	N-PK52AP	497816	467				K-PFK80	497815	461			
M-FCD500	553717	397												
M-BACD12	583595	500	P-SK57	587596	493	L-BAL42	583594	506	K-CSK120	587596	498	D-ZK2	583594	501
M-BACD5N	589613	521	P-SK58A	589612	510	L-BAL35	589612	527				D-ZK3	589612	511
M-PCD51	592670	499							K-GFK68	592683	512			
M-PCD4	619639	508												
M-BACD15	623582	528												
M-FD80	689312	454	P-SF8	689313	524	L-TIM28	689311	504				D-ZF10	689311	507
M-LAC130	694532	525				L-LAL13	694532	534	K-VC80	694531	530	D-LAK6	694531	522
M-LAC14	697555	588							K-LaFK55	694563	514			
M-LAC8	713539	582							K-ZnSF8	714389	518			
M-TAC80	729540	619												
M-LAF81	731405	493				L-LAM69	731405	497				D-LaF79	731405	496
M-NBF1	743493	560				L-LAM60	743493	541				D-LaF53	743493	557
M-TAC60	755512	622							K-VC82	756456	526			

续表

HOYA			SCHOTT			OHARA			SUMITA			成都光明		
厂家编号	代码	T_g/℃	厂家编号	代码	T_g/℃	厂家编号	代码	T_g/℃	厂家编号	代码	T_g/℃	厂家编号	代码	T_g/℃
M-TAF101	768492	607										D-LaF050	768492	610
M-TAF1	773495	558							K-LaFK50	772500	560			
M-TAF401	774472	569				L-LAH87	770474	548						
M-TAF31	801455	594							K-VC100	804436	570			
M-NBFD130	806407	567	P-LASF47	806409	530	L-LAH81	806404	566				D-ZLaF84L	807406	546
M-FDS910	821241	454												
M-TAFD51	821427	600												
M-NBFD10	834373	567												
M-TAFD305	851401	612				L-LAH85V	854404	614	K-VC99	851416	616	D-ZLaF85L	854406	620
M-TAFD307	882372	604							K-VC91	887350	589			
M-FDS1	923209	468							K-PSFn5	921224	463			
M-FDS2	002193	483							K-PSFn2	002206	480			

表 8-9 几大材料厂家可加工的研磨球能力(外径公差均为±5 μm)

HOYA	OHARA	SUMITA	SCHOTT
需与客户商定	ϕ(1～10) mm	ϕ(0.8～14) mm	ϕ(1.2～20) mm

为进一步防止高温时玻璃与模具发生粘连,各厂家现已开发出在预成型件表面镀防黏薄膜的方法,一方面可防止黏附,另一方面还可提高模压过程中玻璃和成型面之间的润滑性。薄膜的种类可为含碳薄膜或氮化物薄膜、贵金属膜等,优选含碳薄膜,尤其是模具材料为SiC、ZrO_2 时。

1.3 模压模具

压型用的模具材料,都是硬脆材料,要想把这些模具材料加工成精密模具,必须使用分辨率能力达到 0.01 μm 的高分辨率、超精密计算机数控加工机床,用金刚石磨轮磨削成所期盼的形状精度,再抛光成光学镜面。

因此,对模具材料有以下要求:高温环境下具有很高的耐氧化性能,结构不发生变化,面形精度和表面粗糙度稳定;不与玻璃发生反应,不发生粘连现象,脱模性能好;在高温条件下具有很好的刚性、耐机械冲击,有足够的硬度;在反复地和快速地加热冷却的热冲击下,模具不产生裂纹和变形;成本低,加工性能好。

主要的模具材料有碳化硅(SiC)和氮化硅(Si_3N_4),这些材料的优点是在高温时与玻璃的化学反应小,不渗透气体、水蒸气和液体,不粘连玻璃,抗氧化,改善了高温下的抗弯和冲击强度,提高了表面硬度,有较高的导热系数。其缺点是表面硬度大,难以加工成高精度的光滑表面。

通常的做法是在模具基体的压型面上附着一层薄膜,使模具既有足够的强度又具有良好的表面性能。最常用的是在超硬合金或金属陶瓷的基体上镀贵金属合金膜层。模具基体材料主要有:以碳化钨(WC)为主要成分的超硬合金;以碳化铬(CR_3C_2)为主要成分的金属陶瓷;以氧化铝(AL_2O_3)为主要成分的金属陶瓷。模层材料有(Pt)合金、纯铱(IR)或铱合金、纯钌(Ru)或钌合金、类金刚石等。

模具基体通常用电火花或金刚石车削加工型腔;镀制模层材料通常使用阴极溅射的方法,镀层厚度 50 nm 左右,然后再用单点金刚石车床将镀层车削成非球面并进行必要的后续抛光。被模压玻璃的转化温度越低,模具材料就越容易选择,模具的成本也就越低。WC 一般用于 550 ℃以下的温度;SiC 一般用于 550 ℃以上的温度。

2. 玻璃模压设备

玻璃模压成型设备是一种特殊的设备,它工作在高温条件下需要惰性气体保护空间或真空状态,设备复杂和昂贵。光学玻璃模压成型专用机床的制造技术主要掌握在日本、美国、德国和荷兰等国,如日本东芝、SYS,美国曼彻斯特精密光学公司、康宁公司,德国蔡司,荷兰飞利浦等。

根据作业方式不同有各种结构形式的成型设备,如日本东芝公司 GMP-315 玻璃成型装置、GMP-58-7Z 移动模芯式玻璃成型装置，日本 SYS 公司 PFLF-40A 光学玻璃非球面模压设备、美国 Rochester Precision Optics 公司的玻璃模压设备，分别如图 8-25、图 8-26、图 8-27 和图 8-28 所示。

图8-25 日本东芝公司 GMP-315 玻璃成型装置

图 8-26 日本东芝公司 GMP-58-7Z 移动模芯式玻璃成型装置

图 8-27 日本 SYS 公司 PFLF-40A 光学玻璃非球面模压设备

图 8-28 美国 Rochester Precision Optics 公司的玻璃模压设备

图 8-29 所示的是 GMP-315 玻璃成型装置的内部结构示意图，一般的玻璃模压成型设备都包括以下 7 个重要组成部分。

(1)模具的开合系统。用气动、液压或继续的方式打开和闭合模具，以便放入玻璃预成型件和取出完工零件。

(2)成型室。成型室是有透明的玻璃外罩或有透明窗口的金属外罩的密闭空间，是抽真空空间或充惰性气体的空间。成型室既要便于模具的进出，又要能保证惰性气体的进出。

(3)模具组及其固定装置。

(4)动力源和传动机构，是对模具加压的动力源和传动机构。

(5)加热装置和温度控制系统，是对模具和玻璃预成型件的加热装置和温度控制系统。加热方法一般采用电阻加热、感应加热或激光加热，采用热电偶、光学测高温计或其他温控装置进行温控。

(6)抽真空系统，惰性气体进入和排出系统。

(7)过程控制及显示系统。

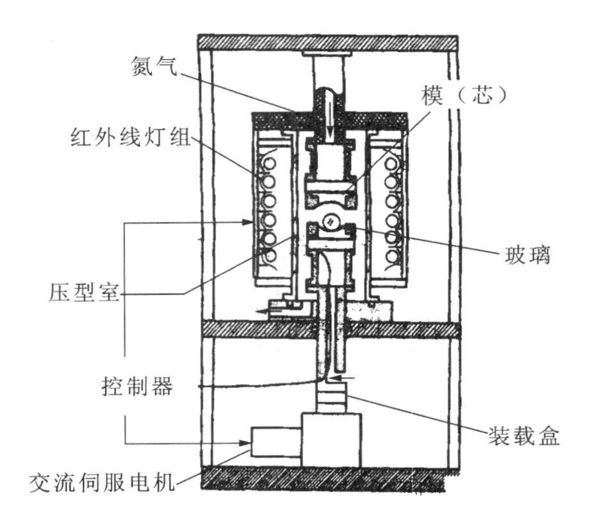

图 8-29 GMP-315 玻璃成型装置的内部结构示意图

3. 玻璃模压成型工艺过程

玻璃精密模压基本工艺过程，会随着设备的不同而不同。图 8-30 所示的是 GMP-58-7Z 移动模芯式玻璃成型装置的工艺过程示意图。玻璃精密模压成型是一种正在不断发展的新技术，其工艺技术也在不断发展。

模压成型的具体工艺过程和工艺参数，也会随设备不同而有所区别，但加热与模压工序都要求是在无氧化条件下进行。

一般来说，光学玻璃模压成型可以分为等温成型和异温成型两种方式。

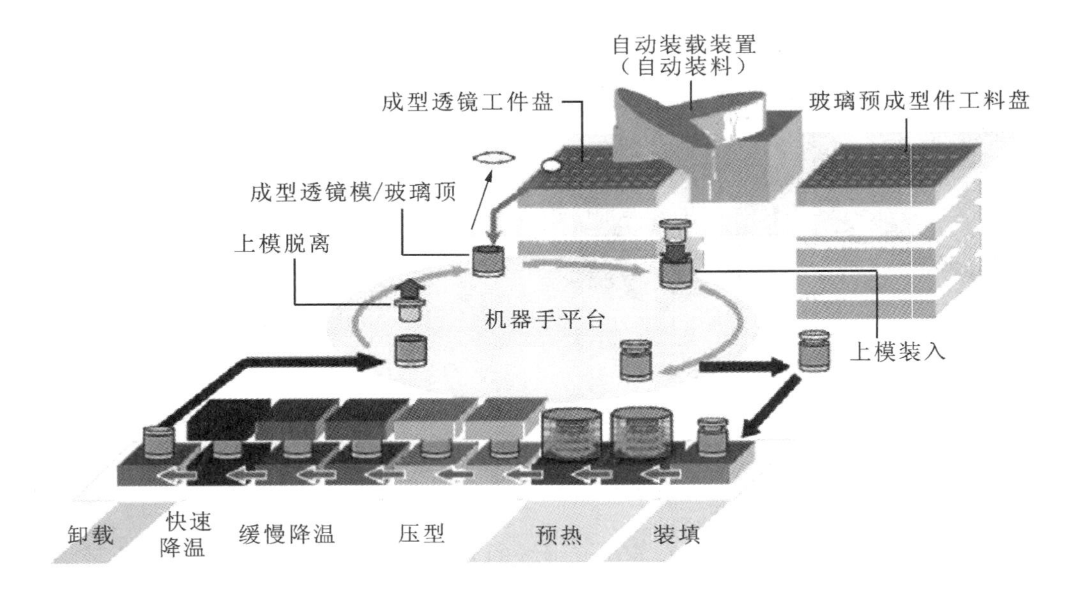

图 8-30 GMP-58-7Z 移动模芯式玻璃成型装置的工艺过程示意图

等温成型是将预成型件导入模压成形模具中，并将该成型模具与玻璃一起进行加热来进行零件加工的方法。

异温成型是先加热预成型件，使其软化，再将其导入已预热的模压成型模具中进行精密模压成型的方法。

简单地讲，等温成型就是将模具和预成型件同时加热和冷却，并同时取出；异温成型就是将预成型件单独加热后成型并单独冷却和取出，模具温度保持不变。

等温成型方式加热升温和冷却降温都需要较长时间，因此生产速度较慢，在面形精度、中心偏差要求较高的情况下，推荐使用等温成型方式；在重视生产率提高的情况下推荐使用异温成型方式。

异温成型方式一般的工艺过程大致如下。

(1)制备玻璃预成型件。玻璃预成型件必须要满足在加压之前具有很光滑而清洁的表面，内部及外部质量必须等于或好于完工零件的要求，因为模压过程不可能消除预成型件表面或内部的缺陷。预成型件的形状根据零件的几何形状来选择。其形状有球形、椭球形、平面、平凸形和双凸形。球形预成型件可以用研磨和抛光的方法制造或直接从液态滴料成型，而椭球形只能滴料成型。其他形状的预成型件只能用传统的研磨抛光工艺制造。

(2)加热预成型件。同时加热玻璃预成型件、模具到所要求的温度，使玻璃的黏度达到 $10^7 \sim 10^{12}$ Pa・s。模压成型室要抽真空或注入氢、氮或惰性气体，以防止零件和模具的高温氧化。

(3)装入模腔压型。把加热好的预成型件放入模腔，给模具一定的压力，使模腔内软化的玻璃坯料成型。

(4)停止加热保压。使模具在载荷不变的条件下降温，当玻璃温度低于转变温度后去除载荷。

(5)降温取件。去除载荷后继续降温至 300 ℃以下，开模取出成型零件。

(6)退火。对玻璃成型零件退火，是为了提高折射率的均匀程度和消除内应力。

任务五　光学塑料注射成型法制造非球面

工业上采用塑料制造光学元件始于第二次世界大战期间，以满足战时大量制造望远镜、瞄准镜、放大镜、照相机的需要。但战后由于受到材料品种少、质量低、加工工艺落后等的限制，塑料在光学上的应用曾一度下降。20 世纪 60 年代后，随着合成技术的发展、光学塑料品种类增加、加工工艺的改善以及表面改性技术的出现，进一步提高了光学塑料的性能，从而使其获得迅速发展，并已形成独自的光学材料市场。

进入 21 世纪以来，我国光学加工企业纷纷添置全电动注塑机，来模压成型手机照相模组中的光学塑料非球面镜片。除此之外，DVD 读写头、计算机摄像头、微型投影机、高功率 LED 光源和短投距投影机等产品都要用到大量的非球面零件。因此，一定要深入了解非球面技术对光电产品的重要意义、光学塑料非球面还有哪些应用、光学塑料非球面技术的现状和发展趋势等问题。

光学塑料非球面一般可以结合单点金刚石车削和精密模压技术来制造。非球面元件生产中至关重要的是要使制造技术有更好的价效比(价格效益比)，中等精度的非球面元件的典型成本是类似球面元件的 4～5 倍。如果有能力较经济地生产非球面，比如以高于球面 2 倍的价格生产非球面，那么将会为它的应用打开一个较大的市场。光学塑料精密模压技术便是办法之一。

与光学玻璃相比，光学塑料有很多优点，但也存在一些不能忽视的缺点。因此，只有对光学塑料的材料特性和它的制造方法有深入的了解后，方能设计出优等的塑料光学系统和零件。也就是说，只有当你所设计的系统，对光学塑料零件的制造来说是最佳方案时，才能充分体现光学塑料的优点。

在设计含光学塑料非球面零件的系统时，设计人员一定要掌握其特点，并且多听取模具设计人员以及注塑工程技术人员的意见。

塑料光学系统的设计人员往往要在光学性能、机械性能和费用等方面进行一些权衡比较。

1. 光学塑料的热成型方法

光学塑料的热成型方法包括注射成型、热压成型和浇铸成型几种方式。

1.1 注射成型

注射成型是将塑化树脂粒料或粉料放入注塑机的料筒中，经加热、压缩、剪切、混合和输送，使物料均化和熔融，即塑化。然后再借助螺杆向熔化好的熔体施加压力，将其推入预先闭合好的模腔内，经冷却后固化成型，开模后脱模、切浇口而获得零件。

注射成型是热塑性光学塑料的主要成型方法，主要用于中小尺寸的高精度非球面零件的精密模压加工。所达到的面形精度最好可以达到(0.5～5)光圈，中心误差最好可以达到±1′，重复精度可以达到0.5%。由此可以满足许多光学系统的需要，广泛地用于热塑性塑料零件的大批量生产，近年来，也用于部分热固性塑料的成型加工。60～70%的塑料制件用注射成型方法生产。

1.2 热压成型

热压成型是利用一定尺寸和形状的塑料放入加热的模具中，并施加一定的压力，使塑料充满型腔，在加热下使塑料保持高弹态，使其在模具中成型。冷却后，脱模取出零件。

该方法主要用于尺寸较大、中等精度的热塑性塑料零件(如菲涅耳透镜)的成型。

1.3 浇铸成型

浇铸成型是将已准备好的浇铸原料，通常是单体，经初步聚合或缩聚的浆状物或聚合物与单体的溶液等注入模具中，使其固化，从而得到与模具型腔面形相同的零件。

该方法主要用于成型热固性塑料 CR-39 的各种眼镜片。

注射成型技术是目前光学制造企业广泛采用的非球面制造方法，本书只针对该制造技术在生产中的实际应用进行解析。

2. 认识注塑机结构和模具

注射成型又称注塑，实现注塑过程的设备就是注射成型机床，称为注塑机。它的基本作用是使塑料熔融而塑化，并能将塑化的物料注入模具腔中成型。注塑机基本组成如图 8-31 所示，主要包括机座、注射系统、合模系统、控制系统和模具几部分。

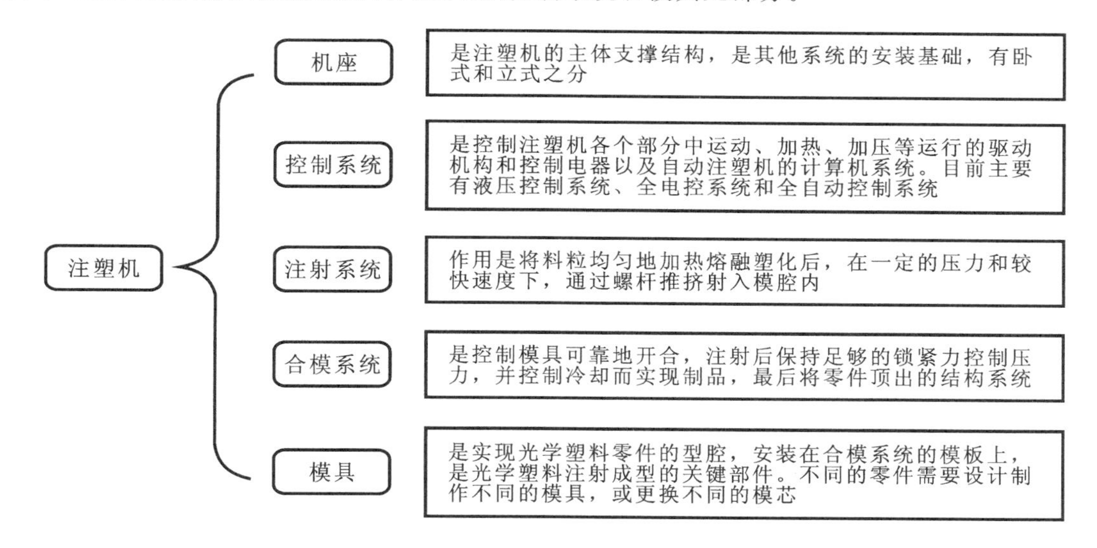

图 8-31　注塑机基本组成

图 8-32 所示的是小型液压精密注塑机的基本结构图，图 8-33 所示的是全电动精密注塑机的基本结构图，一般选用中、小型单螺杆卧式或立式的精密单工位注塑机，全电动注塑机特别适合于光学精密透镜的成型。图 8-34 所示的是日本 SUMITOMO 全电动注塑机。

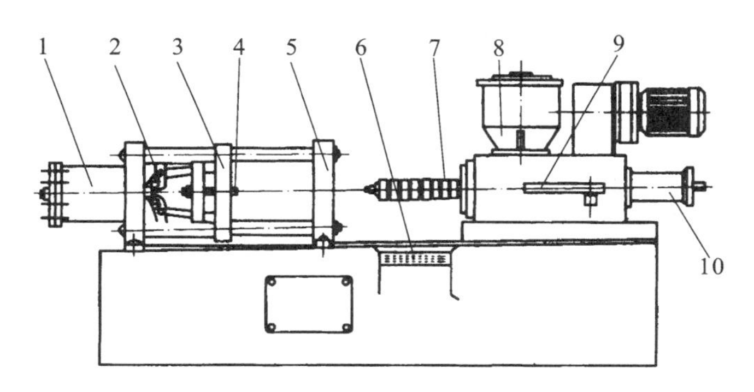

图 8-32　卧式注塑机

1—锁模液压缸；2—锁模机构；3—移动板；4—顶杆；5—固定板；6—控制台；
7—料筒及加料器；8—料斗；9—定量供料装置；10—注射缸

2.1　注射系统

不同的注塑机其注射系统略有不同，通常注射系统由加料料斗、计量装置、机筒、螺杆或柱塞、喷嘴以及加热装置、螺杆的传动装置、注射座及其移动机构所组成。

2.1.1　加料料斗

加料料斗是一个锥形料斗与机筒相连，用真空负压吸料方式将置于机床旁的圆形或方形

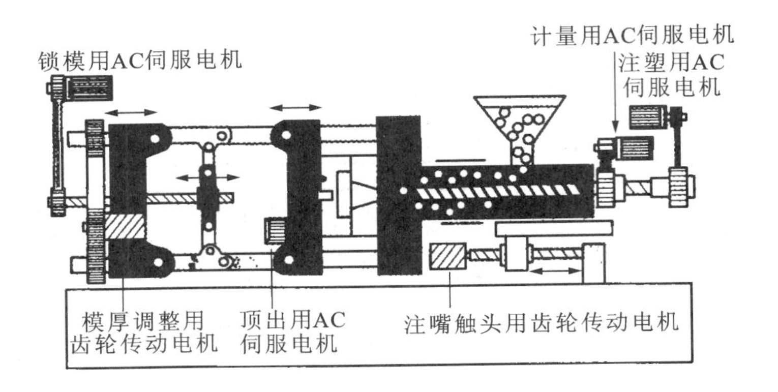

图 8-33 全电动精密注塑机基本结构图

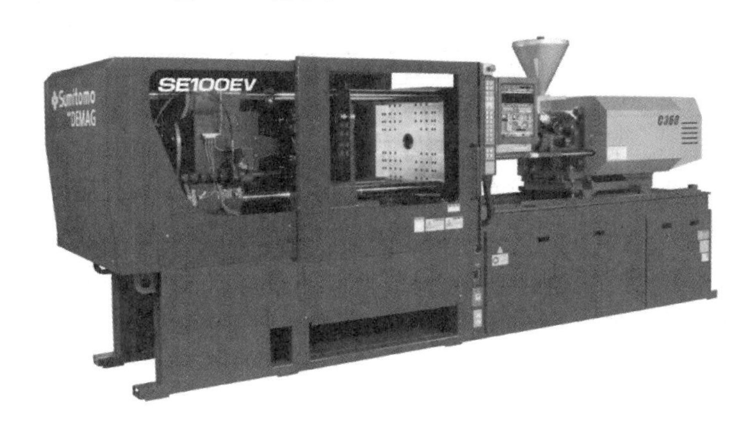

图 8-34 日本 SUMITOMO 全电动注塑机

料桶中的原料吸入单机干燥料斗内的装置。料斗容量一般为注射 1～2 h 的用量。料斗与机筒之间有一计量器，在一定时间内将定量的料加到机筒中，每次加料量与每次从机筒注射出的量基本相等。

2.1.2 机筒

机筒为塑料受热受压的容器，因此要耐压、耐磨、耐腐蚀、耐热及传热好。一般机筒用质量好、硬度高并耐磨的工具钢制造。

机筒内壁应光滑，端部呈流线型以避免死角，不致造成物料滞留而引起分解。

机筒外部设有加热装置，能分段加热和控制，如图 8-35 所示，能分段加热和控制机筒后区、中区和前区温度。一般近料斗处温度较低，近喷嘴处温度较高。加热圈捆扎在机筒外面，沿筒的长度方向放置，带之间留有间隙，用电加热。每一温度控制单元用热电偶反馈信息。

2.1.3 螺杆

螺杆安装在机筒中央，从料斗中“吃进”塑料会进入螺杆的螺槽，当螺杆转动时，原料向前输送，并对螺槽中的原料进行挤压和剪切，在温度和压力的作用下塑料原料熔融并塑化。塑料熔体向前推进并继续升高温度，达到特定的工作温度，可以通过喷嘴进行注射。每次注射

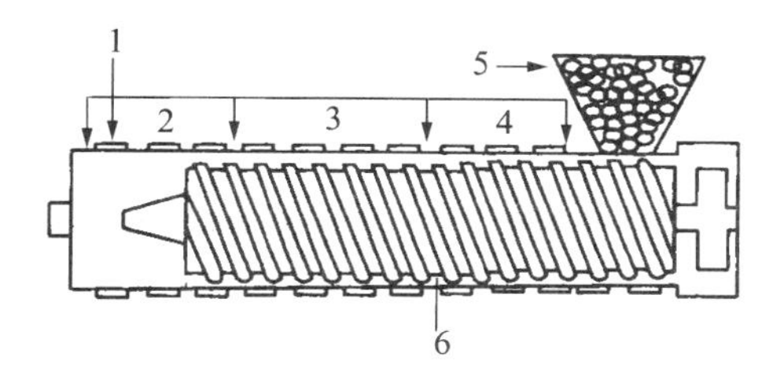

图 8-35 分段加热器

1—加热圈；2—前加热区；3—中加热区；4—后加热区；5—料斗；6—螺杆

时注射系统向前整体运动，喷嘴与模具浇口连接时开始注射，注射一次后注射系统退回原位，等待下一次注射。

2.1.4 喷嘴

喷嘴是塑化装置与模具浇道连接的重要组件。其主要功能如下：

(1)预塑时，防止流涎并建立背压，保证塑化能力和提高塑化质量；

(2)注射时，建立压力提高剪切效果和熔体温度，改善黏度并使熔体进一步熔化；

(3)保压时，喷嘴进行充料补缩作用。

2.2 合模系统

合模系统由固定模板、移动模板、锁模驱动机构、锁模机铰柱杆(导柱)、调模装置、顶出装置等部件组成。

2.2.1 对合模机构的要求

(1)要有足够的合模力以保证模具在塑料熔体的压力作用下不产生开缝现象，模具必须有足够的合模力来抵抗很高的注射压力而保持模具的闭合。

(2)有足够大的模板面积、模板行程及拉杆有效间距，以适应成型不同制品的要求。

(3)模板的运行速度、开合模要求灵活准确，快而安全，还要满足能缓冲的要求，防止损坏模具和零件，避免机器的强烈震动。为此，合模时应先快后慢，开模时先慢、后快、再慢。

(4)模板必须有足够的温度，以保证在注塑过程中不因受到重复的撞击而变形，影响制品的尺寸精度。

2.2.2 模板

模板是合模机构的主要部件。前后模板由拉杆及其螺母组成刚性框架，支撑其他部件并为移动模板导向。

拉杆是合模框架的重要受力件，又是动模板的导向件。

模具的定模固定在固定模板上，动模固定在移动模板上一起运动。合模时锁模驱动机构运动，推动锁模机铰柱杆(导柱)，锁模机铰柱杆带动移动模板和动模一起向定模运动，锁模驱动机构继续运动使模具锁紧。

锁模后，注射系统进行注射。

注射后，冷却系统开始冷却。

冷却时间到，合模系统反向运动使模具开模。

制件保持在动模上，由顶出装置通过顶杆准确地将制品从模腔中顶出。

2.2.3 顶出装置

顶出装置要求能对顶出距离、顶出力和顶出速度进行调整和控制。

顶出装置分为液压顶出和机械顶出两种。

液压顶出是由专门设置在动模板上的顶出油缸来实现的，其位置、行程和顶出次数可由液压控制系统调节，可以自行复位。

机械顶出是利用固定在后模板或其他非运动件上的顶出杆，在开模过程中与动模形成相对运动，将工件顶出。因其结构简单，在小型机上应用较多。

2.3 控制系统

控制系统工作的稳定性、可靠性、重复精度、灵敏性、节能性以及低噪声性能等都直接影响注射制品的质量、尺寸精度、注射周期和生产成本，还影响到工作环境和操作安全等。

注塑机的控制系统一般有两种：液压控制系统和全电控控制系统。与全电动注塑机全由电路控制不同，液压注塑机要靠电器控制系统与液压系统相配合来保证注塑机准确实现成型工艺的要求和各种动作。由于在全电动注塑机中没有液压系统，因而对于大型镜片的成型，为了实现模芯压缩功能可采用增加液压单元的方法实现。

注塑机动作循环和性能要求不同，其动力系统的构成及其复杂程度也不一样。注塑机动力系统正朝着高控制精度、高灵敏、低噪声、节能、伺服和微机程序化等方向发展。

另一方面，在整个注塑机控制中，控制系统一般有两种形式：开环控制和闭环控制。开环控制系统是在注射机上配备检测显示装置的控制系统，通过一系列热电偶、压力传感器、位置传感器等检测元件和数字显示屏，随时反映出生产过程中各工艺参数的实际动态变化数据，以数字或图像的形式呈现在显示面板上，操作者可据此及时调整各工艺参数，使其符合工艺要求。这种控制方式，使成型过程中管道油压、注射压力、注射速度、各部分的温度都能得到精确控制，故产品尺寸精度高，重复性精度好。

闭环控制系统是一种更精密的控制系统，也称为微机处理机控制系统，是一种带微处理机的具有反馈功能的控制系统，是注射成型机的最高级控制方式。将注射成型工艺条件的各种数据输入微处理机后，即发出指令，将工艺参数自动调整到要求值。同时在生产过程中，各类检测元件将实际参数随时变成电信号输入微处理机，与编程信号进行比较后，对于参数发生的变化发出反馈指令，控制工艺参数保持恒定，从而严格保证了生产零件的高尺寸精度及产品质量的一致性。螺杆和喷嘴是注塑机的关键部件。

2.4 模具

模具的质量是注射成型技术的关键，模具是零件整个生产成本中费钱最多的部分。模具的寿命，一般认为，一个价格便宜的模具，在重新修整之前应该至少能耐 5 万个注塑零件；一个高质量的模具至少应该耐 25 万个注塑零件。

注塑模具是指在成型时确定塑料制品形状、尺寸所用部件的组合。其结构随塑料品种、制品形状和注塑机类型而不同。但基本结构都是由浇注系统、成型部件和结构部件等三大部分组成。

2.4.1　成型部件

模具中用以确定制品形状和尺寸的空腔称为型腔，用作构成型腔的组件称为成型部件。图 8-36 所示的为光学塑料透镜型腔的示意图。光学塑料零件的成型部件一般包括定模、动模和排气口。定模和动模中构成制品光学表面的部分称为模芯。

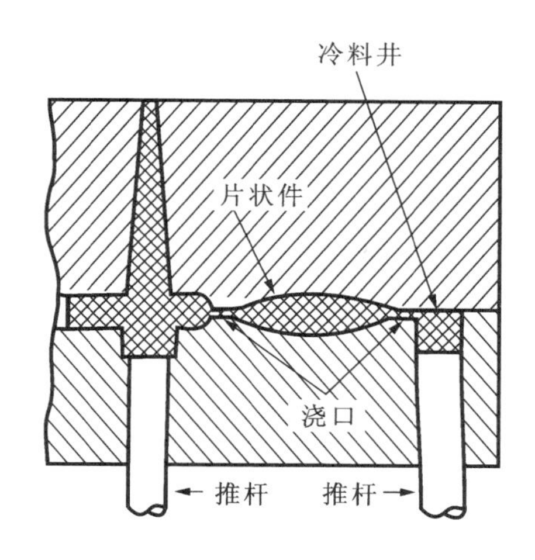

图 8-36　塑料透镜的型腔

模芯是模具中最精密、最关键的部分，由它完成注塑技术中对零件的复制，当然，最重要的是非球面的复制。所以模芯必须达到非常高的尺寸精度、面形精度和表面粗糙度。为了提高生产效率，往往采用一模多腔的模具。这就要求每个模芯的面形是一致的，因此在加工模芯时，还要有很高的重复精度。目前，国外大多数模具制造商均采用超精密单点金刚石车床进行车削或磨削，假如直接加工钢模芯，可以采用金刚石磨轮磨削或用立方氮化硼做刀具进行车削。立方氮化硼的硬度仅次于金刚石，它的耐热性要比金刚石的好，与铁系材料的反应性小，因此可以用它来车削钢材，加工出面形精度达±0.1 μm 的非球面，然后用抛光机在保持非球面面形精度不变的条件下均匀地轻抛光，大约抛去 0.1 μm，使模芯表面的粗糙度得到提高。

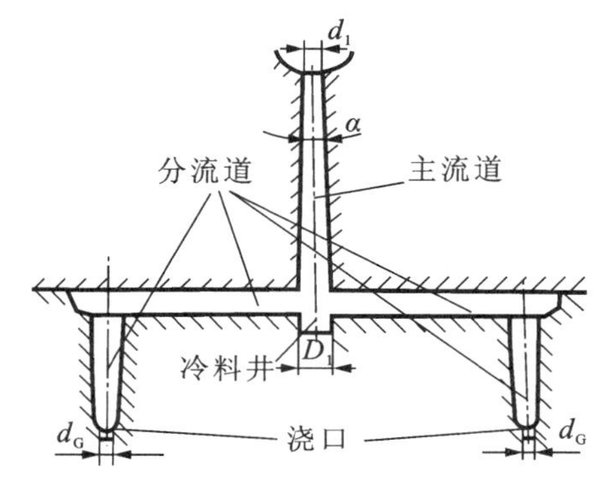

图 8-37　浇注系统

2.4.2　浇注系统

浇注系统的作用是将塑料熔体稳定而顺利地充满型腔的各个部位，以获得质量优良的制品。浇注系统一般由主流道（也称直浇道）、冷料井、分流道、浇口等组成，如图 8-37 所示。其作用是使塑料熔体稳定而顺利地进入型腔，并将注射压力传递到型腔的各个部位，冷却时浇口适时凝固以控制补料时间。

2.4.3　结构部件

构成模具结构的各种零件称为结构部件，包括顶出系统、动（定）模导向定位系统和支撑部件等。

图 8-38 所示的是一个两板结构的模具示意图。

模架结构可参照《塑料注射模模架技术条件》(GB/T 12556—2006)。使用标准模架能省工、省时和降低成本。

根据国家标准的规定，中小型模架的周界尺寸范围是小于 900 mm，模架结构形式分基本型和派出型等，共 13 个品种。

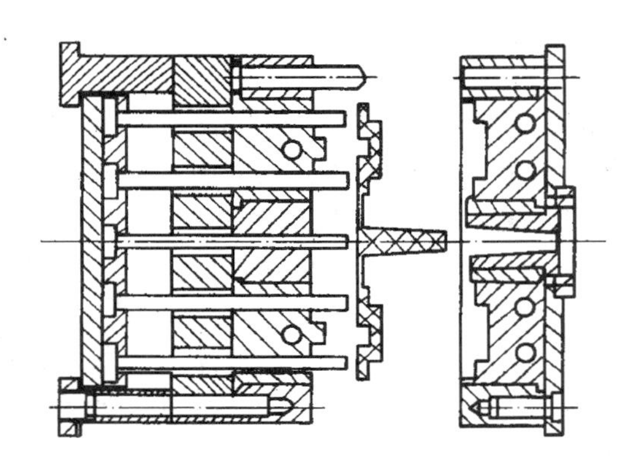

图 8-38　两板结构的注射模示意图

3. 掌握注射成型基本工艺

注射成型有原材料预处理、塑化、注射、模塑、冷却、脱模和退火等几个步骤。注射成型的基本流程如图 8-39 所示。

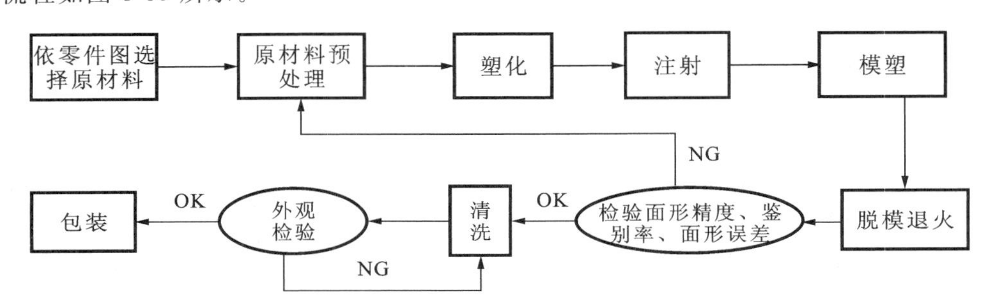

图 8-39　注射成型基本流程

目前，注射成型光学塑料零件的尺寸一般限制在直径小于 100 mm、中心厚度小于10 mm 的范围内。通过喷射射入闭合的模腔、冷却固化定型、开模取出成品过程的循环时间，对于小零件一般为 0.5 min，对于大零件为 3～4 min。

3.1　原材料预处理

成型前，应根据各种塑料的特性，对原材料进行外观和物理性能的检验。有杂质的塑料要用去离子水进行清洗，再烘干。对于折射率、色泽、热稳定性、熔体指数、流变性，应该按要求进行检验。

原材料的干燥是至关重要的，因为聚甲基丙烯酸甲酯、聚碳酸酯等的大分子含有亲水基团，容易吸湿，当水分高过规定量时，零件容易出现裂纹、气泡等缺陷，严重时还会引起高分子的降解，影响产品的外观和内在质量，使各项性能明显下降。对于聚苯乙烯，如果包装得好，存储得好，一般可不干燥。

原材料颗粒的干燥不考虑其平均含湿量，而是考虑在某些粒料中的最大含湿量，要求所有的粒料都干燥到安全线以下。工厂中一般采用烘箱，80 ℃下干燥 8 h，即进行注射，这是不科学的。厂家提供材料时均在产品说明书中列出各品级牌号料的干燥温度。干燥温度越高，干燥速度就越快。但是，干燥温度也有一个极限，因粒料过分受热会产生粘连或结块，高温下，干燥时间过长还会产生分解、变色。

国外一般采用除湿干燥器进行干燥，温度对极限干燥度无多大影响。只要温度高于 71 ℃，就可将粒料干燥到最终极限干燥度，但时间会很长。若温度提高 11 ℃，则干燥时间将减少一半。故在 88 ℃下干燥时间是 77 ℃下的一半。

在用除湿干燥器时，若料温达不到产品说明书上要求的最佳温度时，可按前述干燥温度降低 11 ℃、干燥时间延长 2 倍的规则处理。

已干燥过的颗粒要避免重新吸湿。因为干燥料很易吸湿，如经过 4 h 干燥的粒料只需几分钟就因吸湿而不能使用。

3.2　塑化

塑化是指塑料在机筒内经加热、挤压和剪切达到流动状态并具有良好的可塑性的全过程。对塑化的要求是：塑料在进入模腔之前应达到规定的成型温度，且温度应均匀一致，并能在规定的时间内提供足够数量的熔融塑料，不发生或极少发生热分解。

在螺杆式注塑机内，塑料升温速率开始较慢，可是由于螺杆的混合和剪切作用，不仅可以提供大量的摩擦热，而且还能加速热的传递，从而使物料升温很快。如果剪切作用较低时，料温在到达喷嘴时就能升至机筒温度；如果剪切作用太强，在到达喷嘴时，料温可能会超过机筒温度。

3.3　注射

注射是熔化的塑料在螺杆推挤下注入模具的过程。塑料自机筒注射进入模腔需要克服一系列的流动阻力，包括熔料与机筒、喷嘴、浇注系统和型腔的外摩擦及熔体的内摩擦，与此同时，还需对熔体进行压实。因此，所用注射压力是很高的。

3.4　模塑

塑料进入模具后，注满型腔，在控制条件下冷却定型的过程，称为模塑阶段。这一过程可分为四个阶段：充模、压实、倒流和浇口冻结后的冷却。在连续的四个阶段中，熔体温度不断下降，而压力的变化如图 8-40 所示。

(1) 充模阶段是从螺杆开始向前移动到充满型腔为止（时间 t_1）。

充模时间与模塑压力有关，充模开始时，模腔中没有压力，待型腔充满时，料流压力迅速上升而达到最大值 P_{max}。

充模时间长，先进入模内的塑料较快冷却，黏度增高，后面的塑料就需要在较高压力下才能进入模腔。由于塑料受到较高的剪切应力，分子取向程度较高，这种现象如果保留到料温降至软化点以下，则零件中就有冻结的取向分子，使零件的性能具有各向异性。这种零件在使用温度变化较大时，会出现裂纹，裂纹方向与分子取向是一致的，而且零件的热稳定性也较

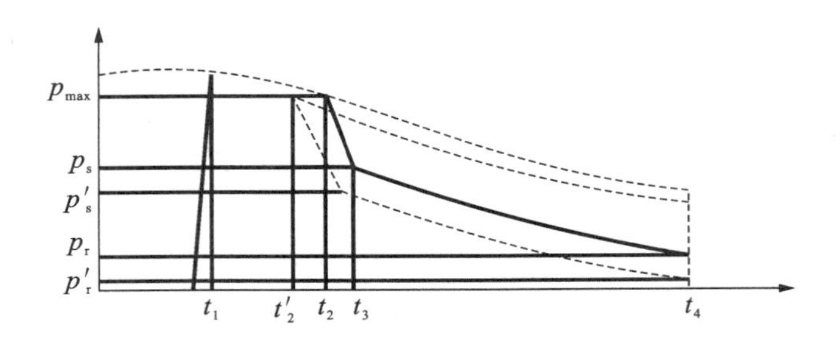

图 8-40 模压过程中压力的变化

差，这是因为塑料的软化点随着分子取向程度的增高而降低。

充模时间短，所需压力较小。快速充模时，塑料熔体通过喷嘴主流道、分流道、浇口时产生较多的摩擦热而使料温升高，这样当压力达到最大的值即时间 t_1 时，塑料熔体的温度就能保持较高值，分子取向程度减小，零件熔接程度也较高。

（2）压实阶段是指自熔体充满型腔时起到螺杆撤回时为止的一段时间（时间从 t_1 到 t_2）。

塑料熔体会因受到冷却而发生收缩，但因塑料仍然处于螺杆的压力下，机筒内的熔料必然会向塑模内继续流动以补充因收缩而出现的空隙。如果螺杆停在原位不动，压力曲线略有下降；如果螺杆保持压力不变，此时压力曲线即与时间轴平行。压实阶段对于提高制品的密度、降低收缩和克服制品表面缺陷都有影响。此外，由于塑料还在流动，而且温度又在不断下降，取向分子容易冻结，所以这一阶段是形成大分子取向的主要阶段。这一阶段拖延时间越长，分子取向程度就越高。

（3）倒流阶段是从螺杆后退时开始（时间 t_2）到浇口处熔料冻结时为止（时间 t_3）。

这时模腔内的压力比流道的高，因此会发生塑料熔体的倒流，从而使模腔内压力迅速下降。如果螺杆后退时浇口处熔料已冻结，或者在喷嘴中装有止逆阀，则倒流阶段就不存在，也就不会出现 $t_2 \sim t_3$ 段的压力下降现象。因此，倒流的多少与有无是由压实阶段的时间决定的。但不管浇口熔料的冻结是在螺杆后退以前或以后，冻结时的压力和温度对制品收缩率有重要影响。即压实阶段时间较长，模口封口压力高，倒流少，收缩率较小。倒流阶段有塑料的流动，因此，就会增多分子的取向，但是这种取向比较少，而且波及的区域也不大。相反，由于这一阶段内塑料温度还较高，某些已取向的分子还可能因布朗运动而消除取向。

（4）冻结后的冷却阶段是从浇口的塑料完全冻结时（时间 t_3）起到零件从模腔中顶出时（时间 t_4）为止。塑料在这一阶段内主要是继续进行冷却，以便零件在脱模时有足够的刚度而不致发生扭曲变形。在这一阶段内，模腔内还可能有少量的塑料流动。因此，依然能产生少量的分子取向。由于模内塑料的温度、压力和体积在这一阶段均有变化，到零件脱模时，模内压力不一定等于外界压力，模内压力与外界压力的差值称为残余压力。

残余压力的大小与压实阶段的时间长短有密切关系。残余压力为正值时，脱模比较困难，制品容易被刮伤或破裂；残余压力为负值时，零件表面容易产生凹陷或内部有空穴。所以只有在残余压力接近零时，脱模才较顺利，并能获得满意的零件。

3.5 脱模

开模后，顶出装置将成型的零件连同主、分流道积物一起顶出而脱模。为了保证光学零件的面形精度、表面粗糙度和清洁，不要涂脱模剂。

3.6　退火

零件进行热处理的目的是改善其内应力状况，改善力学性能和光学性能。热处理的温度随塑料品种不同而不同，一般热处理温度控制在使用温度 20 ℃以上，或热变形温度 20 ℃以下为宜。温度过高会使零件翘曲或变形，温度过低又达不到目的。热处理时间随零件厚度和大小而定，以达到消除内应力为宜。热处理后的零件应缓慢冷却到室温。冷却太快，有时可能重新产生内应力。例如，聚甲基丙烯酸甲酯零件热处理条件为：在 70 ℃温度下保温 4 h。

4. 注射成型的工艺参数选择与控制

塑料从料斗进入注塑机料筒到成型为制品并脱模等一系列步骤中，经历了从固态—液态—固态这样的变化过程。在确定了原料、生产工艺、生产设备和模具结构等条件后，影响上述变化和流动过程的主要工艺参数就是温度、压力和相应的各个过程作用时间，这也是注射成型工艺中特别重要并需要加以选择和控制的参数。

4.1　温度

在注射成型时需要控制的温度有料筒温度、喷嘴温度和模具温度等。

4.1.1　料筒温度

料筒加热的目的是使塑料塑化并流动，但又不能产生热分解。因此，料筒温度应控制在塑料流动温度 T_f（或熔点 T_m）至塑料热分解温度 T_d 之间。

在此温度范围内，根据不同情况，料筒温度可取较低值（低限）或较高值（高限）。

对 $T_f \sim T_d$ 范围小的塑料，为减少降解的危险，料筒温度应取低限；对 $T_f \sim T_d$ 范围大的塑料，应取高限以强化塑化效果。

一般料筒温度，从料斗至喷嘴是由低到高的，以使塑料温度平稳上升而达到均匀塑化的目的。由于螺杆式注塑机中有较多的摩擦热，因此前段（靠近喷嘴段）温度常低于中段（特别是螺杆转速较高时），以防止塑料过热分解。

4.1.2　喷嘴温度

注射时，塑料熔体在螺杆压力下高速通过喷嘴时会产生大量的摩擦热而使熔体温度升高。因此，喷嘴温度的设置通常略低于料筒最高温度，以避免因熔体料温过高、流动性太好而发生可能的流涎现象。

但喷嘴温度也不能太低，否则会造成熔料冷凝而将喷嘴堵死，或者由于过多的早凝料（超过冷料井容量）注入模腔而影响制品性能。

大多数情况下，喷嘴温度应比料筒前段温度低 10 ℃左右。

4.1.3　模具温度

模具温度对光学塑料零件来说，比一般工程塑料零件显得更为重要。因为它对光学塑料零件的透明度、内应力及表面疵病等都有直接影响。

模具温度对制品的内在性能和表面质量影响最大。

模具温度的高低取决于塑料的结晶性、制品尺寸与结构、性能要求以及其他工艺条件(料筒及喷嘴温度、注射速率及压力、成型周期等)。

原则上,模具温度应定在塑料的玻璃化温度或热变形温度以下,以使塑料冷却定型。

模具温度一般要比塑料的玻璃化温度低 20～30 ℃。

对于尺寸较小、中心厚度较薄的透镜来说,模具温度要高一些,模温的波动范围要求更严,一般控制在±0.5 ℃左右。这是因为在其重要的中心部位非常容易冷却,因此对影响透镜冷却固化的模具温度特别敏感。

尺寸较大,特别是中心较厚的透镜,模温可低一些,模温的波动范围要求也宽一些。

模具型腔的数量也影响到模温的设定。例如,对于小零件,为了提高生产效率,会尽量增加其型腔的数量。这就会增加流道的长度,增加熔料充模时热量的损失,因此只能采用提高模温来弥补。

4.2 压力

注射成型过程中的压力包括塑化压力和注射压力两种。塑化压力又称为背压,是注射机螺杆顶部熔体在螺杆转动后退时受到的压力。增加塑化压力能提高熔体温度,并使温度分布均匀。注射压力是指柱塞或螺杆头部注射时对塑料熔体施加的压力。它用于克服熔体从料筒流向型腔时的阻力、保证一定充模速率和对熔体压实。注射压力的大小,取决于塑料品种、注射机类型、模具的浇注系统结构尺寸、模具温度、塑件的壁厚及流程大小等多种因素。近年来,采用注塑流动模拟计算机软件,可对注射压力进行优化设计。在注射机上常用表压指示注射压力的大小,一般为 40～130 MPa。常用塑料的注射成型工艺条件如表 8-10 所示。

表 8-10 常用塑料的注射成型工艺条件

塑料品种	注射/℃	注射核动力/MPa	成型收缩率/(%)
聚乙烯	180～280	49～98.1	1.5～3.5
硬聚氯乙烯	150～200	78.5～196.1	0.1～0.5
聚丙烯	200～260	68.7～117.7	1.0～2.0
聚苯乙烯	160～215	49.0～98.1	0.4～0.7
聚甲醛	180～250	58.8～137.3	1.5～3.5
聚酰胺(尼龙 66)	240～350	68.7～117.7	1.5～2.2
聚碳酸酯	250～300	78.5～137.3	0.5～0.8
ABS	236～260	54.9～172.6	0.3～0.8
聚苯醚	320	78.5～137.3	0.7～1.0
氯化聚醚	180～240	58.8～98.1	0.4～0.6
聚砜	345～400	78.5～137.3	0.7～0.8
氟塑料 F-3	260～310	137.3～392	1.0～2.5

就零件的物理力学性能来说，每一种零件都有最佳的注射压力范围，这个范围与许多因素有关，其中最主要的影响因素是零件的壁厚。通常，厚壁零件需用低的注射压力以避免过高的内应力，而薄壁零件宜用高的注射压力以利充模。

对一些精密光学零件、厚壁件、壁厚变化大的光学零件，常采用多级注射，用几种注射速度来完成一次注射循环。

多级注射一般是 3 级～5 级，其中 4 级应用较多。

3 级：高速—低速—高速。

4 级：中速—低速—中速—低速。

以中速进料后立即改用低速局部填充以防止涡流产生，再用中速填充，最后用低速注射，防止残留应力，消除气泡。

这种多级注射工艺对提高零件的质量大有好处，但注射机必须相应地具有多级速度和多组注射压力的控制系统。

4.3 时间

注射时间是一次注射成型所需的时间，又称为成型周期，包括注射时间(包括充模时间和保压时间)、冷却时间和开模、闭模及顶出等其他时间。成型周期直接影响劳动生产率和设备利用率。因此，在生产中，应在保证质量的前提下尽可能缩短成型周期中各有关时间。在整个成型周期中，以注射时间和冷却时间最重要，它们对制品质量均有决定性的影响。

4.3.1 充模时间

充模时间是指螺杆前进时间(一般是 3～5 s)，注射速率越快，充模时间越短。对于熔体黏度高、冷却速率快的制品，应采用快速注射，以减少充模时间。

4.3.2 保压时间

保压时间是指螺杆停留在前进位置并对模腔内塑料压实的时间，保压时间在整个注射时间中占比例较大，一般为 20～120 s，主要取决于制品形状及复杂程度。形状简单的小制件保压时间可小到几秒，特别厚的大制件保压时间可高达几分钟。保压时间与料温、模温、流道及浇口大小有密切的关系，如果工艺条件正常，流道及浇口尺寸合理，通常以制品收缩率波动范围最小为保压时间的最佳值。

4.3.3 冷却时间

冷却时间主要取决于零件的厚度、塑料的热性能、结晶性能和模具温度等。冷却时间的终点，应以保证零件脱模时不引起变形为原则，一般零件的冷却时间为 30～120 s。过长的冷却时间不仅会降低生产率，而且对复杂制品会造成脱模困难，甚至因强行脱模而产生脱模应力或损伤零件。

5. 工艺参数对零件几何尺寸、残余应力和收缩率的影响

注塑工艺参数，特别是模芯温度和模腔压力，对零件的几何尺寸、残余应力和收缩率有很大的影响。从图 8-41 可以看出，在注塑 PMMA 材料零件时，模芯温度和模腔压力对几何尺

寸、内部残余应力和收缩的影响。没有剖面线的区域是比较理想的。在该区域内，如果选择左上角的压力和温度，能提高面形精度，但中心曲率变大、中心厚度减小。如果选择右下角的压力和温度，面形精度就会变差，中心曲率变小、中心厚度增加。

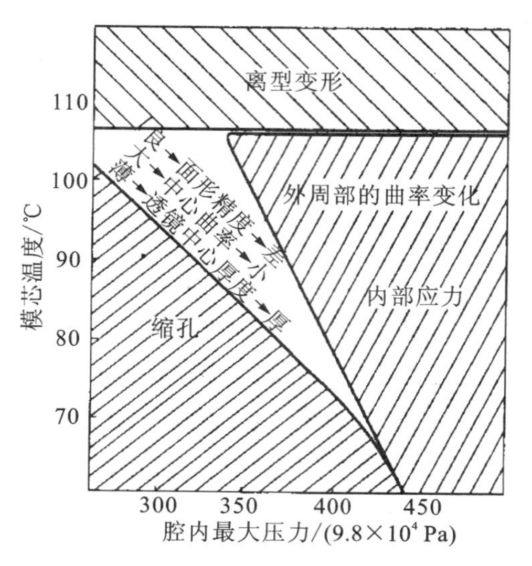

图 8-41　模芯温度和模腔压力对零件的几何尺寸、残余应力和收缩率的影响

从图 8-42 可以看出，由于材料的收缩和不匀称冷却等原因，光学塑料非球面零件的表面面形和模芯的面形是不同的。要获得正确的表面面形，不仅要对模芯进行补偿，而且要控制工艺参数，尽量减小其变形。

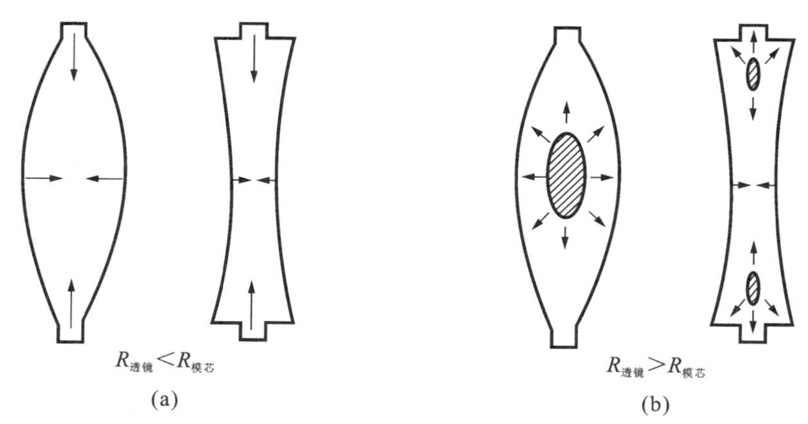

图 8-42　光学塑料非球面零件的表面面形和模芯的面形

(a)由于膨胀系数造成的收缩面形；(b)由于不均匀冷却造成的收缩面形

6. 工艺参数对光学零件成像质量的影响

实验证明，模芯的温度、树脂的温度和冷却时间对零件的成像质量有很大的影响。

6.1　模芯温度与成像质量的关系

表 8-11 所示的为不同模芯温度时零件的像差。

表 8-11　不同模芯温度时的像差

模芯温度/℃	透过波面的像差/λ				
	PV	RMS	像散	彗差	球差
98	1.5	0.22	0.39	0.36	−3.7
103	0.58	0.066	0.2	0.33	−0.7
108	0.99	0.14	0.42	0.3	0.51

6.2　树脂温度与成像质量的关系

表 8-12 所示的为不同树脂温度时零件的像差。

表 8-12　不同树脂温度时的像差

树脂温度/℃	透过波面的像差/λ				
	PV	RMS	像散	彗差	球差
220	0.58	0.066	0.2	0.33	−0.7
240	0.47	0.059	0.25	0.2	−0.17
260	0.52	0.093	0.35	0.17	0.39

6.3　冷却时间与成像质量的关系

表 8-13 所示的为不同冷却时间时零件的像差。

表 8-13　不同冷却时间时的像差

冷却时间/s	透过波面的像差/λ				
	PV	RMS	像散	彗差	球差
30	6.042	1.078	1.163	0.398	13.097
45	1.966	0.416	0.623	0.240	4.678
60	0.728	0.132	0.421	0.456	0.721
75	0.686	0.092	0.350	0.358	−0.261
90	0.554	0.083	0.174	0.475	0.213

塑料注射成型过程中的参数很多，起主要作用的有注射压力、注射温度、注射速度及速度曲线、保压压力及时间、保压压力曲线、模具温度以及冷却系统的数量和温度等。

如果要把所有情况都计算出来，计算量十分巨大。为了减少计算的次数而又得到精确可靠的结论，可以采用正交试验设计的方法，利用正交表科学地挑选试验条件，合理地安排试验。

任务六　非球面零件的检测

非球面检测技术是非球面制造的关键，非球面检测和相应数据分析处理技术的发展为制造更高要求的非球面提供了可靠的保证。对于非球面检测，主要是评价它的面形，这包括两个方面：一是轮廓面形；二是光学面形。由于非球面的多样性和复杂性，目前还没有一种通用方法可以测量所有的、各种类型的非球面面形。因此，非球面的面形测量方法非常多，制造非球面的水平与所掌握的检测方法密切相关；同时，还要使所掌握的非球面制造方法和检测方法相匹配，使检测的精度要比制造非球面的加工精度更高。本节只介绍最主要的检测方法。

1. 轮廓检测

轮廓检测的低精度测量就是卡板法，如图 8-43 所示，将制得的一个金属卡板复合在非球面镜上，并对着光源，目视其吻合程度。此法仅作研磨工序的中间检验。

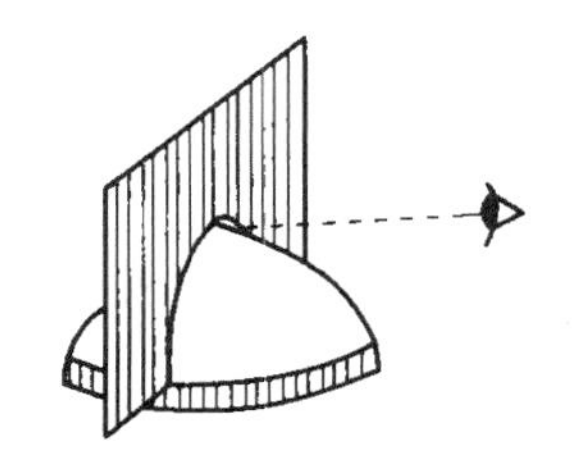

图 8-43　卡板法检验

铣磨、精磨阶段面形误差尚未达到光波长量级，且表面粗糙度较高，主要采取以下几种方法。

(1)10.6 μm 红外干涉仪是非球面面形精磨粗抛阶段的理想检测方法。其精度为 1 μm，测量范围为 1～10 波长。CO_2红外干涉仪从理论上讲是非球面形精磨粗抛阶段的最理想检测方法，但是红外干涉仪价格十分昂贵，而且研制周期长，材料难寻，光不可见。

(2)接触式/非接触轮廓检测法的精度通常在微米量级上，满足了精磨阶段对检测精度的要求，主要形式有：

①点式线性探针，如三坐标测量仪；

②线式线性探针，如泰勒-霍普森轮廓测量仪；

③镗床形式的坐标线扫描，三坐标测量仪的改造形式；

④摆臂式轮廓仪，是专门为解决大型非球面面形的在位测量问题而研制的。

轮廓测量仪通常由两个部分组成：探头(光学探头或机械式探头)和参考坐标系统。

轮廓测量仪的探头沿着预先设定好的路线对被检非球面进行逐点扫描，得到非球面表面各测量点相对于某一测量基准的绝对矢高。通过软件对测量的离散量数据进行处理，与理论值相比，对测量表面进行评价。

轮廓测量仪法的典型设备有英国 Taylor Hobson 公司的 Form Talysurf 表面轮廓测量仪，不仅可以测量表面粗糙度和波纹度，还是测量非球面面形的理想仪器。图 8-44 所示的为典型三坐标轮廓测量仪。

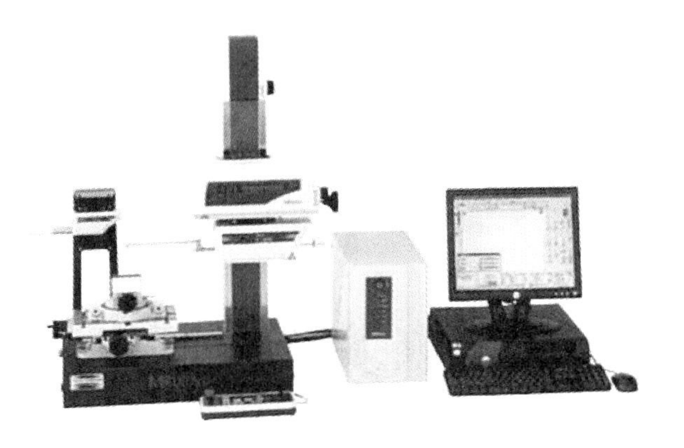

图 8-44 典型三坐标轮廓测量仪

2. 刀口阴影法

刀口检测的原理是基于被检表面的变形使光线偏离原有的轨迹，通过遮拦这些偏离的光线来测定光线的横向位移，所以刀口检验可以看作是一种横向像差的检验方法。

在零位检测中引入刀口阴影法检测手段，具有设备简单、操作方便等特点，而且刀口检测对外界环境的要求不高，适合加工现场检验。其检测灵敏度可以达到 $\lambda/20 \sim \lambda/10$。因此，在干涉仪出现之前，刀口检验法是非球面检测的重要手段。

它的特点是简便、直观、灵敏度高，能正确地表示切带位置，不足之处是难以定量。该方法的原理如图 8-45 所示。球面镜球心为 O 点，理想的球面将使球心光线沿原路返回。当刀口在球心内时，阴影与刀口同向移动；当刀口在球心外时，阴影与刀口反向移动。如果刀口切入球心处，则刀口后会突然变暗，由此确定出球心 O 的位置。球面波产生可用刀口仪，图 8-46 所示的是刀口仪的结构图。

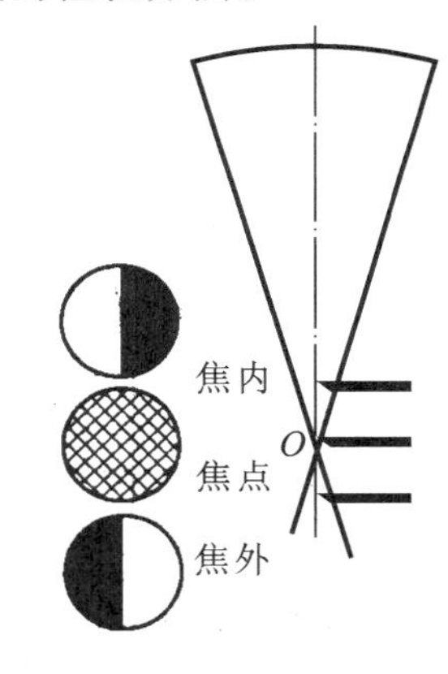

图 8-45 刀口阴影法原理图 1

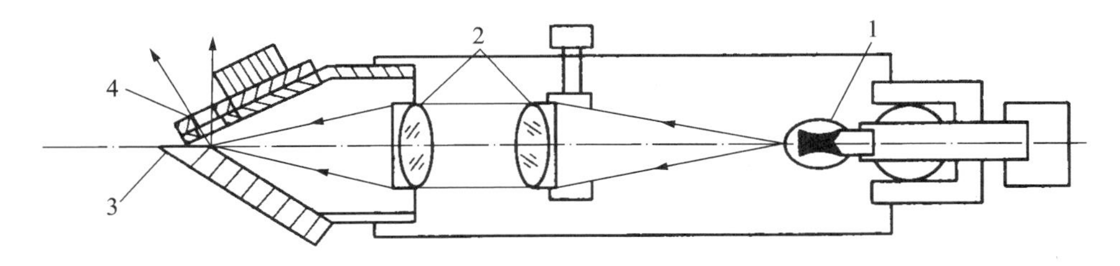

图 8-46 刀口仪结构示意图

1—可调光源；2—聚光镜；3—刀口；4—可调星点孔板

当镜面存在缺陷时，如图 8-47 所示，刀口在球心上，有缺陷的压域一部分较为明亮，而另一部分出现暗影，这就产生阴影图。当镜面存在环状带差时，可观察到与刀口对称的黑白互补的阴影图。当光学系统出现不对称误差，如像散和彗差时，阴影图无“对称轴”，且失去互补性。表 8-14 列出了常见的几种阴影图。

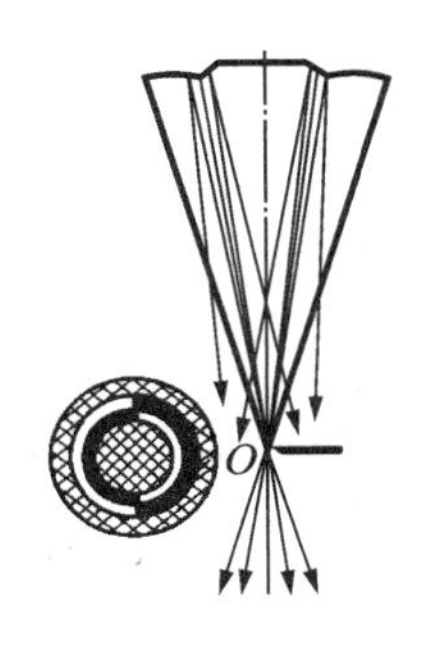

图 8-47 刀口阴影法原理图 2

表 8-14 常见的几种阴影图

焦散	焦内 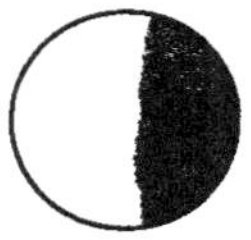	焦点 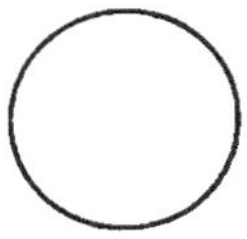	焦外 	彗差			
球差	近轴焦点 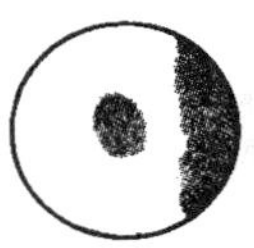	平均焦点 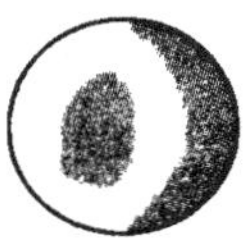	边缘焦点 	带差			
像散				不对称误差			

漫射阴影法也可以测量非球面。通常刀口阴影法中发射方为光源加小孔，接收方式为刀口与人眼(或照相机)。漫射阴影法则反过来，发射方为刀口加射光源，接收方为小孔加人眼(或照相机)。漫射阴影法原理如图 8-48 所示。漫射阴影法优点是，可以测量相当大数值孔径的非球面(或系统)。阴影图的识别与阴影法的完全相同。阴影图的使用比阴影法简便，但灵敏度逊于阴影法。该法不仅可以用作中等精度的非球面的最终检验，也适合于精磨改型中的中间检验(此时只要适当加大观察孔径即可)。图 8-49 列举了几个应用实例。

应用透射光也可以测量表面的局部误差，阴影图可以用眼睛看，也可以投射在屏上显示，图 8-50 所示的就是利用透射光测量非球面的装置。

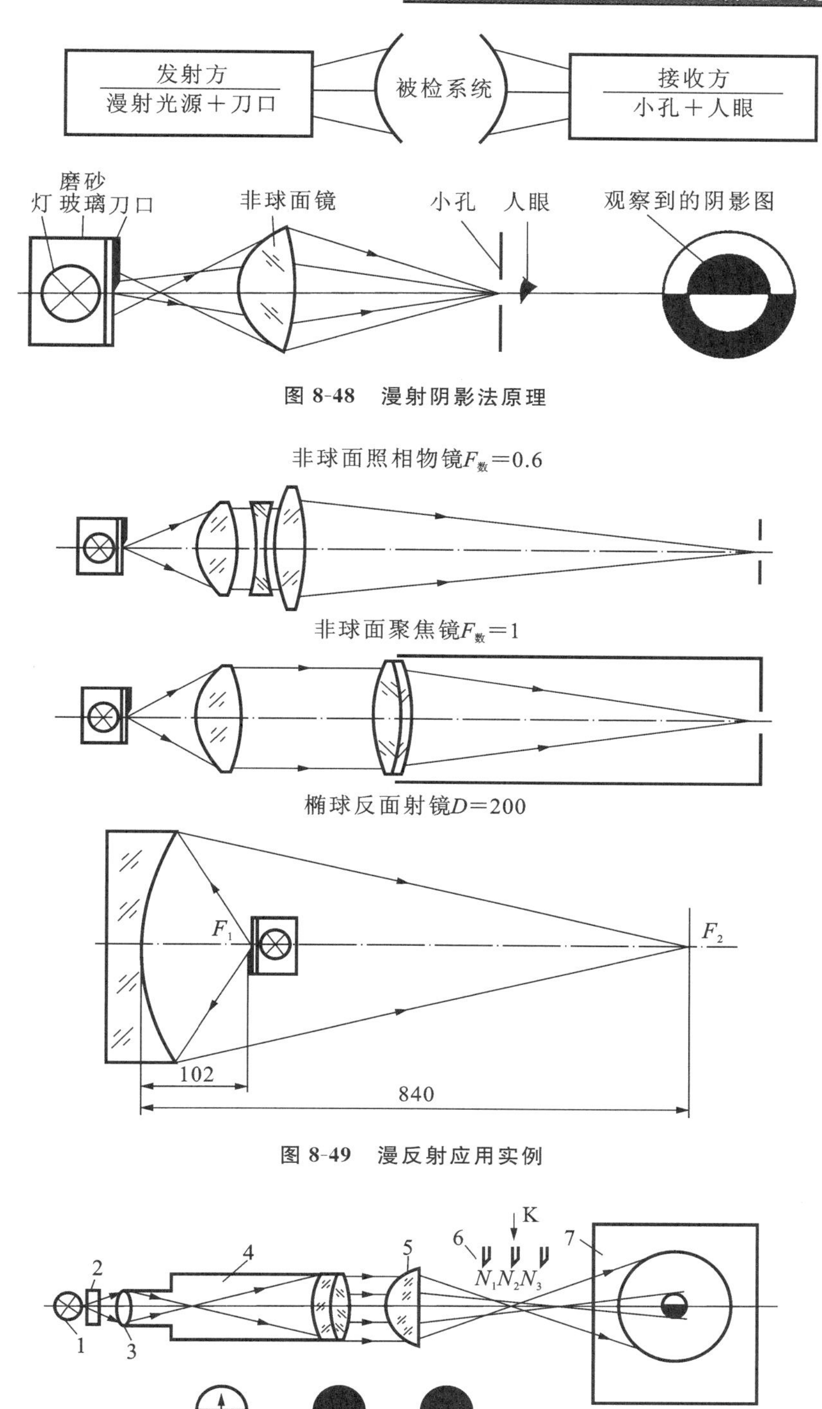

图 8-48　漫射阴影法原理

图 8-49　漫反射应用实例

图 8-50　利用透射光测量非球面的装置

1—白炽灯泡；2—滤光片；3—滤光镜；4—平行光管；5—非球面透镜（中间凹）；6—刀口；7—光屏

3. 干涉测量

干涉测量有零位检测和非零位检测两种方式。

3.1 零位检测

零位检测方式有无像差点法、补偿法和计算全息法检测等方法。

3.1.1 无像差点法

无像差点法只针对椭球面、抛物面和双曲面这些二次非球面。

它是利用二次非球面存在一对无像差共轭点，在检测光路中引入辅助光学元件构成自准光路进行检测，如图 8-51 所示。

由于辅助反射镜面形是用来分析波前的，因此应具有足够高的质量，而且无像差点检测非球面所要求的辅助光学元件通常都不小于被检非球面。例如，检测凸非球面的 Hindle 镜法，辅助球面镜的口径通常要达到被检非球面口径的 2.2 倍。因此，该方法适用于口径小于 200 mm 的二次非球面的检测。

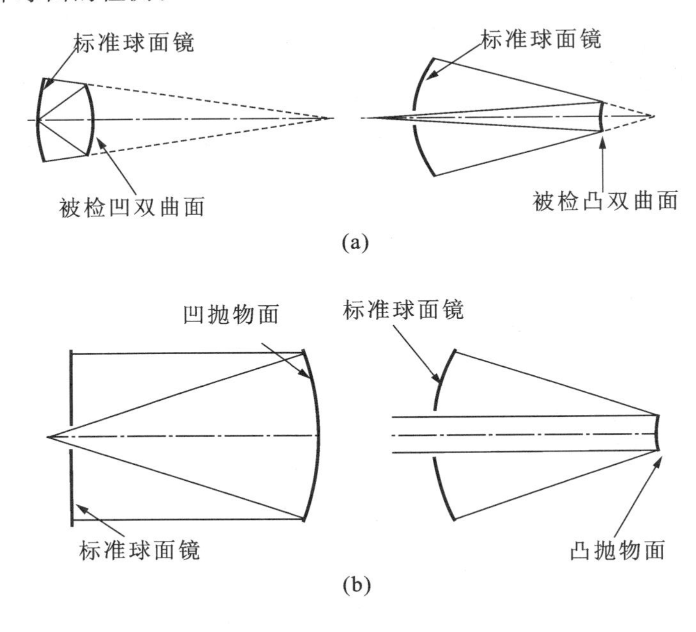

图 8-51　利用无像差点法检验非球面

(a)利用无像差点法检验双曲面；(b)利用无像差点法检验抛物面

3.1.2 补偿法

补偿法是借助于辅助光学元件，将球面波前转化为非球面波前，从而满足零位干涉条件得到零位干涉条纹。

补偿镜的口径小，典型的补偿镜口径只有被检非球面口径的 1/20～1/10，而且结构简单，通常都是采用球面光学元件。

补偿法检测中，由于补偿器与被检非球面是一一相对应的关系，这样对每一个非球面都需要设计一种补偿器，而且零位补偿法中非球面的质量是根据整个系统的质量来评价的，补偿器元件的质量及补偿器的安装精度都会影响非球面的制造精度。哈勃太空望远镜就是因为检测时补偿镜的位置有误差，导致抛光过程中主镜的二项次系数有误，造成巨大损失，所以对补偿器的制造精度相应要求很高。一般来说，要对补偿器进行验证，或对被检非球面进行交叉检验。因此，补偿法检验非球面镜的通用性差、成本高。

3.1.3 计算全息法检测(CGH)

根据圆形计算全息图的衍射特性，将曲面圆形计算全息图与补偿镜相结合，应用于凹非球面折射式零检测光学系统中。与传统的折射式零检测光学系统相比，该系统不仅可以简化光学系统的装调过程，还可以降低计算全息图与补偿镜的制作精度，减少制作成本。

3.1.4 几种检测方法比较

表 8-15 所示的为几种零位检测方法的比较。

表 8-15 常用非球面检测方法比较

	适用范围	精度	检 测 速 度	设备要求	适合批量
无像差点检验	二次非球面($k<0$)	高	快速	球面镜	是
补偿法	非球面	高	快速	补偿透镜	是
计算全息法	非球面、自由曲面	高	如果有对准全息，可以提高检测速度	全息片	是

3.2 非零位检测

非零位干涉检测主要包括横向和纵向剪切干涉法、亚奈奎斯特法、环形子孔径拼接法、长波长法、双波长全息法等。

非零位检测技术直接使用非球面的最佳拟合球面波前与非球面光学表面进行干涉检验，它测量的是非球面的非球面度，不需要进行光学补偿，具有成本低、通用性强的特点。

非零位测量法要面临干涉条纹的密度问题和共路假设的缺陷，而且，即使被测非球面完美地匹配理想非球面，其干涉条纹也不是直条纹。因此，非零位补偿干涉测量的精度不如零位补偿的精度高。

3.2.1 环形子孔径拼接法

当被测光学元件尺寸超过干涉仪口径时，或者产生的干涉条纹密度大于 CCD 空间分辨率时，利用小口径干涉仪每次仅能检测到整个光学元件的一部分区域(子孔径)。在完成全孔径测量后，使用适当的"拼接"算法消除子孔径之间的相对调整误差，把所有的子孔径测量数据统一到同样的参考标准，实现子孔径拼接，从而得到全孔径面形信息。

环形子孔径法(见图 8-52)可以利用小口径干涉仪对大口径非球面光学元件进行拼接测量，扩展了小口径干涉仪的测量范围，具有空间分辨率高、成本低的特点。但是这种检测方法对装置调试要求高，精度难以保障。

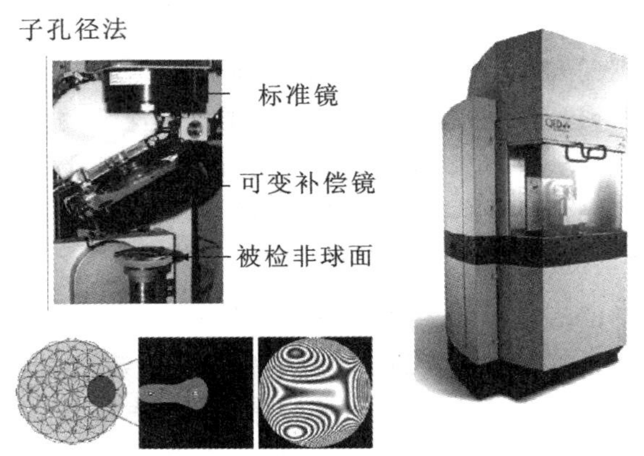

图 8-52 环形子孔径法检验非球面

3.2.2 横向剪切干涉法

横向剪切干涉法属于斜率直接测量，就是通过被测波面相对于原始波面产生一个微小的剪切，使原始波面与剪切的波面之间产生干涉，得到被测波前斜率的干涉条纹。

横向剪切干涉法得到的干涉图稳定，受外界干扰因素的影响小，无需参考面，但是干涉图分析复杂，而且对于非旋转对称波前需要两个剪切方向上的干涉图，必须非常精确地知道剪切量的大小和剪切方向，对大非球面度的非球面测量则无能为力。

第九部分

光学零件检验岗位

◆**知识要求：**

（1）掌握光学零件表面疵病的各种标准；

（2）掌握光学零件面形偏差的相关标准；

（3）掌握光学零件角度参数、尺寸参数；

（4）掌握光学零件成像质量评价指标。

◆**技能要求：**

（1）能根据标准要求，使用相关检验仪器和手段进行光学零件表面疵病的检验；

（2）能使用光学样板、操作激光干涉仪进行光学零件面形偏差的识别与度量；

（3）能操作各相关仪器进行光学零件角度参数、尺寸参数的检测；

（4）能操作各相关仪器进行光学零件成像质量的检测。

任务一　外观检验

1. 表面疵病的含义

表面疵病的国家标准为GB/T 1185，最新的版本为2006版。按《光学零件表面疵病》的国家标准规定，表面疵病用字母“B”表示。要注意的是，在新的《光学制图》国家标准中是规定以数字码“5”来表示表面疵病的。光学零件的表面疵病是光学零件在加工过程中或之后，由于不适当的处置而在光学表面的有效孔径内产生的局部瑕疵，这种表面疵病是难以避免而又允许存在的。它的主要形式是擦痕、麻点、开口气泡、破点及破边。

麻点：光学零件表面呈现的微小的点状凹穴，包括开口气泡、破点，以及细磨或精磨后残留的砂痕等。

斑点：光学零件表面经侵蚀或镀膜后形成的在反射光下呈干涉色突变的局部腐蚀或覆盖。

擦痕：光学零件表面呈现的微细的长条形凹痕。长与宽之比不大于160∶1的擦痕又称为短擦痕，反之则称为长擦痕(在ISO 10110-7中规定，长度大于2 mm的擦痕为长擦痕)。

破边：光学零件有效孔径之外的边缘破损，不包括可发展的裂纹。

2. 表面疵病的几种标注方法

目前在各类图纸上可见到采用不同标准进行的几种标注方法如下：

(1)旧国标《光学零件表面疵病》(GB 1185—1974)；

(2)旧国标《光学零件表面疵病》(GB/T 1185—1989)；

(3)新国标《光学零件表面疵病》(GB/T 1185—2006)；

(4)美国军用规范《火控仪器光学零件制造、装配和检验通用技术条件》(MIL-PRF-13830B)；

(5)德国工业标准《关于光学零件尺寸和公差的规定 表面疵病》(DIN 3140-7)；

(6)国际标准《光学和光子学 光学元件和系统制图准备 表面缺陷公差》(ISO 10110-7：2008)。

其中，我国旧国标GB 1185—1974是参考原苏联标准，已进行过两次改版，此处不再赘述。而改版后的国家标准GB/T 1185与国际标准ISO 10110-7、德国工业标准DIN 3140-7在表述上基本相同，与美国军用规范MIL-PRF-13830B表述方式不同，光学检验人员应掌握不同的标准。

2.1　按GB/T 1185、ISO 10110-7、DIN 3140-7标注方式

完整的表面疵病表示式为

$$5/N\times A;CN'\times A';LN''\times A'';EA'''$$

(1)一般表面疵病表示：$5/N\times A$。

N：最大允许尺寸的表面疵病数目；

A：级数，最大可允许的疵病表面面积的平方根。

(2)镀膜表面疵病表示：$CN'\times A'$。

C：镀膜污痕符号；

N'：最大允许尺寸的表面污痕数目；

A'：级数，最大可允许的疵病表面面积的平方根。

(3)对长擦痕有要求时，单独表示：$LN''\times A''$。

N''：可允许的长擦痕数目；

A''：最大允许的划痕宽度(注意：不是级数)。

(4)破边要求的表示：EA'''。

E：破边符号；

A'''：表面实际棱边去掉棱面最大可允许的程度，以 mm 为单位，平行于表面进行测量。

(5)疵病的细分：较大级数的表面疵病可用若干个较小级数的表面疵病代替，但其总面积应相等。例如，$1\times1.0^2=3\times0.63^2=6\times0.40^2=16\times0.25^2$。

2.2 按 MIL-PRF-13830B 标注方式

依据美国军用规范 MIL-PRF-13830B，用两组数字来表示表面疵病或缺陷大小。通常用 S-D 表示，S 即英文 Scratch 的第一个字母，D 即英文 Dot 的第一个字母。前者(S)限制擦痕大小，后者(D)限制麻点大小。擦痕和麻点的定义与 GB/T 1185—2006 的基本一致。擦痕也叫划痕，企业中常称为路子、道子，是在零件表面上的任何狭长的痕迹或磨损，它对光非常敏感。麻点指光学零件表面呈现的微小的点状凹穴，包括开口气泡、破点，以及细磨或精磨后残留的砂痕等。

需要注意的是，MIL-PRF-13830B 规定，除非与客户另有约定外，一般将长与宽之比不小于 4∶1 的疵病视为擦痕，长与宽之比小于 4∶1 的疵病视为麻点。而按照国际标准 ISO 10110-7 和国家标准 GB/T 1185，疵病代号并不专指擦痕或麻点，只需考察该零件疵病的面积是否超过疵病公差所规定即可。

2.2.1 擦痕

擦痕的检验是以美国军用规范 MIL-PRF-13830B 的表面疵病擦痕样板作为各级数擦痕的比对标准。需要注意的是，美国军用规范 MIL-PRF-13830B 实际上并未明确说明擦痕的宽度和深度，只能以实际观察样板为标准。根据对样板的测量和实际运用情况，一般认为擦痕级数的单位是 μm，且指的是擦痕宽度。如 60＃擦痕，代表擦痕宽度为 60 μm，即 0.06 mm。最大擦痕指级数等于表面疵病要求的擦痕级数的擦痕，如表面疵病要求为 60～40，则最大擦痕为 60＃擦痕。

为便于后续描述与计算，此处约定对某些术语用代号表示：最大擦痕用“S”表示，较小擦痕用“$S_1,S_2,\cdots,S_{n+1}$”表示，最大擦痕长度用“L”表示，较小擦痕长度用“$L_1,L_2,\cdots,L_{n+1}$”表示，零件有效孔径用“D_0”表示。美国军用规范对擦痕的检验要求如下。

(1)当零件的擦痕级数超过表面疵病要求的擦痕级数时,零件不合格。

(2)当零件的擦痕级数未超过表面质量要求的级数,且只存在最大擦痕时,所有最大擦痕的长度之和应不超过零件直径的 1/4,即 $\sum L \leqslant \frac{1}{4}D$ 。其中,非圆形零件的计算直径应取相等面积圆的直径。为方便计算,对于长与宽之比小于 5∶1 的长方形零件可以采用公式:直径=(长+宽)/2 计算等效直径。

(3)当零件上存在包括最大擦痕在内的几种级数的擦痕,且最大擦痕的长度之和未超过零件直径的 1/4 时,要求所有级数的擦痕乘以擦痕长度与零件直径之比的值之和不得超过最大擦痕级数的一半,即

$$\frac{S \times \sum L}{D} + \frac{S_1 \times \sum L_1}{D} + \cdots + \frac{S_{n+1} \times \sum L_{n+1}}{D} \leqslant \frac{1}{2}S \tag{9-1}$$

例如,有一长 30 mm、宽 10 mm 的长方形零件,零件表面疵病要求为 60~40,在该零件表面有 2 条长为 2 mm 的 60#擦痕,3 条长为 4 mm 的 40#擦痕。判断过程如表 9-1 所示。

表 9-1 擦痕判断实例 1

等效直径	$D=(30+10)/2=20$ mm
允许的最大擦痕长度之和应不超过 $\frac{1}{4}D$	20/4=5 mm
实际最大擦痕长度之和	2+2=4 mm
按 $\sum L \leqslant \frac{1}{4}D$ 进行比较	4 mm<5 mm 即零件最大擦痕长度之和未超过零件直径的 1/4
所有擦痕计算	$\frac{60\times(2+2)+40\times(4+4+4)}{20}=36$
最大擦痕级数的一半	60/2=30
按式(9-1)进行比较	36>30
结论	该零件不合格

(4)当零件上存在几种级数的擦痕,且不存在最大擦痕时,所有级数的擦痕长度与零件直径之比所得乘积之和不得超过最大擦痕级数,即

$$\frac{S_1 \times \sum L_1}{D} + \cdots + \frac{S_{n+1} \times \sum L_{n+1}}{D} \leqslant S \tag{9-2}$$

例如,有一直径为 20 mm 的圆形零件,零件表面疵病要求为 60~40,在该零件表面有 2 条长为 2 mm 的 50#擦痕,1 条长为 3 mm 的 40#擦痕,2 条长为 2 mm 的 40#擦痕,2 条长为 3 mm 的 20#擦痕。判断过程如表 9-2 所示。

表 9-2 擦痕判断实例 2

所有擦痕计算	$\frac{50\times(2+2)+40\times(3+2+2)+20\times(3+3)}{20}=30$
最大擦痕级数 按式(9-2)进行比较	60 30<60
结论	该零件擦痕合格

(5)当零件表面疵病擦痕级数为20或优于20时,零件表面上不准有密集擦痕。在零件任一直径为1/4 in(即6.35 mm)的圆面积区域内,不允许有4条或以上的级数不小于10的擦痕。本要求不适合于10级以下擦痕。另外,美国军用规范对密集型擦痕的规定是:当两条或多条擦痕之间间隔小于0.1 mm时,擦痕合并为一条计算。合并后的擦痕长度从擦痕开始到擦痕结束。宽度取擦痕的外边。

(6)对于圆形零件,不允许有级数20以上的与直径相等的擦痕。对于方形零件,不允许有级数20以上的贯穿零件的擦痕。

2.2.2　麻点

依据美国军用规范MIL-PRF-13830B,麻点的级数取允许缺陷的实际直径,规定以0.01 mm作为计量单位。如果麻点形状不规则,则应取最大长度和最大宽度的平均值作为等效直径。需要注意的是,美国军用规范中的麻点与擦痕不同,麻点是可计量的,也就是说麻点的大小是确定的,50#麻点即是直径为0.50 mm的麻点。最大麻点指表面疵病要求中的麻点标准值。

(1)当零件存在超过表面疵病要求的麻点级数时,零件不合格。

(2) 每20 mm直径范围内,只允许有1个最大麻点。

(3)在满足(1)和(2)的前提下,每20 mm直径范围内,所有麻点的总和不得超过最大麻点的2倍。

(4)当麻点质量要求为10或更高等级时,任何两个麻点之间的间距必须大于1 mm。

(5)直径小于2.5 μm的麻点可以忽略不计。

(6)当出现密集型麻点时,以麻点聚集的外圈直径作为麻点大小。

3. 表面疵病的检验

迄今为止,虽然有一些人仍致力于表面疵病检测仪或检测装置的开发,并取得了若干进展,但在实用化方面依然存在着不少问题。在光学界,仍然是依靠检验人员的经验来进行表面疵病的目视检验。有争议时,再与"标准板"进行尺寸、长短的对比,作为判断的依据。

目视检验时,应在暗视场条件下进行,以小角度的散射光从侧后方照明。过去规定以黑色屏幕为背景,以60～100 W的白炽灯为光源;在新标准中,未专门指定所用光源,但规定被检零件的照度为(2000±500) lx,环境照度不大于160 lx。检验时,按被检零件的要求选用适宜的透射或反射观察方式,以明视距离(250±50) mm观察,观察时允许朝任意方向转动零件。需要时,可使用放大镜或低倍显微镜,或带刻度的放大镜(见图9-1,又称倍率计)。确定疵病级数时,应以透射观察为准。检测反射表面时,应将被检零件靠近检测装置的后壁,并稍作倾斜,以防反射光射入眼睛。

思考与练习

1. 光学零件的表面疵病包含哪些?
2. 不同标准中对长擦痕的规定有何不同?
3. 某零件的表面疵病标注为:5/3×0.16,其中各数字分别代表什么含义?

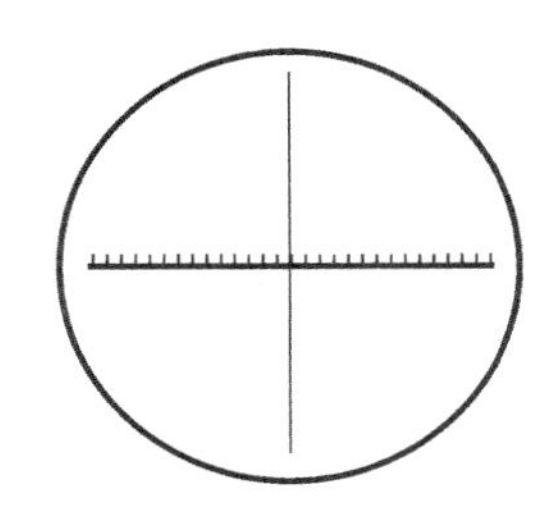
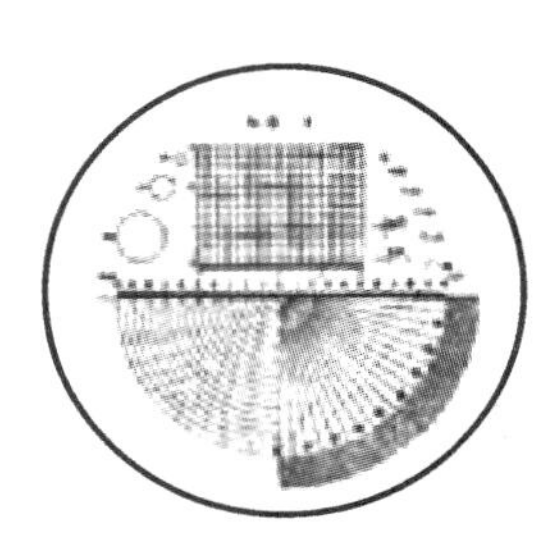

图 9-1 带刻度的放大镜

4. 某零件的表面疵病标注为：40～20，请问该图纸采用何种标准？两个数字分别代表什么含义？

任务二 面形(光圈)识别与度量

1. 光圈的识别

检测光学零件表面形状的面形精度，是光学零件抛光中需要解决的问题，检验的方法很多，在光学加工中广泛使用的是激光斐索(Fizeau)干涉仪和工作样板做干涉图样检验。由于工作样板是接触式检验，如有不慎，会有造成抛光表面质量损害的现象产生，因此，非接触式的干涉仪检验使用越来越普遍。用干涉图样来判断面形精度的特点是简便、直观、准确，因为干涉图样的形状在大多数情况下是一圈一圈的圆，所以叫光圈。牛顿最早发现了这种光圈图样，因此也称为牛顿环。

这种干涉检验的原理就是物理光学中的等厚干涉，所以干涉图样实际就是等厚干涉条纹，相邻两条纹之间的空气隙厚度为 $\lambda/2$，光圈数为 N 代表所对应的空气隙厚度为 $N\lambda/2$。

当样板和被检零件形成的等厚干涉，如果是中心接触，形成的光圈称为高光圈；边缘接触，就称为低光圈。光源为单色光时，看到的干涉图样为黑白色；光源为白光时，看到的干涉图样为依次渐变的彩色。因此，光学零件的面形精度可以通过垂直位置观察到的干涉条纹的数量、形状、颜色及其变化来确定。

为了规范光学零件面形误差的检验，国家标准《光学零件的面形偏差》(GB/T 2831—2009)对此做了明确的规定。

可以用下列三种方法之一来判断光圈的高或低。

1)周边加压法

此法一般用于光圈数 $N>1$ 的情况。

低光圈：周边加压时，条纹从边缘向中心移动，如图 9-2(a)所示(图中，P 为加力方向和加力点，d 表示条纹移动方向)；

高光圈：周边加压时，条纹从中心向边缘移动，如图 9-2(b)所示。

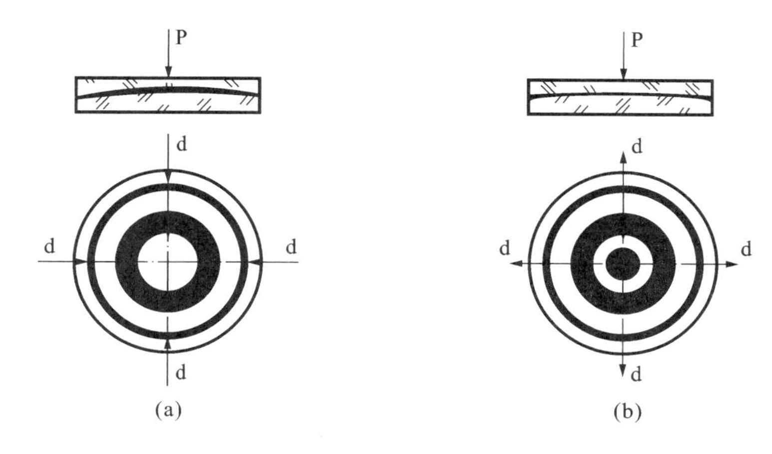

图 9-2 $N>1$ 时高低光圈的识别

2)一侧加压法

此法一般用于光圈数 $N<1$ 的情况。

低光圈:一侧加压时,条纹弯曲的凹向背向加压点,如图 9-3(a)所示;

高光圈:一侧加压时,条纹弯曲的凹向朝向加压点,如图 9-3(b)所示。

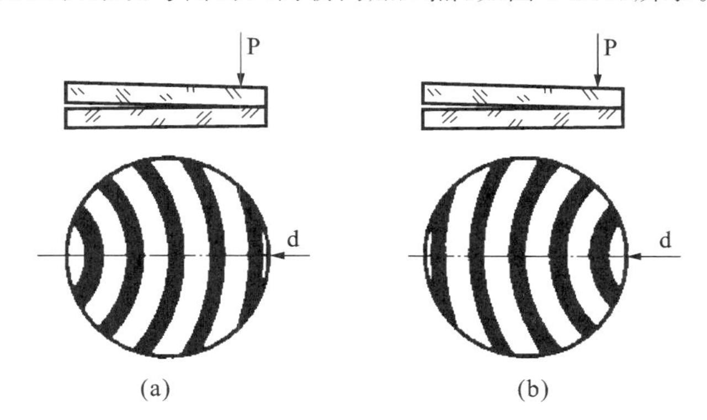

图 9-3 $N<1$ 时高低光圈的识别

3)色序法

此法适用于光圈数 $N>1$,且用白光照明的情况。

低光圈:每一个干涉级,从中心向外光圈的色序列为"蓝—红—黄";

高光圈:每一个干涉级,从中心向外光圈的色序列为"黄—红—蓝"。

2. 光圈的度量

光圈的度量包括下列三项:半径偏差 N 、像散偏差 $\Delta_1 N$ 和局部偏差 $\Delta_2 N$。

1)$N\geqslant 1$ 时光圈数的度量

在光圈数多($N\geqslant 1$)的情况下,光圈数以有效检验范围内、直径方向上最多条纹数的一半来度量,如图 9-4 所示。

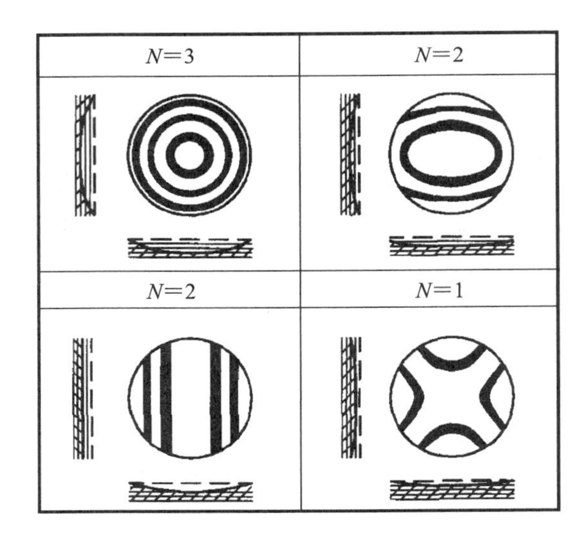

图 9-4 $N>1$ 时光圈数的度量

2) $N<1$ 时光圈数的度量

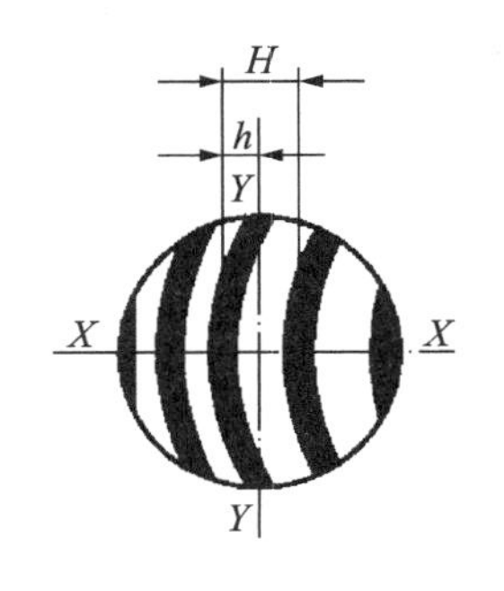

图 9-5 $N<1$ 时光圈数的度量

在光圈数少($N<1$)的情况下,光圈数 N 以通过直径方向上干涉条纹的弯曲量(h)相对于条纹间距(H)的比值来度量,如图 9-5 所示,即

$$N=\frac{h}{H} \tag{9-3}$$

3)像散光圈 $\Delta_1 N$ 的度量

$\Delta_1 N$ 以两个相互垂直方向上光圈数 N 的最大代数差的绝对值来度量,即

$$\Delta_1 \mathrm{N}=|N_x-N_y| \tag{9-4}$$

像散光圈有椭圆形像散光圈(见图 9-6(a))、马鞍形像散光圈(见图 9-6(b))、柱形像散光圈(见图 9-6(c))等几种。另外还要注意,当 $N<1$ 时,应从 X 和 Y 两个方向来检查光圈,不能只看一个方向。

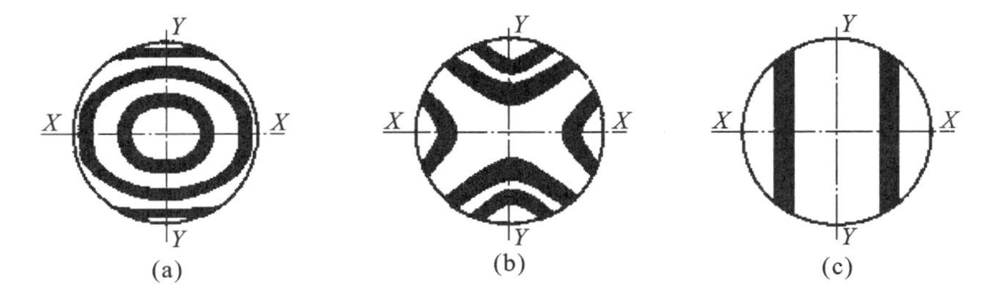

图 9-6 像散光圈

4)局部偏差 $\Delta_2 N$ 的度量

$\Delta_2 N$ 以局部不规则干涉条纹对理想平滑条纹的偏离(e)与相邻条纹间距(H)的比值来度

量，即

$$\Delta_2 N = e/H$$

局部偏差分为中心局部偏差和边缘局部偏差，分别有中心高（见图 9-7(a)）、中心低（见图 9-7(b)）、塌边（见图 9-7(c)）、翘边（见图 9-7(d)）等几种情况。

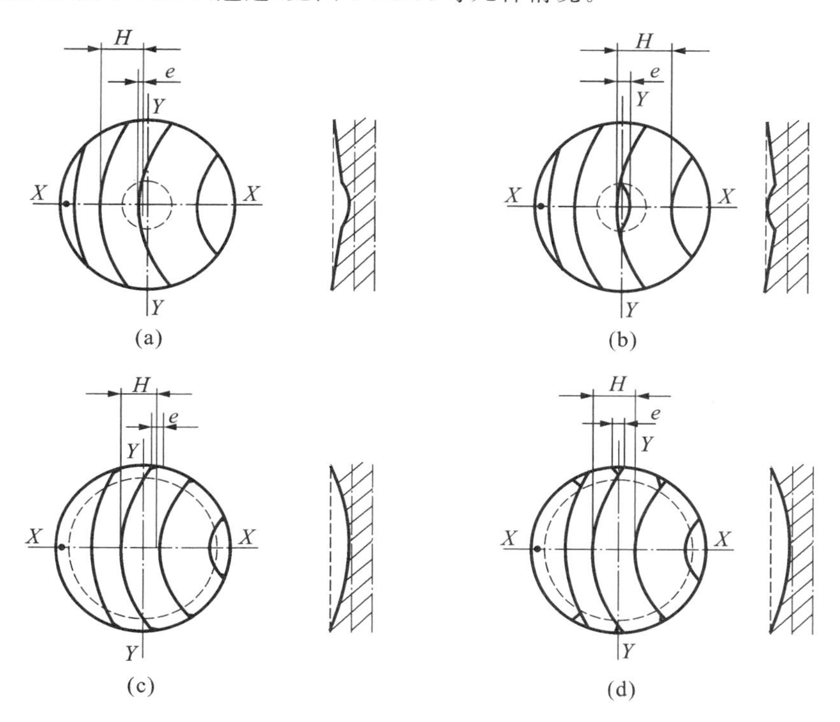

图 9-7 局部偏差的度量

5)用小样板检验大零件时的光圈换算

如图 9-8 所示，当使用小口径的样板检验大口径的零件时，小样板检验允许的光圈数计算为

$$\frac{N_2}{N_1} = \frac{S_2}{S_1} = \frac{D_2^2}{D_1^2}$$

$$N_2 = \frac{D_2^2}{D_1^2} N_1 \tag{9-5}$$

式中：N_1 为图纸上对零件提出的光圈要求；N_2 为用小样板检验所允许的光圈数；D_1 为零件的直径；D_2 为样板直径。

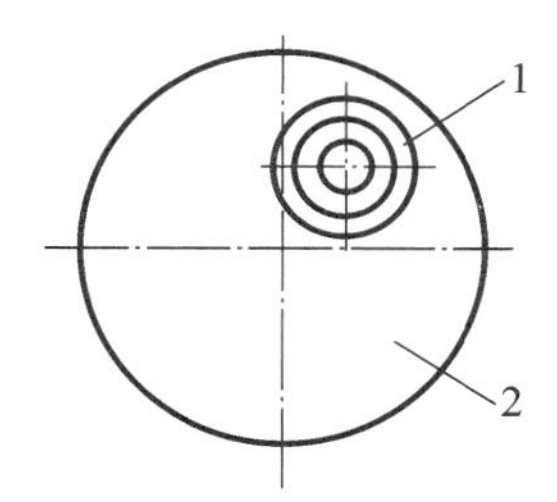

图 9-8 小样板检验大零件

1—样板；2—零件

6)检验波长

国家标准中，计算光圈数的标准波长是 546.1 nm，在用其他单色光源进行检验时，检验值应按下式进行修正，即

$$N_1\lambda_1 = N_2\lambda_2$$

$$N = \frac{546.1}{\lambda} N_{546.1} \tag{9-6}$$

目前常用激光干涉仪的光源为氦氖激光，其波长为 632.8 nm，检验时要注意换算。

3. 最新的光圈标准术语

我们现在在实际生产中接触到的最新的各国图纸上，以及使用带分析装置的干涉仪上，经常会见到诸如PV值、RMS值等新的面形偏差表示方法。这些新的术语的含义是什么呢？在最新的国家标准《光学零件的面形偏差》(GB/T 2831—2009)及国际标准《光学和光子学 光学零件和光学系统图样 第5部分：面形公差》(ISO 10110-5：2007)中都有说明。

3.1 常见的最新术语

(1)面形偏差：被测光学表面相对于参考光学表面的偏差。

(2)峰谷值：两面之间的最大距离减去最小距离，简称PV值。

(3)条纹间隔单位：一个条纹间隔的面形偏差等于1/2波长。

(4)总表面偏差状态：实际表面和所期望的理论表面之差所规定的理论表面。

(5)近似球面：总面形偏差均方差为最小值的球面。

(6)弧矢偏差：近似球面或平面之间的PV值。

(7)不规则性状态：总面形偏差状态和近似球面之差所规定的理论表面。

(8)RMSt(总面形偏差均方差)：被测光学表面与所期望的理论表面之间的均方差值。没有减去任何类型的面形偏差。

(9)RMSi(不规则性均方差)：总面形偏差状态和近似球面之差的不规则状态均方差值。

(10)RMSa(非对称性均方差)：不规则状态与近似非球面之间差值的均方差值。

3.2 三种表示方法

(1)$3/A(B/C)$；$\lambda=E$。

(2)$3/A(B/C)\mathrm{RMS}_x<D$；$\lambda=E$(x是代表字母t、i或a)。

(3)$3/\text{—}\mathrm{RMS}_x<D$；$\lambda=E$($x$是代表字母$t$、$i$或$a$)。

式中："$\lambda=E$"在$\lambda=546.07$ nm时可以省略。

A：最大可允许的弧矢偏差。

用"—"表示总的曲率半径公差，由曲率半径大小给出(不适用于平面)。

B：最大可允许的不规则性。

用"—"表示未给出不规则性公差。

C：可允许的旋转对称不规则性。

如果没有给出，则不必写"/C"，即仅写成$3/A(B)$。

D：最大的、可允许的由字母x规定的RMS类型的值。

E：指定波长。

3.3 举例说明

【例1】 3/3(1)

弧矢偏差的公差是3个条纹间隔，不规则性不超过1个条纹间隔。

【例2】　3/5(—)RMS_i＜0.05

弧矢偏差的公差是5个条纹间隔，未要求不规则性或旋转对称的不规则性，但不规则性RMS值要求不超过0.05个条纹间隔。

【例3】　3/3(1/0.5)；λ=632.8 nm(全部ϕ20)

弧矢偏差的公差是3个条纹间隔，全部的不规则性不超过1个条纹间隔，旋转对称性不规则性不超过0.5个条纹间隔，这些公差适用于整个测量范围内所有ϕ20 mm的区域。检验波长指定为632.8 nm

3.4　PV值、rms值及Power值与标注构成中A、B、C值的关系

数字波面干涉仪一般给出PV、rms及Power 3个数值。干涉仪输出界面上设置有“ISO 10110-5”窗口，单击该窗口，仪器将给出SAG、IRR、RSI等数值，分别对应A、B、C值。也可以给出RMS_t、RMS_i、RMS_a数值。

若干涉仪中无此功能窗口，仅按PV值、rms及Power值只能给出A值，即Power值等于A值，则其他没有直接的对应关系。

3.5　PV值、Power值与N、ΔN的关系

一般将Power值定为A值，即为N。移出Power后的PV值(即pv值)为ΔN。

如果干涉仪没有提供移出Power值的结果，按如下3种情况判断。

(1)当被测面较好时，即Power值等于或近似等于PV值，则PV值或Power值等于N。

(2)当被测面较差或很差时，Power值一般都很小，故将PV值直接作为ΔN。实际上此时N值已无意义或不作为要求，只对ΔN有要求，类似于3/—(B/C)的形式。

(3)当被测平面质量一般时，Power值仍为N，ΔN无法得到准确结果，一般可近似视为PV值减去Power值的结果作为ΔN的参考。

思考与练习

1.用干涉仪判断光圈的原理是什么？

2.如何判断高、低光圈？

3.像散光圈包括哪几种？为何像散光圈对像质影响最大？

4.不规则光圈包括哪几种？如何判断？

5.简述N>1时光圈数的度量方法。

6.简述N<1时光圈数的度量方法。

7.某零件图上，对面形误差的要求为：3/2(0.5)(每ϕ20 mm)，请解析其具体含义。如果用氦氖激光干涉仪对该零件进行面形检测，判断标准应做何变换？

8.用ϕ150 mm口径的干涉仪检测一直径为ϕ250 mm的垫板时，度量出其光圈值为0.1，请问全口径的光圈数为多少？

任务三　使用干涉仪进行面形(光圈)检验

1. 使用干涉仪的环境条件

使用干涉仪进行面形检验时首先要注意环境条件。环境要求包括温度、气流、振动三方面。

1.1　温度

温度在干涉测量中是一个非常重要的因素，主要是因为光学玻璃受热或受冷变形将产生光学表面光圈的变化，温度不稳定将直接影响测量精度的可靠性。如需要获得高精度的测量结果，至少要达到国标的要求。温度对面形的影响包括三方面：温度、温度梯度(随时间变化而变化)、温度分层(随空间位置变化而变化)。对于一般光学检验车间而言，温度为(20±5) ℃，温度梯度小于 0.2 ℃/h，连续工作 10 h 内温度变化不大于 1 ℃，因测量口径不大，可不需要考虑温度分层问题。

1.2　气流

风扇及送风机可以用来减小操作环境中的局部温差，但设置不当的风扇会造成气流干扰和振动干扰。气流干扰会使局部区域内空气密度不均匀，对测量光束引起局部偏折，改变测量波面，影响测量结果。气流造成的干涉条纹不规则振动必须避免。如果温度的空间梯度大，也会产生明显的气流影响。建议将仪器放在温差小、温度空间梯度也小的环境中，有条件时最好在恒温室中再布置一个小房间，以减小外界温度的变化影响。

1.3　振动

振动可能由很多原因产生，如支撑不够刚性的地板、声波、其他设备(风扇、空调或远处的车床、马路上的汽车等)、人的活动等。振动是最难控制的环境问题。理论上，最好是将干涉仪放在一块混凝土浇筑的地基上使用，这样会大大减弱大幅的振动。小幅的振动，如由人员活动造成的振动，可以通过防震系统隔离。一般可以使用气垫光学平台进行减振，另外还可使用地基隔离减振、橡胶剪切减振脚、软垫与大理石联合减振等，根据不同的环境条件可以使用一种或两种以上组合进行减振。

2. 数字干涉仪注意事项

干涉仪减振示意图如图 9-9 所示。使用数学干涉仪进行检测时应注意的问题：

(1)干涉仪本身的精度；

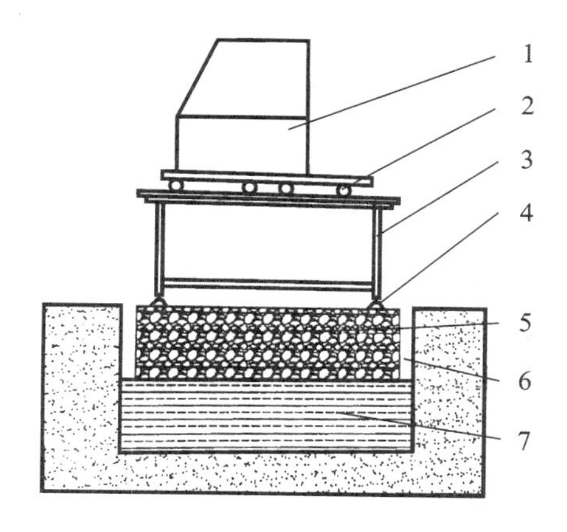

图 9-9　干涉仪减振示意图

1—干涉仪；2—减振垫；3—钢架台；4—减振脚；5—混凝土平台；6—隔振沟；7—垫层

(2)注意有效域的选定；

(3)去除边缘虚假的峰齿；

(4)干涉仪的相对误差和绝对误差。

检测时还需注意，开机后需待激光器稳定后再开始检测，一般稳定时间为 10～15 min。

3. 测量平行平板时前、后表面干涉影响

测量平行平板或平晶时，如果平板双面抛光且楔角很小，则干涉仪的参考波面，平板前、后表面的反射波面将两两相干，并同时出现在一幅干涉图中，如图 9-10 所示，造成难以判别和度量。为消除后表面的影响，可以采用如下方法：

(1)在后表面涂抹凡士林；

(2)在后表面涂抹胶水或虫胶漆(又名假漆、洋干漆)；

(3)在后表面贴上胶带(因胶带可能产生表面张力，故薄形零件应避免使用此种方法)；

(4)采用先进的波长调谐移相干涉仪，可分别提取出各个波像差面，从而得到前、后表面面形偏差。

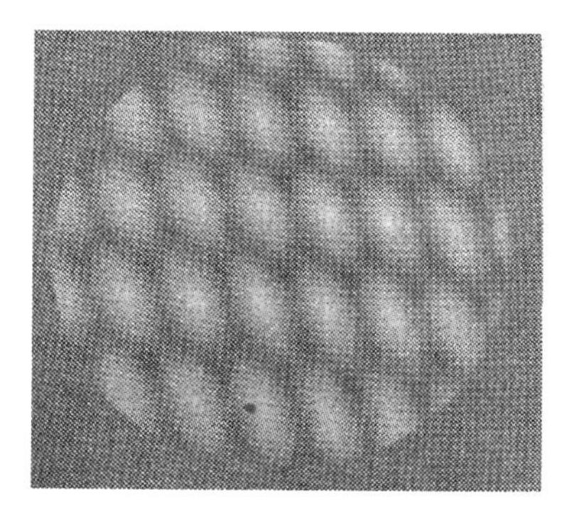
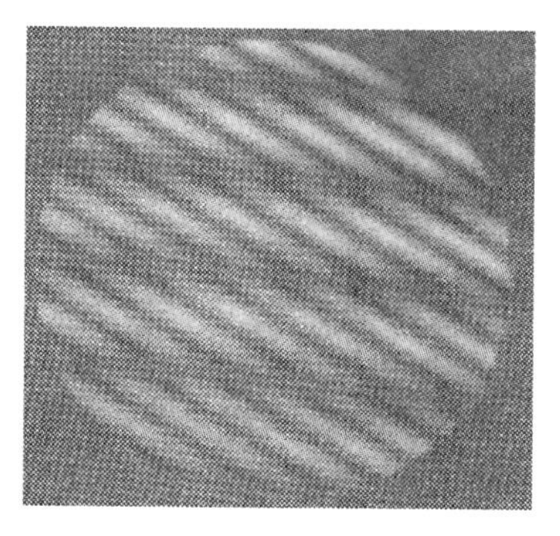

图 9-10　前、后表面干涉影响

4. 镀膜面的面形检测

在生产检验过程中，会发现镀膜过后的表面用干涉仪检测时难以观察。镀反射膜的表面，视场呈现高亮，观察时只看到一片白茫茫；而镀了减反射膜的表面，则正好相反，视场极暗，只能看到隐约的干涉条纹。产生这种现象的原因是由于两相干光束的光强相差太大，造成干涉图对比度很差。一般来说，参考表面未经镀膜，其反射率为 4%，镀反射膜的镜面反射率在 90%以上，而镀减反射膜的表面反射率在 1%以内，因此会出现检验反射面时过亮而检验减反射表面时过暗的现象。

检测反射表面时，为平衡参考光束和被测光束的光强，需要衰减测试光束。为此，可以在测试光路中加入特制的薄膜衰减片，还可以在测试光路中加入网状透射光栅来实现光强衰减。某些厂家的干涉仪自身附带有光强调节拨动开关，如图 9-11 所示，测试时可通过拨动该开关来调节光强，直至出现被测面的明显干涉图。

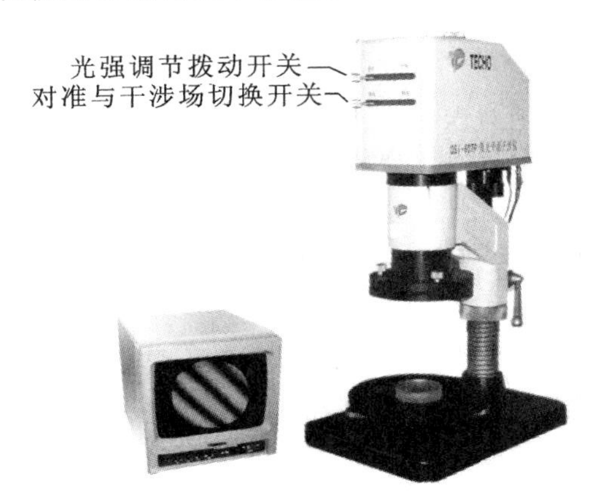

图 9-11　干涉仪

如果被测光学表面镀有减反射膜，则处理难度相对较大。一般车间所使用的干涉仪暂时无法较好地解决该问题，只能在测试时注意观察对象。有条件的，可在参考面上镀与被测镜面反射率匹配的薄膜，以得到对比度良好的干涉图。

5. 球面面形检测

与平面干涉测量相比，球面干涉测量需要在干涉仪上使用球面标准透射镜头（齐明透镜），并且需要提供带轴向位移的至少三维调整架来对被测球面进行夹持。球面测量用的干涉仪一般有正置、倒置和水平放置三种。

测量球面面形偏差时要注意干涉仪标准镜头的选择。干涉仪的标准镜头又称为齐明透镜，是检测球面面形的必备标准器，其特点是镜头最后一个表面就是标准参考球面，其曲率半径中心就是镜头焦点位置。

选择球面标准镜头应注意镜头的 F 数一定要与被测球面的 R/D 相匹配，即球面标准镜

头的 F 数值应不大于被测球面的 R/D 值。如果球面标准镜头的 F 数大于被测球面的 R/D 值，则被测球面曲率中心与焦点重合后，被测面口径将大于该位置的光束口径，造成测试时只能测量到表面中心一部分面积。如果是凹透镜，要考虑整个导轨的长度是否能够实现。在导轨满足的情况下，再选择合适的镜头。表 9-3 所示的为 QSI-75TQ 型激光球面干涉仪测量范围。

表 9-3　QSI-75TQ 型激光球面干涉仪测量范围

F 数	曲率半径测量范围/mm		最大测量口径/mm	
	凸	凹	凸	凹
$F1$	5～45	0～282	49	270
$F1.5$	5～85	0～238	56	157
$F2$	5～123	0～200	62	101
$F3$	5～200	0～157	68	53
$F5.6$	32～387	—	71	—

思考与练习

1. 使用干涉仪的环境要求有哪些？
2. 如何消除平行平板前、后表面的干涉图样干扰？
3. 镀膜表面如何更好地用干涉仪检测？
4. 检测球面面形时可采用什么方法能更快速地找像？

任务四　平板玻璃平行度检验

平行平板玻璃是指两个表面是平面且互相平行的玻璃板，它是常用的光学元件之一，如分划板、滤光片、保护玻璃、分光镜、补偿镜等。由于在加工中不可能把上、下两个表面加工得完全平行，总会构成一个很小的角度，这个角度就是平行平板的平行性误差，用误差角 θ 表示。测量平行平板玻璃的平行性误差的常用方法有自准直法和干涉法两种。

1. 自准直法

用自准直法测量的仪器包括光具座、自准直仪等，在生产车间最常见的是比较测角仪，如图 9-12 所示。

1.1　测量原理

如图 9-13 所示，测量平行平板时，垂直入射至平板玻璃前表面的平行光，除一小部分被

阿贝式比较测角仪210°型

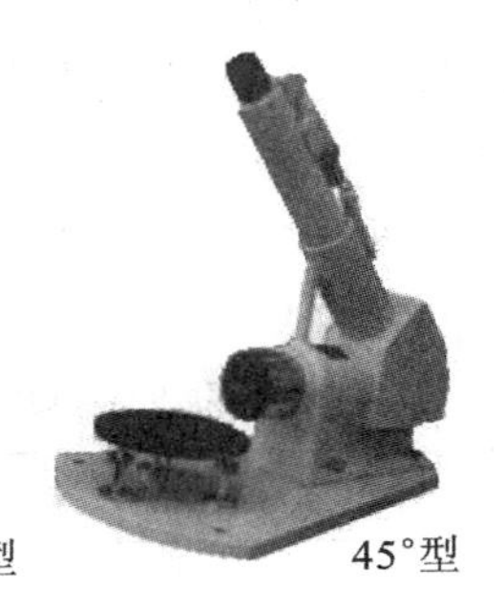

45°型

图 9-12 常见比较测角仪

直接反射外，大部分仍将与光轴平行地进入玻璃板内，在后表面上产生第二次反射，由于前、后表面有一个二面角 θ，导致后表面的反射光线将与光轴成 2θ 角。该反射光从前表面折射出来时，根据折射定律，可知

$$n\sin 2\theta = \sin\varphi$$

由于 2θ 和 φ 都是极小的值，因此上式可写为

$$n \cdot 2\theta = \varphi$$

$$\theta = \frac{\varphi}{2n} \tag{9-7}$$

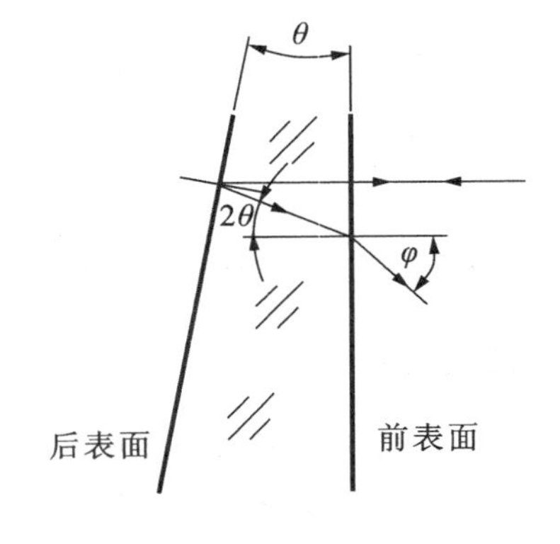

图 9-13 自准直测量角度原理图

在目镜视场中会看到表面反射像和经过平板后的透射像，由于光能的损失和携带了平板面形精度的影响在内，透射像会比表面反射像要暗，因此很容易区分。在视场中看到的两个像如图 9-14 所示，图 9-14(a)所示的为高斯式目镜的视场，图 9-14(b)所示的为阿贝式目镜的视场。由于比较测角仪目镜的分划板都是按照“半角标注”，即“二倍关系刻度法”刻线的，因此公式可以直接简化为

$$\theta = \frac{\varphi}{n} \tag{9-8}$$

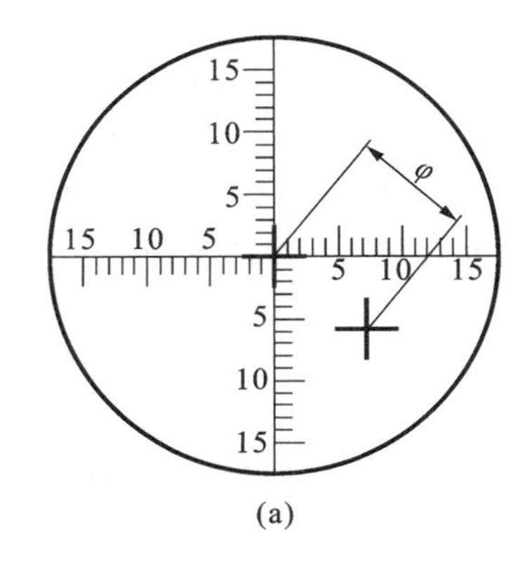

(a)

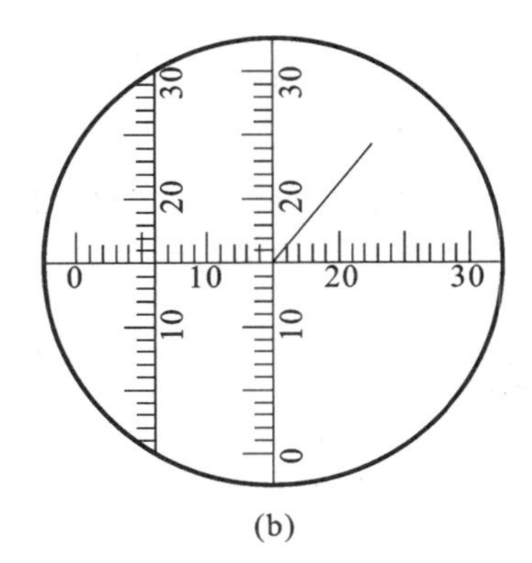

(b)

图 9-14 目镜中的视场

1.2　测量实例

以图 9-14 为例，图 9-14(a)中，$\varphi=\sqrt{\varphi_x{}^2+\varphi_y{}^2}=\sqrt{6^2+7^2}=8.83'$；图 9-14(b)中，$\varphi=15-6=9'$。

设被测平板玻璃为 K9 材料，折射率为 1.5168，则图 9-14(a)中，平板平行性 $\theta=\frac{\varphi}{n}=\frac{8.83}{1.5168}=5.8'$；图 9-14(b)中，平板平行性 $\theta=\frac{\varphi}{n}=\frac{9}{1.5168}=5.9'$。

1.3　平行平板厚薄端的判定

从图 9-13 可看出，透射像是偏向平行平板的厚端的，因此，只需判断出表面反射像和透射像即可判断出平板的厚薄端，即暗像在哪边，哪边就是平板的厚端。如果平板较薄，两反射像亮度基本相同时，因后表面的像总是朝向厚端，所以若在后表面哈一口气，就可看到后表面像从消失到逐渐变模糊最后恢复清晰，由此判断出厚薄端。

2. 干涉法

常见的比较测角仪的分度值通常为 15″，因此当被测平行平板的平行性误差为 1′左右或大于 1′时，用自准直法测量比较合适。而当 θ 更小些或测量精度要求更高时，可用精度更高的干涉法进行测量。

2.1　测量原理

单色光垂直入射至平板后，上表面和下表面反射回来的两束光为相干光，相重叠时会产生等厚干涉现象。如图 9-15 所示，两束相干光的光程差为

$$\Delta=2n(h_2-h_1)+\frac{\lambda}{2} \tag{9-9}$$

如果被测平行平板玻璃两个表面没有平行性误差时，即厚度 h 处处相等，也就是光程差处处相等，此时看到的干涉场应是一片均匀的亮度。当存在平行性误差时，两表面有夹角 θ，因此，厚度是变化的，此时的光程差也是变化的，所以干涉场内看到的是互相平行的、间隔相等的直干涉条纹。从图 9-15 中可以看出

$$\theta=\frac{N\lambda}{2nb} \tag{9-10}$$

式中：N 为条纹数目；n 为折射率；λ 为所用单色光源的波长；b 为测量时所取被测平行平板玻璃的宽度范围。

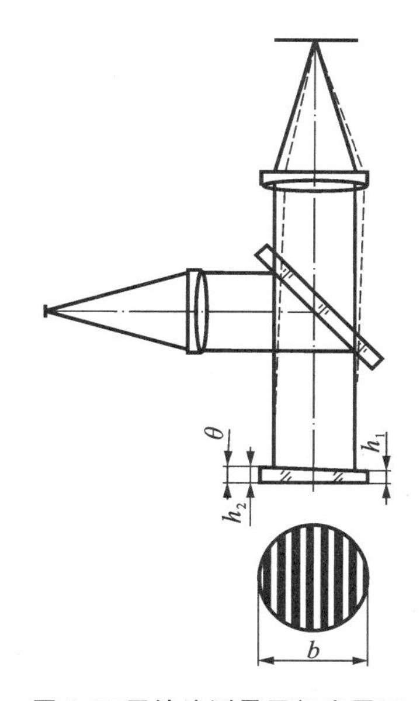

图 9-15 干涉法测量平行度原理

化成以秒(″)为单位

$$\theta = \frac{N\lambda}{2nb} \times 206265'' \tag{9-11}$$

在使用上述公式时，要注意波长 λ 和宽度 b 的单位一致性，另外，实际测量中，N 通常不会刚好是整数，根据相邻两条干涉条纹的间隔可以估计出小数部分，一般不难精确到 0.2 个条纹。

2.2 平行平板厚薄端的判定

由等厚干涉原理可知，楔角方向与干涉条纹垂直。现在的问题是要判断在楔角方向上哪一端较厚。判别时可用手指放在被测玻璃板后表面上某一处，十几秒钟后该处局部升温受热膨胀，厚度变大，干涉条纹向薄端弯曲，如图 9-16 所示。

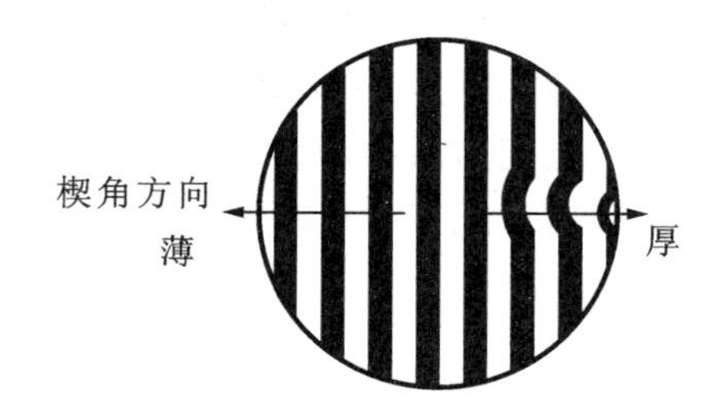

图 9-16 干涉法测量平行度时厚薄端判断

思考与练习

1. 使用测角仪检查平板平行性时，如何判断平板的厚薄端？
2. 使用干涉法检查平板平行性时，如何判断平板的厚薄端？
3. 请分析使用干涉法进行平板平行度检测时的精度。

任务五 棱镜角度检验

棱镜的角度检验可分为单角检验和光学平行差检验两种。

1. 单角检验

棱镜角度检验常常会遇到需对单角进行测量的情况，尤其是在棱镜抛光面较少时，如只抛光了一个面需进行改角，或只抛光了两个面，还不能检验光学平行差等情况下，就需对棱镜的单角进行检验。单角检验又可分为绝对测量和相对测量两种。

1.1 绝对测量

在精密测角仪上用自准直法测量单角精度是常用且高精度的方法。图 9-17 所示的为一种车间常用的2″精密测角仪。

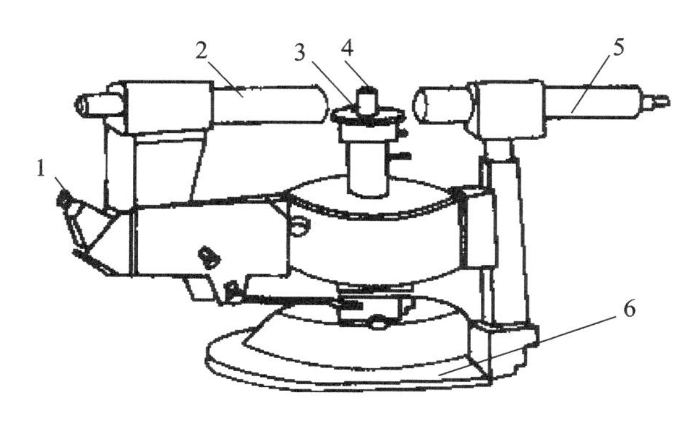

图 9-17 精密测角仪示意图

1—读数显微目镜;2—自准直望远镜;3—载物台;
4—被测件;5—平行光管;6—基座

测量原理如图9-18所示。将被测棱镜(以$\triangle ABC$表示,$\angle A$为待测角)置于载物台中央,反复调节载物台的三只调节螺钉,使得自准直望远镜相对于棱镜的AC面和AB面都能取零位,从而保证棱镜的主截面与主轴垂直。用自准直望远镜分别瞄准AC面和AB面,通过读数系统,记下两次零位的方位角θ_1和θ_2。棱镜AC面的法线$n1$和AB面的法线$n2$之间的夹角为

$$\alpha = |\theta_2 - \theta_1| \tag{9-12}$$

由图9-18可知,$\angle A$与α互补,因此被测角为

$$\angle A = |180^\circ - \alpha| \tag{9-13}$$

自准直望远镜瞄准AC面和AB面有两种方法:一种是固定载物台,转动自准直望远镜;另一种是固定自准直望远镜,转动载物台。

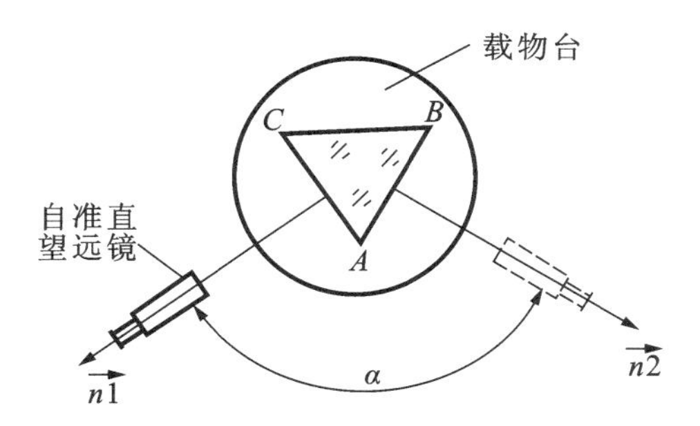

图 9-18 测角原理图

1.2 相对测量

相对测量就是将被检零件与已知角度的角度样板进行比较测量的方法,通常用在中等精度的单角检验中,利用比较测角仪进行,具有测量简便、迅速的优点。

1.2.1 测量原理

测量原理如图 9-19 所示。

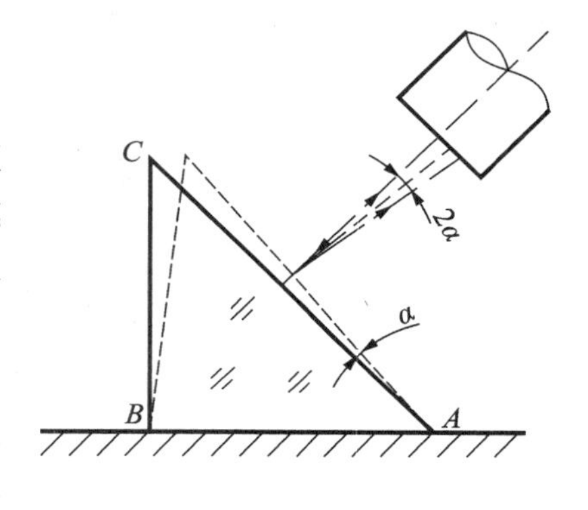

图 9-19 比较测角原理图

将角度样板(以△ABC 表示,∠A 为标准角,其角度值一般加工为图纸上所给定的公称值)的底面(AB 面)擦拭干净后,紧贴在经清洁后的载物台上。仔细调整自准直望远镜,使它相对于棱镜的 AC 面恰好取自准直位置,这时,从目镜视场中可看到,表面反射像正好位于标尺的零位,如图 9-20(a)所示。取下角度样板,在同样位置放上擦拭干净的待检棱镜。适当地转动待测件至目镜视场中出现表面反射像,如图 9-20(b)所示。由反射原理可知,被测角与角度样板相差 α 时,反射像偏转 2α。由于比较测角仪的分划板均按"二倍关系刻度法"刻线的,因此由图 9-19 可知,被测角相对于标准角的偏差就等于第二次所看到的表面反射像的位置相对于第一次标准零位的偏差。图 9-20 中的被测件的角度偏差为

$$\Delta A=7'$$

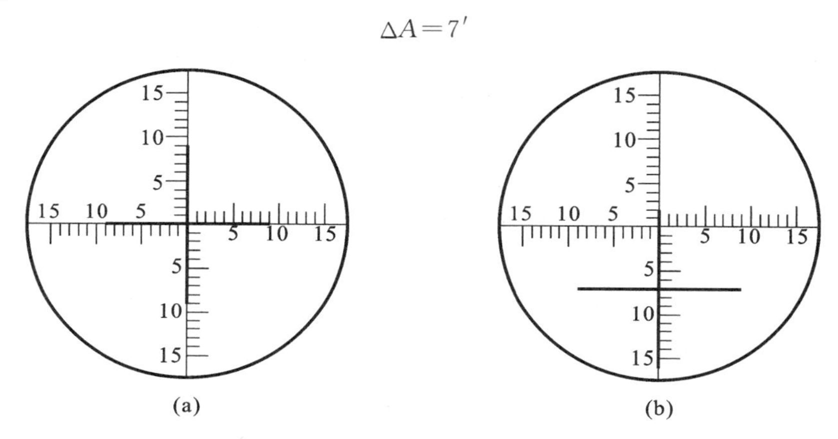

图 9-20 比较测角时前、后两次目镜中的视场

1.2.2 角度偏差正负号的判断

由图 9-19 可知,当被测角大于标准角,即 $\Delta A>0$ 时,被测件反射像在零位下方;反之,反射像在零位上方,说明 $\Delta A<0$,被测角小于标准角。

1.2.3 影响相对测量精度的因素

进行相对测量时,首先应对仪器载物台进行调校。调校时,将一块平行性很好的玻璃平板平放在载物台上,将自准直望远镜对准玻璃平板,调节载物台下的螺钉,直到转动载物台自准像不动为止,这表示载物台转轴已与玻璃平板的工作面垂直。在以后的测量中,只许转动载物台和摆动支臂来找反射像,而不能再动它们的调节螺钉。

从图 9-19 中可以分析出,影响相对测量精度的因素包括:一是载物台是否已调校好;二是载物台表面应清洁,不能有脏物,且表面面形应好,不能有凹坑或凸起;三是被测件与载物台贴合的表面应清洁干净,且应贴合良好;四是角度样板本身的精度。

2. 光学平行差检验

将一个或多个反射面做在同一块玻璃上的光学零件称为反射棱镜。光线从反射棱镜的入射面垂直入射，在出射前对出射面法线的偏差称为反射棱镜的光学平行差，也就是将反射棱镜展开为平行平板后，平板两个表面的不平行程度。在实用中，反射棱镜的光学平行差以其相互垂直的两个分量表示：一是在入射光轴截面方向的分量，称为“第一光学平行差”，用 θ_{I} 表示，它是由反射棱镜在光轴截面上的角度误差引起的；二是在垂直于入射光轴截面方向的分量，称为“第二光学平行差”，用 θ_{II} 表示，它是由反射棱镜的棱的位置误差引起的，又称为棱差。

当棱镜为复合棱镜时，应按各单棱镜考虑平行差，再依据所规定的入射光轴截面方向，将两者综合。

车间生产检验时通常使用各类测角仪用自准直法进行检验，由于是通过内反射的方式进行，测量结果不受外界因素影响，准确性高，检测精度由所用测角仪的精度决定。高精度检测时，还可采用干涉法进行光学平行差的检测。

2.1　反射棱镜的展开

为分析引起光学平行差的角度因素影响，最常用的办法是将反射棱镜展开成平行平板。展开的方法是把反射棱镜按其入射光线反射的顺序，以反射面为对称面，依次画出反射棱镜的展开图，直到光线射出棱镜最后一个面。反射棱镜展开后，相当于一块平行平板玻璃，此玻璃板的厚度就是反射棱镜的展开长度或光轴长度，平板在主截面上的平行度即为反射棱镜的第一光学平行差。

以等腰直角棱镜为例，从使用上来说，等腰直角棱镜既可做一次反射棱镜 DI-90°用，又可做二次反射棱镜 DII-180°用。当光线从直角面垂直入射时，相当于一次反射棱镜 DI-90°；光线从斜面（也称大面）垂直入射时，相当于二次反射棱镜 DII-180°。

图 9-21 所示的为 DI-90°展开图，从图中分析可得

$$\theta_{\mathrm{I}} = \delta 45^\circ \tag{9-14}$$

即：θ_{I} 反映两 45°角之间的差异，与 90°角无关。

图 9-22 所示的为 DII-180°展开图，从图中分析可得

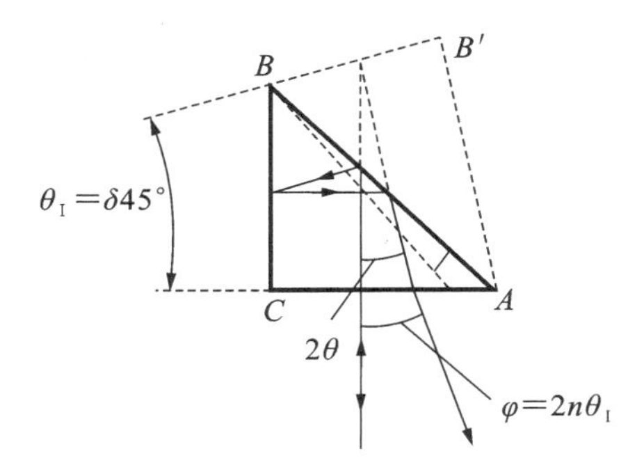

图 9-21　DI-90°直角棱镜展开图

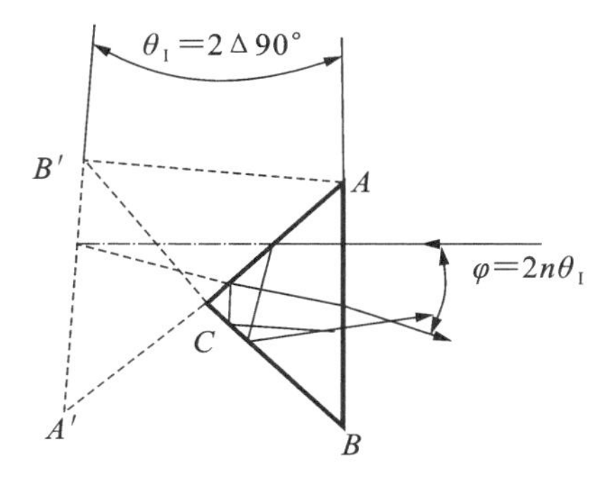

图 9-22　DII-180°直角棱镜展开图

$$\theta_{\mathrm{I}} = 2\Delta 90^\circ \tag{9-15}$$

即：θ_{I} 反映 90°单角的实际值与理论值之间的差异，与两 45°无关。

2.2 反射棱镜光学平行差检测实例

2.2.1 等腰直角棱镜

（1）DI-90°直角棱镜。使用自准直仪（包括各类测角仪）进行检测，在仪器目镜视场中观察到的反射像如图 9-23所示。

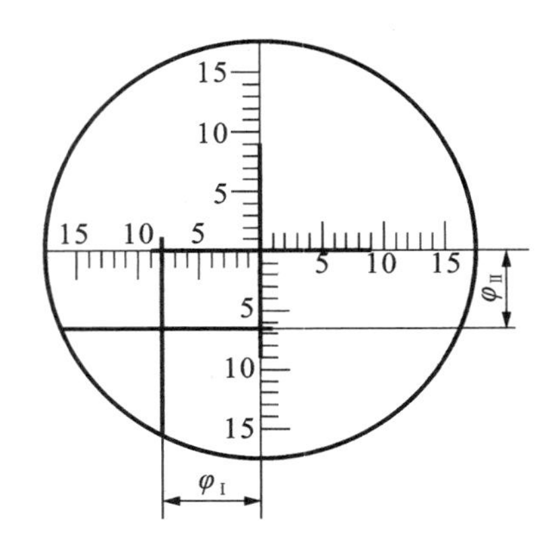

图 9-23 DI-90°直角棱镜检测

由图 9-21 可知，

$$\varphi_{\mathrm{I}} = 2n\theta_{\mathrm{I}},\quad \varphi_{\mathrm{II}} = 2n\theta_{\mathrm{II}} \tag{9-16}$$

由于仪器分划板均按"二倍关系刻度法"刻线，因此，实际检测时，按

$$\varphi_{\mathrm{I}} = n\theta_{\mathrm{I}},\quad \varphi_{\mathrm{II}} = n\theta_{\mathrm{II}} \tag{9-17}$$

如图 9-23 所示的直角棱镜，从分划板上可读出：$\varphi_{\mathrm{I}} = 8'$，$\varphi_{\mathrm{II}} = 7'$。

设该棱镜材料折射率为 1.5168，则可计算得出光学平行差为

$$\theta_{\mathrm{I}} = \frac{8}{1.5168} = 5.27',\quad \theta_{\mathrm{II}} = \frac{7}{1.5168} = 4.61'$$

两 45°角大小的判断：从图 9-21 中可看出，暗像偏小角，即暗像在哪方，说明该 45°角小于另一个 45°角。需注意的是，检测只反映两 45°角的相对误差，而并不反映 45°单角相对于 45°标准角的偏差。

棱镜大小端的判断：暗像在上方，因此棱镜大端垂直图面朝向观察者。

（2）DII-180°直角棱镜。使用自准直仪（包括各类测角仪）进行检测，在仪器目镜视场中观察到的反射像如图9-24所示。

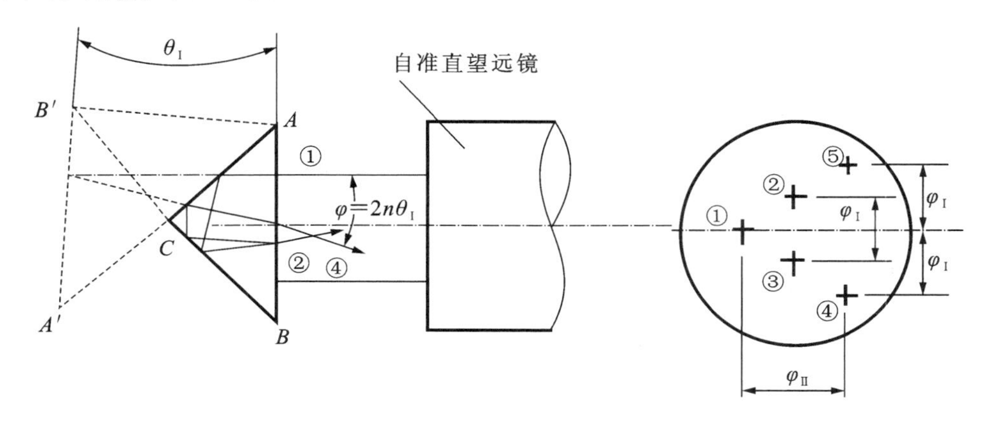

图 9-24 DII-180°直角棱镜检测

从自准直望远镜射出的光线在入射面 AB 上，将有一部分光被直接反射，在分划板上形成一个像，在图中用①表示。另一部分光进入棱镜，并在 AC、BC 面上反射后又射到 AB 面上，一部分光由 AB 面透射出去，在图中用②表示，另一部分光由 AB 面反射后第二次再经 BC 面和 AC 面反射，在 AB 面上出射，在图中用④表示。如果被测棱镜不存在角度误差和棱差时，①、④像会重合；当存在误差时，光线不是垂直出射，④像会与①像有偏离，两像分开的距离 φ_{I}、φ_{II}与光学平行差 θ_{I}、θ_{II}有关。由于直角棱镜的对称性，会在与②、④像对称的位置看到③、⑤像。φ_{I}、φ_{II}与光学平行差 θ_{I}、θ_{II}关系同式(9-16)、式(9-17)。

90°角误差正负号的判断：判断被测棱镜直角的实际值是大于 90°还是小于 90°时，只需用一张纸片从一侧插入棱镜与仪器之间，挡掉射入的一半光，如图 9-25 所示。此时，可观察到透射像②、③消失，①像为表面反射像，始终存在，二次反射像④、⑤会消失掉其中一个。当消失的二次反射像与插入纸片方向相同时，说明 90°误差为正；相反时则为负，即“同正异负”。

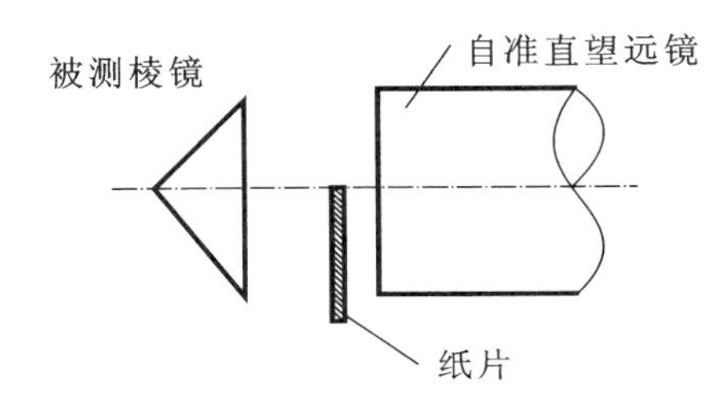

图 9-25　DII-180°**直角棱镜** 90°**顶角误差正负号判断**

棱镜大小端的判断：只要看十字线像④和⑤在十字线像①的哪一边，如果是在下边，则对于观察者来说下边就是大端；如果是在上边，则上边就是大端。

(3)当所要检验的棱镜图纸上并未标注光学平行差的要求，或是在光学平行差的要求之外，还另外要求了各个单角的角度误差时，必须考虑如何快速而有效地对各个单角是否符合图纸要求进行检测。下面介绍一种直接根据光学平行差来进行三个内角的综合检测的方法。

将一次反射棱镜的第一光学平行差用 $\theta_{\mathrm{I小}}$ 表示，由式(9-14)得

$$\angle A - \angle B = \theta_{\mathrm{I小}} \tag{9-18}$$

将二次反射棱镜的第一光学平行差用 $\theta_{\mathrm{I大}}$ 表示，由式(9-15)得

$$\frac{\theta_{\mathrm{I大}}}{2} = \angle C - 90° \tag{9-19}$$

由三角形内角之和为 180°：$\angle A+\angle B+\angle C=180°$，可得

$$\angle C = 180° - \angle A - \angle B$$

将其代入(9-19)中，得

$$\frac{\theta_{\mathrm{I大}}}{2} = 180° - \angle A - \angle B - 90°$$

$$\angle A + \angle B = 90° - \frac{\theta_{\mathrm{I大}}}{2} \tag{9-20}$$

由式(9-18)+式(9-20)得

$$2\angle A = \theta_{\mathrm{I小}} + 90° - \frac{\theta_{\mathrm{I大}}}{2}$$

$$\angle A = \frac{\theta_{\text{I小}}}{2} + 45° - \frac{\theta_{\text{I大}}}{4}$$

$$\angle A - 45° = \frac{\theta_{\text{I小}}}{2} - \frac{\theta_{\text{I大}}}{4}$$

即

$$\Delta\angle A = \frac{\theta_{\text{I小}}}{2} - \frac{\theta_{\text{I大}}}{4} \tag{9-21}$$

同样，由式(9-20)一式(9-18)后可得

$$\Delta\angle B = -\frac{\theta_{\text{I小}}}{2} - \frac{\theta_{\text{I大}}}{4} \tag{9-22}$$

式(9-21)、式(9-22)实际意义即为

$$\Delta 45° = \pm\frac{\theta_{\text{I小}}}{2} - \frac{\theta_{\text{I大}}}{4} \tag{9-23}$$

需要求出45°单角的实际偏差值时，可用式(9-23)与式(9-19)相结合进行计算。

批量生产和检验时，常常只需要进行45°判别而不需计算出实际值，此时可将式(9-23)再变换为

$$\Delta 45° = \frac{\theta_{\text{I小}}}{2} + \frac{\theta_{\text{I大}}}{4} \tag{9-24}$$

式中各量均不需带正负号。

只需分别测出从直角面垂直入射时的第一光学平行差和从大面垂直入射时的第一光学平行差，就可利用式(9-24)判断45°单角是否超差。检验时应先从大面入射判断90°是否超差，如超差，直接判退。90°在要求范围内时，再从直角面入射进行检验。为方便检验人员快速判断，应由技术人员先做好检测数据表。

以图9-26为例。

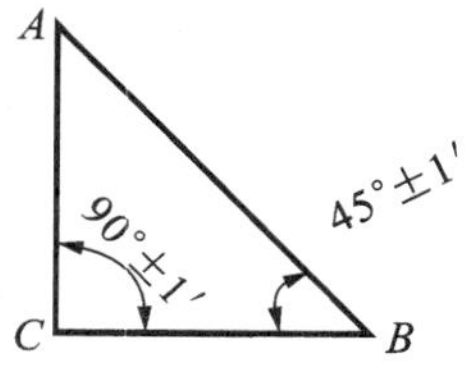

由90°±1′可知，从大面检测时，首先应确保$\theta_{\text{I大}}$在2′以内，当$\theta_{\text{I大}}=2'$时，根据式(9-24)计算

$$\Delta 45° = \frac{\theta_{\text{I小}}}{2} + \frac{2'}{4} \leqslant 1'$$

得

$$\theta_{\text{I小}} \leqslant 1'$$

A
90°±1′
45°±1′
C
B

图9-26 直角棱镜实例

列表9-4如下。

表9-4 快速判定用表1

$\theta_{\text{I大}}$	$\theta_{\text{I小}}$
2′(最大值)	1′
1′30″	1′15″
1′	1′30″
30″	1′45″
0′	2′(最大值)

实际检测时，应提供在仪器中实际观察到的φ值用表，以方便检验人员使用。$\varphi=2n\theta$，测角仪分划板均按半角标注，则在仪器中所读φ值只需按$\varphi=n\theta$即可。图9-26所示的直角棱

镜折射率为1.5时，表9-4可变换为表9-5。

表9-5　快速判定用表2

$\varphi_{I大}$(仪器中读数值)	$\varphi_{I小}$(仪器中读数值)
3′(最大值)	1′30″
2′15″	1′52.5″
1′30″	2′15″
45″	2′37.5″
0′	3′(最大值)

实际给出的检测用表应按测角仪的最小分度值列表，确保每次所读到的φ值都能在表中查到。

(4)拓展——长方体直角误差测量。

长方体是用来加工诸如高精度直角棱镜、屋脊棱镜屋脊角等各种带直角的零件的一种精密工具。如图9-27所示，各90°误差要求很高，用精密测角仪绝对测量比较麻烦，也不便于批量长方体加工与检验。为了能利用自准直法测量，可以在其中一个大面贴一块45°角的棱镜作为补偿镜，这样，使补偿镜的$EFGH$面正好对准长方体$ABB'A'$面与$A'B'C'D'$面组成的二面角。如果将补偿镜按图中虚线所示延伸，可以看出，即构成了一个DII-180°直角棱镜，可以用自准直法进行测量。图9-28表示了测量的情况。由式(9-15)和式(9-17)可知，被测长方体90°角误差为

$$\Delta 90^\circ = \frac{\varphi_I}{2n} \tag{9-25}$$

所使用的自准直测角仪的测量精度在5″以内时，由式(9-25)可知，直角误差Δ90°很容易就能达到1″左右。

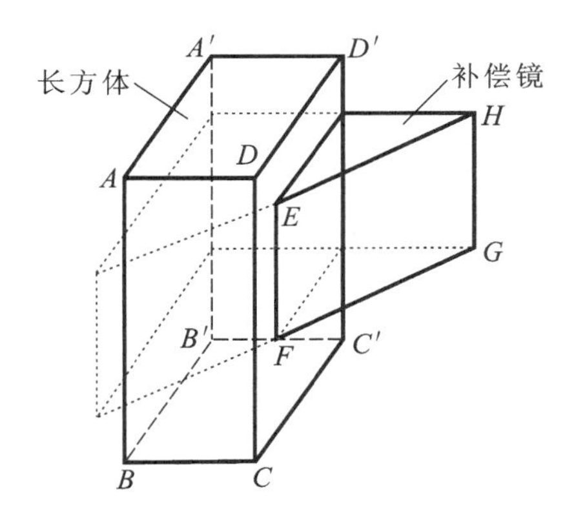

图9-27　贴置补偿镜

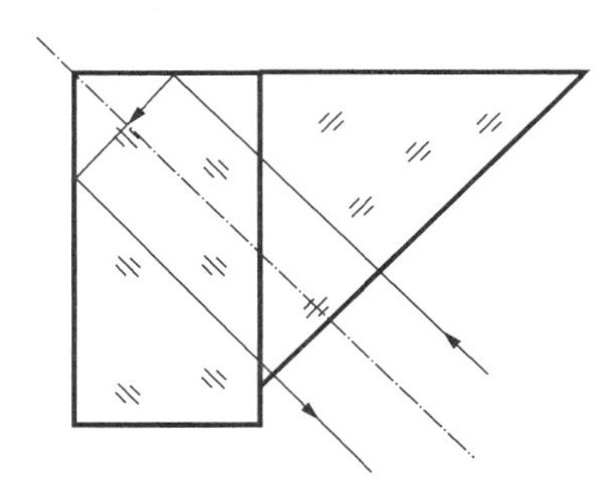

图9-28　自准直测量长方体

采用补偿镜法测量长方体直角误差的另一个特点是，对补偿镜角度(45°)的要求不高。在前面的分析中已经指出，在直角棱镜DII-180°的测量中，45°角的误差不影响Δ90°的测量。因此，补偿镜的加工十分容易。但要注意补偿镜的两个工作面的平面度要比较好，否则会影响到视场中十字像的清晰程度，造成读数误差。贴置补偿镜时应仔细，防止操作已经抛光好

的长方体工作表面。

2.2.2 屋脊棱镜

在目视光学仪器的光学系统中，为了得到“完全一致像”，常常采用屋脊棱镜转像。采用屋脊棱镜转像，比用其他棱镜组或透镜组转像具有体积小的优点，因此，屋脊棱镜在光学仪器中得到了广泛的应用，但相对而言，对屋脊角本身的要求就十分严格了。屋脊角的误差会引起光学系统成像时产生双像。误差越大，双像越明显，会严重影响仪器的成像质量和观察使用。对于一般的屋脊棱镜，其屋脊角误差为 $2''\sim5''$，甚至要求 $1''$以内，这比通常的棱镜角度误差限制要严格得多。

一束平行光从屋脊棱镜的入射面射入，由于屋脊角的误差（直角误差），经过两个屋脊面反射后成为互相夹一定角度的两束光，因而在光学系统的像平面上形成两个相同但是分开的像。这种由于屋脊角误差而形成从屋脊棱镜射出时两束光的夹角称为屋脊棱镜的双像差，用符号 S 表示。屋脊角误差用 δ 表示时，双像差 S 与屋脊角误差 δ 之间的关系为

$$S = 4n\delta\cos\alpha \tag{9-26}$$

式中：n 为玻璃折射率；α 为在光轴截面内光轴与屋脊棱垂直线之间的夹角，对于不同的屋脊棱镜，α 是不一样的。

测量屋脊棱镜的双像差有自准直法和干涉法，自准直法的测量原理与前面测角的相同，不再赘述。由于屋脊角误差通常要求比较严格，利用自准直法时常常由于仪器精度不够而不能观察到明显分开的双像，此时可利用棱镜干涉仪或泰曼干涉仪来进行测量。图 9-29 所示的为干涉法测量屋脊棱镜示意图。

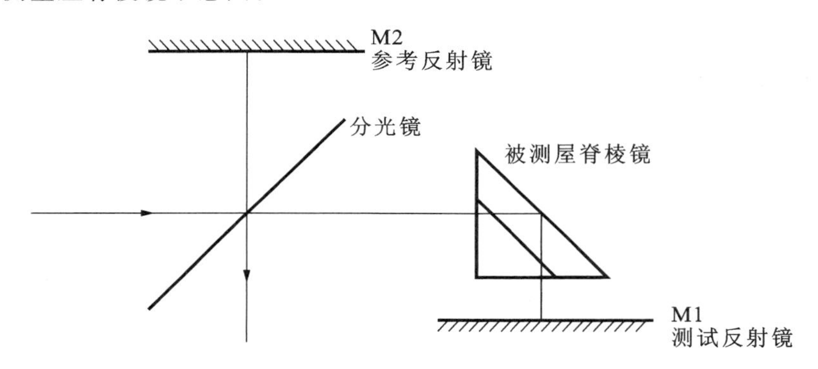

图 9-29 干涉法测量屋脊棱镜

如果屋脊棱镜材料很好，加工面形和角度都无误差，其干涉条纹应是一片均匀的颜色，稍倾斜反射镜，条纹就会变平直，且棱镜上下条纹连成一线，如图 9-30(a)所示。如果在视场中观察到干涉条纹拉开了，并成圆形或弧形，很规则，没有棱线断折现象，如图 9-30(b)所示，则说明面形有误差或材料不均匀，但屋脊角无误差。

若屋脊棱镜的屋脊角有误差时（见图 9-31），则由测试反射镜 M1 反射回来的另一半光束与由参考反射镜 M2 反射回来的光束之间将存在着 $2S$ 的夹角，显然夹角 $2S$ 与干涉条纹数目 m 有关。通过在干涉场中所见到的两半部分干涉图案，可以方便地计算出被测屋脊棱镜的屋脊角误差。根据

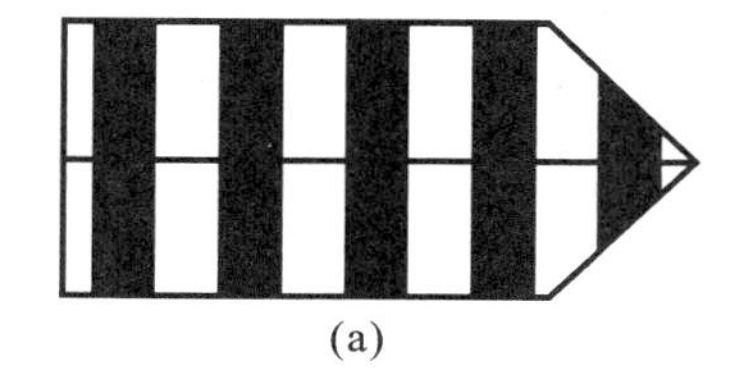
(a)

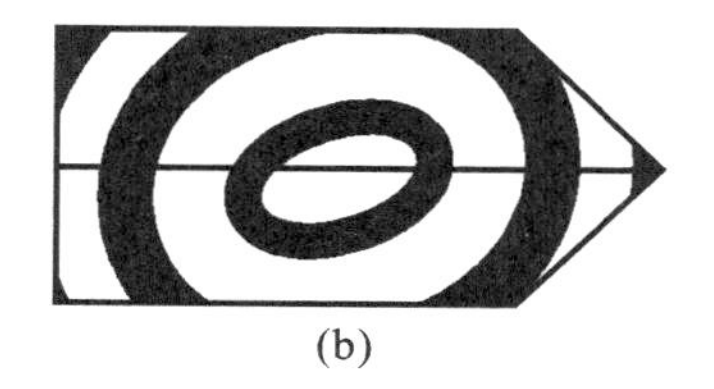
(b)

图 9-30　无屋脊角误差时的屋脊棱镜干涉图

$$m\lambda = \frac{D}{2} \cdot 2S \tag{9-27}$$

可知

$$S = \frac{m\lambda}{D} \tag{9-28}$$

将式(9-26)代入,可得屋脊角误差为

$$\delta = \frac{m\lambda}{4nD\cos\alpha} \times 206265'' \tag{9-29}$$

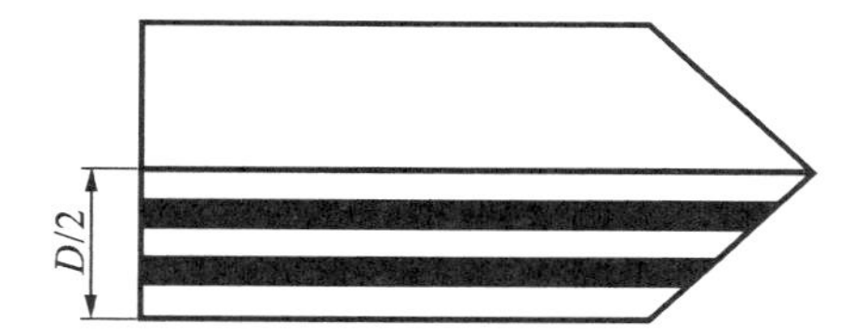

图 9-31　有屋脊角误差时的屋脊棱镜干涉图

屋脊角误差正负判断:在目镜前用手指轻轻用力向上顶,若干涉条纹收缩,说明屋脊角小了;如果干涉条纹扩散,则说明屋脊角大了。

思考与练习

1. 棱镜光学平行差与哪些因素有关?
2. 用比较法检测棱镜单角时,测量误差与哪些因素有关? 如何消除或减小误差?
3. 某 K9 材料的直角棱镜,各单角要求为 $90°\pm1'$,$45°\pm2'$,请给出快速检测用表。
4. 如何用内反射法判断直角棱镜 90°的大小、棱镜的大小端及两 45°角的大小关系?
5. 分析用干涉法测量微小角度的原理及精度。

任务六　透镜角度检验

与透镜相关的角度参数只有中心偏差一项。

透镜中心偏差是用来表征透镜的基准轴和光轴之间的偏差,其定义为光学表面定心顶点处的法线对基准轴的偏离量,定心顶点就是该光学表面和基准轴的交点。这个偏离量以光学表面定心顶点处的法线与基准轴的夹角来度量，称为面倾角，用希腊字母 χ 表示。

透镜的中心偏差还可采用球心差 a、偏心差 c 及透镜边厚最大差值 Δt 等参量来表征，相应地测量这些参量也可检测“中心偏差”。球心差是被检光学表面球心到基准轴的距离；偏心差是被检光学零件或组件的几何轴在后节面上的交点与后节点的距离（在数值上等于透镜绕几何轴旋转时的焦点像跳动圆半径）。

中心偏测量仪按原理可分为透射式和反射式两种，如图 9-32 所示。

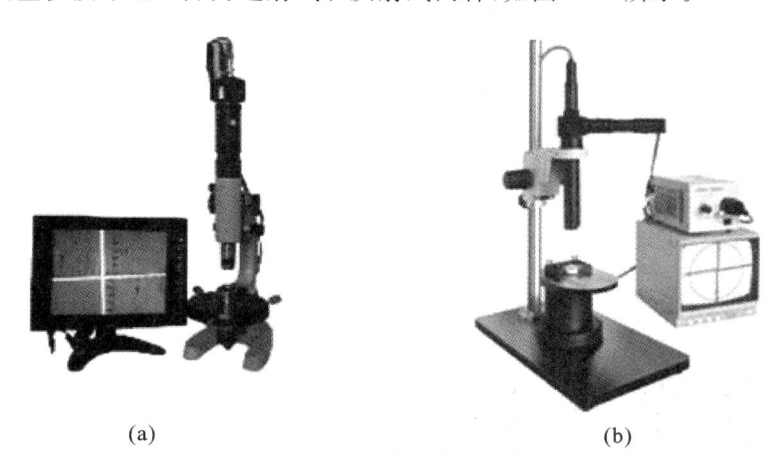

(a) (b)

图 9-32 中心偏测量仪

(a)透射式偏心仪；(b)反射式偏心仪

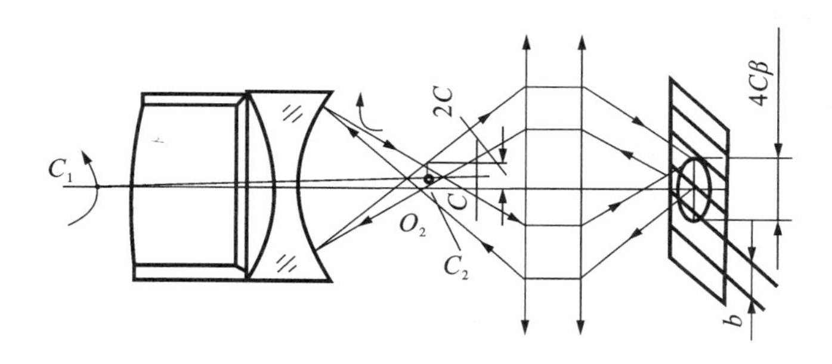

图 9-33 反射式偏心仪简化原理图

如图 9-33 所示，透镜前表面的球心与回转轴的偏离量 C 即为透镜的中心偏差。由于反射面的纵向放大率为－1，所以透镜球心的反射像偏离回转轴 $2C$，当转动接头时，透镜球心像的回转直径为 $4C$，再经定心仪光学系统放大 β 倍，在分划板上看到的像是 $4C\beta$，其值相当于分划板的跳动量 nb，则每格所表示的中心偏差 C 为

$$C=\frac{nb}{4\beta} \tag{9-30}$$

透射式偏心仪是通过观察透镜的透射像与几何轴的偏离来确定偏心量的。将透镜置于接头上，接头的端面严格垂直于仪器主轴，即几何轴。检测时，转动透镜，则通过透镜透射过来的十字分划像有跳动，其跳动量表示透镜像方焦点对基准轴的偏离量，反映出透镜几何轴与光轴在透镜光心处的偏离量。如图 9-34 所示，透镜偏心差 C 为

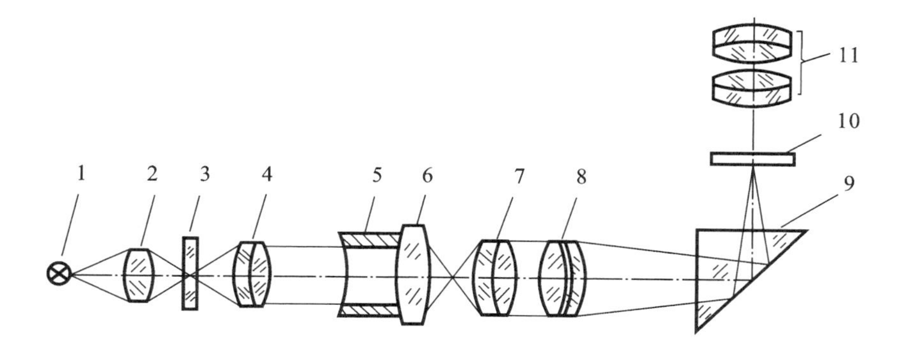

图 9-34 透射式偏心仪原理图

1—光源；2—聚光镜；3—十字分划板；4—准直物镜；5—接头；6—被测透镜；7—可调物镜；8—固定物镜；9—直角棱镜；10—分划板；11—目镜

$$C = \frac{nb}{2\beta} \tag{9-31}$$

式中：β 为物镜放大率；b 为分划板实际格值；n 为跳动格数。

为提高仪器精度，减轻人眼疲劳，无论是反射式还是透射式偏心仪，目前基本均采用后接CCD与显示器的方法，如图 9-35 所示。假设电视摄像管的分辨率为 $N lp/\text{mm}$，光学系统的垂轴放大率为 β，则通过电视系统观察透镜球心像的精度为

反射式：

$$C = \frac{1}{4N\beta} \tag{9-32}$$

透射式：

$$C = \frac{1}{2N\beta} \tag{9-33}$$

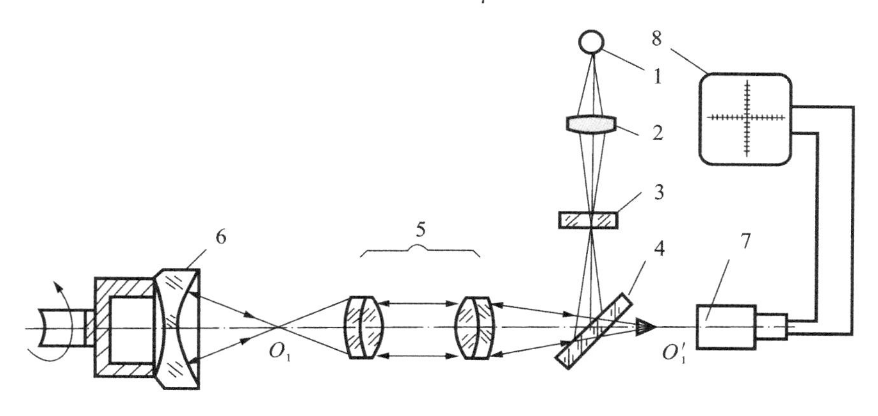

图 9-35 带显示器的反射式偏心仪原理图

1—光源；2—聚光镜；3—分划板；4—反光镜；5—物镜；6—被测透镜；7—摄像管；8—显示器

例如，某透射式偏心仪采用 10 倍镜头，CCD 分辨率为 $10 lp/\text{mm}$，则 $C=0.005$ mm。

用偏心仪直接检验出的是偏心差 C，在数值上它用焦点像跳动圆半径来度量，要保证图纸规定的面倾角 χ 的要求，应按下式进行换算，即

$$\chi = \frac{1000C}{0.291(n-1)l'_F} \tag{9-34}$$

式中：面倾角 χ 单位为(′)；n 为折射率；l'_F 为透镜像方顶焦距。

同样以某透射式偏心仪为例，采用10倍镜头，CCD分辨率为10lp/mm，可知 $C=$ 0.005 mm，当调焦至不同位置时，仪器面倾角精度不同。从式(9-34)可以分析出，为提高测量面倾角的精度，应尽量采用较大的顶焦距。表9-6所示的为某透射式偏心仪精度。

表9-6　某透射式偏心仪精度

顶焦距/mm	对应每格偏心量/s
5	413
10	207
15	138
20	103
25	83
30	69
35	59
40	52
45	46
50	41
55	38
60	34
65	32
70	30
75	28
80	26
85	24
90	23
95	22
100	21
105	20
110	19
115	18
120	17

思考与练习

1. 请给出球心差 a、偏心差 C 与面倾角 χ 之间的关系式。
2. 用透射式偏心仪检验时，对透镜的基准轴有何要求？
3. 如何提高中心偏差的检测精度？

任务七　透镜外径检验

透镜的外径检验可使用游标卡尺或外径千分尺进行。游标卡尺的精度为 0.02 mm，外径千分尺精度为 0.01 mm，可根据尺寸精度选择合适的量具。当外径公差在 0.05 mm 以上时，可选择游标卡尺；外径公差在 0.05 mm 以内时，应选择外径千分尺。

1. 游标卡尺的使用

1.1　游标卡尺的构造及各部分主要用途

如图 9-36 所示，游标卡尺主要由两部分组成，即主尺和游标尺，具体各部分的名称和主要用途如下。

(1)主尺：用于读取游标尺刻度线对应的整毫米数。

(2)游标尺：可滑动的副尺称为游标尺，用于读取对准主尺上某一条刻度线的游标尺上的刻度数。

(3)内测量爪：用于测量内径。

(4)外测量爪：用于测量外径。

(5)深度尺：用于测量深度。

(6)紧固螺母：用于固定游标尺。

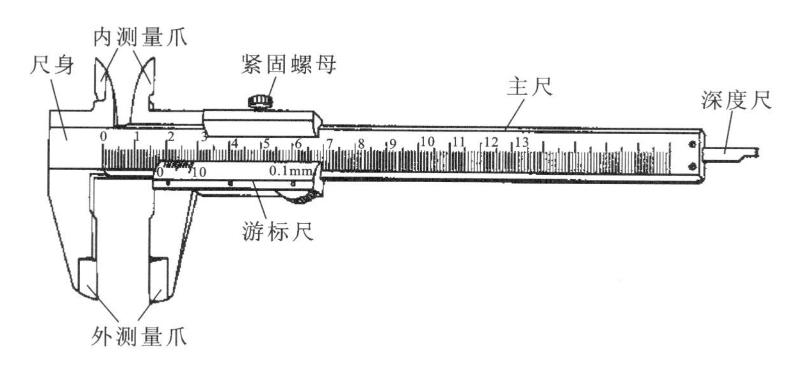

图 9-36　游标卡尺示意图

1.2 读数原理

以 50 分格游标卡尺为例，由于它的精度为 0.02 mm，测量小于 1 mm 的长度时，游标尺上第 N 条刻度线与主尺上的某刻度线对齐，那么被测长度就为($N\times0.02$) mm；当测量长度大于 1 mm 时，首先读出游标尺上的零刻度线对应主尺上的整毫米刻度数，然后再按上述方法读出游标尺上与主尺对齐的刻度数，此数乘以 0.02 后，将两数相加，即得被测长度。如图 9-37 所示，主尺上的读数为 33 mm，游标尺上第 23 条刻度线与主尺上的刻度对齐，所以被测长度为 $33+23\times0.02=33.46$ mm。

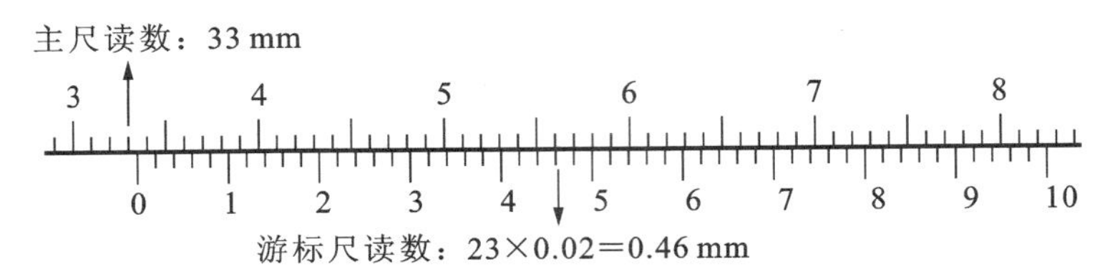

图 9-37 游标卡尺读数示意图

游标卡尺的读数可用公式表示为

$$x=a+n/b$$

式中：x 为被测长度；a 为主尺读数；n 为游标尺与主尺重合的第 n 条刻度线；b 为游标尺上的刻度数。

注意：读数 a 必须以毫米为单位。

1.3 零误差的处理方法

用游标卡尺来测量物体时，让测量爪并拢，如果二尺的零刻度没有对齐，那么游标卡尺就出现了零误差。如果此时游标上的零刻度线在主尺 0 刻度线的右边，则称此时的读数为正误差；如果此时游标上的零刻度线在主尺 0 刻度线的左边，则称此时的读数为负误差。当用此尺读数时，应用最后的读数减去零误差。

2. 外径千分尺的使用

外径千分尺常简称为千分尺，也称螺旋测微器，它是比游标卡尺更精密的长度测量仪器，常见的一种如图 9-38 所示，它的量程是 0～25 mm，分度值是 0.01 mm。外径千分尺的结构由固定的尺架、测砧、测微螺杆、固定套管、微分筒、测力装置、锁紧装置等组成。固定套管上有一条水平线，这条线上、下各有一列间距为 1 mm 的刻度线，上面的刻度线恰好在下面两相邻刻度线中间。微分筒上的刻度线是将圆周分为 50 等分的水平线，它是旋转运动的。

根据螺旋运动原理，当微分筒(又称可动刻度筒)旋转一周时，测微螺杆前进或后退一个螺距——0.5 mm。这样，当微分筒旋转一个分度后，它转过了 1/50 周，这时螺杆沿轴线移动了($1/50\times0.5$) mm=0.01 mm，因此，使用千分尺可以准确读出 0.01 mm 的数值。

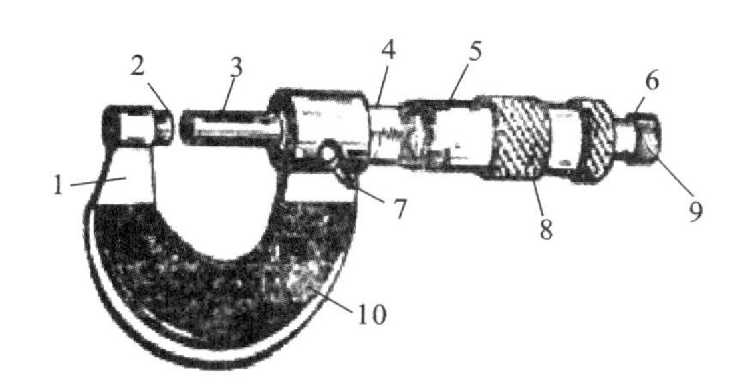

图 9-38 外径千分尺示意图

1—尺架;2—测砧;3—测微螺杆;4—固定套管;5—微分筒;6—棘轮旋柄;7—锁紧装置;8—旋钮;9—测力装置;10—隔热装置

2.1 外径千分尺的零误差的判定

校准好的千分尺,当测微螺杆与测砧接触后,可动刻度上的零线与固定刻度上的水平横线应该是对齐的。如果没有对齐,测量时就会产生系统误差——零误差。若无法消除零误差,则应考虑它们对读数的影响。若可动刻度的零线在水平横线上方,且第 x 条刻度线与横线对齐,则说明测量时的读数要比真实值小 $x/100$ mm,这种零误差称为负零误差;若可动刻度的零线在水平横线的下方,且第 y 条刻度线与横线对齐,则说明测量时的读数要比真实值大 $y/100$ mm,这种零误差称为正零误差。如图 9-39 所示,它的零误差为+0.02 mm。对于存在零误差的千分尺,测量结果应等于读数减去零误差,即

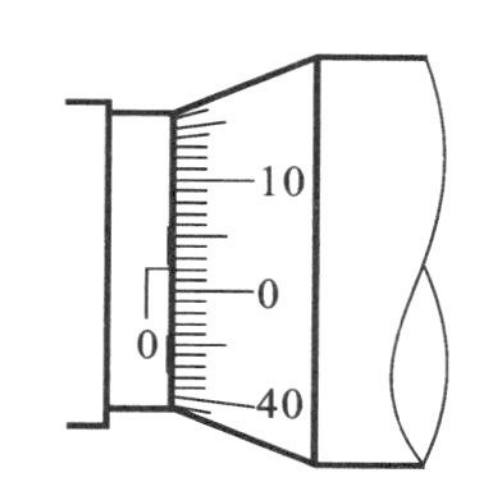

图 9-39 外径千分尺零位误差示意图

$$物体长度 = 固定刻度读数 + 可动刻度读数 - 零误差 \qquad (9\text{-}35)$$

大量程的外径千分尺一般都配备有标准杆,如量程为 25~50 mm 的千分尺配有 25 mm 的标准杆,量程为 50~75 mm 的千分尺配有 50 mm 标准杆,它们的起始读数分别为 25 mm、50 mm。每次测量前都应先用标准杆检查起始读数是否正确。

2.2 外径千分尺的零位校准

使用千分尺时先要检查其零位是否校准,因此先松开锁紧装置,清除油污,特别是测砧与测微螺杆间接触面要清洗干净。检查微分筒的端面是否与固定套管上的零刻度线重合,如不重合应先旋转旋钮,直至螺杆要接近测砧时,旋转测力装置,当螺杆刚好与测砧接触时会听到喀喀声,这时停止转动。如两零线仍不重合(两零线重合的标志是:微分筒的端面与固定刻度的零线重合,且可动刻度的零线与固定刻度的水平横线重合),可将固定套管上的小螺丝松动,用专用扳手调节套管的位置,使两零线对齐,再把小螺丝拧紧。不同厂家生产的千分尺的调零方法不一样,这里仅是其中一种调零的方法。

检查千分尺零位是否校准时,要使螺杆和测砧接触,偶尔会发生向后旋转测力装置而两者不分离的情形。这时可用左手手心用力顶住尺架上测砧的左侧,右手手心顶住测力装置,再用手指沿逆时针方向旋转旋钮,可以使螺杆和测砧分开。

2.3 外径千分尺的读数

读数时，先以微分筒的端面为准线，读出固定套管下刻度线的分度值（只读出以毫米为单位的整数），再以固定套管上的水平横线作为读数准线，读出可动刻度上的分度值，读数时应估读到最小刻度的十分之一，即 0.001 mm。如果微分筒的端面与固定刻度的下刻度线之间无上刻度线，则测量结果即为下刻度线的数值加可动刻度的值；如果微分筒端面与下刻度线之间有一条上刻度线，则测量结果应为下刻度线的数值加上 0.5 mm，再加上可动刻度的值，图 9-40(a)中的读数为 8.384 mm，图(b)中的读数为 7.923 mm。

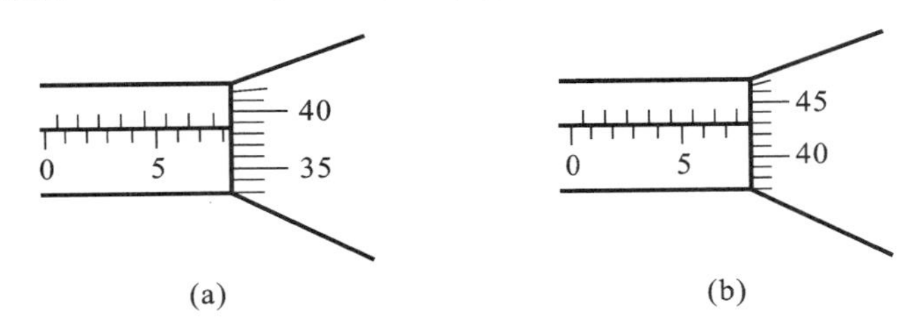

图 9-40 外径千分尺读数示意图

有的千分尺的可动刻度分为 100 等分，螺距为 1 mm，其固定刻度上不需要半毫米刻度，可动刻度的每一等分仍表示 0.01 mm。有的千分尺，可动刻度为 50 等分，而固定刻度上无半毫米刻度，只能用眼进行估计。对于已消除零误差的千分尺，当微分筒的前端面恰好在固定刻度下刻度线的两线中间时，若可动刻度的读数为 40～50 之间，则其前沿未超过0.5 mm，固定刻度读数不必加 0.5 mm；若可动刻度上的读数为 0～10 之间，则其前端已超过下刻度两相邻刻度线的一半，固定刻度数应加上 0.5 mm。

思考与练习

1. 游标卡尺与外径千分尺的读数方法如何？
2. 如何根据尺寸精度选择检测器具？

任务八 透镜中心厚度检验

在常规光学元件生产中，厚度公差的控制与测量通常通过厚度计进行，厚度计实际即为带测量抓手及手柄的百分表或千分表，可根据厚度公差的要求选择合适精度的厚度计。厚度计外形如图 9-41 所示。

1. 测量与读数原理

百分表及千分表是通过齿轮或杠杆将一般的直线位移（直线运动）转换成指针的旋转运动，然后在刻度盘上进行读数的长度测量仪器。

如图 9-42 所示，以百分表为例，表盘上刻有 100 个等分格，其刻度值（即读数值）为 0.01 mm，小指针转动一小格，刻度值为 1 mm。当测量杆向上或向下移动 1 mm 时，通过齿轮传动系统带动大指针转一圈，同时小指针转一格。小指针处的刻度范围为百分表的测量范围。刻度盘可以转动，供测量时大指针对零用。读数值为小指针的毫米整数与表盘上的毫米小数之和。读数值需注意初始测量时小指针所处的位置，如果不在零位，应将其调整至零位；如果不对小指针调零，则在读整数部分时应减去初始位置的小指针读数值。

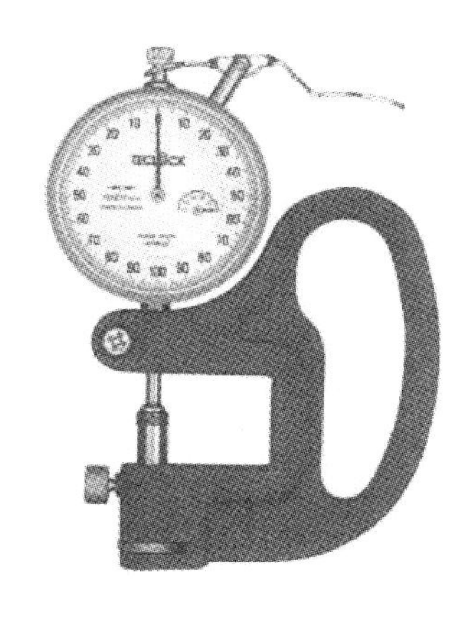

图 9-41　厚度计实物图

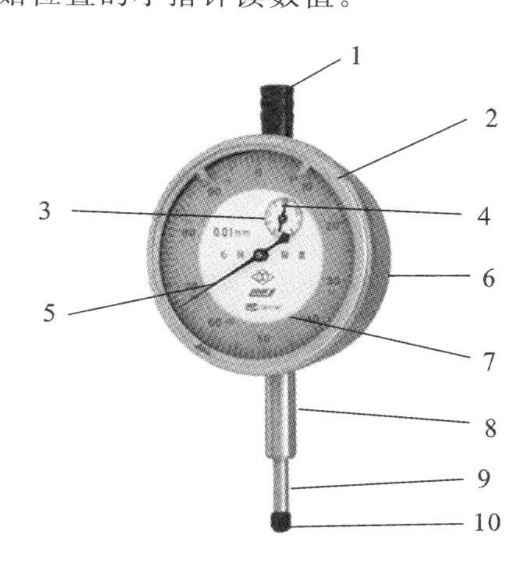

图 9-42　百分表/千分表指示图

1—挡帽；2—表圈；3—转数指示盘；
4—转数指示针；5—指针；6—表体；
7—表盘；8—套筒；9—测量杆；
10—测量头

2. 使用厚度计进行测量

在测量时，应轻轻提起测杆，把工件放至测头下面，缓慢下降测头，使之与工件接触，不准把工件强迫推入至测头，也不准急骤下降测头，以免产生瞬时冲击测力，给测量带来误差。对工件进行调整时，也应按上述方法操作。在测头与工件表面接触时，测杆应有 0.3～1 mm 的压缩量，以保持一定的起始测量力。

使用厚度计需要注意避免以下测量误差，包括：

（1）顶点的定位误差，即测量杆的测量点不在被测透镜的顶点而引起的矢高差；

（2）测量杆的倾斜误差；

（3）透镜放置的倾斜误差。

使用厚度计测量透镜中心厚度，实际即为找出透镜中心的最高（凸透镜）或最低（凹透镜）点，因此顶点的定位误差对测量精度影响最大。为避免顶点的定位误差，在使用厚度计测量时，需注意测头的选择。测量凸面时，应使用平面测头；测量凹面时，应使用球形测头。

使用厚度计测量属于接触式测量，为避免对光学表面产生破坏，在抬放测量手柄时应注意轻拿轻放。

对于某些软性或脆性光学材料的光学元件，因表面粗糙度难以加工，加工好的光学表面也易被破坏，因此，难以使用接触法测量中心厚度的，可采用非接触的光学投影测量仪来测量厚度。

思考与练习

1. 检测透镜中心厚度时，如何选择合适的测头？
2. 接触法检测透镜中心厚度时，应注意哪些事项？

任务九　透镜焦距检验

焦距是透镜最重要的光学性能参数。一般情况下，焦距的误差要求由百分之几到千分之几。在特殊情况下，如双目仪器中一对物镜的焦距的一致性要求很高，误差不允许超过万分之几；用于距离测量的光学仪器，物镜焦距允许误差比较小。

1. 放大率法测量透镜焦距原理

图 9-43 所示的为测量原理图。y_0 是位于平行光管物镜焦平面上的一对刻线的间隔距离。y_0 经过平行光管物镜后成像在无限远处，再经过被测透镜后，在它的焦平面上得到 y_0 的像 y'。这种方法的原理就是通过测量像 y' 的大小，然后计算出被测透镜的焦距。

由图 9-43 可知

$$\frac{y_0}{2f_0'} = \tan\omega, \quad \frac{y'}{2f'} = \tan\omega'$$

用作图法很容易得出：$\omega=\omega'$，因此可以得到

$$\frac{y_0}{2f_0'} = \frac{y'}{2f'}$$

即

$$f' = f_0' \frac{y'}{y_0} \tag{9-36}$$

考虑到测微目镜的放大倍数 β，式(9-36)应变化为

$$f' = f_0' \frac{y'}{y_0 \cdot \beta} \tag{9-37}$$

2. 用光具座测量透镜焦距

(1)将已知刻线对的玻板放置于平行光管的物镜焦平面上。

(2)将待测物镜放置于透镜夹持器中，并调整透镜、平行光管及测微目镜三者光轴共轴。

(3)调整测微目镜与被测透镜的距离，直至在测微目镜视场中观察到玻罗板线对的像。

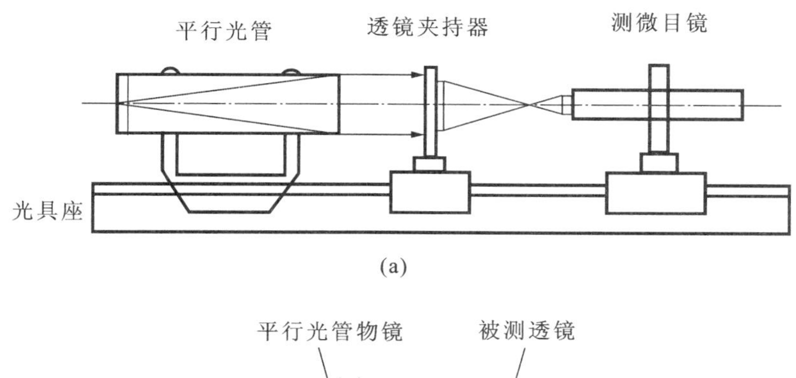

(a)

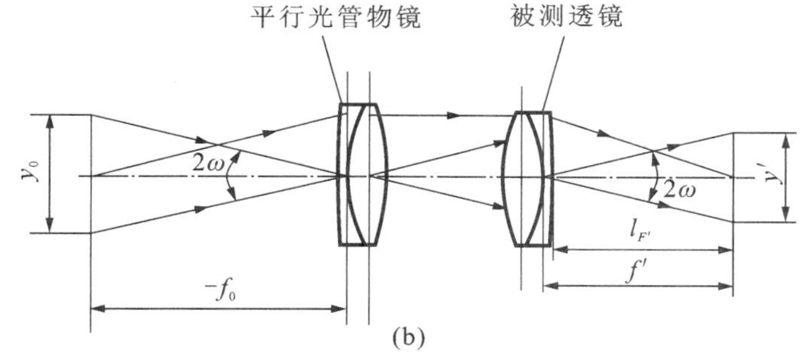

(b)

图 9-43　测量焦距原理图

(a)焦距仪示意图;(b)放大率法测量焦距原理图

(4)判别所用测微目镜放大倍数是否合适,应以像刚好充满整个视场为宜,太小时测量误差大则更换大倍数的测微目镜,太大超出视场则更换小倍数的测微目镜。更换后应再重复步骤(3)。

(5)微调显微镜,使刻线像清晰无视差地成在测微目镜的分划板上。

(6)选择玻罗板的其中一对刻线作为物,其大小为 y_0,测量出物的像的大小 y'。

(7)将 y'代入式(9-37)中,即可求出待测透镜的焦距。

在实际测量计算中,需注意使用平行光管焦距 f_0' 及玻罗板线对距离 y_0 的实际值,不能直接套用理论值。

3. 测量负透镜焦距

用平行光管测量透镜焦距的原理,完全适用于测量负透镜,测量装置及步骤均一样。但由于负透镜焦距为负,像方焦点位置在像方主点的左方,如图 9-44 所示,要用测微目镜观察位于被测透镜焦面上的像 y'时,就必须要求测微目镜的工作距离 L 大于后截距 $-S_f'$,否则,测微目镜的镜头就会碰到被测透镜的后表面,不能进行调焦,无法看清楚负透镜焦平面上的像,当然也就无法进行焦距测量了。

由此可见,测量负透镜焦距时,应选用工作距离 L 较长的测微目镜,而且被测负透镜的焦距越大,所选用的测微目镜的工作距离就越长。

当选用最长工作距离的测微目镜都无法测量到被测负透镜焦距时,可采用附加正透镜法

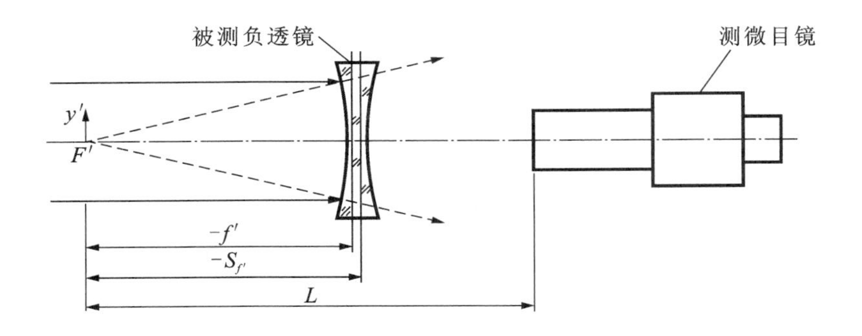

图 9-44　测量负焦距示意图

进行测量，即在被测负透镜和平行光管之间放置一个焦距较长且已知的附加正透镜，组成一个伽利略望远系统，然后用带测微目镜的前置镜代替测微目镜来测量系统的视放大率。因为伽利略望远系统的视放大率 $\Gamma=\frac{-f'_{正}}{f'_{负}}$，根据已知附加正透镜的焦距 $f'_{正}$ 和测量到的视放大率 Γ，就可以得到被测负透镜的焦距 $f'_{负}$。

测量方法如下：

(1)将附加正透镜和被测负透镜装夹好，调节两者与带前置镜的测微目镜及平行光管光轴共轴；

(2)在前置镜保持零位的情况下，轴向移动被测负透镜，在测微目镜分划板上看到玻罗板线对像；

(3)微调到清晰像后，用带测微目镜的前置镜测量玻罗板线对所成像距离 y'_1；

(4)取下正、负透镜，测得同一组线对像距离为 y'_2，则视放大率 $\Gamma=\frac{y'_1}{y'_2}=\frac{-f'_{正}}{f'_{负}}$；

(5)由此得到

$$f'_{负}=-f'_{正}\cdot\frac{y'_2}{y'_1} \tag{9-38}$$

4. 保证精度、减小误差的方法

在测量焦距过程中，为获得所要求的测量精度，要注意以下几点。

(1)被测量光学系统应尽可能地在与实际使用状态相同的条件下进行测量，因为光学系统只是针对工作位置校正像差的。例如，测量望远物镜时，目标物应放在无穷远处，或者至少应尽可能地远离被测物镜；又如，测量显微物镜时，目标应放在工作距离上，即显微物镜的物平面上。

(2)在测量过程中，应首先对目镜进行消视差，即先通过调整目镜视度看清楚目镜视场中的分划板，再来找像，根据像的清晰与否来判断像的位置。

(3)测量时，应尽可能地利用被测透镜在实际使用中的全部有效孔径，与实际使用条件一致(可看图纸标注)。因为光学系统孔不同时像差也不同，测得的结果就与实际情况不一致。如果使用很小口径，测得的焦距是傍轴焦距。

(4)如果测量中使用平行光管,应选用平行光管的焦距至少是被测透镜焦距的3倍以上,以减少相对误差。

5. 拓展:测量透镜截距

如果光学零件图上对透镜截距有要求时,还应进行截距的测量。截距测量所用仪器与测量焦距的基本相同(见图9-45)。截距是指从透镜球面顶点到透镜焦点之间的距离,因两面曲率半径不同,前后截距也是不同的。

截距的测量原理就是将测微目镜分别对被测透镜的焦平面和球面顶点调焦,两次调焦的位置读数之差即为透镜的截距。注意,读数时是从光具座侧方导轨上的长度标尺上来读,而不是在测微目镜中读。

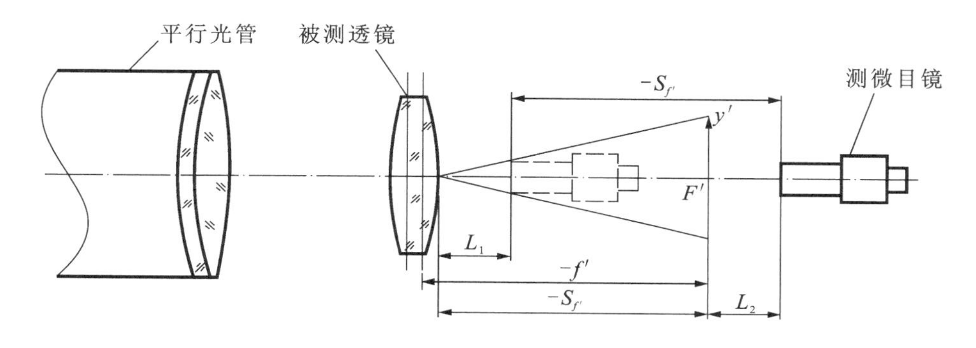

图9-45　测量截距示意图

思考与练习

1. 测量正、负透镜焦距时,有何明显不同?
2. 为提高测量焦距精度,可采取哪些措施?
3. 如何测量截距?

任务十　透镜曲率半径检验

在实际批量检验工作中,检验员一般不直接检验透镜曲率半径,而是通过检验面形偏差来控制零件的曲率半径偏差。通常是对标准样板进行曲率半径的精确检测。随着科技的飞速发展,对曲率半径的检测要求也越来越高。目前测量透镜曲率半径的方法和设备种类较多,测量原理和性能也不尽相同,就实用性和通用性来看,较常见的有接触式球径仪(环形球径仪)、非接触式球径仪(自准直球径仪)、基于干涉仪的曲率半径测量及样板检测等。

1. 环形球径仪法

1.1 测量原理

利用环形球径仪测量曲率半径是最传统的测量曲率半径的方法，如图 9-46 所示。其原理是通过测量球面的环形直径（$2r$）及其矢高（h），计算得到球面曲率半径 R 值。

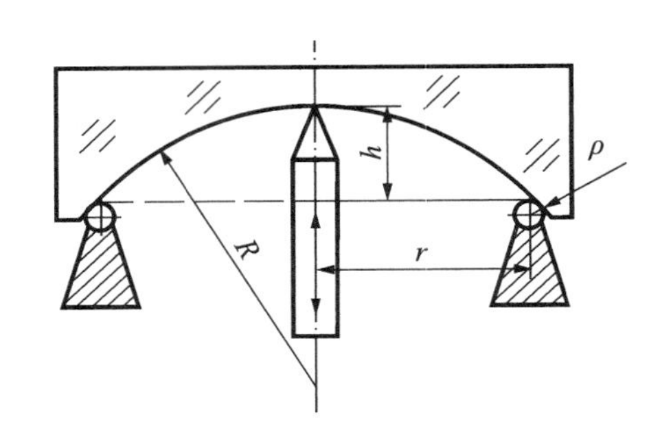

图 9-46 环形球径仪测量曲率半径原理图

计算公式为

$$R=\frac{r^2}{2h}+\frac{h}{2}\pm\rho \tag{9-39}$$

式中：r 为不同测量环的半径值，仪器已给出；h 为测量时得到的矢高；ρ 为测量环上的小钢球的半径，仪器已给出。

测量凹球面时，取正号；测量凸球面时，取负号。

1.2 环形球径仪结构

环形球径仪如图 9-47 所示。被测球面工件置于测量环的三个互成 120°分布的钢珠上。钢珠是精度很高的球体，可在固定位置上转动，以减少表面磨损。同时，被测工件与测量环是点接触，避免了因接触不良而造成的误差。测量环的半径（即由三个钢珠的球心所决定的圆的半径）r 和钢珠的半径 ρ 在出厂前都已经过精密测定。在环形球径仪上一般配备多个测量环，以便在测量时选用尽可能大的测量环（以测量环直径比被测工件口径小 3～10 mm 为宜），这样可以获得尽可能大的矢高值，从而提高测量的精度。

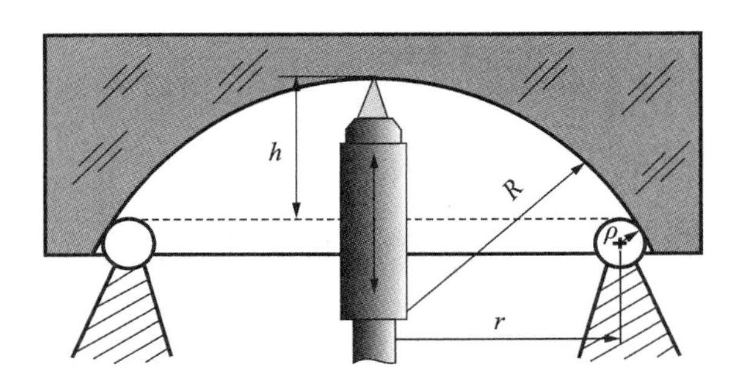

图 9-47 环形球径仪示意图

1.3 优缺点

使用环形球径仪的优点是直接进行测量，方法简单、速度快；但直接测量同样也是其缺点，易破坏光学表面，因此不能用于批量测量，通常只在测量球面对板时使用。另外，其测量精度相当一部分受测试环精度的影响，高精度的测试环受成本影响，价格较高。对于目视读数的球径仪，人为的读数误差将大大影响测试的准确性。高精度测试时对环境温度的要求较高，国家标准规定温度变化应保持在 0.5 ℃/h。

2. 非接触式球径仪

非接触式球径仪是基于自准直原理，移动被测球面（或移动测试头），分别找到被测球面的顶点反射像和球心反射像，两像对应的被测球面两位置之间的距离就是被测球面的曲率半径。该类仪器同时也可以测量焦距，所以常被称为焦距仪或测焦仪。非接触式球径仪测量时不直接接触被测件的光学表面，因此不会对零件造成破坏。

对于表面像和曲率中心像的定位判定，分为人工判读和自动检测两种。人工判读的测试方式需要手动调像、人眼判断及读数，因而检测效率和精度相对较低，且易受多个假象影响，无法满足批量和高精度的检测。进口设备自动化程度较高，一般都为自动调节、软件算法图像判断，测量效率高、重复性好。图 9-48 所示的为自准直法测量曲率半径原理示意图。

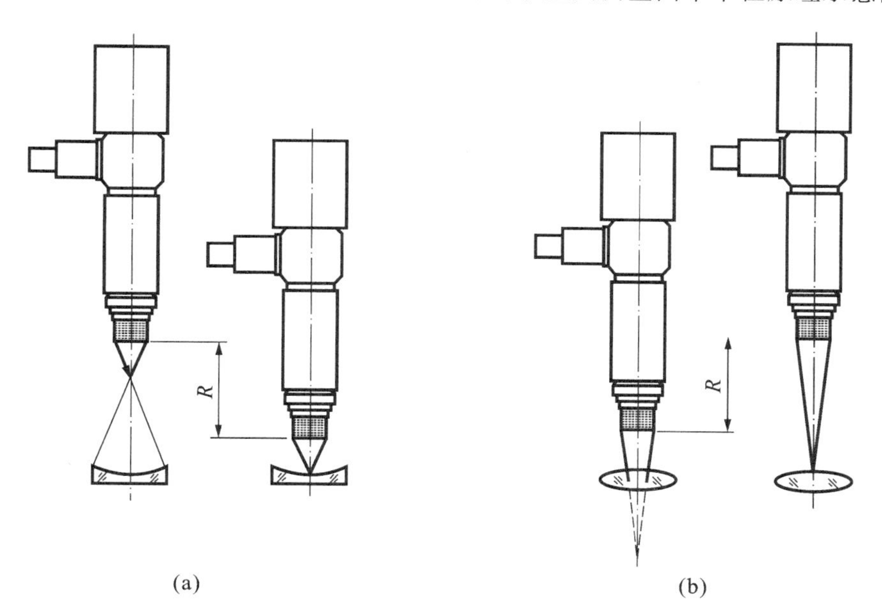

图 9-48　自准直法测量曲率半径原理示意图

(a)凹面；(b)凸面

3. 基于干涉仪的曲率半径测量

基于干涉仪的曲率半径测量也属于非接触式测量，与自准直原理的球径仪类似，也是通过测量球心和表面顶点两个位置的距离来测量曲率半径，但它是通过波前来判断两个位置，而不是通过判断图像清晰度来判断位置。基于干涉法的位置判断准确性和灵敏度很高，因而基于这种原理的测量精度也很高。但是，干涉仪的调像很费劲，对透镜的夹持要求也很高，所以这种测量方法的测量效率很低，不能做成自动测量。因而，在透镜加工中不常采用这种方法。

能够测量曲率半径的球面干涉仪需要配备轴向平移导轨和能记录位置的光栅尺或激光测长干涉仪。确定球面顶点位置时，应该出现类似猫眼的干涉图，因此，顶点位置俗称为猫眼位置。确定球心位置时，需要移动被测球面，让标准透镜球面镜头发出的光束沿被测球面法线反射，此时，球心刚好与标准镜头的焦点重合，俗称共焦位置，对应的理想干涉图样应该是条纹尽可能简单。测量原理及示意图如图 9-49 所示。

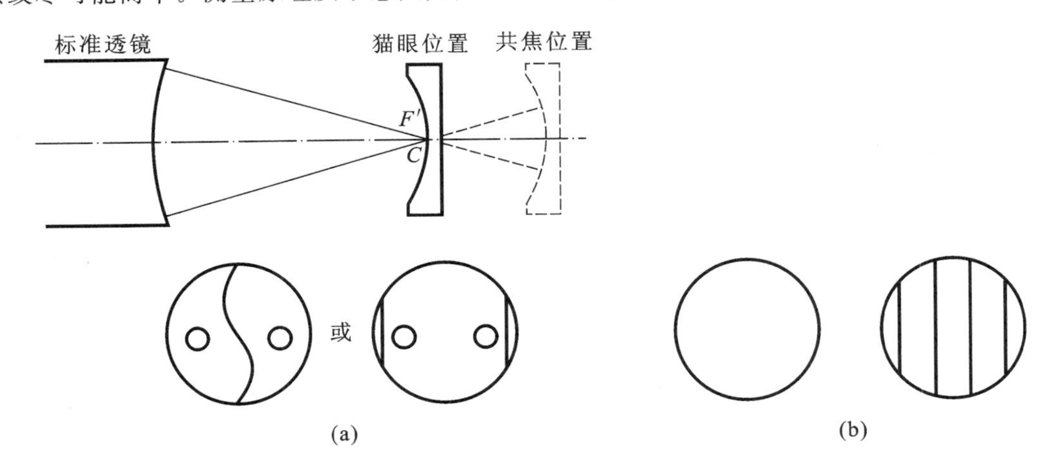

图 9-49　干涉法测量曲率半径原理示意图

(a)猫眼干涉图；(b)共焦干涉图

4. 样板检测

用样板检测透镜曲率半径在透镜的实际加工生产中是最为常见的。目前绝大部分透镜加工厂家在进行在线实际测量中仍采用样板来检测和控制透镜曲率半径，其原因在于样板测试简单有效，检测速度快。但由于是接触式测量、人工判读及相对测量等，因而存在容易破坏光学表面、人为判读误差及样板本身的测量误差影响等。

该种方法适用于精磨完工后及粗抛时的曲率半径检测与抛光完工后检验面形精度相结合，共同控制透镜的曲率半径。

思考与练习

1. 环形球径仪法测量曲率半径时，测量精度与哪些因素有关？
2. 请给出环形球径仪测量曲率半径的公式。
3. 分析几种不同的曲率半径测量方法的精度高低。
4. 在生产车间可采用何种方式进行曲率半径在线检测？

任务十一 棱镜尺寸检验

棱镜的尺寸包括非抛光的两侧面之间的厚度(侧厚)、抛光表面至理论尖点的理论高度(理高)、倒边倒角的大小等。其中侧厚是平行的两非抛光面之间的尺寸,可根据公差大小选择使用游标卡尺或外径千分尺、数显千分表等量具直接进行测量。下面主要讲述如何进行理论高度和倒边倒角的测量与检验。

1. 棱镜理论高度检验

各种棱镜的理论高度通常是指其中一个抛光表面至其所对棱的理论尖点之间的距离,如图 9-50、图 9-51、图 9-52 中的尺寸 h,该尺寸与棱镜的光轴长度有关,因此是重点控制的尺寸项目。而棱边一般进行了保护性倒边,导致理论尖点实际不存在;即使未倒棱,也不能直接对该棱进行测量,避免损坏尖棱。因此,必须设计测量夹具来进行理论高度的测量。图 9-50、图 9-51、图 9-52 分别是直角棱镜、半五棱镜、斯密特屋脊棱镜的理高测量座及测量示意图,其余棱镜可参考该方法进行理高测量座的设计。为保证测量的准确性,测量座的内角应注意公差取负,如图 9-50 所示,避免角度偏大时,棱镜在测量座内会左右晃动而影响测量结果。测量前应先对测量座的尺寸 H_0、H_1 进行准确标定,且要控制好测量座的塔差,即前后尺寸的一致性。

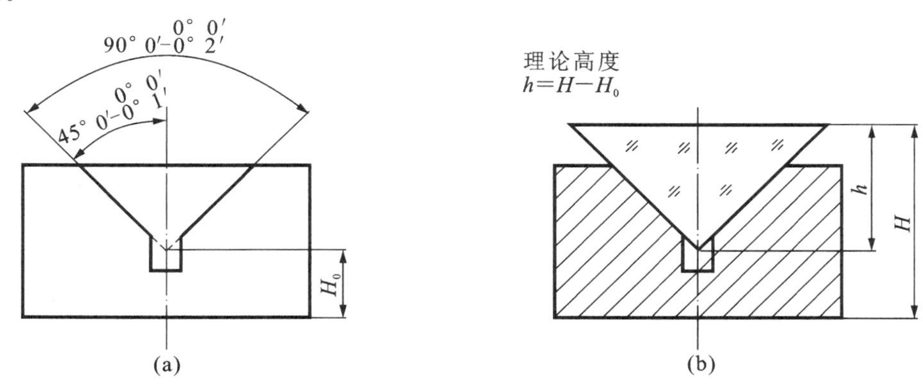

图 9-50 直角棱镜理高测量座及测量示意图

2. 棱镜倒边(角)检验

棱镜的倒角包括倒二面角和倒三面角,在车间通常将倒二面角称为倒边,倒三面角称为倒角。生产车间和检验人员测量倒角尺寸一般使用倍率计进行。

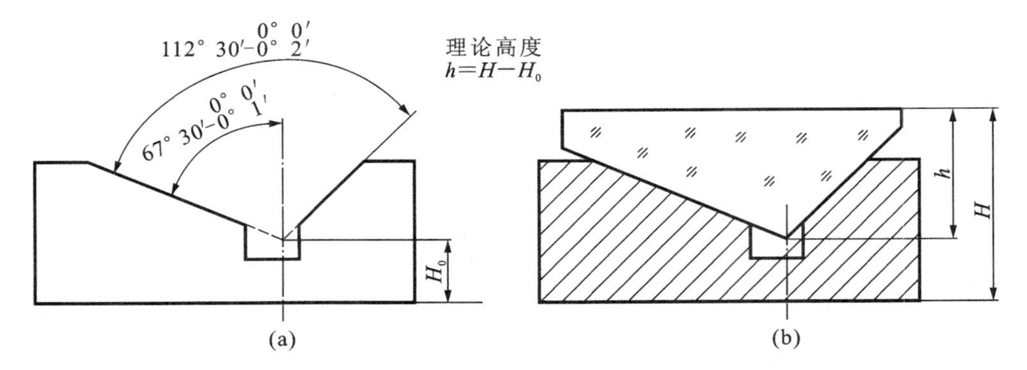

图 9-51 半五棱镜理高测量座及测量示意图

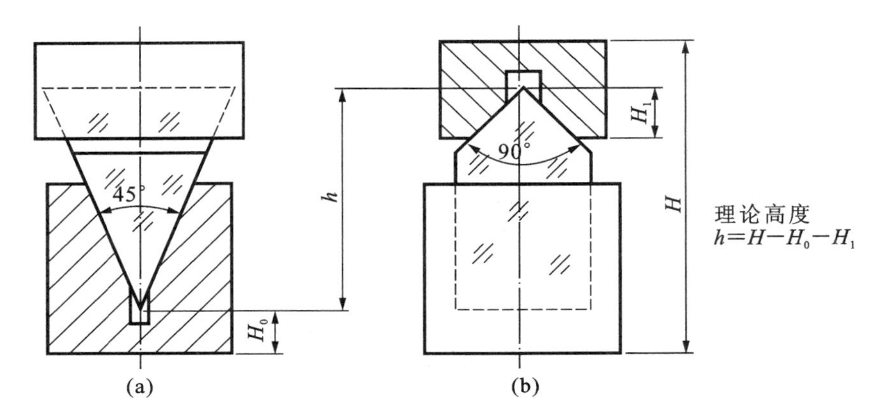

图 9-52 斯密特屋脊棱镜理高测量座及测量示意图

2.1 倒二面角

倒二面角又称为倒边，一般约小于 135°的二面角需倒角。倒角面垂直于二面角的二等分线，一般情况下二面角大小指倒完后的宽度，如图 9-53(a)所示；如图面上标明为 C 尺寸，则应按图 9-53(b)要求检查。

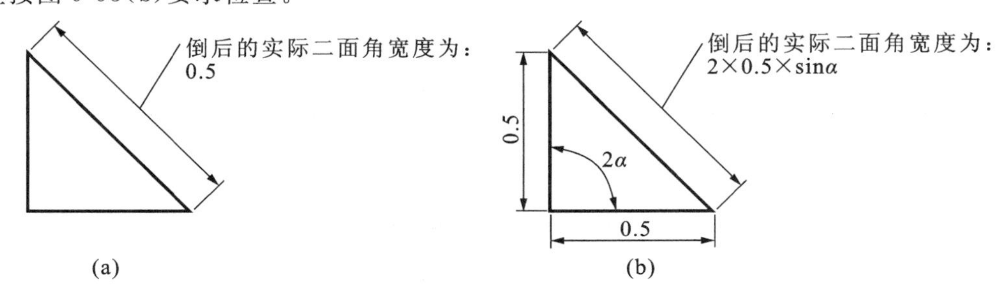

图 9-53 倒二面角示意图

(a)标注为“倒角 0.5”或“B0.5”时；(b)标注为“C0.5”时

2.2 倒三面角

三面角：倒角面垂直于三面角中每个二面角的二等分面之交线；三面角倒角宽度是指倒

角后所得到的三角形倒角面中最长边的长度，如图9-54所示。

2.3　倒角检验

倒角检验包括倒角外观的检验和倒角尺寸的检验两部分。

检验外观时可直接目视检查，要求倒二面角不应出现大小头或两头大、中间小或两头小、中间大等现象，倒角面应垂直于二面角的二等分线，如图9-55(a)所示，不能出现图9-55(b)所示情况。倒三面角要求倒角面垂直于三面角中每个二面角的二等分面之交线，也不能出现偏侧现象。

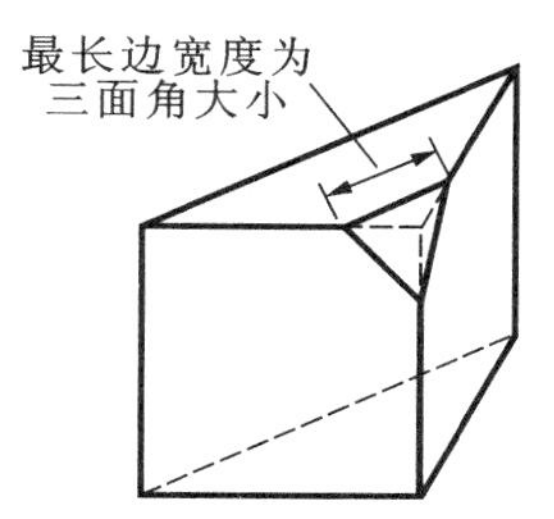

图9-54　倒三面角示意图

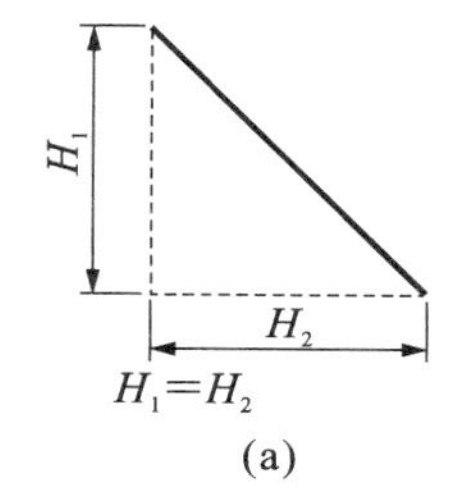

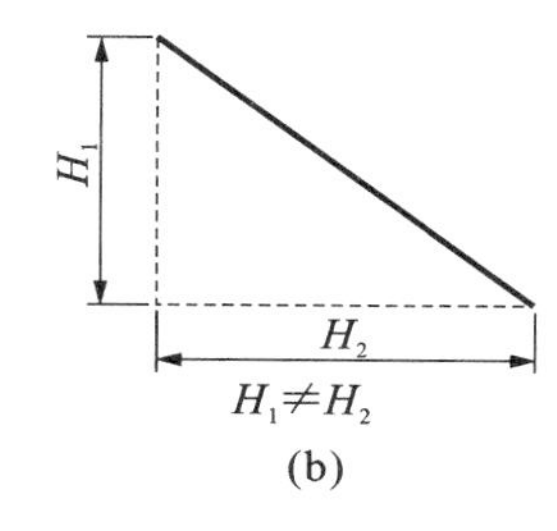

图9-55　倒二面角判定示意图

(a)合格；(b)不合格

检验尺寸时用倍率计所带分划板进行尺寸测量。先调整倍率计，使眼睛能看清分划板，再将倍率计对准待测部位(同时对准光线明亮处)，前后移动倍率计至分划板和待测件同时清晰，再用分划板中所带刻度尺进行倒角尺寸的测量与判定。

思考与练习

1. 如何设计不同的棱镜理高测量座？对理高测量座有何要求？
2. 图纸上“*B*0.5”和“*C*0.5”两种倒角标注有何差异？
3. 倒角检验包括哪些内容？如何检验？

任务十二　像质检验

1. 定性检验

1.1　星点检验

1.1.1　原理

星点检验是根据点光源经被检验光学系统形成的星点衍射像的形状及亮度分布来定性地判定被检物镜的质量。通常，一个点光源(即星点)经被检物镜所成的像是由具有一定尺寸的衍射圆斑(称为艾里斑)和衍射圆环所构成的。但实际上,由于设计、材料、加工等各方面的缺陷,实际的衍射图形相对于理想的衍射图形有不同程度的改变,人们根据这些变化就可以定性地判断出被检验光学系统质量的优劣。

1.1.2 装置

星点检验光学系统成像质量的装置相当简单,主要由光具座中的平行光管、透镜夹持器、测微目镜等配合使用,如图 9-56 所示。

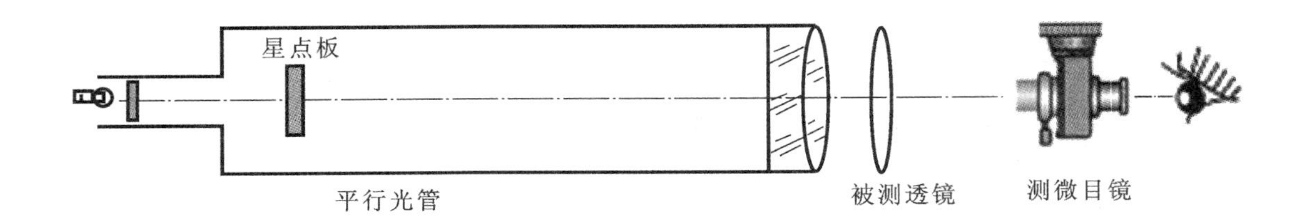

图 9-56 星点检验装置示意图

装置中对平行光管要求有较好的像质外,其通光口径应大于被检系统的通光口径,才不至于影响检验结果。星点应放在光轴上,检验时调整被检系统光轴,使它与平行光管光轴重合,最好在光具座或光学导轨上进行测量。

1.1.3 星点直径的选定

按星点检验法原理,星点应是一个几何发光点,但任何光源均有大小,这样的几何发光点是不可能的。实际星点孔都有一定大小,但太小的星点孔通过的光能太少,不利观察,且难以制作;太大的星点孔则相当于一个物体,通过被检光学系统的像将不出现衍射环。理论和实验指出,星点孔的直径对被检光学系统前节点的张角应不大于几何发光点衍射像的第一暗环角半径的一半。由此可计算出,星点孔的最大直径为

$$d_{\max} \leqslant \frac{0.61\lambda}{D} f'_0 \tag{9-40}$$

式中:λ 为检验波长;D 为被检光学系统入瞳直径;f'_0 为平行光管焦距。

1.1.4 星点像的判读

(1)星点像无像差时,焦点上中心圆斑最亮,还能看到既圆又完整的第一亮衍射环,在焦前、焦后对称截面上,衍射图形相同,如图 9-57 所示。

(2)星点像有球差时,衍射图形为同心圆环,但中心亮斑变暗些,第一衍射环亮度增强,在焦前、焦后对称截面上,衍射图形不相同,如图 9-58 所示。

(3)星点像有彗差时,若彗差较小,则星点像中心亮斑相对衍射环呈现偏心,衍射环亮度、粗细都不均匀;若彗差较大,星点像呈现彗星状,在焦前、焦后对称截面上衍射图形相同,如图 9-59 所示。

(4)星点像有像散时,视像散的程度在焦点处呈粗细不同的十字形。像散大,十字线细而长;像散小,十字线粗而短。在焦前、焦后对称截面上,出现相互垂直的椭圆图形,如图 9-60 所示。

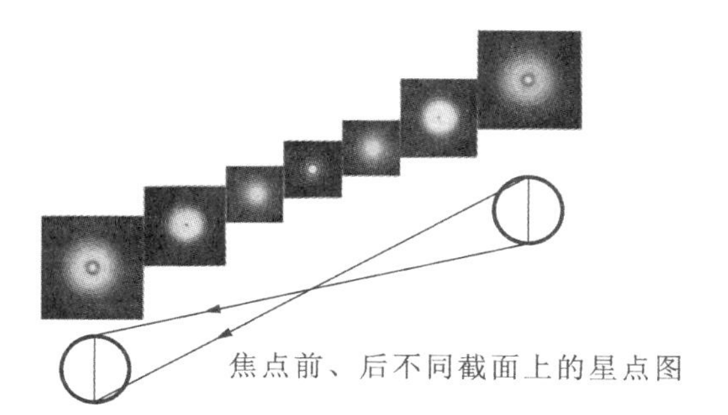

图 9-57　无像差时的星点像

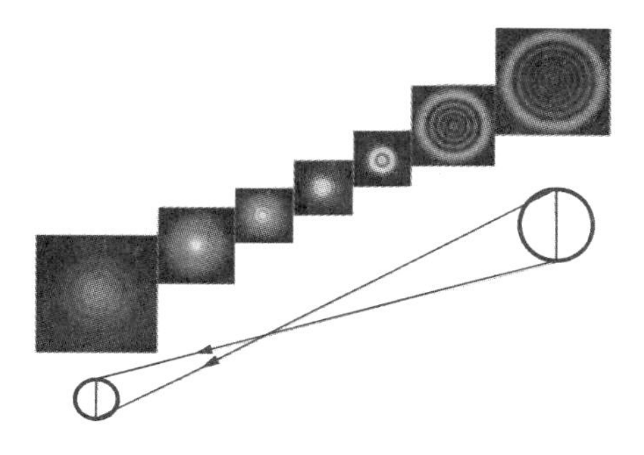

图 9-58　有球差时的星点像

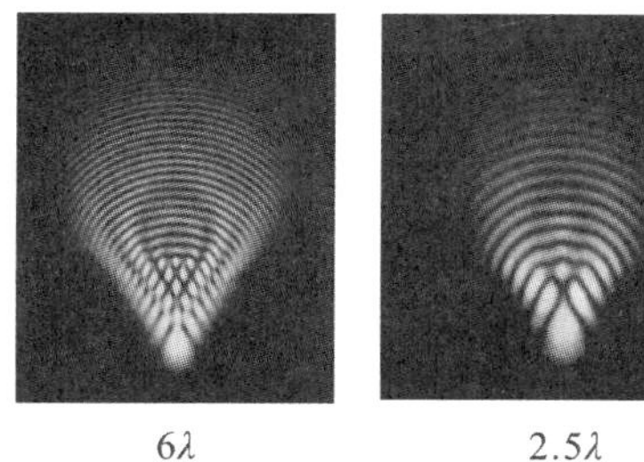

6λ　　2.5λ　　1λ

图 9-59　有彗差时的星点像

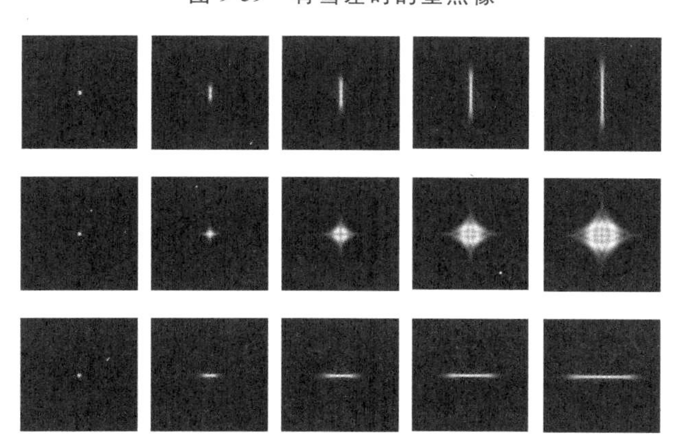

图 9-60　有像散时的星点像

1.2 根据成像质量定性判断

在棱镜或其他平面零件的实际生产检验过程中，可以在测量角度或平行差的过程中直接根据反射像的成像情况定性判断成像的质量。以十字分划的测角仪为例，当像质好时，应为清晰明亮的细十字线，如图 9-61(a)所示；像质差时，十字线被拉宽、变模糊或出现双影现象，分别如图 9-61(b)、(c)所示。

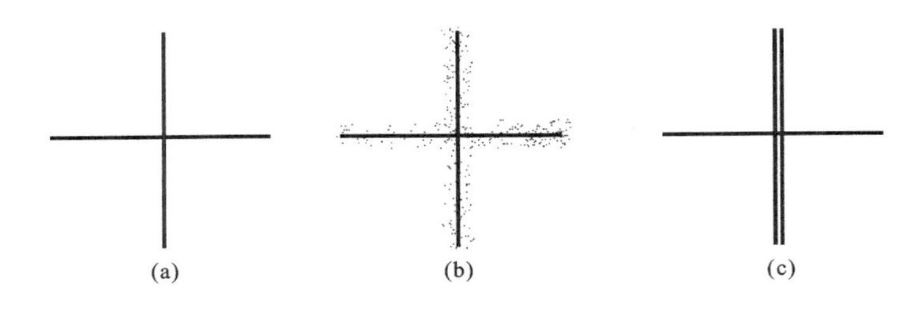

图 9-61 直接观察测角仪成像

(a)像质良好；(b)成像模糊；(c)出现双影

2. 定量检验

2.1 分辨率(鉴别率)检验

2.1.1 原理

分辨率又称分辨能力、分辨力、鉴别率，指光学系统能够分辨一定物距处两个靠近的有间隙点源的能力，即分辨物体细节的能力。设两个点源经过一入瞳直径为 D 并以给定 F 数聚焦成像的理想光学系统，每个点源都形成一个理想的衍射斑。如果两衍射斑之间的距离 r 等于艾里斑半径(衍射斑第一个暗环的半径)，则两个峰值中间的强度降至最大强度的 74%，此时，这两个点像是可以分辨的。这就是分辨率的瑞利判据。r 值可表示为

$$r = \frac{1.22\lambda D}{f'} \tag{9-41}$$

以弧度为单位的物空间角分辨率 α 为

$$\alpha = \frac{1.22\lambda}{D} \tag{9-42}$$

以角秒为单位，在可见光谱波段(取 $\lambda=560$ nm)，其角分辨率为

$$\alpha'' = \frac{140}{D} \tag{9-43}$$

这就是理想光学系统的衍射极限。

2.1.2 分辨率图案

由于各类光学系统的用途、工作条件及要求不同，所设计的分辨率图案也不一样。图 9-62所示的为常见的几种分辨率图案。图 9-62(a)所示的为传统的、应用广泛的 WT1005-62

型标准图案，该种排列方式已变更为图9-62(b)所示的排列方式。在标准《分辨力板》(JB/T 9328—1999)中，分辨力板分为A型(见图9-62(b))和B型(见图9-62(c))两种。A型为栅格状分辨率图案，又称为傅科式分辨率图案，一套A型分辨力板由编号为A1～A7七块组成。B型为辐射式分辨率图案，一套B型分辨力板由3块组成，其编号为B1、B2、B3。在标准中对两种分辨力板的线条的宽度、大小、排列方式等均做了详细的规定。

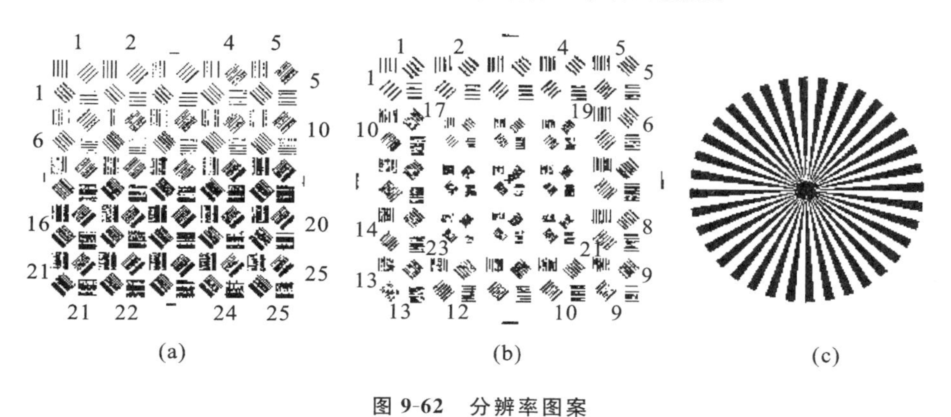

图9-62　分辨率图案

A型分辨力板的排列方式如图9-62(b)所示，将每号板中的小组号(即粗线条)排布在整个正方形图案的周围(共16组)，中间一正方形图案有较大的组号，共8组，最中心一组为25组号，即从外向内线条依次由粗到细排列。分辨力板的每一线条组合单元，均由相邻互成45°的4组明暗相间的平行线条组成。明线线条宽度与暗线线条宽度相同。相邻两明(或暗)线条中心间距，称为线条中心距。线条中心距等于线条宽度的2倍。

设所用平行光管的物镜焦距为f'(单位为mm)，线条宽度为b(单位为mm)，则图案相邻线条的角距α为

$$\alpha'' = \frac{2b}{f'} \times 206265 \tag{9-44}$$

B型辐射状分辨力板是把一个圆等分成72条(B1板为36条)透明和不透明相间的扇形辐条组成。每条角宽度θ为5°，两相邻辐条之间距离从中心向外逐渐增加。通过被检光学系统观察图或对图案照相，可以得到一个边缘亮暗分明、中间模糊的图案像。这是因为图案中央辐条之间距离小而不能分辨的原因。测量出分辨力板图案像中间的模糊圆斑的直径d，就可以得到此光学系统能分辨出两相邻辐条的最小距离δ为

$$\delta = R\theta = \frac{d}{2}\theta \tag{9-45}$$

因为每一辐条角宽度为5°，一对辐条角宽度以弧度为单位时为$\frac{2\pi}{36}$弧度，则式(9-45)可以改写为

$$\delta = \frac{\pi d}{36} \tag{9-46}$$

2.1.3　分辨率测量

分辨率的测量通常是在光具座上进行，如图9-63所示。将分辨力板放在平行光管的焦

面上，平行光管物镜将图案成像在无限远处作为观察目标，通过测微目镜观察分辨力板图案像。

测试时通过显微镜找出分辨率图案像中四个栅格均能被分辨开的最细密的那一组栅格（如 25 组均能清晰分辨，则改换序号较小的另一块分辨力板测量），并记住其编号。然后根据编号查找出对应的分辨率或通过式(9-44)计算得出镜头的分辨率。

使用辐射状分辨力板时，在被测量镜头像方焦平面处，将形成辐射状图案的清晰影像。影像越靠近图案中心，呈现出的条纹越细密，在距扇形中心的某一距离处，相邻扇形条密集到人眼无法分辨开时，从而在图案中央部位形成一个无法辨认出条纹的模糊圆斑。测试者可通过测量目镜所带的标尺，测得该模糊圆斑的直径，然后查找出对应的分辨率或通过式(9-45)、(9-46)计算得出结果。

一般来说，各光具座厂家均直接提供各组编号的分辨率表，不需计算，直接查表即可。

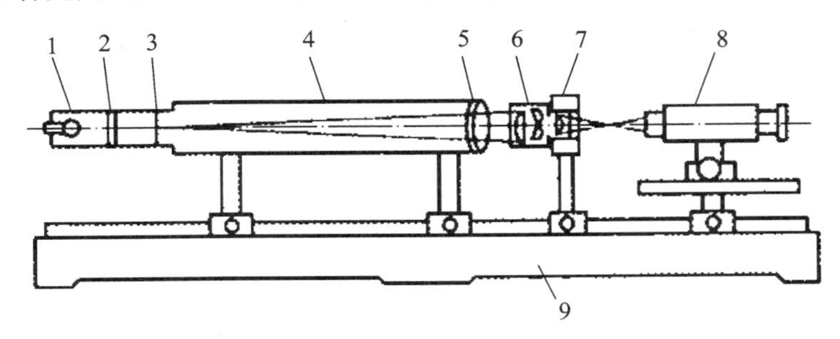

图 9-63 光具座上测量分辨率示意图

1—光源；2—磨砂玻璃；3—分辨力板；4—平行光管；5—平行光管物镜；6—被测镜头；7—镜头夹持器；8—测微目镜；9—光具座

2.1.4 分辨率测量的有关问题

上面讨论的各种光学系统分辨率计算公式，仅仅是在理想情况下才成立的。实际光学系统总是存在着一定的像差、误差和其他因素，使物点经实际光学系统所成的像的大小、形状和光强分布等与理想情况的衍射像有所差别。光学系统的像差、误差或其他因素影响越大，衍射像的差别越大，实际光学系统的分辨率下降就越多。轴外点所成衍射像和轴上点的衍射像也有差别。实际光学系统的斜光束成像时像差较大，所以在实际光学系统中，视场边缘的分辨率与视场中心相比，也有明显的下降。因此，分辨率可以用作评定光学系统成像的综合指标。但是分辨率与像差、误差和其他因素之间没有直接的定量关系。

分辨率的测试方法简单易行，能得出定量的结果，成为检验产品质量的主要指标和方法。但在实践检验中，人们逐渐认识到：一方面，分辨能力与测试条件（如测试图案、对比度等）有关，而且在小像差系统中，分辨组图仅与相对孔径有关，并不是像差的函数，由此作为评价标准不能不使人产生怀疑；而另一方面，在大像差系统中，分辨能力与像差有关。然而，因为有伪分辨现象出现，分辨能力失去其确定性，所以，用分辨率来评价成像系统的成像质量也不甚理想。

2.2　光学传递函数测量

2.2.1　光学传递函数的引出

1946 年，法国人 Duffieux 用傅里叶分析的数学方法来处理光学系统成像问题时得出重要结论：一个非相干光学系统可以看作一个低通线性滤波器。给它输入一个正弦信号，输出仍然是一个同频率的正弦信号，只是调制度有所降低和位相有些位移。调制度的降低和位相的位移是空间频率的函数，分别被称为光学系统的调制传递函数（MTF）和位相传递函数（PTF），统称为光学传递函数（OTF）。这个函数的具体形式完全由光学系统成像的性能所决定，因此，OTF 客观地反映了光学系统的成像质量。有时，也将 MTF 简称为 OTF。MTF 被认为是所有光学成像系统性能判据中最全面的判据。它能把衍射、像差、渐晕及杂散光等影响成像质量的各种因素综合在一起反映，客观地评定光学系统的成像质量。它既适用于光学系统的设计阶段，也适用于光学仪器的产品检验阶段，可用于各种类型的光学系统，在国外越来越广泛地被采用，有些国家已把它作为检验光学系统像质的主要方法。

2.2.2　应用光学传递函数测试的前提条件

在对光学系统进行光学传递函数测量时，线性和空间不变性两个条件是必须保证的前提。

线性条件是指在非相干光照明下，光学系统的物方图样与像方图样之间的光强度满足线性叠加的条件。

空间不变性条件是指在物面任意位置处的光强度为单位值的物点，在像面所形成的光强度是相同的，也就是当物点沿物面移动时仅改变像在像面的空间坐标位置，不改变点像分布函数的形式。

2.2.3　光学传递函数的测量方法

光学传递函数的测量方法有两种。第一种方法：将被测镜头置于规定的距离处，再将不同频率的正弦图案经该镜头成像在 CCD 接收器上，用计算机计算最终调制度与空间频率的关系。一般物面正弦图案的调制度是已知的，这样，就直接计算出镜头的 MTF。

第二种方法：计算线扩散函数的傅里叶变换，它能直接给出 MTF。傅里叶变换是广泛使用的数学变换方法，它可以实现从空间域到频率域的变换，从而直接给出 MTF。图 9-64 所示的是测量 MTF 的实验装置图。

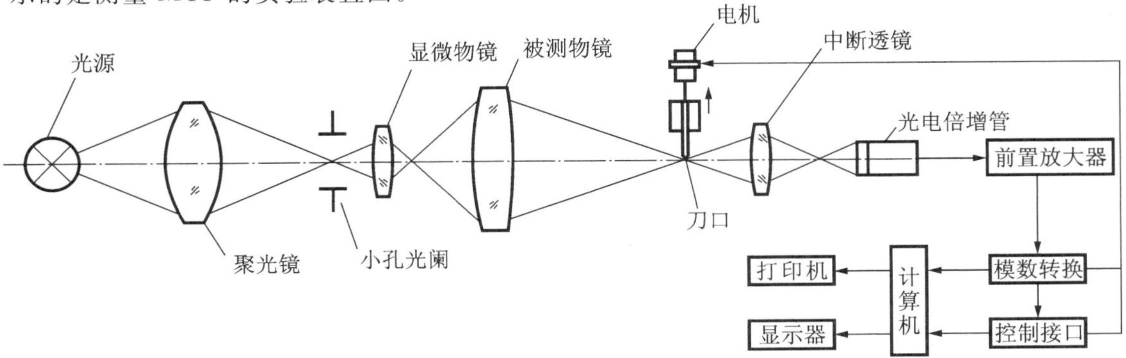

图 9-64　测量 MTF 实验装置示意图

计算线扩散函数的傅里叶变换，即理想系统的 MTF(衍射极限的 MTF)可以显示在计算机的窗口中，以作为参考。实际测量的 MTF 也显示在计算机的窗口以便用于比较分析。

思考与练习

1. 成像质量的检测有哪些方法？各自的优缺点和适用范围如何？
2. 用分辨率板能否完全如实地表达光学元件或系统的成像质量？为什么？

参考文献

[1] 蔡立，耿素杰，付秀华. 光学零件加工技术[M]. 北京：兵器工业出版社，2006.
[2] 舒朝濂，田爱玲，杭凌侠，等. 现代光学制造技术[M]. 北京：国防工业出版社，2008.
[3] 国家技术监督局. GB 13323—1991　光学制图[S]. 北京：中国标准出版社，1991.
[4] 中华人民共和国国家质量监督检验检疫总局，中国国家标准化管理委员会. GB/T 13323—2009 光学制图[S]. 北京：中国标准出版社，2009.
[5] 国际标准化组织. Optics and photonics—Preparation of drawings for optical elements and systems—Part 1：General[S]. 北京：中国标准出版社，2006.
[6] 邵世禄.《机械制图》国家标准的发展及应用[J]. 甘肃农业大学学报，2005，40(5)：675-680.
[7] 国家标准局. GB/T 903—1987　无色光学玻璃[S]. 北京：中国标准出版社，1987.
[8] 中华人民共和国国家质量监督检验检疫总局，中国国家标准化管理委员会. GB/T 7661—2009　光学零件气泡度[S]. 北京：中国标准出版社，2009.
[9] 徐德衍. 光学元件技术要求与检验国际新标准的若干问题[J]. 光学仪器，2002，24(1)：35-47.
[10] 中华人民共和国国家质量监督检验检疫总局，中国国家标准化管理委员会. GB/T 1185—2006　光学零件表面疵病[S]. 北京：中国标准出版社，2006.
[11] 国际标准化组织. Optics and photonics—Preparation of drawings for optical elements and systems—Part 17：Laser irradiation damage threshold[S]. 北京：中国标准出版社，2006.
[12] 国际标准化组织. Optics and optical instruments—Preparation of drawings for optical elements and systems—Part8：Surface texture[S]. 北京：中国标准出版社，2006.
[13] 美国产 LP 系列聚氨脂抛光片介绍. http://www.yuanch.com/yw9_01_1.asp
[14] 查立豫，郑武城，顾秀明，等. 光学材料与辅料[M]. 北京：兵器工业出版社，1995.
[15] 王丽荣. 光学制图的新旧国家标准对比与实施建议[J]. 光学仪器，2012，34(5)：17-22.
[16] 光学零件工艺手册编写组. 光学零件工艺手册[M]. 北京：国防工业出版社，1977.
[17] 黄运增. 光学零件大批量生产毛坯成型的发展研究[D]. 西安：西安工业大学，2005.
[18] 王之江，顾培森. 实用光学技术手册[M]. 北京：机械工业出版社，2006.
[19] 杨建东，田春林. 高速研磨技术[M]. 北京：国防工业出版社，2003.
[20] 李应选. 透镜不胶盘单件抛光技术[C]. 现代光学制造技术文集，2002.
[21] 陈速. 聚氨酯抛光片在透镜高效生产中的应用[C]. 现代光学制造技术文集，2002.
[22] 刘树民. 棱镜夹具设计[J]. 光学技术，2001，27(4)：370-372.
[23] 刘树民. 影响棱镜角度精度的几个因素及解决方法[J]. 光学技术，2001，27(4)：334-337.

[24] 刘树民.国产光学设备棱镜高效制造技术的工艺参数[J].光学技术,2002,28(1):24-27.

[25] 吴雪原.光学元件的双面加工技术[C].南京:光学加工技术及加工机械开发研讨会,2003.

[26] 孙海林.硅片的双面研磨法[J].磨料磨具与磨削,1989(2),23-28.

[27] 朱德祥.工件摩擦自转式双面研磨数控平面研磨机床研究[D].西安:西安理工大学,2009.

[28] 刘明,谢常青,王丛舜,等.微细加工技术[M].北京:化学工业出版社,2004.

[29] 江东亮,李龙土,欧阳世翕,等.中国材料工程大典(第8卷)[M].北京:化学工业出版社,2006.

[30] 陶致军,郭俊英.光学胶粘剂[J].光学技术,1998(05),41-46.

[31] 王丽荣,用于精密模压的低熔点玻璃[J].玻璃与搪瓷,2012,40(3):29-32,43.

[32] 谷田部善雄.非球面透镜加工[J].张立士,译.光学技术通讯,1987,2:36-43.

[33] 陈璠,王伟.低熔点玻璃精密模压技术概况[J].市场周刊(理论研究),2010,9:109-110.

[34] 蒋亚丝.光学玻璃进展(五)[J].玻璃与搪瓷,2010,38(5).37-44.

[35] 康桂文.磁流变抛光技术的研究现状及其发展[J].机床与液压,2008,36(3):173-176.

[36] 辛企明.光学塑料非球面制造技术[M].北京:国防工业出版社,2005.

[37] 潘君骅.非球面的设计、加工与检验[M].苏州:苏州大学出版社,2004.

[38] 徐德衍,王青,高志山,等.现行光学元件检测与国际标准[M].北京:科学出版社,2009.

[39] 权艳红.光学测量技术[M].江苏:江苏教育出版社,2010.

[40] 果宝智.光学零件表面疵病的标识[J].激光与红外,2000,30(2):123-125.

[41] 王丽荣.美国军用规范 MIL-PRF-13830B 表面疵病要求详解[J].硅谷,2012(4),181-183,193.

[42] 王丽荣.内反射法快速准确检测等腰直角棱镜三个内角[J].物理通报,2012(11),125-127.

[43] 国家技术监督局.JJG 827—1993 分辨力板检定规程[S].北京:中国标准出版社,1993.

[44] 蒋筑英.光学系统成像质量评价及检验文集[M].北京:中国计量出版社,1988.

[45] 中华人民共和国国家质量监督检验检疫总局,中国国家标准化管理委员会.GB/T 4315.1—2009 光学传递函数[S].北京:中国标准出版社,2009.